Thieme

Kinesiotaping beim Pferd

Schmerzen lindern – Bewegungen optimieren

Renate Ettl

3., unveränderte Auflage

277 Abbildungen

Georg Thieme Verlag
Stuttgart • New York

Anschrift
Renate **Ettl**
Ausbildungs- und Therapiezentrum
Silver Horse Ranch
Akademie für Pferdetherapie
Gschaid 2
84163 Marklkofen
E-Mail: SilverHorseRanch@aol.com
www.akademie-fuer-pferdetherapie.de

Bibliografische Information der Deutschen Nationalbibliothek
Die Deutsche Nationalbibliothek verzeichnet diese Publikation in der Deutschen Nationalbibliografie; detaillierte bibliografische Daten sind im Internet über http://dnb.d-nb.de abrufbar.

Ihre Meinung ist uns wichtig! Bitte schreiben Sie uns unter:
support.thieme.com/de-DE/
thieme.com/produktsicherheit

Georg Thieme Verlag KG
Oswald-Hesse-Str. 50, 70469 Stuttgart, Germany
www.thieme.com

1. Auflage Sonntag Verlag in Medizinverlage Stuttgart 2016
2. Auflage Georg Thieme Verlag KG 2021

Redaktion: Kuhn, Wilhelm, Dr. rer. nat.
Covergestaltung: © Thieme
Bildnachweis Cover: © Renate Ettl
Zeichnungen: Jeanne Kloepfer, Winterkasten; Autorin: Renate Ettl
Satz: L42 AG, Berlin; gesetzt aus: PTC APP
Druck: aprinta druck GmbH, Wemding

DOI 10.1055/b000001250

ISBN 978-3-13-246221-2 1 2 3 4 5 6

Auch erhältlich als E-Book:
eISBN (PDF) 978-3-13-246222-9
eISBN (epub) 978-3-13-246223-6

Vorwort

Das kinesiologische Taping wirkt. Aus diesem Grund ist dieses Buch entstanden. Es gibt viele Modeerscheinungen in der Welt der Pferde und Skepsis machte sich breit, als die bunten Kinesiotapes auch am Pferdekörper auftauchten. Wieder nur ein Trend, der nach kurzer Zeit verblassen wird? Keineswegs! Mittlerweile ist das Taping am Pferd ein unverzichtbarer Bestandteil vieler am Pferd arbeitenden Manualtherapeuten geworden, weil sie die Erfahrung gemacht haben, dass die Tapes positiven Einfluss auf den Heilungsverlauf haben.

Gezielte Versuche und Tests haben gezeigt, dass das Taping eine bedeutende Wirkung auf den Körper hat, sodass die Primärtherapie damit eine hervorragende Unterstützung erfährt. Ob die Tapes zur Schmerzlinderung beitragen, Heilungsvorgänge unterstützen oder Bewegungen optimieren, weil sie in die Körpermechanik eingreifen – die Einsatzmöglichkeiten sind vielfältig. Somit bieten die elastischen Tapes viele Therapieansätze und geben jedem Therapeuten – sei es Osteopathen, Physiotherapeuten, Tierheilpraktiker oder Akupunkteure ein zusätzliches Hilfsmittel an die Hand, Heilungsvorgänge zu unterstützen und das Wohlbefinden der Pferde zu fördern.

Es scheint einfach zu sein, auf verschiedene Körperstellen des Pferdes ein buntes Klebeband zu fixieren und dies als „Therapie“ darzustellen. So einfach es aussieht, so komplex ist diese Therapieform jedoch in der Realität. Zunächst muss der Therapeut ein umfassendes Wissen über die anatomischen Strukturen und physiologischen Vorgänge im Körper eines Pferdes mitbringen, um erfolgreich tapen zu können. Die Anatomie und Physiologie des Pferdes zu erlernen, bleibt dem Therapeuten darum nicht erspart. Des Weiteren muss der Therapeut in der Lage sein, eine Krankheit oder Dysfunktion einer Struktur zu erkennen und zu verstehen, um die richtige Anlagetechnik zu wählen. Mit falsch angelegten Tapes kann ein Heilungsverlauf außerdem blockiert werden, sodass ein leichtfertiges Anbringen von Tapes nicht zu verantworten ist.

Da sich das kinetische Taping als Ergänzung zu unterschiedlichen, ganzheitlichen Therapieformen darstellt, wird das Wissen um die anatomischen Strukturen und physiologischen Vorgänge des Pferdeskörpers beim Leser vorausgesetzt. Sicherlich gibt es auch Therapeuten, die das Tapen als alleinige Therapieform praktizieren. Selbst beim Kinesiotaping als primäre Therapieform kann der Pferdekörper eine gute Unterstützung erfahren, aber dennoch bleibt es lediglich bei einer Hilfestellung, die mit der Kombination von bevorzugt manuellen Therapieformen erst sein gesamtes Wirkungspotenzial entfalten kann.

Dieses Buch hat den Anspruch, sowohl Therapeuten als auch interessierten Pferdebesitzern das elastische Tapen nicht nur nahe, sondern auch beizubringen, dennoch ist eine praktische Unterweisung im Sinne eines Präsenzkurses ratsam. Denn so elastisch wie die Kinesiotapes sind, so flexibel ist auch die Auswahl und Entwicklung der richtigen Tapeanlage, die individuell auf das jeweilige Pferd optimiert werden muss, um den bestmöglichen Erfolg zu erzielen.

Gschaid, im Januar 2016
Renate Ettl

Erläuterungen zu den Illustrationen

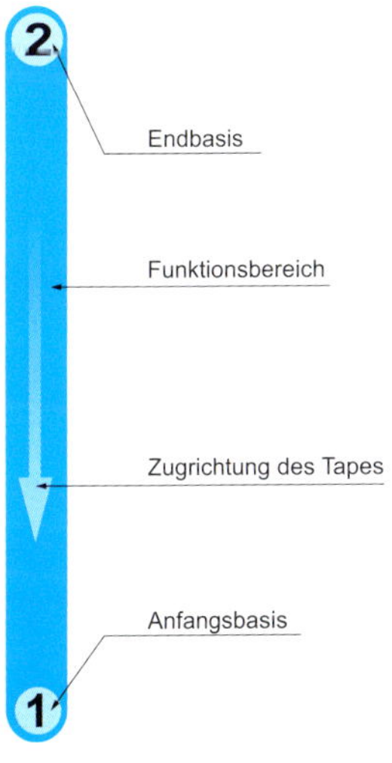

Die schematischen Illustrationen zeigen dem Therapeuten, wie ein Tape aufgebracht werden muss:

- ① = zuerst geklebter Teil:
  - Bei Vektortechniken: Anfangsbasis (ohne Zug)
  - Bei Zentrierungstechniken: Funktionsbereich (je nach Anlage bis Maximalzug)
- ② = zuletzt geklebter Teil: Endbasis (ohne Zug)
- → = Der Pfeil im Funktionsbereich zeigt die Tapezugrichtung an:
  - Abgeschwächte Darstellung = geringer Zug
  - Verstärkte Darstellung = starker Zug
- Bedeutung der dargestellten Tapefarben:
  - Blau = sedierend
  - Rot = tonisierend
  - Weitere Informationen zur Wirkrichtung von Farben (S. 21).

Danksagung

Die Entwicklung neuer Therapiemöglichkeiten am Pferd setzt einen großen Erfahrungsschatz, viel Geduld, aber auch Experimentierfreude voraus. Bei der Entwicklung von Tapeanlagen für die verschiedensten Krankheitsbilder beim Pferd ist stets auch die ganzheitliche Betrachtungsweise des jeweiligen Pferdes von entscheidender Bedeutung. So erfordert es viel Zeit, Mühe, Geduld und Aufwand, wirkungsvolle Tapeanlagen in ein ganzheitliches Behandlungskonzept zu etablieren.

Bei dieser Arbeit und bei dem Vorhaben, daraus ein Buch zu entwickeln, sind viele Personen beteiligt, denen ich meinen herzlichen Dank für ihre Unterstützung aussprechen möchte. Insbesondere bei der Hilfe zur Erstellung der Fotos für dieses Buch möchte ich mich sehr herzlich bei allen Pferdebesitzern bedanken, die ihre Tiere für die Buchfotos zur Verfügung gestellt haben. Ganz besonders bedanken möchte ich mich bei Angela Voigt und Franciska Noack – beide ausgebildete Manual- und Tapingtherapeuten –, die sowohl ihre Pferde für Fotos zur Verfügung gestellt haben, als auch bei der Entwicklung von neuen Tapeanlagen mitgeholfen haben.

Vielen Dank an die Grafikerin Jeanne Kloepfer für die Unterstützung zur Erstellung der Illustrationen in diesem Buch. Weiter ergeht mein Dank an meinen Mann Peter, der mich bei meinen Buchprojekten stets in allen Belangen unterstützt, insbesondere für die fotografische Begleitung zu den Schritt-für-Schritt-Tapeanlagen.

Besten Dank auch an Anna Johne und Maren Warhonowicz vom Sonntag Verlag für ihren Einsatz und ihr Engagement. Ein herzlicher Dank ergeht außerdem an Jana Mulsow der Firma Physiotape in Enschede (NL) für die große Unterstützung und den konstruktiven Austausch.

Gschaid, im Januar 2016
Renate Ettl

Inhaltsverzeichnis

Teil 2

Befundungsstrategien

Teil 3

Indikationsanlagen in der Praxis

Teil 4

Anhang

Autorenvorstellung

Renate Ettl, geb. am 18. Februar 1966 in Landshut, lebt mit ihrem Mann, vier Pferden und vielen Katzen auf dem Pferdehof „Silver Horse Ranch“ in Marklkofen/Bayern. Die hauptberufliche Pferdebuchautorin und Fotografin ist ausgebildete Pferdeosteopathin, Pferdephysiotherapeutin, Pferdesporttherapeutin und Tierheilpraktikerin. Zudem hat sie mehrjährige Ausbildungen zum Humanheilpraktiker und Humanosteopathen absolviert.

Renate Ettl betreibt eine Schule zur Ausbildung in Manueller Therapie für Pferde mit dem Schwerpunkt Osteopathie, Chiropraktik und Physiotherapie.

Sie ist Trainer B Westernreiten, Trainer B Breitensport/Reiten, Ausbilder im Reiten als Gesundheitssport, EWU-Richter und FN-Prüfer.

Teil 1
Grundlagen

1 Basiswissen des elastischen Pferdetapings

1.1 Klebebänder in der Physiotherapie

Wenn vom Taping die Rede ist, denken viele an die weißen Klebebandagen, die zur Stabilisierung von Gelenken insbesondere bei sportlichen Aktivitäten getragen werden. Diese konventionellen Tapes sind seit einigen Jahren um bunte, elastische Klebebänder bereichert worden. Obwohl es sich jeweils um Klebestreifen handelt, die beide in Physiotherapiepraxen und im Sport zum Einsatz kommen, haben sie außer ihrer Klebeeigenschaft nicht viel gemeinsam. Der Einsatz und die Wirkung der Tapebänder sind grundsätzlich verschieden, sodass man deutlich abgrenzen muss.

1.1.1 Konventionelles Tape

Volleyballer sieht man mit weiß verklebten Fingern, Handballer tapen sich das Knie, Hand- oder Sprunggelenk und Leichtathleten stabilisieren in Wurfdisziplinen ihre Ellbogen. Ein nach wie vor vertrautes Bild bei Sportveranstaltungen. Das weiße Klebetape ist eine allgegenwärtige Unterstützung für Gelenke und Bänder der Sportler in allen Disziplinen des Leistungs- und Breitensports.

Das Tape besteht aus einem starren Band, das vor allem zum Fixieren von verletzten Gelenken verwendet wird, um den Schmerz zu lindern. Meist kommt es im Sportbereich bei Bänder-, Sehnen-, Gelenkverletzungen und sogar Frakturen zum Einsatz, um das Gelenk zu stabilisieren. Die Schienung durch einen Tapeverband ist weniger starr als mit einem Gips, schränkt aber die Gelenkbeweglichkeit deutlich ein. Der Tapeverband ist darum eine geeignete Möglichkeit, Gelenke so weit ruhig zu stellen, dass zwar weitere schädigende Bewegungen nicht möglich sind, die Nachteile einer kompletten Fixierung des Gelenks jedoch nicht auftreten. Dieser stützende Tapeverband wird in der Regel nur kurzzeitig, beispielsweise während einer sportlichen Aktivität angelegt.

Mit Hilfe eines klassischen Tapeverbands lassen sich auch Kompressionsverbände anlegen, die in erster Linie als Sofortmaßnahme nach Verletzungen indiziert sind, wie die bekannte „PECH-Regel" (PECH steht für Pause, Eis, Compression, Hochlagern) besagt. Damit wird ein starkes Anschwellen aufgrund von Einblutungen des verletzten Bereichs gehemmt. Dieser Verband wird allerdings nur kurzzeitig bis zu 60 min angelegt.

Das unelastische Sporttape hat eine völlig andere Wirkungsrichtung als das Kinesiotape, wobei es dennoch Tapeanlagen gibt, bei denen beide Tapearten miteinander kombiniert werden. Im Pferdebereich konnte sich das Sporttape allerdings nicht etablieren, hierfür sind die Kräfte zu groß, um eine Stabilisierung mit den Tapes erreichen zu können.

Um im Pferdesport Sehnen und Gelenke zu stützen, versucht man es mit Gamaschen aus unterschiedlichen Materialien. Untersuchungen haben jedoch gezeigt, dass das Material kaum in der Lage ist, Bänder, Sehnen oder Gelenke des Pferdes tatsächlich zu unterstützen. Vielmehr schützen Gamaschen lediglich vor Verletzungen durch Anschlagen oder Huftritte.

1.1.2 Elastisches Tape

Der Verwendungszweck des elastischen Tapes ist ein vollkommen anderer. Das Kinesiotape besteht aus einem Baumwollgewebe und ist in Längsrichtung dehnbar. Einseitig ist ein latexfreier Acrylatkleber in wellenförmigen Streifen aufgebracht, die Querkräfte auf die Haut übertragen. Das Tape ist auf dem silikonbeschichteten Trägerpapier mit 10 % Zug aufgeklebt, der selbst bei spannungsfreier Anlage eine leichte Mikrotraktion gewährleistet.

Das Tape ist somit der menschlichen Haut in ihren Eigenschaften nachempfunden. Doch auch für die Anwendung am Pferd eignet sich das elastische Tape. Hier muss man jedoch einige Abstriche in punkto Haltbarkeit hinnehmen, weil das Tape auf dem Fell naturgemäß weniger gut klebt als auf geringfügig behaarter Haut. Während man für die Anwendung am Menschen einen Kompromiss zwischen kleberbedingter Haltbarkeit und Hautirritation finden muss, liegen die Ansprüche für die Verwendbarkeit beim Pferd deutlich mehr in Richtung Haltbarkeit. Ein starker Kleber irritiert die menschliche Haut, beim Pferd hingegen klebt das Tape auf dem Fell, sodass es kaum zu Irritationen kommen kann. Aufgrund der Behaarung ist hingegen die Haltbarkeit eingeschränkt, sodass man bei der Anwendung fürs Pferd Tapes mit stärkeren Klebeeigenschaften wählen sollte. Verschiedene Hersteller haben mittlerweile auch spezielle Tapes für die Anwendung an Tieren im Programm. Diese Tapes sind teils breiter und/oder weisen eine stärkere Klebeeigenschaft im Vergleich zu herkömmlichen Tapes auf.

Entgegen der stabilisierenden Eigenschaft des konventionellen Tapes schränkt das Kinesiotape die Beweglichkeit von Gelenken in keinster Weise ein. Genau dieser Effekt ist erwünscht. Das Tape soll in bestimmten Situationen zwar eine Bewegung beeinflussen, beispielsweise bei Korrekturanlagen (S. 60), sie aber nicht behindern.

Merke

Im Gegensatz zu konventionellen, starren Tapes, welche die Gelenkbeweglichkeit einschränken, unterstützen kinetische Klebestreifen die Bewegungen und geben minimale Impulse über die Haut auf die Rezeptoren. Sie aktivieren somit die Gewebeaktivität und Stoffwechselvorgänge im Körper. Folglich werden Heilungsvorgänge forciert und die Bewegungsmechanik verbessert.

Elastische Tapes gibt es in unterschiedlichen Farben. Die Beschaffenheit der Tapes ist jedoch (innerhalb einer Marke) unabhängig von den Farben völlig identisch. Dennoch wählen viele Therapeuten ganz bewusst eine bestimmte Farbe für eine spezielle Anlagetechnik. So entscheidet man sich bei einer tonisierenden Muskelanlage für ein rotes Tape, während bei detonisierenden Anlagen die Farbe Blau die erste Wahl ist. Rot hat einen stärkenden, aktivierenden Charakter, während Blau als kühle, beruhigende Farbe besser für einen entspannenden Effekt geeignet ist. Wie Versuche an Pferden gezeigt haben, macht das Tapen nach der Farbenlehre (S.21) durchaus Sinn. Dennoch hat die korrekte Anlagetechnik gegenüber der Farbwahl eine deutlich höhere Priorität.

Materialtest

Die Angebotsfülle von Tape-Herstellern ist mittlerweile unüberschaubar geworden. Es ist deshalb durchaus empfehlenswert, verschiedene Tapes näher in Augenschein zu nehmen, um gute Qualitäten unter den Tape-Materialien herauszufiltern. Eine adäquate Qualität der Klebebänder ist zum einen für eine bessere Haltbarkeit, zum anderen für den therapeutischen Erfolg von großer Bedeutung.

Ein hoher Preis ist nicht immer ein Garant für gute Qualität, hier sollte man keinem Werbeslogan vertrauen, sondern am besten selbst testen. Während sich manche Tapes nur wenig voneinander unterscheiden, hält der Markt auch Klebebänder bereit, die sehr große Qualitäts-, aber auch Preisunterschiede aufweisen. Ein Vergleich lohnt sich deshalb durchaus.

Es ist sinnvoll, verschiedene Kriterien der Tapes unter die Lupe zu nehmen (▶ **Abb. 1.1**). Insbesondere sind dies:

- die Qualität des Baumwollgewebes
- die Klebeeigenschaft des Acrylklebers sowie
- das Abziehverhalten der Trägerfolie

Das elastische Baumwollgewebe lässt sich in der Rohstoffverwendung, der Dicke, der Verarbeitung, der Spannkraft, der Dehnfähigkeit und letztendlich auch in der Farbe vergleichen. Normalerweise hat die Farbe keinerlei Einfluss auf die Merkmale des Baumwollgewebes, dennoch kann nicht ausgeschlossen werden, dass verschiedene Farbstoffe – ob natürlichen oder künstlichen Ursprungs – zur Anwendung kommen, die die Qualität des Gewebes beeinflussen.

Der auf das Baumwollgewebe aufgebrachte Acrylkleber ist insbesondere im Hinblick auf die Haltbarkeit auf dem Pferdefell zu beurteilen. Wichtig sind neben der Kleberhaftung ebenso die Inhaltsstoffe (Latex?), die Verteilung des Klebers (▶ **Abb. 1.2**) und die Luftdurchlässigkeit. Wenn das Tape von der Trägerfolie abgelöst ist und man das Band auf der Rückseite betrachtet, kann man die Verteilung des Klebers beurteilen. Dieser ist wellenförmig aufgebracht, die Abstände der einzelnen Klebestreifen sollten möglichst gleichmäßig verteilt sein (▶ **Abb. 1.3**).

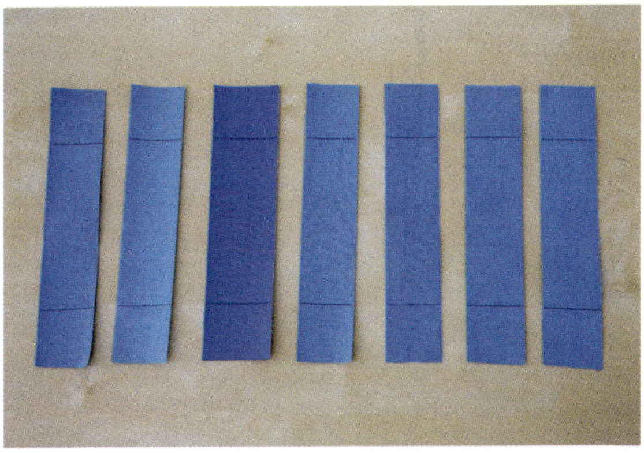

▶ **Abb. 1.1** Tapestreifen verschiedener Hersteller.

▶ **Abb. 1.2** Dieses Tape ist aufgrund der unregelmäßigen, fehlerhaften Kleberverteilung nicht brauchbar.

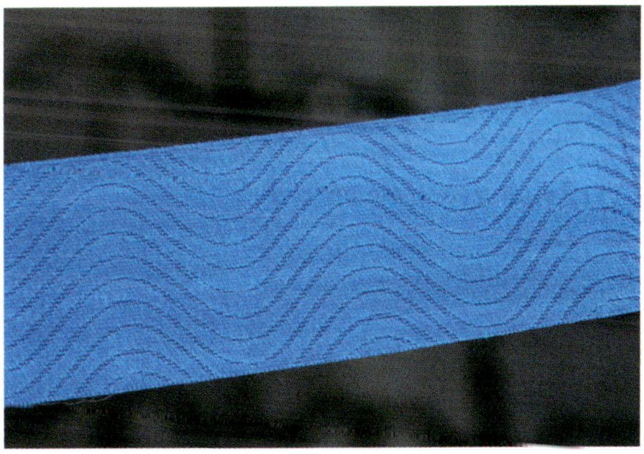

▶ **Abb. 1.3** Bei diesem Tape ist die Kleberverteilung regelmäßig, sodass Zugkräfte gezielt auf die Haut des Pferdes übertragen werden können.

Die Trägerfolie hat für die therapeutische Wirksamkeit zwar nur eine untergeordnete Bedeutung, kann aber durchaus die Haltbarkeit der Tapes auf dem Pferdefell beeinflussen, wenn beispielsweise beim Ablösen der Tapes zu viel Klebstoff auf der Folie haften bleibt.

Man sollte möglichst viele verschiedene Tapes von unterschiedlichen Herstellern vergleichen, um die Qualitäten zu beurteilen. Zunächst vergleicht man die Tapes optisch, olfaktorisch und sensorisch miteinander. Besonderes Augenmerk richtet man auf ein möglichst regelmäßig

▶ **Abb. 1.4** Ausgefranste und unsaubere Taperänder beeinträchtigen die Haltbarkeit des Klebestreifens.

verwebtes Baumwollgewebe. Ist das Band unterschiedlich dick und dicht gewebt, kommt es zu Spannungsunregelmäßigkeiten, die auf die Haut des Pferdes übertragen werden. Außerdem sollten die Ränder der Tapes möglichst glatt sein. Ausgefranste Ränder beeinträchtigen die Haltbarkeit und erschweren das Zuschneiden von Tapes für spezielle Anlagen (▶ **Abb. 1.4**).

Ein unangenehmer Geruch verrät den Einsatz von chemischen Stoffen, die nicht nur umweltbelastend, sondern ggf. auch für das Pferd unverträglich sind. Sicherlich werden die Klebestreifen von den Pferden in der Regel nicht gefressen und das Fell verhindert normalerweise einen direkten Hautkontakt, aber man kann nicht ausschließen, dass die Pferde an den Tapes schlecken oder spielerisch mit den Zähnen daran zupfen. Es sollte deshalb selbstverständlich sein, dass man nur verträgliche und antiallergene Materialien am Pferdekörper einsetzt.

Für die weitere Beurteilung verschiedener Tapes, schneidet man einige Teststreifen von den vorliegenden Taperollen. Hier achtet man auf das Schneideverhalten: Franst das Gewebe beim Schneiden aus oder zieht es sich gar von der Folie ab? Wie gut lässt sich das jeweilige Tape gerade, quer und in Schlangenlinie schneiden? Für diese Beurteilung sollte man eine saubere, scharfe Schere verwenden. Hier achtet man außerdem darauf, ob Kleberreste auf der Schere haften bleiben.

Cave

Weil es immer wieder mal vorkommt, dass man ein Tape nochmals nachschneiden muss, wenn es bereits am Pferd aufgebracht ist (▶ Abb. 1.6a), sollte man aus Sicherheitsgründen niemals mit einer spitzen Schere ans Pferd gehen. Für die Arbeit am Pferd ist die Verwendung einer stumpfen, gebogenen Erste-Hilfe-Schere deshalb ein Muss (▶ Abb. 1.6b, ▶ Abb. 1.6c). Bereitet man die Tapes jedoch in genügendem Sicherheitsabstand vom Pferd vor, eignet sich eine qualitativ hochwertige Büro- oder Schneiderschere sehr gut (▶ Abb. 1.5).

▶ **Abb. 1.5** Schneidet man die Tapes mit einer spitzen Schere zurecht, sollte man genügend Sicherheitsabstand zum Pferd einhalten.

Die Teststreifen schneidet man zunächst in gleicher Länge von etwa 25 cm von der Rolle. Beim Entfernen des Trägerpapiers ist insbesondere auf das Abziehverhalten der Klebestreifen zu achten. Lässt sich das Baumwollgewebe nur schwer lösen, übt man bei einer Paper-Off-Anlage (S. 39) unweigerlich zu viel Zug aus. Diese ansonsten praktische Technik ist bei solchen Tapes dann nicht anwendbar.

Die Tapes werden nun ohne Zug nebeneinander auf eine glatte Oberfläche geklebt (▶ **Abb. 1.7**). Anschließend markiert man das Mittelstück von 15 cm mit Hilfe eines Kugelschreibers oder Filzstifts. Um die Dehnfähigkeit der Tapes zu testen, werden die Tapes von der Oberfläche abgezogen, in maximale Dehnung gebracht und in dieser Spannung wieder aufgeklebt (▶ **Abb. 1.8**). Wünschenswert ist eine höchste Dehnfähigkeit des Kinesiotapes von 140 %. Durch Abmessen des zuvor markierten Bereichs kann man die Dehnkapazität der einzelnen Tapes beziffern und miteinander vergleichen (▶ **Abb. 1.9**).

Ein sehr wichtiger Aspekt bei der Beurteilung von elastischen Tapes ist die Überprüfung der Spannkraft. Trotz Maximaldehnung sollte die ursprüngliche Grundspannung der Tapes erhalten bleiben. Um zu prüfen, ob die Tapes nach mehrmaligem Dehnen die Grundspannung

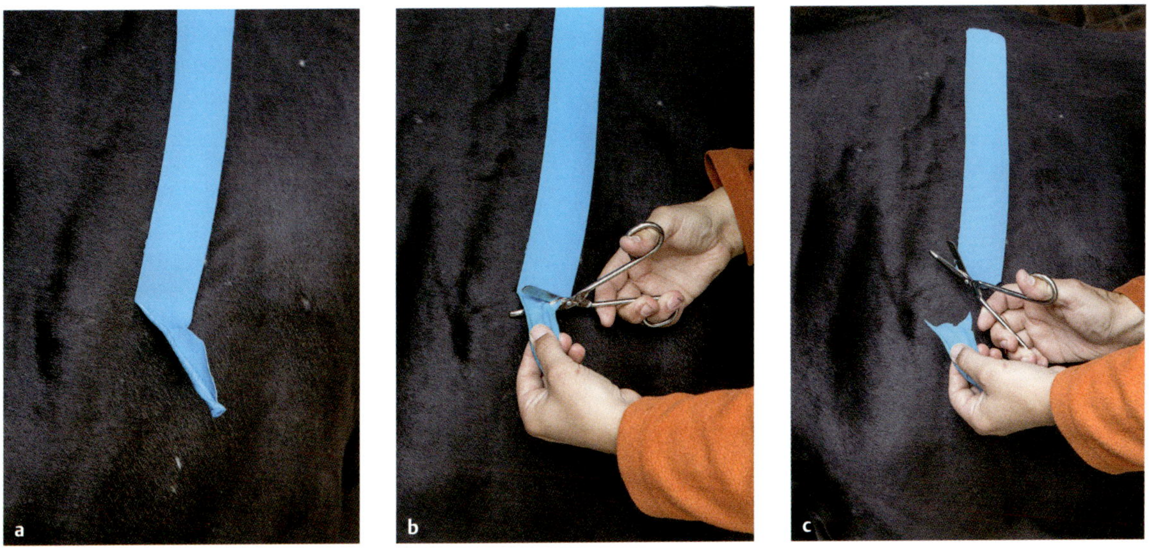

▶ **Abb. 1.6** Zuschneiden eines teilabgelösten Tapes mit einer abgerundeten Schere.

a Durch Schubbern und Wälzen können sich Teile des Tapes frühzeitig ablösen.

b Mit einer abgerundeten Schere schneidet man das abgelöste Tape ab. Auch wenn sich das Pferd bewegt, kann man es mit einer abgerundeten Schere nicht verletzen.

c Nachdem das abgelöste Tapestück abgeschnitten wurde, kann das restliche, noch klebende Tape weiterwirken.

▶ **Abb. 1.7** Die Teststreifen werden ohne Zug nebeneinander auf eine glatte Fläche geklebt und mit Kugelschreiber markiert.

zumindest annähernd halten können, nimmt man einen etwa 20 cm langen Tapestreifen, zieht das Baumwollgewebe von der Trägerfolie ab und dehnt das Material zehnmal in Folge auf maximalen Zug. Diese Prozedur führt man bei allen Teststreifen durch. Nun klebt man diese Streifen ohne jeglichen Zug nebeneinander auf eine glatte Oberfläche und vergleicht, in wie weit die jeweilige Grundspannung erhalten geblieben ist. Wenn das Material stark ausgedehnt ist und kaum mehr seinen ursprünglichen Spannungszustand erreicht, ist das Tape für den Gebrauch am Pferd völlig ungeeignet. Insbesondere lange Tapebänder – vor allem wenn sie über kräftigen Muskeln mit großer Bewegungsamplitude aufgebracht sind – sind am Pferd beträchtlichen Spannungen ausgesetzt. Leiert das Material frühzeitig aus, ist die erwünschte Wirkung der Tapes nicht mehr gewährleistet.

▶ **Abb. 1.8** Die Tapes werden von der Oberfläche abgezogen und in maximaler Dehnung wieder aufgeklebt.

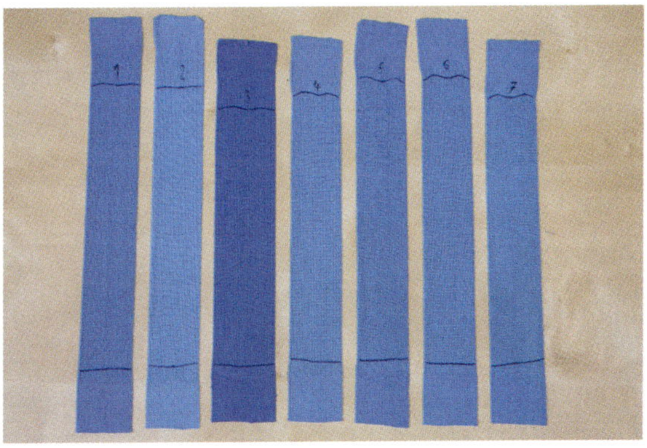

▶ **Abb. 1.9** Die in Maximaldehnung aufgeklebten Tapes können nun miteinander verglichen werden.

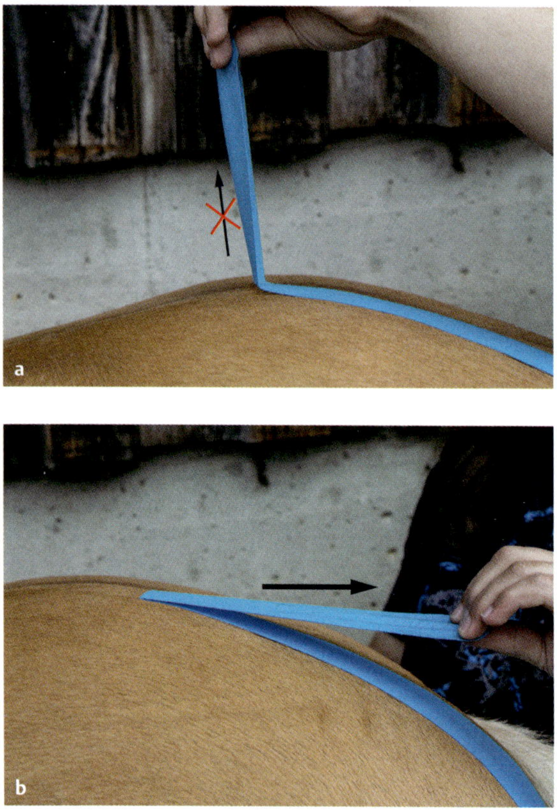

▸ **Abb. 1.10** Korrektes Abziehen des Tapes vom Pferdefell.
a Falsch! Wird das Tape senkrecht zum Pferdekörper abgezogen, zieht das Tape stark an den Haaren, was dem Pferd Schmerzen bereiten könnte.
b Richtiges Entfernen eines aufgebrachten Tapestreifens: Das Band wird dicht am Pferdekörper in Fellstrichrichtung abgezogen.

Um nun die Klebeeigenschaften näher unter die Lupe zu nehmen, klebt man neue Teststreifen wiederum unter null Spannung auf eine glatte Oberfläche. Man aktiviert die Tapes durch Reiben des Baumwollgewebes und zieht die Bänder anschließend wieder ab. Bewertet wird der Widerstand während des Abziehens. Für einen praxisnahen Test klebt man die Streifen in gleicher Technik auf das Pferdefell auf. Das Abziehen erfolgt stets direkt entlang des Pferdekörpers, um ein unangenehmes Ziepen zu vermeiden (▸ **Abb. 1.10**). Haften die Tapes sehr stark, fixiert die zweite Hand zudem den abzulösenden Hautbereich, um Schmerzen zu vermeiden.

Praxistipp
Zu lange und falsche Lagerung verändert die Spannungs- und Klebeeigenschaften der kinetischen Tapes. Insbesondere gilt es, die Tapes vor Hitze und Sonneneinstrahlung zu schützen, da sie am Pferdefell sonst nicht mehr ausreichend haften. Für den mobilen Transport im Auto ist es empfehlenswert, die Tapes in einer Kühlbox oder Styroporschachtel aufzubewahren.

1.1.3 Crosstapes

Im Handel werden auch sogenannte Crosstapes oder Gitterpflaster (▸ **Abb. 1.11a**) angeboten. Sie bestehen überwiegend aus Polyester, haben eine elektrostatische Aufladung und sind in verschiedenen Größen und Farben erhältlich. Cross-Patches finden in der Humantherapie meist in energetischen und reflektorischen Bereichen Anwendung. Insbesondere werden sie auf Schmerzpunkte wie Triggerpunkte oder Akupunkturpunkte geklebt (▸ **Abb. 1.11b**). Zudem verwendet man sie als Narbentape (S. 69) – hier spart man sich das Zuschneiden von vielen kleinen Tapestreifen. Gitterpflaster werden auch häufig mit elastischen Tapes kombiniert.

▸ **Abb. 1.11** Crosstapes.
a Crosstapes kommen hauptsächlich bei Schmerz- und Triggerpunkten zum Einsatz.
b Anwendung eines Crosstapes auf einem Akupunkturpunkt.

1.2 Geschichtlicher Abriss

Die Methode des Kinesiotapings geht auf den japanischen Arzt und Chiropraktiker Kenzo Kase zurück. Der im Jahre 1942 in Tokio geborene Japaner suchte nach einer Methode zur sanften Behandlung von muskulären Schmerzsyndromen. Nach mehrjähriger Forschungsarbeit entwickelte der Arzt die elastischen Klebestreifen aus Baumwollgewebe mit aufgetragenem Acrylkleber. Ziel war es, mit den Klebestreifen feinste Reize auf die Hautrezeptoren zu erzeugen, um auf reflektorischer Ebene die Regenerations- und Selbstheilungsprozesse des Körpers anzuregen.

Nach vielen Versuchen und Studien war die Kinesiotaping-Methode im Jahre 1979 geboren. Im Jahre 1984 gründete Kenzo Kase schließlich die „Kinesio Taping Association" (KTA) in Japan, derer 1997 Niederlassungen in den USA folgten und es 2007 zur Gründung der „Kinesio Taping Association International" (KTAI) kam. 2011 wurde schließlich die „Kinesio Taping Association Germany" gegründet. Die Tapingmethode mit elastischen Bändern etablierte sich in Deutschland erst in den 90er Jahren, als die bunten Tapes über den Leistungssport bekannt wurden.

Mittlerweile haben sich verschiedene „Ableger" der Tapingmethode von Kenzo Kase entwickelt. Im Zuge der Vermarktung der Methode entstanden auch unterschiedliche Qualitäten von Kinesiotapes – ein mittlerweile fast unüberschaubarer Markt.

Es war nur eine Frage der Zeit, bis die Tapingmethode auch an Tieren ausprobiert wurde. Trotz der Schwierigkeiten mit der Haltbarkeit der Tapes auf dem Fell und anderen differierenden Voraussetzungen zwischen Mensch und Tier hat sich das Kinesiotaping mittlerweile auch bei der Anwendung am Tier etabliert. Einige Modifikationen waren allerdings notwendig, bis insbesondere Hunde und Pferde nun ebenfalls von elastischen Tapes profitieren konnten.

1.2.1 Begrifflichkeit

Das Tapen mit elastischen Klebebändern unterliegt verschiedenen Bezeichnungen, die teils auch Verwirrungen mit sich bringen. Kenzo Kase als Begründer dieser Tapingmethode hat den Begriff „kinesiology taping" verwendet. Ins Deutsche übersetzt kristallisierte sich der Terminus des Kinesiotapings heraus. Abgeleitet ist der Ausdruck vom griechischen Wort „kinesis" = Bewegung sowie dem englischen Wort „tape" = Band.

Somit spricht man in deutschsprachigen Raum auch vom „kinesiologischen Taping", einer Bezeichnung, die jedoch Raum für Falschinterpretationen gibt. Der Begriff „Kinesiologie" steht im deutschen Sprachgebrauch einerseits für die wissenschaftliche Lehre von der Bewegung, andererseits aber auch für ein alternativmedizinisches Verfahren eines Körperfeedbacks, das jedoch korrekterweise mit „Angewandter Kinesiologie" bezeichnet werden müsste, weil der englische Ursprungsbegriff „Applied Kinesiology" diese Methode exakt beschreibt. Bei der Applied Kinesiology werden manuelle Muskeltests dazu benutzt, über die Muskelspannung eine Rückmeldung des Körpers über dessen Zustand zu erhalten. Mit dieser Technik kann der Kinesiologe beispielsweise Störfelder (Verletzungs- und Krankheitsbereiche) lokalisieren sowie die passenden Therapiemethoden und/oder benötigte Medikamente austesten. Dieses Diagnoseverfahren der Angewandten Kinesiologie hat allerdings nichts mit dem kinesiologischen Taping zu tun, außer dass sich die Begriffe vom griechischen Wort „kinesis" für Bewegung ableiten.

Um Begriffsverwirrungen vorzubeugen, haben sich auch Bezeichnungen wie „elastisches Taping", „flexibles Taping", „kinetisches Taping", Kinesiotaping bzw. einfach nur „K-Taping" oder „medizinisches Bewegungstaping" etabliert.

1.3 Indikationen und Kontraindikationen

Indikationen Das Kinesiotaping wird in erster Linie zur Schmerzreduktion eingesetzt. In diesem Zusammenhang wendet man die Tapingmethode meist in Verbindung mit anderen Therapieverfahren an. Eine perfekte Ergänzung stellt das Taping zur Manuellen Therapie (Osteopathie, Physiotherapie, Chiropraktik) dar, insbesondere weil der Fokus in der Tapingtherapie auf Einschränkungen des Bewegungsapparats liegt. Doch die Anwendungsgebiete sind weitreichend. So kann das Taping nicht nur auf manueller, sondern auch auf energetischer, visceraler, vaskulärer und reflektorischer Ebene eingesetzt werden, um die jeweilige angewandte primäre Therapieform zu unterstützen.

Einige Therapeuten wenden das Bewegungstaping auch als alleinige Therapieform an. Dies mag gewiss gut funktionieren, wenn der Therapeut die Prinzipien der korrekten Befunderhebung (S. 88) berücksichtigt. Mit wohlüberlegten, sinnvoll angelegten Tapes können Heilungsverlauf und Wohlbefinden des Pferdes sicherlich adäquat unterstützt werden, dennoch ist das Taping kein Ersatz für eine Manuelle Therapie. Es ist deshalb ratsam, das Taping als Ergänzung zur Primärtherapie zu sehen. Das Kinesiotaping kann keine Wunder vollbringen, aber es kann die Körperfunktionen in positiver Weise beeinflussen. Deshalb leistet das kinetische Taping insbesondere als Zusatztherapie wertvolle Dienste und ist somit maßgeblich am Therapieerfolg beteiligt.

! Merke

Beim Kinesiotaping steht die Schmerzreduktion an erster Stelle.

Mit Hilfe spezieller Anlageformen kann das Kinesiotaping bei unterschiedlichsten Beschwerden eingesetzt werden. Wie bereits erwähnt, steht die Schmerztherapie bei jeglicher Behandlung an erster Stelle. Weitere Anwendungsgebiete sind muskuläre Dysbalancen, beispielsweise Verspannungen, Hypotonus oder Muskelüberlastungen. Häufig findet das Taping zur Unterstützung bei Sehnen- und Bänderproblematiken Anwendung. Sehnenverletzungen sind bei Pferden relativ häufig, schließlich besitzt das Pferd im Kreise aller Haustiere die sehnigste Muskulatur. Bei Gelenkinstabilitäten aufgrund einer Bänderschwäche kann das Taping ebenfalls gute Dienste leisten. Behandeln lassen sich außerdem Ödeme und Stauungssyndrome, indem mit Hilfe der Klebestreifen der Lymphabfluss unterstützt wird. Bei neurologischen Problemen kann ein Tape wichtige Impulse auf das Nervensystem ausüben. Spezielle Tapingtechniken helfen außerdem, Faszienverklebungen im Gewebe zu lösen und die physiologische Funktionalität wieder herzustellen.

Erworbene Fehlstellungen (▸ **Abb. 1.12**), aber auch Schonhaltungen beispielsweise aufgrund einer vorausgegangenen Verletzung sowie Haltungs- und Bewegungsschwächen diverser Genese können mit geschickt angelegten Korrekturtapes verbessert oder gar beseitigt werden. Nicht zuletzt können Narben mit elastischen Tapes behandelt werden, um das Gewebe von Verklebungen zu befreien und somit eine Schmerzreduktion zu erreichen.

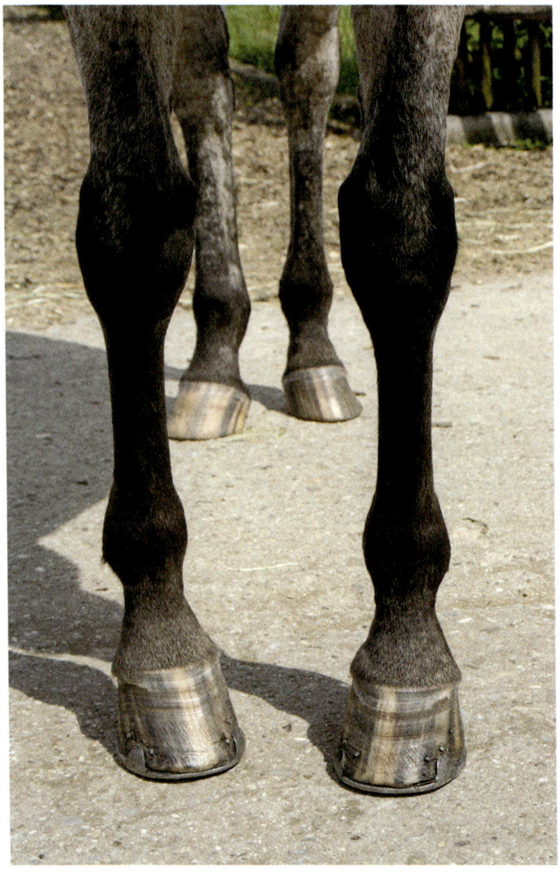

▸ **Abb. 1.12** Stellungsfehler (S. 184) wie diese massive, zehenenge Stellung können mit geschickt angelegten Tapes positiv beeinflusst werden.

Aufgrund der vielen Anwendungsgebiete kann man den Eindruck gewinnen, dass das Kinesiotaping bei allen Erkrankungen und Verletzungen hilfreich ist. Dem „Hilft-für-alles-Effekt" sollte man gegensteuern, weil diese – für spezielle Einsatzgebiete hervorragende Therapieergänzung – seine Gewichtung verliert, wenn sie unbedacht angewendet wird. Die Tapestreifen müssen wohlüberlegt geklebt werden, will man einen positiven Effekt erreichen. Nicht jede gesundheitliche Störung ist deshalb prädestiniert, mit elastischen Tapes behandelt zu werden. So ist das Taping für manche Erkrankungen ungeeignet, weil das Ergebnis unbefriedigend wäre. Zudem gibt es klare Kontraindikationen und relative Kontraindikationen für bestimmte Gesundheitsstörungen, die es zu beachten gilt.

Kontraindikationen Absolute Kontraindikationen sind offene Wunden sowie Hautirritationen und Hauterkrankungen (z. B. Hautpilz, Sommerekzem, Juckreiz durch Allergien und natürlich auch schwerwiegende Hauterkrankungen wie HERDA etc.). Vor jeder Tapeanlage sollte der Therapeut deshalb überprüfen, ob die Haut intakt ist oder Verletzungen aufweist. Hierzu ist es schon mal nötig, das Fell gegen die Strichrichtung aufzustellen, um den Zustand der Haut beurteilen zu können. Insbesondere unpigmentierte Haut sollte einer genauen Begutachtung unterzogen werden, denn schon ein leichter Sonnenbrand, der im Sommer relativ schnell an wenig behaarten Stellen (Maul) zustande kommen kann, ist ein Grund, nicht zu tapen.

Kontraindiziert ist auch das Tapen bei unklaren Lahmheiten. Erst nach Diagnosestellung durch den Tierarzt kann entschieden werden, ob und in welcher Form Tapes angelegt werden können. Bei Fissuren oder Frakturen sowie frischen Bänder-, Sehnen- oder Muskelrupturen, aber auch allen anderen extrem schmerzhaften Verletzungen darf zunächst nicht getapet werden. Immer muss man damit rechnen, dass das Tape aus verschiedenen Gründen vorzeitig abgezogen werden muss, was bei einer sehr schmerzhaften Verletzung für das Pferd unzumutbar wäre.

Ödeme dürfen nur dann mit Klebestreifen behandelt werden, wenn die Ursache durch den Tierarzt abgeklärt worden ist. Renale und kardiale Lymphödeme sind für eine Tapinganlage kontraindiziert, da die betroffenen Funktionskreise (Herz-/Kreislaufsystem, Nieren) überlastet werden könnten.

Eine relative Kontraindikation stellt eine Cortison-Langzeittherapie dar, weil die Haut dabei sehr empfindlich wird. Erhält ein Pferd über einen längeren Zeitraum Cortison, sollte tierärztlicher Rat eingeholt werden. Auch bei grundsätzlich medikamentös behandelten Pferden ist der Tierarzt über etwaige Nebenwirkungen zu befragen. So könnten beispielsweise blutverdünnende Schmerzmittel eine Kontraindikation darstellen, um aufgrund der Tapewirkung keine Einblutungen zu riskieren.

Bei trächtigen Stuten ist die Überlegung anzustellen, ob ein Tape ggf. kontraproduktiv wirken könnte. Hier sind Fragen zu klären, welche Tapeanlage angedacht ist und ob diese eine Wirkung auf die Trächtigkeit haben könnte.

1.4 Wirkungsweise

Kennt man die Wirkmechanismen der elastischen Tapes auf den Körper, sind die Gründe hierfür einleuchtend, dass das Kinesiotaping keinen Ersatz, sondern vielmehr eine Ergänzung zur Manuellen Therapie darstellt. Erfahrungen haben gelehrt, dass die Wirkung von osteopathischen, physiotherapeutischen und chiropraktischen Maßnahmen mit Unterstützung von kinetischen Tapes um ein Vielfaches verlängert werden kann.

Manuelle Einwirkungen auf das Pferd enden, sobald der Therapeut die Hand vom Pferdekörper nimmt (▸ Abb. 1.13). Eine Nachwirkung der Behandlung ist zwar über Stunden, manchmal sogar über mehrere Wochen gegeben, doch eine aktive Stimulation findet nicht mehr statt.

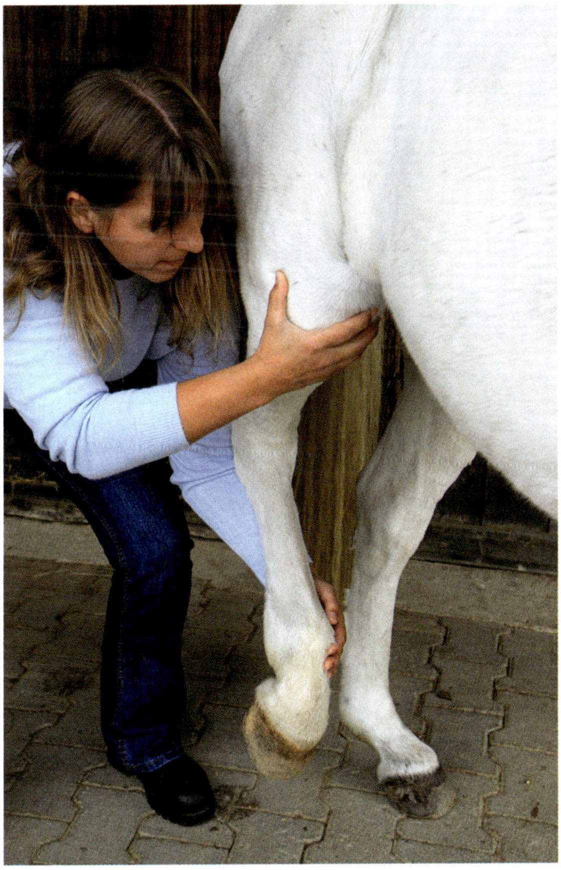

▸ **Abb. 1.13** Die Manuelle Therapie stellt bei Problemen am Bewegungsapparat meistens die Primärtherapie dar, welche mit kinesiologischen Tapes hervorragend unterstützt werden kann.

Unterstützt man die Behandlung jedoch mit anschließend aufgebrachten elastischen Tapes, kann man die Stimulation des Gewebes dauerhaft aufrechterhalten – so lange die Tapes auf dem Pferdefell haften bleiben, aber auch darüber hinaus. Wenn man von einem Zeitraum von fünf Tagen ausgeht, in denen die elastischen Klebestreifen am Pferd verbleiben, lässt sich innerhalb dieser fünf Tage der Status quo durch die vorausgegangene manuelle Behandlung aktiv aufrecht erhalten, und die Manuelle Therapie sogar teilweise noch intensivieren. Weil sich das Pferd innerhalb des Tapingzeitraums außerdem an das Tragen der Tapes gewöhnt hat, wirkt die Stimulation der Klebestreifen auch nach dessen Ablösen vom Pferdefell spürbar länger nach als durch die Manuelle Therapie allein. Dies erklärt die deutlich längere Wirksamkeit der kombinierten Behandlung mit Manueller Therapie und kinesiologischem Taping (▸ Abb. 1.14).

Merke

Kinesiologische Tapes können die Nachwirkungen einer Primärtherapie um ein Vielfaches verlängern und intensivieren. Deshalb ist das Kinesiotaping kein Ersatz, sondern stets eine Ergänzung zur Haupttherapie wie beispielsweise der Manuellen Therapie.

Das spezifische Wirkungsspektrum der flexiblen Tapes ist abhängig von der Anlageart und der Gewebeproblematik. So lassen sich beispielsweise bei Muskeltapes (die ohne oder mit nur geringem Zug angebracht werden) sowohl entspannende als auch aktivierende Wirkungsweisen auf den mit den Klebebändern angesteuerten Muskel erzielen. Die unterschiedlichen Tapinganlagen haben deshalb spezifische Wirkungsrichtungen, die bei der Vorstellung der jeweiligen Anlageform (S. 36) näher erläutert werden.

Fazit

Die allgemeinen Effekte von elastischen Klebebändern kann man wie folgt zusammenfassen:

- Schmerzreduktion durch Stimulation von Hautrezeptoren
- Tonusausgleich der Muskulatur und damit verbundene Wiederherstellung der Muskelbalance
- Verbesserung der Faszienfunktionalität mittels Lösen von Verklebungen
- Anregung von Blut- und Lymphfluss durch Forcierung der Mikrozirkulation
- Korrektur von Haltungsschwächen, Schonhaltungen und Gelenkfehlstellungen
- Einflussnahme auf die Koordination und Körperwahrnehmung des Pferdes

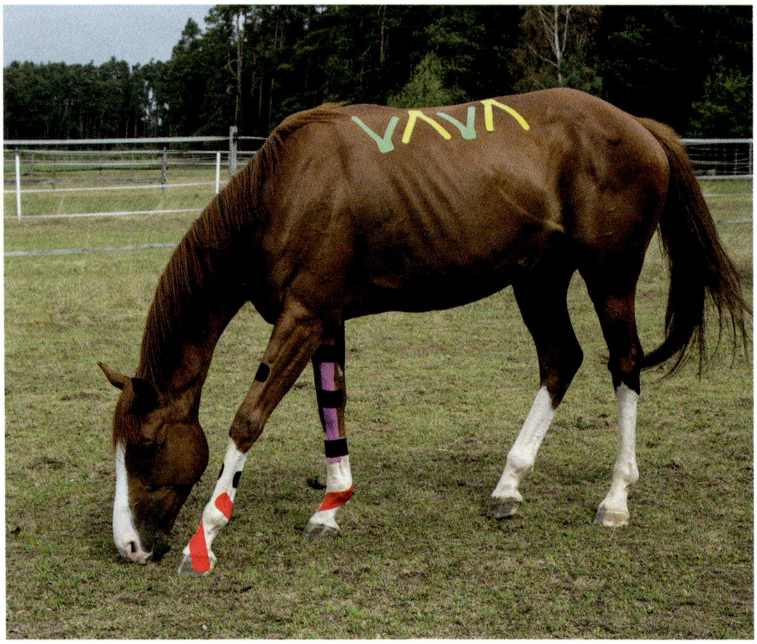

▶ **Abb. 1.14** Tapes wirken nach der Primärtherapie noch lange Zeit durch minimale Impulse nach.

1.4.1 Thesen

Wie kommen nun diese Effekte zustande? Die Klebeverbindung des Tapes mit dem Pferdefell beeinflusst die Hautrezeptoren, sobald sich das Pferd in Bewegung setzt. Normalerweise würde sich die Haut entsprechend den Bewegungen des Pferdes verhalten. Die Klebetapes hingegen initiieren ein anderes Bewegungsmuster der Haut und stimulieren somit die verschiedenen Rezeptoren in der Haut. Über die Mechanorezeptoren des Tastsinns werden Druck-, Berührungs- und das Fibrationsempfinden weitergeleitet. Für die Propriozeption zählen die Mechanorezeptoren in den Muskelspindeln, den Golgi-Sehnen (Übergang des Muskelursprungs zur Sehne) und in den Ruffini-Körperchen (in Gelenkkapseln und Bändern). Zu den für die Enterozeption zuständigen Mechanorezeptoren gehören Dehnungsrezeptoren im kardiovaskulären System und in den Organen (z. B. Gastrointestinaltrakt, pulmonales und urogenitales System). Weiter erfolgt eine Stimulation der Nozizeptoren, das sind Rezeptoren, die für die Schmerzwahrnehmung verantwortlich sind.

Das Kinesiotape erreicht damit einen therapeutischen Effekt auf neurophysiologischer Ebene. Durch das Tape wird verhindert, dass die Haut den Bewegungen des Körpers in der Weise folgt, wie es ohne Klebeband geschehen würde. Infolgedessen kommt es zu Verschiebungen in den Hautschichten und dem darunter liegenden Gewebe (Faszien, Muskeln, Unterhautfettschicht). Dies wiederum führt dazu, dass sich Verklebungen in diesen Schichten lösen. Folglich vergrößert sich die Range of Motion – ROM – (= Bewegungsausmaß) der Strukturen. Zu guter Letzt kommt es zu einer besseren Durchblutung sowie Schmerzreduktion und einer Optimierung der Nährstoffversorgung im jeweiligen Gebiet.

Das Klebeband kann seine Wirkung allerdings nur dann entfalten, wenn das Gewebe bewegt wird. Ohne Bewegung ist ein Therapieerfolg deshalb nicht zu erwarten. Aus diesem Grund sind Verletzungen, die eine Ruhigstellung erforderlich machen oder Lähmungen, die eine aktive Bewegung nicht zulassen, über kinesiologische Tapes kaum therapierbar.

Praxistipp
Bewegung ist der Schlüssel zum Therapieerfolg.

Während die Tapes einerseits Verschiebungen in den Haut- und in den darunter liegenden Schichten initiieren, gewährleisten sie andererseits bei speziellen Anlagetechniken ein Abheben der Haut. Dies erfolgt insbesondere dann, wenn die zu tapende Struktur in Vordehnung gebracht wird, während das Band auf das Fell geklebt wird. In Neutralstellung wirft das Tape schließlich Wellen (Convolutions), die die Haare aufstellen und leichten Zug auf die darunter liegende Haut ausüben (▶ **Abb. 1.15**). Damit wird ein Unterdruck im Gewebe erzeugt, der den interstitiellen Raum erweitert und die Hautrezeptoren entlastet (▶ **Abb. 1.16**).

Durch die Raumerweiterung im Gewebe werden die Schmerzrezeptoren ausgeschaltet, die Blutzirkulation und der Lymphfluss unterstützt, des Weiteren wird der Druck auf die überlasteten Bereiche reduziert.

Neben den Wirkungsweisen auf neurophysiologischer und physikalischer Ebene lassen sich noch weitere Erklärungsmodelle diskutieren. Auf segmentaler Ebene (S. 75) erhält man über die Dermatome einen reflektorischen Zugang zu den Organen (= Viscerotom) sowie den Myo-, Neuro-, Sklero- und Angiotomen. Auf diese Weise ist es dem Therapeuten möglich, Einfluss auf die Organfunktio-

▶ **Abb. 1.15** Convolutions ergeben sich nach ausgiebiger Vordehnung des Gewebes. Sie erzeugen einen Unterdruck im Gewebe, erweitern somit den interstitiellen Raum und schaffen eine Entlastung der Hautrezeptoren.

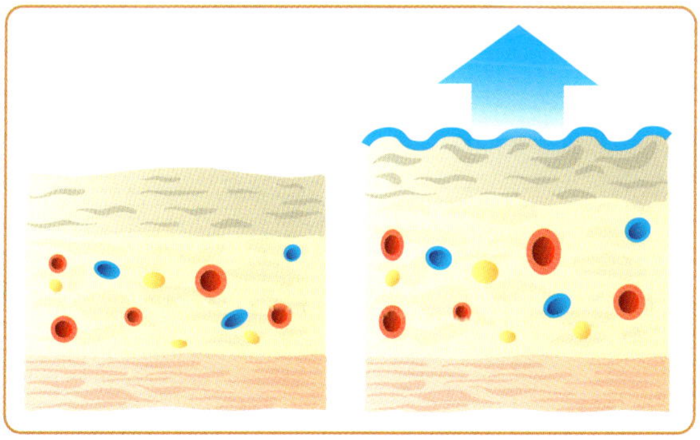

▶ **Abb. 1.16** Die durch die Convolutions geschaffene Raumerweiterung des Unterhautfettgewebes unterstützt die Blutzirkulation und den Lymphfluss.

nen wie das Atemsystem, den Gastrointestinaltrakt, die Entgiftungsorgane (Leber, Niere) oder anderweitige Körpersysteme zu nehmen.

Selbst das Tapen von Energieleitbahnen, den aus der Akupunktur bekannten Meridianen, ist für energetisch arbeitende Therapeuten eine vielversprechende Ergänzung ihrer Therapieform. Je nach Art und Weise der Zugrichtung der Tapes kann das Qi in den Meridianen zum Fließen gebracht oder gedämpft werden. Nicht zuletzt lassen sich mittels Klebepatches (Crosstapes) Akupunktur- und myofasziale Triggerpunkte (die meist identisch lokalisiert sind) stimulieren bzw. sedieren (▶ **Abb. 1.11**).

1.5 Farbenlehre

Elastische Tapes werden – je nach Anbieter – in unterschiedlichen Farben angeboten. Für den Pferdebesitzer und Therapeuten ergibt sich daraus die logische Frage nach der Farbwahl. Zunächst sollte erwähnt werden, dass die Farbe keinen Einfluss auf die Beschaffenheit der Tapes hat. Materialunterschiede lassen sich von Hersteller zu Hersteller feststellen, jedoch normalerweise nicht bei unterschiedlich gefärbten Bändern eines einzelnen Produzenten. Die Bänder ein und desselben Herstellers haben dieselbe Dehnfähigkeit, denselben Acrylkleber und eine identische Gewebestruktur. Unterschiede sind abhängig vom Material, jedoch nicht von der Farbe. Dennoch haben sich unterschiedliche Tapefarben auf dem Markt etabliert.

In der Anfangszeit der Tapingtherapie kamen nur beige Klebebänder zum Einsatz. Die hautfarbenen Tapes wirken auf der menschlichen Haut unauffällig und eignen sich deshalb auch dazu, sie im sichtbaren Hautbereich wie beispielsweise im Gesicht anzuwenden. Schon nach kurzer Zeit jedoch verlangte der Markt nach weiteren Farbvarianten. Viele Patienten akzeptieren die beige Farbe nicht gut, da sie an die üblichen Pflaster erinnern und somit einen „kranken“ Charakter vermitteln. Dies ist einer von mehreren Beweggründen, weshalb wenig später die Tapes auch in anderen Farben hergestellt wurden.

Mittlerweile haben sich einige Hauptfarben herauskristallisiert: Beige, blau, rot (pink) und schwarz. Dennoch werden inzwischen deutlich mehr Farben angeboten: Violett, orange, gelb, grün, grau und weiß (▶ **Abb. 1.17**). Die Farbenvielfalt kommt dem Verbraucher insofern zu Gute, da sich fast jeder seinen persönlichen Farbwunsch erfüllen kann. Bekanntermaßen haben Farben auf den Menschen eine sehr bedeutende Wirkung. Gibt es ein Produkt in einer einzigen Farbe, wirkt es uninteressant und langweilig. Findet ein Kunde einen Artikel hingegen in verschiedenen Farben vor, hat er die Wahl und fühlt sich „aufgefordert“, eine Wahl zu treffen. Liegt das Produkt nun in seiner Lieblingsfarbe vor, will es der Kunde haben. Somit tätigt der Mensch viel eher einen Kauf, wenn das jeweilige Produkt in seiner bevorzugten Farbe angeboten wird als in einer Farbe, die ihm nicht gefällt.

1.5.1 Wirkung von Farben

Es ist unbestritten, dass Farben eine Wirkung auf den Körper haben. Wie diese Wirkung zustande kommt, wird hingegen nach wie vor kontrovers diskutiert. Farben wer-

▸ **Abb. 1.17** Kinesiologische Tapes sind in verschiedenen Farben auf dem Markt erhältlich.

▸ **Abb. 1.18** Pferde können nicht dasselbe Farbspektrum wahrnehmen wie der Mensch. Sie sehen beispielsweise kein Rot, Orange und leuchtendes Gelb. Die Taperollen von ▸ **Abb. 1.17** erkennen Pferde etwa im hier dargestellten Farbspektrum.

den zum einen über das Auge wahrgenommen, man geht jedoch davon aus, dass auch die Haut in der Lage ist, Farbschwingungen aufzunehmen. Die Hautrezeptoren registrieren dabei die Schwingungsfrequenz der jeweiligen Farbe und leiten sie ins Innere des Körpers. Dabei sollen bestimmte Hautregionen und Punkte – vor allem die Akupunkturpunkte – besonders empfänglich für die Aufnahme der Farbfrequenz sein.

Merke

Farben wirken aufgrund ihrer verschiedenen Wellenlänge und Frequenz auf den Körper unterschiedlich ein.

Jede Zelle hat eine gewisse Eigenschwingung, die durch die Farbfrequenz und deren Wellenlänge beeinflusst werden kann. Da Farben jeweils spezifische Wellenlängen und Schwingungsfrequenzen aufweisen, wirken sie auch unterschiedlich auf den Körper. Sie greifen nicht nur in die Psyche des jeweiligen Lebewesens ein, sondern auch in die organischen Prozesse. Jede Beeinflussung von außen hat eine Auswirkung auf den Körper. So können diese Einflüsse heilungsfördernd, aber auch krankmachend sein. In aller Regel haben Erfahrungen gezeigt, welche Wirkung Farben auf den Organismus haben, so unterscheidet man in einer sehr groben Einteilung „warme" und „kalte" Farben, die aktivierend oder sedierend wirken.

Merke

Die Wellenlänge einer Farbe ist mit der Schwingungsfrequenz gekoppelt. Während die Wellenlänge den Abstand einer sinusförmigen Phase zur nächsten bezeichnet und somit den räumlichen Parameter darstellt, gibt die Frequenz die Anzahl der Phasenwiederholungen pro Sekunde an.

Über das Auge werden Farben sehr suggestiv wahrgenommen, mit Assoziationen verknüpft und somit keineswegs objektiv bewertet. Die Farbe des sichtbaren Lichts, die man visuell wahrnimmt, hat deshalb vorrangig eine psychische Wirkung. Die Schwingungsaufnahme der Farbe über die Haut hingegen scheint einem anderen Gesetz zu folgen. Die Mechanismen hierzu sind bislang noch nicht vollständig geklärt, doch können viele Therapeuten eine Farbwirkung – unabhängig von der Aufnahme über das Auge – bestätigen.

Fast jeder Mensch hat eine Lieblingsfarbe, die sich im Laufe seines Lebens auch ändern kann. Aus welchem Grund sich ein Mensch für eine Lieblingsfarbe entscheidet, kann dieser meist nicht spontan beantworten, wenn die entsprechenden Assoziationen hierzu unbewusst erfolgt sind. Menschen machen in Verbindung mit Farben gewisse Erfahrungen im Leben. Ist das Erlebte von positivem Charakter, wird die begleitende Farbe als angenehm eingestuft. Verbindet man mit einer Farbe allerdings ein schlechtes Erlebnis, wird dieser Farbton wohl nie zur Lieblingsfarbe avancieren.

Fast 40 % der deutschen Bevölkerung gibt Blau als Lieblingsfarbe an. Große blaue Flächen stellen auf unserer Erde der wolkenlose Himmel und das Meer dar. Beides wird meist mit positiven Erlebnissen – möglicherweise mit Urlaub am Strand – verbunden. Sie vermitteln Ruhe, Weite, Sehnsucht und Entspannung. Somit ist es gut nachvollziehbar, dass Blau in der Beliebtheitsskala der favorisierten Farben ganz oben steht.

Die Werbung macht sich dies zunutze, viele Firmen lassen in ihr Logo deshalb Blautöne einfließen. Versierte Unternehmen bedienen sich eher „attraktiven" Farben in Verbindung mit ihren Werbeslogans. Auf dem zweiten Rang der Lieblingsfarbskala der Bevölkerung findet sich mit etwa 20 % die Farbe Rot. Knapp dahinter belegt die Farbe Grün den dritten Platz.

Pferde nehmen Farben allerdings ganz anders wahr als der Mensch. Sie sehen nicht das volle Farbspektrum. Den Pferden fehlen die Zapfen, die langwelliges Licht aufnehmen können, womit das Pferd weder Rot, Orange und sehr wahrscheinlich auch kein leuchtendes Gelb sehen kann (▸ **Abb. 1.18**). Aus diesem Grund kann die emotionale Wirkung von Farben nicht Eins zu Eins auf das Pferd übertragen werden. Rot ist für Pferde keine Signalfarbe, weil sie diese eher als Graugrün wahrnehmen.

! Merke

Der Mensch kann Farben im Wellenlängenbereich von etwa 380 nm (Violett) bis 780 nm (Rot) wahrnehmen. Das Pferd ist nicht in der Lage, langwelliges Licht zu sehen, denn dessen sichtbares Farbspektrum bewegt sich im Bereich von etwa 420 nm (Violett) bis 540 nm (Hellgrün).

In der Tapingtherapie hingegen ist die Farbwahrnehmung über das Auge nicht relevant. Selbst die Farben einer Tapeanlage auf dem Rücken oder den Hinterhandmuskeln, die das Pferd mit seinen Augen nicht erfassen kann, entfalten ihre Wirkung, wie folgender Versuch zeigt: Tapestreifen auf den Mm. semitendinosi und Mm. semimembranosi in der Farbe Rot hatten nach wiederholten Versuchen und gleicher Tapetechnik bei einer 10-jährigen braunen Quarter Horse-Stute eine andere Wirkung als dieselben Streifen in Grün. Bei den roten Tapes kam es nach wenigen Stunden zu einer Ansammlung von Lymphflüssigkeit in den Beinen, bei den grünen Tapes zeigten sich keine Umfangsvermehrungen. Somit waren die roten Tapes bei diesem Pferd kontraindiziert, während Grün für den richtigen Ausgleich sorgte.

Sicherlich reagieren nicht alle Pferde auf die Farbschwingung so intensiv, doch ist dies ein Hinweis, dass die Berücksichtigung der Farbe bei der Anlage von Tapes durchaus Sinn macht.

1.5.2 Bedeutung von Farben für das elastische Tapen

Obwohl klar herausgestellt werden muss, dass die korrekte Anlagetechnik und nicht die Farbwahl der Tapes für den Therapieerfolg ausschlaggebend ist, kann eine falsch gewählte Farbe die Wirkung der Tapeanlage mehr oder weniger blockieren bzw. in eine falsche Richtung führen. Somit können die Therapieerfolge durch eine gezielte Farbwahl zusätzlich unterstützt werden. Man kann sicher sein, dass kein Placeboeffekt – da dieser bei Pferden nicht funktioniert – oder eine anderweitige Beeinflussung das Therapieergebnis lenkt. Bestenfalls könnte man sich vorstellen, dass der Pferdebesitzer eine gewisse Erwartungshaltung gegenüber der Wirkung einer bestimmten Farbe hat und diese auf das Pferd überträgt. Dies setzt natürlich eine intensive, emotionale Bindung zwischen Mensch und Pferd voraus. Denkbar ist diese Möglichkeit aber nur, wenn der Pferdebesitzer ein entsprechendes Wissen über die Wirkung von Farben besitzt und so zum „Glaubensvermittler" werden kann.

Aufgrund der vielfältigen Erfahrungen von Therapeuten und den oben dargestellten Theorien über die Wirkung von Farben insbesondere durch die Hautrezeptoren sollte man die Farbwahl in seine Tapingtherapie mit einbeziehen. Selbst die größten Skeptiker, die der Farbe keinerlei Wirkung zutrauen, machen nichts falsch, wenn sie sich nach der Farbenlehre richten.

In der nachfolgenden ▸ **Tab. 1.1** sind die Tapefarben aufgeführt, die am Markt erhältlich sind. Nicht alle Hersteller bieten die gesamte Farbpalette an, doch kann sich der Therapeut in der Auswahl und Zusammenstellung der Tapefarben für seine Anlagen anhand der Farbtabelle orientieren.

1.5.3 Auswahl der Farbe

Will man sich an die Farblehre halten, bleiben dem Therapeuten dennoch verschiedene Farbvariationen für bestimmte Tapeanlagen zur Wahl. Nimmt man nun Rot, Pink oder Schwarz für eine tonisierende Muskelanlage? Greift man lieber zu Blau, Grün oder Türkis für ein Schmerztape? In welchen Fällen gibt man Gelb oder Orange den Vorzug oder entzieht man sich geschickt einer Entscheidung durch die Verwendung eines neutralen Beige oder Weiß?

Unsichere Therapeuten tendieren darum eher zu neutralen Farben, während von gewissen Farbwirkungen überzeugte Taper bestimmte Farben vorrangig einsetzen. Hier spielt die Einstellung und Überzeugung des jeweiligen Therapeuten eine große Rolle. Grundsätzlich gilt: Sehr viel falsch machen kann man nicht, wenn man sich annähernd an die Farbenlehre hält. Ob man sich bei einer Muskelanlage, die entspannend wirken soll, nun für eine blaue, beige, weiße oder grüne Farbe entscheidet, ist sicherlich nicht entscheidend für den Therapieerfolg, so lange man nicht extrem kontraproduktiven Farben wie Rot oder Pink den Vorzug gibt, da man erfahrungsgemäß von einer Farbwirkung ausgehen muss. Dem Therapieziel entgegengesetzt wirkende Farben können durchaus einen aufhebenden oder kontroversen Effekt auslösen, wodurch die erwünschte Wirkung der Tapeanlage gehemmt wird. Da dies nicht im Sinne des Therapeuten sein kann, gehört die passende Farbwahl ebenso zu einer korrekten Anlage wie der richtige Zuschnitt und die vorgegebene Zugstärke und -richtung des Tapes.

Manche Taper wählen instinktiv eine passende Farbe für die jeweilige Tapeanlage aus, ohne sich große Gedanken zu machen. Dies geschieht aufgrund der überlieferten und unbewusst erlernten, emotionalen Farbwirkung auf jeden einzelnen Menschen. Die intuitiv gewählte Farbe passt in den meisten Fällen sehr gut zur Wirkungsrichtung der Tapeanlage. Allerdings ist die Fehlerquelle bei Tiertherapeuten höher als im Humanbereich, wenn die Farbe „aus dem Bauch heraus" gewählt wird. Das mag möglicherweise daran liegen, dass man die Fellfarbe der Tiere mit einbezieht und gerne eine Bandfarbe wählt, die zum Deckhaar passt.

▶ **Tab. 1.1** Farbwirkung

Farbe	Wellenlänge	Frequenz	emotionale Wirkung	Tapewirkung	Einsatz
rot	640–770 nm	470–390 THz	Das langwellige Rot ist die Farbe des Feuers und wirkt stark stimulierend. Es macht aggressiv, aktiviert, ist Stoffwechsel anregend, erwärmend und ermunternd.	aktivierend, anregend	aktivierende Muskeltapes, insbesondere bei atrophierten Muskeln, Korrekturtapes, Ankertapes
orange	580–640 nm	520–470 THz	Orange ist ebenfalls eine anregende Farbe, jedoch nicht so aggressiv wie Rot. Sie ist dennoch erwärmend, anregend, fördert Freude und Optimismus, wirkt stimmungsaufhellend und leistungssteigernd.	aktivierend, leistungssteigernd	Faszientapes, aktivierende Muskeltapes vor allem bei Tapeanlagen zur Leistungs-optimierung
gelb	540–580 nm	560–520 THz	Gelb steht für Optimismus, Kreativität, Freude, Vernunft, aber auch für Geiz und Neid. Es wirkt konzentrationsfördernd, nervenstärkend und stimmungsaufhellend.	tonisierend	Nerventapes, Faszienanlagen, Narbentapes, eventuell auch tonisierende Muskelanlagen
grün	490–540 nm	610–560 THz	Grün steht für die Natur und symbolisiert Harmonie, Gleichgewicht, Hoffnung, Wachstum und Großzügigkeit. Es wirkt ausgleichend, harmonisierend, regenerierend und beruhigend	ausgleichend, harmonisierend, regenerierend, beruhigend	Alle Formen von Tapeanlagen möglich, da die Wirkung stets in Richtung normalisierend geht. Beliebt bei Narben-, Space-, Segment- und Faszientapes.
cyan/türkis	480–490 nm	630–610 THz	Türkis wird mit Freiheit und Offenheit in Verbindung gebracht, kann aber auch distanzierend, abgrenzend und extravagant wirken. Die kühle, frische Farbe soll außerdem bei Schüchternheit helfen. Sie ist als Mischfarbe von Blau und Grün beruhigend und ausgleichend.	beruhigend, ausgleichend	entspannende Muskeltapes, Lymph-, Schmerz-, Meridian-, Segment-, Faszien- und Nerventapes
blau	430–480 nm	700–630 THz	Das kurzwellige Blau wird als kalte Farbe empfunden und wirkt stark beruhigend. Sie steht aber auch für Sehnsucht, Vertrauen und Melancholie.	stark beruhigend	entspannende Muskeltapes, Lymph-, Schmerz-, Meridian-, Segment-, Faszien- und Nerventapes
violett	390–430 nm	770–700 THz	Violett assoziiert man mit Würde, Macht, Mystik und Inspiration. Man schreibt dieser Farbe eine schmerzlindernde, aber auch kräftigende und vertiefende Wirkung zu, soll außerdem reinigend und entschlackend wirken.	kräftigend, schmerzlindernd	Schmerztapes, kräftigende Sehnenanlagen, Bänder- und Sehnentapes, Ankertapes, Korrekturtapes
pink	Mischfarbe (ternäre Mischung)		Während dem hellen Rosa (= ein durch Weiß abgeschwächtes Rot) Attribute wie schwächlich, süß, zart und kraftlos zugeordnet werden, trifft auf Pink eher das Gegenteil zu. Es tendiert durch die satte Färbung eher zur Wirkung von Rot und wirkt somit aktivierend und stimulierend.	stimulierend, aktivierend	aktivierende Muskeltapes, insbesondere bei atrophierten Muskeln, Korrekturtapes, Ankertapes

▶ **Tab. 1.1** Fortsetzung.

Farbe	Wellenlänge	Frequenz	emotionale Wirkung	Tapewirkung	Einsatz
beige	Mischfarbe (ternäre Mischung)		Beige ist eine Naturfarbe, die durch Aufhellen der Erdfarbe Braun entsteht. Braun steht für das Solide, Feste und Standhafte (Erdboden, Baumstamm etc.). Man verbindet damit auch Wärme, Geborgenheit und Sicherheit. Je heller das Braun, desto verblassender ist die festigende Wirkung, sodass Beige schließlich als neutral empfunden wird.	neutral	Aufgrund der Neutralität sind alle Formen von Tapeanlagen möglich.
grau	unbunt		Grau wird häufig als langweilig, ärmlich und schmutzig angesehen, kann aber auch edel wirken. Durch die Mischung der extrem gegensätzlichen Farben von Schwarz und Weiß heben sich die Einflüsse auf, sodass Grau neutral wirkt.	neutral, je dunkler das Grau, desto kräftigender die Wirkung	Aufgrund der Neutralität sind alle Formen von Tapeanlagen möglich. Dunkle Grautöne können für kräftigende Anlagen (Korrektur, Anker) verwendet werden.
weiß	unbunt		Weiß ist die Farbe der Reinheit, Unschuld und des Friedens und hat darum einen positiven Charakter. Sie entsteht durch Mischung aller Farben des Spektrums und spiegelt so auch eine gewisse Neutralität wider.	neutral mit aufhellender, belebender, andererseits auch mit beruhigender Tendenz	Aufgrund der Neutralität sind alle Formen von Tapeanlagen möglich.
schwarz	unbunt		Schwarz absorbiert sämtliche Lichtstrahlen und wirkt somit extrem kraftvoll. Sie symbolisiert das Mächtige, Starke und Imposante.	stärkend und kräftigend	kräftigende Sehnenanlagen, tonisierende Muskeltapes (Alternativ zu Rot, wenn Rot zu aggressiv erscheint). Erste Wahl bei Bänder-, Korrektur- und Ankertapes

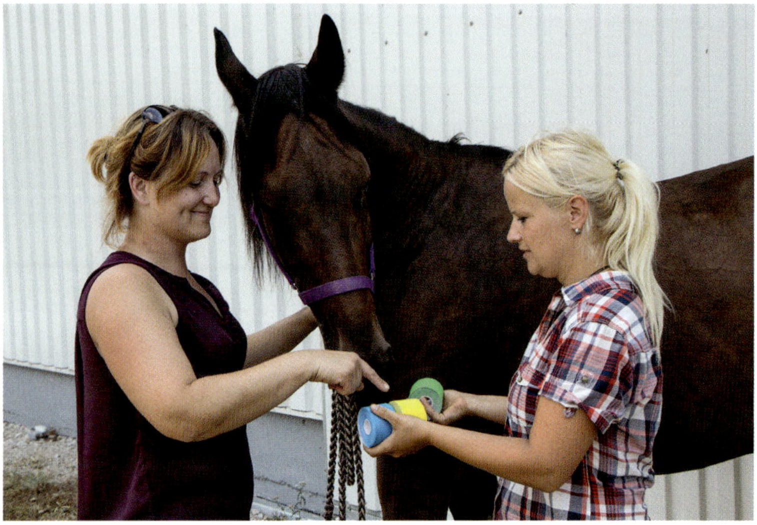

▶ **Abb. 1.19** Manche Therapeuten lassen den Pferdebesitzer die Tapefarbe wählen. Der Therapeut sollte allerdings nur Tapefarben anbieten, die nach der Farbenlehre die Wirkungsrichtung unterstützen.

Manche Therapeuten lassen auch den Tierbesitzer die Tapefarbe auswählen (▶ Abb. 1.19). Bei der Verwendung am Pferd ist die Fellfarbe sehr häufig das Entscheidungskriterium für eine bestimmte Tapefarbe. So entscheiden sich viele Pferdebesitzer von Füchsen für Rot oder Grün, Schimmelbesitzer wählen gerne Blau oder Rot, bei gescheckten Pferden lieben die Besitzer nicht selten peppige Farben wie Pink oder Gelb. Unsichere und schüchterne Pferdebesitzer, die sich den Kommentaren von Stallkollegen nicht aussetzen wollen, tendieren hingegen zu gedeckten Farben. So werden für Rappen die schwarzen Klebebänder, für Schimmel die weißen und für Haflinger die beigen bevorzugt. Je unauffälliger, desto besser, ist hier das Motto. Solange es sich um neutrale oder therapieentsprechende Farben handelt, ist dagegen nichts einzuwenden. Bei vom Pferdebesitzer gewählten Farben, die nach der Farbenlehre der gewünschten Wirkungsrichtung jedoch widersprechen, sollte der Therapeut aufklären und zu einer passenderen Farbe raten, bzw. nur sinnvolle Farben zur Auswahl anbieten.

Pferdebesitzer wollen meistens bei der Farbwahl mit einbezogen werden, schließlich soll das Pferd mit den Tapes auch hübsch aussehen, ggf. sollen die Tapes farblich auch noch zum Halfter und zur Satteldecke passen. Das lässt sich gerne insofern bewerkstelligen, als dass man dem Pferdebesitzer ein Sortiment von passenden Farben zur Auswahl gibt. Bei einer entspannenden Muskelanlage darf er beispielsweise zwischen Grün, Blau, Türkis, aber auch Beige und Weiß wählen, keinesfalls jedoch wird man in diesem Fall Rot oder Pink zur Wahl anbieten. Auf diese Weise erreicht der Therapeut sein Behandlungsziel und der Pferdebesitzer ist ebenfalls zufrieden.

Es ist falsch zu glauben, dass der Pferdebesitzer instinktiv die richtige Farbe unter allen vorhandenen Farbtönen aussucht, weil er nicht neutral wählen kann. Er wird die Fellfarbe seines Pferdes ebenso in die Entscheidung mit einfließen lassen wie seine Lieblingsfarbe. Er wird beispielsweise Farben vehement ablehnen, die mit negativen Erlebnissen assoziiert werden. Mag der Pferdebesitzer kein Pink, kommt es weder für ihn, noch für sein Pferd in Frage. Er wird sich beispielsweise dann für Blau entscheiden, wenn dies seine Lieblingsfarbe ist, auch wenn es sich um eine kräftigende Muskelanlage handelt und die Farbe Blau damit unpassend wäre. Die Farbwahl ist von vielen Aspekten beeinflusst, sodass der Therapeut die Wahl entsprechend steuern sollte.

Die durchaus gängige Praxis, die Tapefarbe das Pferd wählen zu lassen, ist überaus skeptisch zu sehen. Diese Methode ist eher ein Zufallsgenerator, wenn dem Pferd die Tapes einfach vor die Nase gehalten werden und darauf gewartet wird, welches Tape es mit seiner Nase zuerst anstupst. Lässt man das Pferd jedoch zwischen zwei gleichwertig passenden Farben wählen, ist dagegen nichts einzuwenden – es kann nichts falsch machen.

Neben der überlegten Farbwahl aufgrund der Farbenlehre in Verbindung mit der entsprechenden Indikation gibt es aber dennoch eine Möglichkeit, die Farbwahl dem Pferd zu überlassen. Hierzu wendet der Therapeut die Technik des kinesiologischen Austestens an. Mit dieser Methode wird über einen Muskeltest die Kompatibilität der Tapefarbe abgefragt. Das Testen muss unter absoluter Neutralität des Testers und der – beim Tier notwendigen – Surrogatperson geschehen, um klare und korrekte Ergebnisse zu erhalten. Die Fehlerquote ist bei dieser sensiblen Testmethode leider sehr hoch, sodass man als Therapeut sehr vorsichtig vorgehen muss und penibelst darauf achten sollte, jegliche Störfaktoren auszuschalten. Hierzu gehört als Voraussetzung das Blindtesten der Tapefarben, um das Testergebnis weder bewusst, noch unbewusst zu beeinflussen. Sauberes Testen erfordert ein großes Verantwortungsbewusstsein und viel Erfahrung auf dem Fachgebiet der Applied Kinesiology.

1.6
Anatomie- und Physiologiekenntnisse

Da die Tapestreifen entlang von Nervenverläufen, längs der Muskelfasern vom Ursprung zum Ansatz, den Muskelbauch einrahmend oder im Verlauf der Bänder über Gelenke angebracht werden, ist die Kenntnis der anatomischen Strukturen eines Pferdes für den Tapingtherapeuten von fundamentaler Bedeutung. Dem nicht genug: Es ist ebenso Voraussetzung, die physiologischen Abläufe im Pferdekörper zu kennen, damit die Klebebänder in korrekter Position und exakter Zugrichtung angebracht werden können. In erster Linie kommen Tapes bei Einschränkungen des Bewegungsapparats zum Einsatz, deshalb haben die anatomischen Kenntnisse sowohl der Muskulatur als auch des Knochensystems Priorität, doch ganzheitlich arbeitende Therapeuten müssen die Zusammenhänge des Bewegungsapparats mit allen anderen Körpersystemen begreifen. So spielen das Nerven- und Lymphsystem ebenso eine Rolle wie die inneren Organe, deren Lage, Funktion und gegenseitige Beeinflussung bekannt sein müssen.

Die nachfolgenden komprimierten Ausführungen zu den einzelnen Körpersystemen ersetzen deshalb keineswegs ein intensives Studium in Anatomie und Physiologie des Pferdekörpers.

1.6.1 Der passive Bewegungsapparat

Mit Ausnahme der Zähne ist das Knochengerüst die härteste Struktur im Pferdekörper. Wie bei Säugetieren üblich, bildet die Wirbelsäule das Zentrum des Skeletts. Es schließen sich der Schädel, die Extremitäten und die Rippen an. Das Pferd verfügt über 7 Halswirbel, 18 Brust-, 5–6 Lenden-, 5 Kreuzbein- und 18– 21 Schweifwirbel.

Das Skelett gibt die äußere Form des Körpers vor, dient als Verankerung der Muskulatur und schützt die inneren Organe sowie das zentrale Nervensystem. Die Knochen stellen ein Mineralstoffdepot des Körpers dar (99 % des Körpercalciums ist in den Knochen gespeichert) und dienen als Hebelsystem für die Bewegung. Im roten Knochenmark der langen Röhrenknochen befindet sich retikuläres Gewebe aus dem Blutzellen hervorgehen. Somit ist das Knochenmark – insbesondere bei jungen Pferden – ein wichtiger Ort für die Blutbildung.

Belastbarkeit Das Dickenwachstum des Knochens geht vom Periost aus, man spricht hier von der perichondralen Osteogenese. Im Gegensatz dazu geht das Längenwachstum von der Epiphysenfuge aus (enchondrale Osteogenese). Die Epiphysenfuge liegt bei den Röhrenknochen zwischen der Diaphyse (Knochenschaft) und den Epiphysen (Knochenenden). Die Epiphysenfuge ist zunächst knorpelig und verknöchert zeitlich sehr unterschiedlich. Manche Epiphysenfugen schließen sich bereits vor der Geburt, andere erst nach mehreren Jahren.

Der distale Epiphysenfugenschluss des Radius wird als Gradmesser für die Belastbarkeit des jungen Pferdes herangezogen. Meist verknöchert die Epiphysenfuge laut Literatur im Alter von etwa 22– 30, manchmal aber erst mit 42 Monaten. Ist der röntgenologische Nachweis für den Schluss der distalen Epiphysenfuge erbracht, galt dies in vielen Zucht- und Ausbildungsbetrieben als Startschuss für das Einreiten des jungen Pferdes.

Im Hinblick auf die Belastung des jungen Pferdes findet hingegen die Verknöcherung der fünf Kreuzbeinwirbel, die erst im Alter von fünf Jahren abgeschlossen ist, kaum Beachtung. Dass jedoch Überlastungserscheinungen im Bereich des Iliosacralgelenks – der einzigen knöchernen Verbindung des Rumpfes zu den Hintergliedmaßen – bereits bei jungen Pferden häufig vorkommen, legt den Schluss nahe, dass vielen Pferden zu früh eine zu hohe Leistung abgefordert wird.

> **Merke**
> **Die Kreuzbeinwirbel des Pferdes sind erst im Alter von fünf Jahren knöchern verwachsen. Eine starke Belastung sollte deshalb bis zu diesem Zeitpunkt vermieden werden.**

Die Knochen der Vordergliedmaße sind nicht knöchern mit dem Rumpf verbunden, sondern über Muskeln, Faszien und Sehnenplatten, die den Rumpf zwischen den Vordergliedmaßen fixieren. Das fehlende Schlüsselbein ermöglicht dem Pferd eine ideale Abfederung seines Rumpfes über die muskuläre Aufhängung beim Auffußen der vorderen Extremitäten – insbesondere nach einem Sprung.

Mehrere Knochenreihen im Karpal- und Tarsalgelenk dienen ebenfalls einer verbesserten Stoßdämpfung aufgrund der in den Gelenkspalten eingebetteten Knorpelschichten. Besonders die kleinen Gelenke wie Hufgelenk, Krongelenk, Sesambeine (vor allem das Os naviculare), Karpalgelenks- und Tarsalgelenksknochen sind von frühzeitigen degenerativen Prozessen betroffen, da sie prozentual einem größeren Druck ausgesetzt sind als die großen Gelenke wie Schulter-, Knie- oder Hüftgelenk.

Die Beweglichkeit der Gelenke ist zunächst abhängig von der jeweiligen Gelenksform, allerdings auch von der Einschränkung durch Bänder sowie gelenknaher Sehnen und Muskeln. Das Zusammenspiel dieser Komponenten ergibt den physiologischen Bewegungsrahmen der einzelnen Gelenke. Der Tapingtherapeut muss in der Lage sein, die physiologische Bewegungsrichtung und das -ausmaß eines jeden einzelnen Gelenks zu kennen und zu testen.

Gelenksfehlstellungen, Schonhaltungen und unphysiologische Bewegungsmuster kommen bei Pferden häufig vor. Sie können nach eingehender Befundung und Behandlung mit Hilfe von entsprechenden Korrekturtapes

(S. 60) unterstützt werden, um die physiologisch korrekte Statik und ein gesundes Bewegungsmuster zurückzuerlangen.

1.6.2 Der aktive Bewegungsapparat

Das Skelettsystem wird über Muskeln, Faszien, Sehnen und Bänder stabilisiert. Über diese Komponenten des myofaszialen, aktiven Bewegungsapparats, die etwa 40 % des gesamten Körpergewichts des Pferdes ausmachen, werden die Mobilität, Flexibilität und Stabilität der gesamten Körperkonstruktion bestimmt. Sie sind nicht nur für die Beweglichkeit des Knochensystems verantwortlich, sondern auch für eine Vielzahl weiterer Körperfunktionen.

Muskeln lassen sich relativ schnell trainieren, da sie im Gegensatz zu Sehnen gut durchblutet sind. Dennoch ist jede Struktur des Körpers, ob Muskeln, Bänder, Sehnen, Faszien oder Knochen trainierbar. Lediglich die Zeitspanne der Modifikation ist unterschiedlich. So lassen sich Muskeln bereits innerhalb von sechs Wochen effektiv aufbauen, während Knochen mehrere Jahre benötigen, um ihre Festigkeit durch entsprechendes Training zu erhöhen (▶ Abb. 1.20). Aufgrund der deutlich geringeren Durchblutungsrate benötigen auch Sehnen eine merklich längere Zeitspanne für ihren Anpassungsvorgang. Hier muss man von mehreren Monaten ausgehen, bis eine Sehne trainiert oder nach einer Verletzung ausgeheilt ist.

Muskelformen Die etwa 250 paarigen und einige unpaarigen Muskeln sind die Hauptbestandteile des aktiven Bewegungsapparats. Sie haben nicht nur die Aufgabe, das Knochensystem durch Kontraktion seiner Muskelfasern zu bewegen, sondern dienen auch zur Wärmeproduktion (Zittern), der Formgebung des Körpers und dem Schutz der inneren Organe. Es werden drei verschiedene Muskelformen unterschieden:

1. quergestreifte Muskulatur (Skelettmuskulatur)
2. glatte Muskulatur (Muskeln von Organen und Blutgefäßen)
3. Herzmuskulatur

Unter dem Mikroskop sieht man bei der quergestreiften Muskulatur sogenannte Glanzstreifen, die parallel angeordnet sind und aus kontraktilen Myofibrillen bestehen. Somit kommt eine Querstreifung zustande, die typisch für die Skelettmuskulatur ist. Die quergestreifte Muskulatur wird vom Zentralnervensystem gesteuert, eine Muskelkontraktion erfolgt deshalb willkürlich.

Die Muskelfasern von Organen wie beispielsweise dem Darmrohr, Blutgefäßen, Speiseröhre, Magen und alle anderen Hohlorgane weisen keine Querstreifung auf, deren feine Myofibrillen sind klein und stark verzweigt. Die Muskelfasern unterliegen der Steuerung des vegetativen Nervensystems (Sympathikus und Parasympathikus) und sind somit nicht willentlich steuerbar. Um Energie zu sparen, geschieht die Tonusänderung stets langsam, wobei der jeweilige Kontraktionszustand über eine längere Zeit aufrechterhalten bleibt.

Die Herzmuskulatur als dritte Muskelart im Körper verfügt zwar über eine Querstreifung, kann aber nicht willentlich gesteuert werden. Auch durch seine Bauart als Hohlmuskel nimmt der Herzmuskel eine Sonderstellung ein. Er hat im Sinusknoten zudem eine eigene Erregungsbildung.

Bestandteile Neben Wasser (75 %) sind die Hauptbestandteile des Muskels Eiweiß (18 %) und Kohlenhydrate (7 %). Zudem finden sich noch Fette, Mineralstoffe und weitere Verbindungen im Muskelgewebe. Die Eiweißstoffe lassen sich in lösliche und unlösliche Proteine aufteilen. Die sauerstoffbindenden, löslichen Proteine bestehen aus Myogen, Globulin und Myoglobin, die unlöslichen Proteine werden als Myosin, Aktin und Troponin bezeichnet.

Die Eiweißstoffe Myosin und Aktin werden kontraktile Eiweiße genannt, da sie neben den Ionen Magnesium, Calcium, Natrium und Kalium für die Kontraktion der Muskelfasern unentbehrlich sind. Die Energie für die Muskelkontraktion liefert das Adenosintriphosphat (ATP), das über die Energieträger Kreatinphosphat, Glukose und Fette generiert wird.

Die Muskelfasern sind zu Muskelfaserbündeln zusammengefasst, die wiederum von Bindegewebsfasern (Faszien) umhüllt sind. Zwischen den Faserbündeln verlaufen die Blutgefäße, die als Nährstoffleitung fungieren. Die für den Muskelstoffwechsel notwendigen Nährstoffe werden über das Blut in den Muskel transportiert, die ableitenden Lymphbahnen entsorgen hingegen die daraus entstehenden Abfallstoffe.

Viele Faserbündel bilden schließlich den Muskelbauch, der an seinen beiden verjüngenden Enden in sehnige Strukturen übergeht. Die Sehnen verbinden letztendlich den Muskelbauch mit den Knochen, strahlen aber auch in andere Muskelfasern, Sehnen oder Bandstrukturen ein (▶ Abb. 1.21). Meistens jedoch haften die Sehnenenden an Knochen an, die über Gelenke miteinander verbunden sind. Kontrahiert nun der Muskel, findet im Gelenk eine Bewegung statt. Somit handelt es sich hier um Bewegungsmuskeln. Muskeln, die Knochen oder Gelenke in einer bestimmten Stellung halten, nennt man hingegen Haltemuskeln.

Die Sehne, die einen Muskel in Zentrumsnähe des Körpers fixiert, nennt man Ursprung. Die körperferne Anheftungsstelle wird als Ansatz bezeichnet. Der Organismus wächst stets vom Zentrum ausgehend in die Peripherie, so auch die Muskulatur. Daraus ergibt sich ein physiologischer Muskelzug in Richtung Ursprung, der beim Anbringen von Tapes in einer bestimmten Zugrichtung (S. 42) entweder unterstützt oder gehemmt wird.

Durch die Kontraktion der Muskulatur entsteht zu 25 % Bewegungs- und zu 75 % Wärmeenergie. Muskeln können sich aktiv kontrahieren, aber nicht eigenständig ent-

▸ **Abb. 1.20** Die Muskulatur lässt sich innerhalb von sechs Wochen aufbauen, Sehnen hingegen benötigen mit mehreren Monaten deutlich länger.

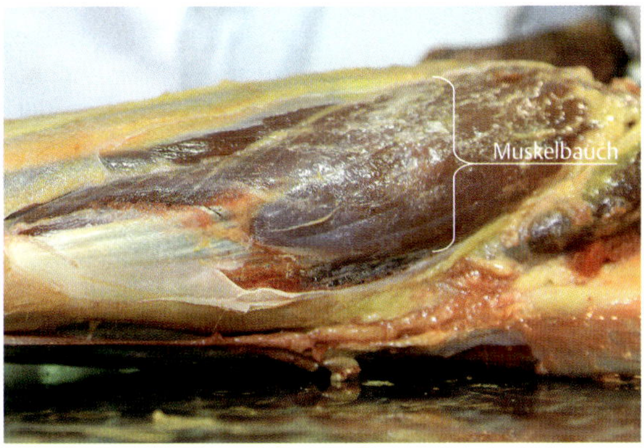

▸ **Abb. 1.21** Muskelfasern schließen sich zu Muskelbündel zusammen, die in sehnige Fasern übergehen, welche an Knochen, Sehnen oder Bandstrukturen anhaften.

spannen. Für die Relaxation benötigt der Muskel einen Antagonisten, durch dessen Kontraktion der angespannte Muskel (Agonist) wieder gedehnt wird. Muskeln, die bei Anspannung dieselbe Bewegung herbeiführen, nennt man Synergisten.

Eigenschaften Muskeln sind elastisch, reizbar und kontraktil. Die Elastizität des Muskels schützt ihn vor Verletzungen. Muskelfasern können zerreißen, wenn der Muskel plötzlich stark gedehnt wird. Durch die Elastizität wird dieses Risiko minimiert, allerdings nicht eliminiert. Ein gut durchbluteter, aufgewärmter Muskel ist elastischer als ein „kalter" Muskel. Um Verletzungen durch Überdehnungen zu vermeiden, ist bei sportlichen Betätigungen eine gute Aufwärmarbeit von elementarer Bedeutung.

Muskeln können über Nervenimpulse gereizt und somit zur Kontraktion veranlasst werden. Dies geschieht bei der (willkürlich gesteuerten) Skelettmuskulatur über die Nervenleitungen aus dem Rückenmark. Bei der unwillkürlich gesteuerten glatten Muskulatur (Organe) wird die Kontraktion über das vegetative Nervensystem gesteuert.

Reize können auch von außen auf den Muskel einwirken. Vorstellbar sind mechanische Reizungen über Zug, Druck oder einen Schlag, aber auch chemische (Säuren, Alkohol etc.) sowie thermische Einwirkungen (Hitze, Kälte). Bei mehr als 40°Celsius oder weniger als 0°Celsius kommt es zur Schädigung der Muskelfasern. Weiter kann der Muskel durch elektrischen Strom gereizt werden, was man sich in der Physiotherapie zunutze macht. Kinetische Tapes reizen den Muskel ebenfalls mechanisch, wobei ein Zug in eine bestimmte Richtung initiiert wird. Dieser Zug wirkt als andauernder, minimaler Impuls auf die Muskelfasern.

Löst ein Reiz ein Aktionspotenzial in einem Muskel aus, kommt es zu einer Kontraktion. Folgen zwei Reize kurz hintereinander, bleibt der zweite Reiz aufgrund der dem Muskel charakteristischen Refraktärzeit wirkungslos. Zu einer Dauerkontraktion kann es kommen, wenn mehrere Reize schnell hintereinander auf die Muskelfaser einwirken. Die Kontraktion hält bis zur Muskelerschöpfung oder Aufhebung des Reizes an.

Muskelfasertypen Die Skelettmuskulatur charakterisiert sich über verschiedene Muskelfasertypen. Neben Mischformen werden hauptsächlich blasse (weiße) und dunkle (rote) Muskelfasern unterschieden. Das Verhältnis von weißen und roten Muskelfasern ist zum größten Teil genetisch bedingt, kann aber durch Training teilweise verlagert werden.

Weiße Muskelfasern sind schnell zuckende (fast-twitch) Fasern, die myoglobinarm sind, jedoch mehr energiereiche Phosphate und Glykogen sowie einen hohen Enzymgehalt für die Glykolyse besitzen. Als Folge dieser Eigenschaft ermüden die weißen Muskelfasern relativ schnell, verfügen jedoch über eine hohe anaerobe Kapazität und eignen sich somit für Schnellkraftleistungen.

Rote Muskelfasern hingegen sind langsam zuckende (slow-twitch) Fasern, die myoglobinreich sind, mehr Mitochondrien und einen hohen Enzymgehalt für den aeroben Stoffwechsel aufweisen, aber mit weniger energiereichen Phosphaten ausgestattet sind. Somit haben rote Muskelfasern eine hohe aerobe Kapazität und ermüden bei Ausdauerleistungen (Halte- und Stützfunktion sowie dauerhafter, niedrig gehaltener sportlicher Leistungen wie Wanderritte) kaum. Aufgrund der besseren Durchblutung der roten Muskelfasern sind diese besser und schneller trainierbar als weiße Muskelfasern.

Wird ein Muskel überanstrengt, kommt es zu einem Sauerstoffdefizit, wodurch die Stoffwechselprodukte nur noch ungenügend abgebaut werden können. Sauerstoff kann sich sehr gut mit anderen Molekülen verbinden, so koppelt er Stoffwechselendprodukte und Schadstoffe an sich und transportiert sie aus den Zellen ab. Ist allerdings zu wenig Sauerstoff vorhanden, reichern sich die Schadstoffe in den Zellen an und das Gewebe „übersäuert“. Als Abfallprodukt des anaeroben Stoffwechsels entsteht im Muskel Laktat (ein Salz der Milchsäure). Die Laktatmessung (über das Blut) wird im Sport als Gradmesser für den Übergang vom aeroben zum anaeroben Stoffwechsel herangezogen.

Sehnen und Bänder Sehnen bilden die Verbindungsstellen zwischen den Muskelfasern und den Anhaftungsstellen wie Knochen, Ligamenta oder Faszien. Sie bestehen aus Kollagenfasern und sind extrem zugfest. Weiter haben sie eine geringere Elastizität als Muskeln, sind schlechter durchblutet und benötigen darum bei Verletzungen eine deutlich längere Heilungsphase. Folglich sind sie weniger gut trainierbar.

Sehnen sind im Gegensatz zur Muskulatur ermüdungsresistent. Unterhalb dem Karpal- und dem Tarsalgelenk besitzt das Pferd keine Muskel-, sondern nur noch Sehnenfasern. So gehen beim Pferd grundsätzlich viele Muskelfasern sehr früh in sehnige Strukturen (S. 134) über.

Merke
Sehnen sind ermüdungsresistente, jedoch schlecht durchblutete Strukturen, die eine lange Heilungs- und Trainingszeit benötigen.

Bänder bestehen aus ähnlichem kollagenen Material wie Sehnen. Sie verbinden die Knochenenden miteinander und überspannen dabei die Gelenke, welche sie auf diese Weise stabilisieren (▶ Abb. 1.22). Bänder strahlen mit ihren Fasern in das Periost und Knochengewebe ein.

Bandstrukturen sind äußerst stabil, aber flexibel genug, um die Gelenkbewegungen zuzulassen. Bandverletzungen (S. 149) entstehen durch zu hohen, abrupten Zug, der in Folge zu Überdehnungen oder Zerreißungen führen kann. Die Heilungsdauer ähnelt der von Sehnenverletzungen (S. 132) und muss – je nach Verletzungsgrad und -art – mit mehreren Wochen oder Monaten veranschlagt werden; vgl. Kap. Tendopathien (S. 134).

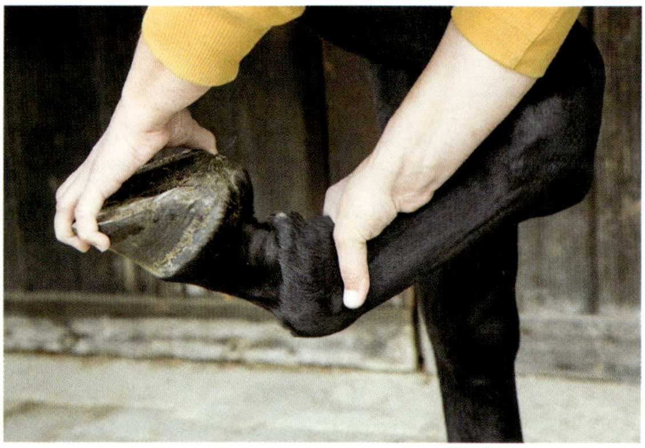

▶ **Abb. 1.22** Bänder schränken die Beweglichkeit von Gelenken ein und stabilisieren sie auf diese Weise. Der Osteopath beurteilt mit Hilfe von Gelenktests unter anderem die Qualität des stabilisierenden Bandapparats.

1.6.3 Das Nervensystem

Alle Bewegungen und Organfunktionen eines Lebewesens werden über das Nervensystem gesteuert. Es kann als eine Form von Kommandozentrale verstanden werden, die sowohl in willkürlicher als auch unwillkürlicher Form Informationen aufnimmt, verarbeitet und abgibt. Das Nervensystem wird mit jeder Berührung des Pferdekörpers beeinflusst. Ob gewollt oder ungewollt, mit dem Anbringen von Tapes stimuliert man somit stets auch das nervale System.

Topografisch unterteilt besteht das Nervensystem aus dem Zentralnervensystem (ZNS) und dem Peripheren Nervensystem (PNS). Das ZNS wird aus dem Gehirn und dem Rückenmark gebildet, das PNS beinhaltet die peripheren Ganglien, die Rückenmarksnerven sowie die Gehirnnerven. Das PNS ist weiter unterteilbar in ein afferentes (aufsteigendes) und efferentes (ableitendes) System. Der afferente Teil des Nervensystems leitet sämtliche Reize von den Rezeptoren in der Peripherie ins ZNS, während der efferente Anteil Informationen und Befehle an Organe, Muskeln oder Drüsen übermittelt.

Eine andere Einteilung des Nervensystems richtet sich nach der Funktionalität. So unterscheidet man nach der Art der Information ein willkürliches und ein unwillkürliches Nervensystem. Das willkürliche oder auch somatische Nervensystem steuert die Motorik und dient zur Wahrnehmung von Reizen. Das unwillkürliche oder vegetative, alternativ auch autonome Nervensystem hat die Regelung der Vitalfunktionen zur Aufgabe. Es steuert beispielsweise die Herztätigkeit, die Atmung, die Verdauung, den Wasserhaushalt und den Stoffwechsel. Dabei kontrolliert es ebenfalls das Zusammenwirken der einzelnen Funktionen und steht mit dem endokrinen System in enger Verbindung.

Das vegetative Nervensystem teilt sich in ein intramurales System auf, dem Sympathikus und Parasympathikus. Das intramurale System besteht aus Nervenfasern, die sich innerhalb von Hohlorganen wie Herz, Blase, Magen oder Darm befinden.

Sympathikus und Parasympathikus sind antagonistische Systeme, die voneinander abhängen. Der Sympathikus aktiviert verschiedene Körperfunktionen, wirkt leistungssteigernd, stellt Fluchtbereitschaft her und ist in Stresssituationen aktiv. Er erhöht die Herzfrequenz, die Atmung, verengt die Arterien, weitet die Pupillen und erhöht die Schweißsekretion. Zudem verlangsamt er die Verdauung, während der Parasympathikus diese forciert. Zum Sympathikus antagonistisch arbeitend verlangsamt der Parasympathikus die Herzfrequenz, beschleunigt die Verdauung, weitet die Arterien und erhöht die Speichelsekretion.

Spinalnerven Mit je einer dorsalen und ventralen Wurzel entspringen die Rückenmarksnerven aus dem Wirbelkanal (▸ Abb. 1.23). Die Nervenstränge vereinigen sich noch im Rückenmarkskanal zum Spinalnerv, der schließlich kaudal des jeweiligen Wirbels durch das Foramen intervertebrale austritt. Der erste Zervikalnerv jedoch tritt durch das Foramen vertebrale laterale des Atlas aus dem Wirbelkanal, der zweite bis siebte Zervikalnerv verlässt diesen durch das Foramen intervertebralia kranial des jeweils zugehörigen Wirbels. Der achte Zervikalnerv findet seinen Austrittsweg durch das Foramen intervertebrale zwischen dem letzten Hals- und dem ersten Brustwirbel.

In der Dorsalwurzel der Spinalnerven finden sich afferent-sensible Fasern. Die Ventralwurzelfasern weisen motorische (efferente) und vegetative (afferente) Eigenschaften auf. Der Spinalnerv teilt sich in die Peripherie reichend in einen Ramus dorsalis und Ramus ventralis auf. Die dorsalen Äste innervieren die dorsal der Wirbelquerfortsätze gelegenen Muskeln, laterale Äste versorgen die Hautbezirke am Rücken.

Die vegetativen Nervenfasern dieser Hautinnervationsgebiete (Dermatome) stehen mit den Fasern der inneren Organe in Verbindung und sind bei Störungen als „Head´sche Zonen (S. 75)“ deutlich sensibler als umgebende Hautbezirke.

Praxistipp
Die mit den Hautinnervationsgebieten nerval in Verbindung stehenden inneren Organe lassen sich über die Head-Zonen therapeutisch beeinflussen.

Plexus Die Fasern der spinalen Dorsal- und Ventraläste stehen in Verbindung, wodurch sich Nervengeflechte – sogenannte Plexus – formen. Der Plexus brachialis (Armgeflecht) entsteht durch die Verbindung der Ventraläste der letzten drei Zervikalnerven und der ersten beiden Thorakalnerven. Das Lenden- und Kreuzgeflecht – der

▸ **Abb. 1.23** Durchgeschnittenes Rückenmark eines 1½-jährigen Pferdes: Aus der grauen Substanz (Schmetterlingsform) treten die dorsalen und ventralen Spinalnerven aus.

Plexus lumbosacralis – bildet sich durch den Faseraustausch der letzten drei Lumbal- und ersten beiden Sakralnerven.

Den Plexus brachialis findet man kranial der ersten Rippe zwischen dem M. longus colli und den Mm. scaleni. Die Wurzeln des Plexus brachialis treten zwischen dem M. scalenus medius und M. scalenus ventralis an die mediale Seite der Schulter. Aus dem Plexus brachialis treten die N. suprascapularis, N. musculocutaneus und N. axillaris aus, die für die Beweglichkeit der Schulter von großer Bedeutung sind. Durch den oberflächlichen Nervenverlauf des N. suprascapularis mit Innervation der M. infraspinatus und M. supraspinatus kann dieser durch einen Schlag, Frakturen oder andere Traumen verletzt werden. Auf diese Weise kann es bei Pferden zu einer Suprascapularislähmung (S. 181) kommen.

Die Nerven N. radialis, N. medianus und N. ulnaris aus dem Plexus brachialis verlaufen bis an die Gliedmaßenspitze. Der N. radialis entspringt größtenteils aus dem Segment C8 und bildet den dicksten Ast des Plexus brachialis. Er innerviert weitreichende Gebiete der Vorhand, vor allem sämtliche Extensoren der Vordergliedmaße, wodurch das Pferd bei einer Radialislähmung (S. 179) nicht mehr in der Lage ist, das Bein vorzuführen. Dadurch kommt es zum Überköten der Gliedmaße.

Der Plexus lumbosacralis bildet sich durch den Plexus lumbalis und den Plexus sacralis. Aus dem kaudalen Teil des Plexus sacralis geht der Plexus ischiadicus mit den Nerven N. gluteus cranialis, N. gluteus caudalis, N. cutaneus femoris caudalis, N. pudendus und den Nn. rectales caudales hervor. Im weiteren Verlauf nach distal zieht der N. ischiadicus aus dem gleichnamigen Plexus als dickster Nerv des Körpers über das Lig. sacrotuberale latum und dem M. glutaeus profundus zum Hüftgelenk und weiter zur kaudalen Seite des Os femoris. Hier verzweigt er sich und wird zum N. tibialis und N. fibularis communis, die weiter in die hintere Gliedmaße nach distal ziehen.

Cauda Equina Das Längenwachstum der Wirbelsäule verläuft schneller als die des Rückenmarks. Dadurch kommt es zu einer kranialen Verlagerung der Rückenmarkssegmente im Vergleich zu den Wirbelkörpern. Das Rückenmark endet beim Pferd deshalb bereits auf Höhe des zweiten Kreuzbeinwirbels, wodurch die Nervenwurzeln eine in kaudaler Richtung immer größere Distanz zurücklegen müssen, bis sie aus den Foramen intervertebrale austreten können. Diese Spinalnervenansammlung sieht mit seinen vielen Fasern wie ein Pferdeschweif aus und trägt aus diesem Grund den Namen „Cauda equina". Zur Cauda equina gehören neben den Spinalnerven auch der verjüngende Rückenmarksbereich (Conus medullaris) und das Filum terminale, ein dünner Nervengewebsfaden, der sich bis zum dritten Kreuzbeinwirbel erstreckt.

Werden die Nerven im Kreuzbeinbereich durch Stürze, Anschlagen oder Entzündungen geschädigt, kann es zum sogenannten Cauda-Equina-Syndrom kommen. Die Folge sind neurologische Ausfälle wie erschlaffter Schweif und Kontrollverlust über Blase und Darm, sodass das Pferd unwillentlich Kot und Urin verliert. Auch Koordinationsprobleme mit Einknicken und Schwäche der Hinterhand können die Folgen sein.

1.6.4 Das Lymphsystem

Zum lymphatischen System gehören nicht nur die Lymphgefäße und Lymphknoten, sondern auch die Milz, der Thymus, der lymphatische Rachenring (Tonsillen und lymphoretikuläres Gewebe) sowie das lymphatische Gewebe des Darms (Peyer-Plaques). Das Lymphsystem hat die Aufgabe, Krankheitserreger abzuwehren sowie Stoffwechselprodukte aus dem Gewebe abzutransportieren. Dabei befördert die Lymphe vor allem Wasser, Eiweiße, Fette und Zellen.

Beim Lymphsystem handelt sich es sich um ein Niederdrucksystem, ähnlich dem Venensystem, allerdings mit dem Unterschied, dass das Lymphsystem in keinen Kreislauf eingeschaltet ist. Die Lymphgefäße beginnen frei endend im zwischenzellulären Raum und münden letztendlich in herznah gelegene Venen (Venenwinkel). Das Venen- und Lymphsystem stellt eine funktionelle Symbiose dar und ist voneinander abhängig. Erkrankungen des einen Systems beeinträchtigen automatisch auch das Nachbarsystem.

Lymphe Die Lymphe bildet sich im Interstitium aus dem Blutplasma (welches aus den Blutkapillaren austritt) und sich als Zwischenzellflüssigkeit darstellt. Somit entspricht die Lymphe zum großen Teil der Zusammensetzung des Blutplasmas. Unterschiede zum Blut bestehen vor allem aber im Gehalt von Erythrozyten, Eiweiß und Lymphozyten. Die Lymphe beinhaltet insbesondere deutlich mehr Lymphozyten als das Blut, dafür jedoch keine Erythrozyten.

Ductus thoracicus Die Lymphkapillaren laufen zu größer werdenden Ästen zusammen, die sich wiederum zu den ausgeprägten Lymphstämmen vereinigen. Das Hauptlymphgefäß ist der Ductus thoracicus (Milchbrustgang), der die Lymphe aus den afferenten Lymphbahnen der Hintergliedmaßen, Bauchhöhle und unpaarigen Bauchorganen (Darm, Magen, Leber, Milz) sammelt und diese über den linken Venenwinkel ins venöse Blut abgibt. Der Ductus thoracicus ist bis zu einem Zentimeter stark und transportiert vor allem die Fettlymphe (Chylus) aus dem Darm, was der Lymphe in diesem Transportweg die milchig trübe Farbe verleiht. Dies wiederum hat dazu geführt, dass dieser Hauptlymphweg den Namen „Milchbrustgang" erhalten hat.

Der Ductus thoracicus entspringt aus der Lendenzisterne (Cisterna chyli), verläuft auf der rechten Seite der Aorta durch das Zwerchfell und wechselt auf Höhe des sechsten Thorakalwirbels auf die linke Seite, wo er im Bereich der ersten Rippe in die herznahen Venen (Vena jugularis externa, Vena cava cranialis) mündet.

Lymphknoten Die Lymphknoten sind in das Drainagesystem eingebettet und dienen als Filterstation der Lymphe. Die ersten Lymphknoten in einem Drainagegebiet nennt man regionäre Lymphknoten, denen im Verlauf des Lymphabflussgebiets weitere (sekundäre, tertiäre etc.) Lymphknoten folgen. In bestimmten Regionen kommt es zu einer Ansammlung von Lymphknoten, diese Bereiche von Lymphknotengruppen werden als Lymphknotenzentren bezeichnet. Das Pferd besitzt etwa 8 000 Lymphknoten, die im ganzen Körper unregelmäßig verteilt sind. Die Anzahl der Lymphknoten sind in den Lymphknotenzentren jedoch stark verdichtet. Bei Infektionen schwellen diese Zentren deutlich an. Die Lymphknotenzentren sind je nach Lage nicht immer sicht- und tastbar, beim Pferd lassen sich aber die Lnn. mandibulares (Unterkieferlymphknoten) sehr gut palpieren (▶ **Abb. 1.24**).

▶ **Abb. 1.24** Die Unterkieferlymphknoten (Lnn. mandibulares) sind beim Pferd gut zu palpieren und können in Verbindung mit anderen Parametern Auskunft über den Gesundheitszustand des Pferdes geben.

Praxistipp

Die Lnn. mandibulares (Unterkieferlymphknoten) sind beim Pferd sehr gut tastbar. Weitere Lymphknoten lassen sich aber meist nur in geschwollenem Zustand tasten. Dies sind insbesondere die Lnn. parotidei (Ohrspeichellymphknoten), der Ln. retropharyngeus laterales (Luftsacklymphknoten), die Lnn. cervicales superficiales (oberflächliche Buglymphknoten), der Ln. axillaris proprius (Achsellymphknoten), der Ln. popliteus (Kniekehllymphknoten) und die Lnn. inguinales superficiales (oberflächliche Leistenlymphknoten).

Lymphknotenzentren Wichtige Lymphknotenzentren (▶ **Abb. 1.25**) liegen etwas kranial des Venenwinkels und unter dem M. omotransversarius (Lnn. cervicales profundi caudales und Lnn. cervicales superficiales), in die sämtliche Lymphe der Vorhand und des Kopfes einfließen. Im Bereich des Tuber coxae befinden sich die Lnn. iliaci mit seinen Nachbarstationen Lnn. iliaci medialis und lateralis, in die die Lymphe der Hinterhand eingeleitet wird. Beide Stationen entleeren die Lymphe in den Venenwinkel – im Fall des Lnn. iliaci über den Ductus thoracicus.

Dabei ist weiter zu beachten, dass es verschiedene Wasserscheiden gibt, die es beim Entstauen eines Gebietes zu berücksichtigen gibt. Insbesondere muss bei Behandlungen des Lymphsystems die transversale Wasserscheide im Bereich des 14. Brustwirbels einbezogen werden. Dies ist die Grenze, an der die Lymphe in den kranialen Gebieten in die Lnn. cervicales profundi caudales und Lnn. cervicales superficiales entstaut wird, kaudal dieser Wasserscheide erfolgt die Drainage in die Lnn. iliaci und daraus über den Ductus thoracicus erst wieder nach kranial in den Venenwinkel.

Weiter finden sich jeweils im Achselbereich der medialen Beinseite mehrere Lymphknotenzentren (Lnn. inguinales superficiales und profundi und Lnn. poplitei profundi in den Hintergliedmaßen und Lnn. cubitales und Lnn. axillares proprii in den Vordergliedmaßen). Bei der Tapingtherapie sollten diese Lymphzentren beim Anbringen der Lymphtapes (S. 65) berücksichtigt werden.

1.6.5 Innere Organe

Zwar richtet sich die Tapingtherapie insbesondere auf Probleme im Bewegungsapparat, dennoch muss der Therapeut die Zusammenhänge des gesamten Körpers verstehen und therapeutisch berücksichtigen, um erfolgreich behandeln zu können. Schließlich sind alle Systeme des Organismus miteinander vernetzt und beeinflussen sich gegenseitig. Letztendlich lässt sich über die Segmenttherapie (S. 75) auch Einfluss auf die inneren Organe des Pferdes nehmen. Darüber hinaus kann sich eine organische Störung auf den Bewegungsapparat auswirken und umgekehrt. Um schließlich die daraus möglicherweise entstandenen Probleme im Bewegungsapparat zu lösen, muss letztlich immer die Ursache, also die Erkrankung der organischen Komponente behandelt werden.

Verdauungsapparat Von häufigen Störungen im Pferdekörper sind insbesondere das Verdauungssystem und der Atemapparat betroffen. Zum Verdauungsapparat gehören die Maulhöhle, die Speiseröhre, der Magen, der Dünn-

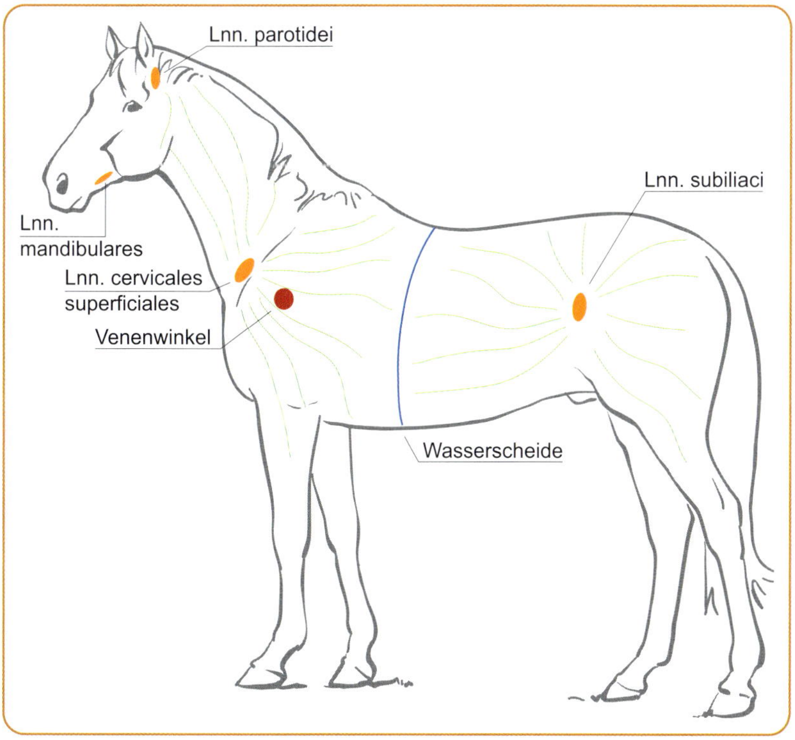

▶ **Abb. 1.25** Die wichtigsten Lymphknotenzentren des Pferdes und Abflussrichtung der Lymphe.

darm, der Dickdarm und der After. Er durchzieht den gesamten Körper und nimmt mit etwa 25 m Darmlänge einen Großteil des Bauchraums ein. Der Magen des Pferdes hingegen ist relativ klein (etwa 12 l), aus diesem Grund verträgt das Pferd keine großen Portionen, sondern sollte mehrmals täglich mit kleineren Portionen gefüttert werden. Der Futterbrei benötigt etwa 24 Stunden, um den gesamten Verdauungstrakt zu durchlaufen.

Atemsystem Zum Atemsystem gehören die oberen und unteren Luftwege. Die Nase, die Nasennebenhöhlen und der Rachen stellen dabei die oberen Luftwege dar, während die unteren Luftwege aus Kehlkopf, der Luftröhre und den Lungen bestehen. Das Atemsystem ist verantwortlich für den Gasaustausch, erfüllt aber noch weitere Aufgaben. Dazu gehören der Geruchssinn in der Nasenhöhle und der Kehlkopf zur Erzeugung von Lauten (z. B. Wiehern). Der Gasaustausch jedoch ist einer der wichtigsten Funktionen des Atemapparats. Die Luft wird dabei über die Atemwege in die Lungen eingesogen. Hier diffundiert der Sauerstoff in das Blut, das daraufhin nicht mehr sauerstoffarm, sondern sauerstoffreich ist. Gleichzeitig wird vom Blut der Austauschstoff Kohlendioxid abgegeben und ausgeatmet.

Die Atemluft beinhaltet bei der Einatmung etwa 20 % Sauerstoff, bei der Ausatmung hingegen immer noch an die 16 %. Ungefähr 4 % des Sauerstoffs, der in die Lungen einströmt, wird bei der Ausatmung durch die gleiche Menge Kohlendioxid ersetzt.

Die Lungen des Pferdes sind relativ groß, weil das Pferd beträchtliche Mengen an Sauerstoff benötigt, um als Flucht- und Lauftier genügend Bewegungsenergie in den Muskeln bereitstellen zu können. Die Lungen nehmen größtenteils den Raum hinter den Rippen ein und werden durch das Diaphragma (Zwerchfell) vom Bauchraum getrennt.

Leber Unmittelbar hinter dem Diaphragma liegt die Leber, die sich als größte Drüse des Körpers darstellt. Die Leber ist ein Entgiftungsorgan, der jedoch noch eine Vielzahl weiterer Aufgaben zufällt. So ist sie neben ihrer Entgiftungsfunktion insbesondere für den Kohlenhydrat-, Eiweiß- und Fettstoffwechsel zuständig, bildet die Gallenflüssigkeit, speichert Blut und Eisen, baut Erythrozyten ab und trägt beim Fötus zur Blutbildung bei.

Mit dem Pfortaderblut werden die im Verdauungsapparat absorbierten Nährstoffe und Vitamine, aber auch Giftstoffe zur Leber geleitet. Diese verwandelt nun überschüssige Stoffe in eine speicherbare Form und lagert sie im Lebergewebe ein, um sie dann in die Blutbahn einzuschleusen, wenn sie gebraucht werden. Im Lebergewebe sitzen außerdem sogenannte Kupffer-Sternzellen, die als Fresszellen das durchfließende Blut von überalterten Erythrozyten reinigen.

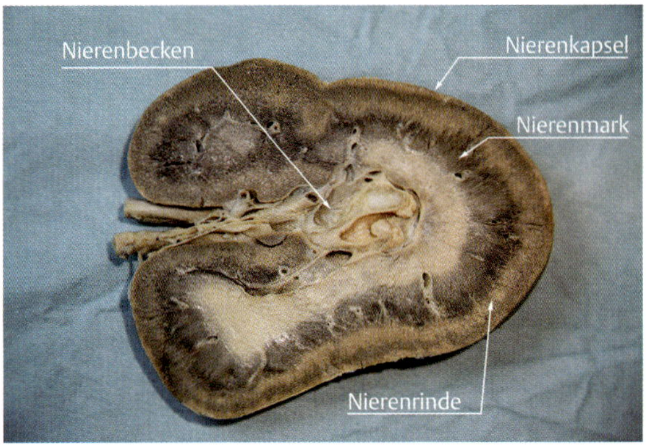

▶ **Abb. 1.26** Schnitt durch eine Pferdeniere.

In den Gallenkapillaren, die zwischen den Leberzellbalken liegen, wird die Gallenflüssigkeit gebildet. Diese Kapillaren vereinigen sich zu immer größer werdenden Gefäßen, die schließlich den rechten und linken Gallengang (Ductus hepaticus dexter et sinister) bilden und zum gemeinsamen Lebergallengang werden (Ductus choledochus). Das Pferd besitzt jedoch keine Gallenblase, in der die Galle in eingedickter Form gespeichert und bei Bedarf abgerufen werden kann – wie es beim Menschen der Fall ist –, sondern die Galle wird kontinuierlich und direkt ins Duodenum eingespeist.

Niere Die Niere (▶ **Abb. 1.26**) ist ein Organsystem des Urogenitalapparats, zu dem außerdem noch die Geschlechtsorgane gezählt werden. Die Nieren sind paarig angelegt und befinden sich beim Pferd retroperitoneal beidseits der Wirbelsäule an der dorsalen Bauchhöhlenwand und liegen etwa im Bereich der letzten Rippen bis zur Lendenregion. Die rechte Niere ist leicht kranial verlagert und hat Kontakt zum Lebergewebe.

Die Nieren filtern täglich an die 6 500 l Blut und produzieren dabei 3–10 l Urin. Die Aufgaben der Nieren sind die Ausscheidung von Stoffwechselprodukten wie Kreatinin (Abbauprodukt des Muskelstoffwechsels), Harnstoff (aus dem Eiweißstoffwechsel) und Harnsäure (aus dem Purinstoffwechsel). Die Niere scheidet giftige Substanzen aus und zählt daher ebenfalls zu den Entgiftungsorganen. Zuvor wandelt die Leber die Giftstoffe in eine nierenverwertbare Form um. Weiter hat die Niere eine wichtige Aufgabe im Hormonhaushalt, da sie die Hormone Renin (wichtig für die Blutdruckregulation) und Erythropoetin (regt die Erythrozytenbildung im roten Knochenmark an) produziert. Außerdem regelt die Niere den Wasser- und Salzhaushalt sowie das Säure-Basen-Gleichgewicht.

1.7 Pathologiekenntnisse

Ohne die Kenntnisse in Anatomie und Physiologie ist es nicht möglich, Krankheiten oder Störungen des Organismus zu verstehen und richtig zu interpretieren. Für die Auswahl der angezeigten Tapeanlage ist es jedoch wichtig, die pathophysiologischen Abläufe im Körper nachvollziehen zu können. Nur auf diese Weise ist es dem Therapeuten möglich, eine passende Strategie mit Hilfe der kinetischen Tapes zu entwerfen, um die Heilungsmechanismen zu unterstützen.

In die Überlegungen einer individuellen Tapeanlage für ein bestimmtes Pferd dürfen nicht nur die Aspekte der Erkrankung selbst, sondern müssen auch die spezifischen Charaktere des jeweiligen Pferdes mit einfließen. Zudem sollten die äußeren Umstände wie Haltung, Fütterung und Training ebenso berücksichtigt werden wie jahreszeitliche Auswirkungen und Witterungseinflüsse.

Insbesondere jedoch sollte sich der Therapeut mit den einzelnen Krankheiten, Verletzungen und anderweitigen Störungen des Bewegungsapparats gezielt auseinandersetzen. Jede Verletzung verlangt nach einer speziellen Behandlung, so muss man zwischen Sehnen-, Muskel-, Bänder- und Nervenschäden unterscheiden. Ebenso gilt es, das Stadium einer Verletzung mit einzubeziehen. So muss klar zwischen einer akuten, subakuten und chronischen Phase unterschieden werden, weil akut entzündliche Prozesse komplett anders behandelt werden müssen als chronische. Insbesondere ist auch der Schmerzlevel ein wichtiger Punkt für die Auswahl der richtigen Tapeanlage. Zudem sollte nicht nur die Art, sondern auch die Schwere einer Verletzung erkannt werden, um die Wahl für die auf das jeweilige Pferd zugeschnittenen Klebetechniken treffen zu können.

Um diesen Anspruch zu erfüllen, ist eine gute Diagnostik von entscheidender Bedeutung, wobei auf die Unterstützung eines Tierarztes nicht verzichtet werden darf. Dem Therapeuten muss klar sein, dass die kinesiologische Tapingtherapie stets eine unterstützende und ergänzende Maßnahme darstellt, ein Krankheits- oder Verletzungsbild zu behandeln. Deshalb gilt der Grundsatz, dass keine Verletzung getapet wird, solange die Diagnose nicht gesichert ist.

Merke

Die Diagnostik steht stets am Anfang einer jeden Behandlung. Ohne gesicherten Befund kann keine vernünftige Tapeanlage entwickelt werden.

2 Die Basis-Tapeanlagen

2.1 Grundlagen

Die Praxis des kinesiologischen Tapens kennt ursprünglich vier Basis-Anlageformen: Die Muskel-, Ligament-, Lymph- und Korrekturanlage. Mittlerweile wurden die Anlageformen um diverse Techniken erweitert. Praktiziert werden inzwischen auch spezielle Tapeanlagen für Nerven, Faszien, Segmente, Meridiane und Narben. Damit sind die Basistechniken sicherlich noch nicht erschöpft, denn die Entwicklung der Tapingtherapie ist im ständigen Fluss. Dennoch lassen sich mit diesen neun Basis-Anlageformen so ziemlich alle wichtigen Störungen und Erkrankungen des Pferdes versorgen.

Die kinesiologischen Tapes sind als fünf Meter lange, elastische Bänder auf eine Rolle gewickelt. Für die einzelnen Tapeanlagen werden die Klebebänder in die gewünschte Form geschnitten. So haben sich verschiedene Grundformen für die einzelnen Anlagen herauskristallisiert. Man kennt die I-Streifen, Y-Streifen, X-Tapes, Fächertapes und gelochte Tapes (▸ **Abb. 2.1**). Als Standard gilt der I-Streifen, der in seiner Standardbreite (je nach Hersteller 5–6 cm) in der benötigten Länge von der Rolle abgeschnitten wird. Der I-Streifen kommt hauptsächlich bei Muskelanlagen zum Einsatz, aber auch bei Bändertapes und in verkleinertem Maßstab (beispielsweise in der Breite von 1–1,5 cmn) bei Narbentapes.

Die Y-Tapes sieht man bei der Tangentialtechnik in Muskelanlagen, bei Faszientapes und in Ausnahmefällen auch bei Korrekturtapes. X-Tapes werden zur besseren Spannungsverteilung ebenfalls bei Muskelanlagen gewählt. Fächertapes sind die typischen Schnittformen bei Lymphanlagen und gelochte Tapes werden für raumschaffende Korrekturanlagen und Schmerztapes verwendet. Die Schnittmuster sind keinen Vorschriften unterworfen, sie werden entsprechend der optimalen Übertragung der Zugspannung auf das Gewebe für jedes Pferd individuell entwickelt.

Außerdem dürfen die Bezeichnungen der einzelnen Tapeanlagen nicht dazu verleiten anzunehmen, dass eine Muskelanlage nur auf Muskeln wirkt und eine Faszienanlage lediglich auf die Faszien Einfluss nimmt. Grundsätzlich muss das Pferd stets als ganzheitlicher Organismus betrachtet werden und selbstverständlich wirkt eine Muskelanlage auch auf die Faszien, den Lymph- und Blutfluss sowie auf die Nerven in dem behandelten Gebiet.

Die Tapestreifen – egal in welcher Form sie geschnitten sind – werden stets in drei Abschnitte unterteilt: Die Anfangsbasis, den Funktionsbereich und die Endbasis (▸ **Abb. 2.2**). Die Anfangs- und Endbasen dienen der Verankerung des Tapes und werden deshalb stets ohne Dehnung auf dem Pferdefell aufgebracht. Das Mittelstück ist der wirksame Teil der Anlage und wird – je nach Wirkungsrichtung – von Null bis Maximalzug fixiert. Die zu beklebende Struktur befindet sich dabei entweder in Vordehnung, in Ausnahmefällen auch in Vorkontraktion oder in neutraler Spannung (physiologische Nullstellung). Die Entscheidung über ein mögliches Vordehnen (S. 39) oder Vorkontraktion des Gewebes hängt von verschiedenen Faktoren, insbesondere aber von der Anlagetechnik ab.

Die Länge der Basen, die das Tape ohne Zug auf dem Pferdefell verankern, wählt man mindestens 5 cm lang, um eine gute Fixation zu erreichen. Bei manchen Anlageformen können die Basen auf bis zu 10 cm oder mehr ausgeweitet werden. Die Basen sollten nach Möglichkeit stets großzügig angelegt sein, um eine bessere Haltbarkeit zu erreichen. Sie liegen immer außerhalb des Wirkungsgebiets und nicht über dem zu therapierenden Areal.

▸ **Abb. 2.1** Für die einzelnen Tapeanlagen schneidet man die Tapestreifen in bestimmten Schnittmustern zu: v.l.n.r. Y-Tape, Lochtape, X-Tape, Fächertape, I-Tape.

2.1.1 Handling der Tapes

Das Tapen sollte stets unter gewissen Regeln erfolgen, um die Qualität der Arbeit sicherzustellen. Hierzu gehört auch die fachgerechte Handhabung der Tapes. Pferdebesitzer sind durchaus penibel, wenn es um die Optik ihres Pferdes geht: Einer von mehreren Beweggründen, weshalb das Anbringen der Klebebänder auf dem Pferd nicht nur therapeutischen, sondern auch ästhetischen Anforderungen gerecht werden muss. Das bedeutet konkret, dass eine Tapeanlage sowohl funktionell als auch optisch ansprechend sein soll. Obwohl letzteres für den Therapieerfolg nicht zwingend entscheidend sein muss, spricht es dennoch für die Qualität der Arbeit des Therapeuten und insbesondere auch für dessen Respekt dem Pferd gegenüber.

Somit ist darauf zu achten, dass die Tapes sauber geklebt werden (▸ **Abb. 2.3a**). Wichtige Eckpunkte hierzu sind eine gleichmäßige Verlaufsrichtung ohne „Ausreißer“, an denen das Tape vom Verlauf abweicht, keine zusätzlichen Knicke, ausgefranste Ränder oder abstehende Tapeenden. Unsauber aufgebrachte Tapes können jedoch meist den therapeutischen Anforderungen ebenfalls nicht gerecht werden, weil die schlechte Klebetechnik nicht nur die Optik beeinträchtigt, sondern auch die Tapespannung und Haltbarkeit (▸ **Abb. 2.3b**). Schlampig geklebte

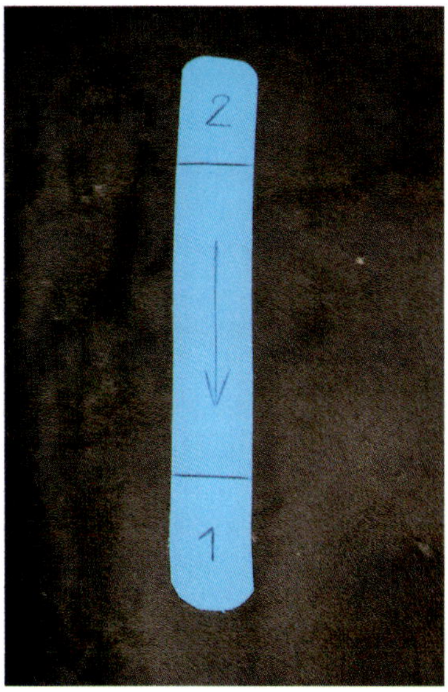

▸ **Abb. 2.2** I-Streifen mit der Anfangsbasis (1), dem Funktionsbereich im Mittelstück und der Endbasis (2). Der Pfeil im Funktionsbereich zeigt die Zugrichtung des Tapes an.

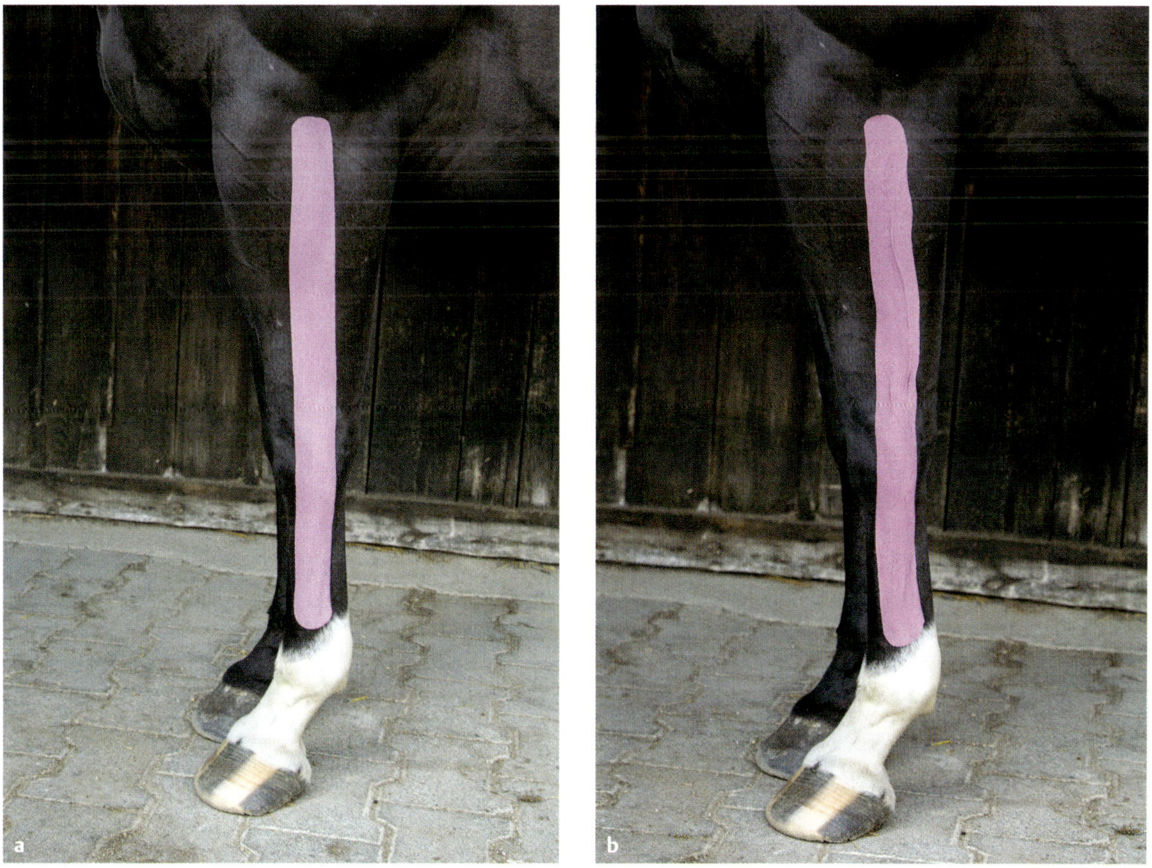

▸ **Abb. 2.3** Die Klebequalität dient nicht nur der Ästhetik, sondern auch der Funktionalität der Tapeanlage.
a Sauber geklebtes Tape mit gleichmäßiger, vektorisierter Zugrichtung.
b Qualitativ schlecht aufgebrachtes Tape mit unregelmäßigem Verlauf, Falten und fehlerhafter Zugrichtung.

Bänder variieren nicht nur in der Zugrichtung, sondern auch in der Zugstärke. Dies kann unter Umständen zu Disharmonien im Gewebe führen, die eine Heilung blockieren könnten.

> **Praxistipp**
> Die Optik der Tapeanlage spiegelt die Arbeit des Therapeuten wider. Sie ist insbesondere für den Pferdebesitzer ein Kriterium für die Beurteilung der Qualität.

Ein Pferdebesitzer ist nur zufrieden, wenn sein Pferd auch optisch eine „gute Figur" macht. Der Therapeut muss den Anforderungen gerecht werden, will er am Markt bestehen können. Eine qualitativ hochwertige Arbeit sollte deshalb sowohl aus therapeutischen als auch aus optischen Gründen eine Selbstverständlichkeit sein.

Vorschneiden der Tapes Vor der eigentlichen Klebearbeit am Pferd wählt man das Tape in Farbe und Form aus. Im nächsten Schritt wird die Länge des Tapes am Pferd abgemessen. Bei Tapeanlagen, die eine Vordehnung erforderlich machen, bestimmt man die Länge der Klebebänder in Vordehnung. Manche erfahrene Taper können die Tapelänge auch am neutral stehenden Pferd abmessen und schätzen die zusätzliche Bandlänge, die aufgrund der Vordehnung erforderlich wird. Die funktionale Länge wird schließlich um die Basen am Anfang und Ende erweitert und von der Rolle abgeschnitten. Nun erfolgt der Zuschnitt entsprechend der Anlageform.

Um zu verhindern, dass sich die Tapeenden zu früh vom Fell ablösen, werden sowohl die Anfangs- als auch die Endbasen mit der Schere abgerundet (▶ Abb. 2.4). Der I-Streifen ist damit für den Gebrauch fertig zugeschnitten.

▶ **Abb. 2.4** Um zu verhindern, dass die Tapeecken sich zu früh vom Pferdefell ablösen, werden die Ecken mit der Schere abgerundet.

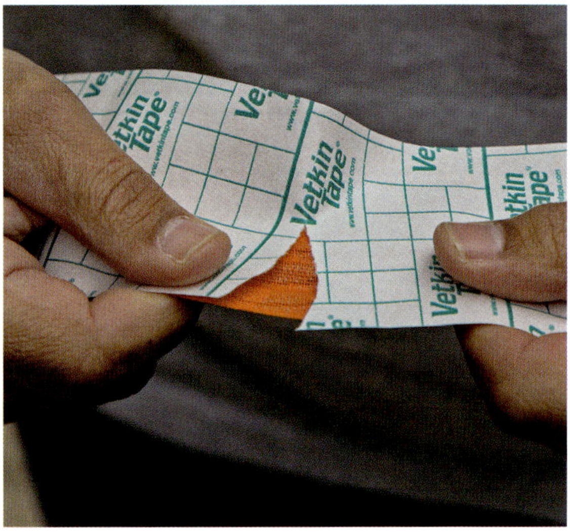

▶ **Abb. 2.5** Bei allen En-bloc-Anlagen wird das Trägerpapier in der Mitte eingerissen. Durch Auseinanderziehen des Tapes löst sich das Trägerpapier selbstständig bis zu den Basen ab.

Zum Schneiden eines Y-Tapes wird das Band der Länge nach mittig halbiert, wobei die Anfangs- bzw. Endbasis (je nach Anlagetechnik) nicht durchschnitten wird. Für das X-Tape wird die Tapemitte nicht durchschnitten, dafür jedoch die Schenkel zu beiden Seiten.

Beim Fächertape bleibt ebenfalls die Anfangsbasis unbeschnitten, das restliche Tape wird in Längsrichtung dreimal durchtrennt, sodass insgesamt vier Schenkel entstehen. Auch hier werden abschließend die Anfangs- und vier Endbasen an den Ecken abgerundet.

Gelochte Tapes faltet man in der Mitte und schneidet ein dreiecksförmiges Segment heraus, das schließlich beim Aufklappen des Bandes eine Raute ergibt. Dieses rautenförmige Loch sollte nicht mehr als die halbe Bandbreite betragen, damit noch genügend Klebesubstanz für das Fixieren auf dem Pferdefell vorhanden ist (▶ Abb. 2.28).

Grundsätzliche Klebetechniken Zum Aufbringen der Tapestreifen auf dem Pferdefell erleichtern verschiedene Techniken die Handhabung. Für zentriert angelegte Tapes (Spacetape und alle anderen En-bloc-Anlagen), wird das Trägerpapier in der Mitte eingerissen, das Tape an den Basen gehalten und gedehnt (▶ Abb. 2.5). Damit löst sich das Trägerpapier selbstständig bis zu den Basen ab und kann auf das Fell geklebt werden.

Bei Tapes, die von einer Anfangsbasis beginnend über mehr oder weniger starken Zug in eine Richtung geklebt werden sollen, empfiehlt es sich, das Trägerpapier am Übergang der Anfangsbasis zum Funktionsbereich zu trennen, das Trägerpapier an der Basis komplett abzulösen und auf das Fell zu kleben. Für die im Anschluss beschriebene Paper-Off-Anlage (S. 39) zieht man das restliche Trägerpapier ab, während man gleichzeitig den Tapestreifen mit der anderen Hand auf das Fell des Pferdes drückt. Damit erreicht man einen gleichmäßigen, geringen Zug des Tapebandes. Für anderweitige Tapeanlagen entfernt man das Trägerpapier jeweils ein Stück und klebt das Tape in der gewünschten Dehnung aufs Fell. Nicht zu vergessen ist, dass die Basen grundsätzlich ohne Zug auf dem Fell fixiert werden sollen. Sie dienen als Anker für das funktionelle Tapemittelstück.

Zum Abschluss muss das Tape nun noch gut anmodelliert werden, um den Acrylkleber zu aktivieren. Hierzu reibt man schnell und fest über das Tapeband. Erst die durch Reibung erzeugte Wärme aktiviert den Kleber und sorgt für die optimale Haftung.

Beim Abziehen des Trägerpapiers sollte stets darauf geachtet werden, mit den Fingern nicht die Klebefläche des Tapebandes zu berühren, weil damit der Kleber abgelöst wird und die Klebekraft schwindet. Ist es nicht zu vermeiden, die Klebefläche zu berühren, sollte dies nur mit der Fingerspitze geschehen, um möglichst wenig Klebekraft einzubüßen.

2.1.2 Tapespannung

Die Verwendung von qualitativ hochwertigen Tapes ist eine Voraussetzung, damit die Bänder die erzeugte Spannung über einen längeren Zeitraum auf das Gewebe übertragen können. Wie bereits im Kapitel zum Materialtest (S. 13) erwähnt, ist die Spannkraft der Kinesiotapes der einzelnen Hersteller sehr unterschiedlich. Die Maximaldehnung sollte 140 % erreichen und das Tape nicht vorzeitig ausleiern. Nur mit einem Qualitätstape sind langfristig gute Resultate zu erzielen. Bei der Anwendung an Pferden ist der Erhalt der Spannkraft eine besonders wichtige Komponente, da längere Hebel und die kräftigeren Muskeln der Pferde eine deutlich größere Kraft erzeugen, der die Klebebänder standhalten müssen. Um ihrerseits eine Zugwirkung auf das Gewebe zu initiieren, sind nur Tapes in Topqualität mit großer Spannkraft und starken Klebeeigenschaften brauchbar.

Bei den einzelnen Tapeanlagen wird die Stärke der Zugspannung, mit der das Tape auf das Fell aufgebracht werden soll, in Prozent angegeben. Konkret bedeuten diese Angaben, dass 0 % Zug keinerlei Spannung und 100 % eine maximal mögliche Spannung darstellt. Die zwischenliegenden Prozentzahlen können beim Tapen nicht gemessen, sondern müssen geschätzt werden, sodass vom Therapeuten ein hohes Maß an Gefühl erwartet werden muss.

Immer wieder muss festgestellt werden, dass die Spannung zu hoch angesetzt wird. Damit ergeben sich einige Nachteile. Zum einen ist die Haltbarkeit der Tapes auf dem Pferdefell deutlich herabgesetzt. Viele Anlagen können mit einer theoretischen Angabe der Zugspannung in der Praxis gar nicht umgesetzt werden. Als Beispiel sei hier die Sehnenanlage für den M. interosseus medius (Fesselträger) erwähnt. Die Tapes können aufgrund ihres Verlaufs mit einer maximalen Zugspannung nicht halten, da zu große Querkräfte im Tapeverlauf auftreten (▶ Abb. 5.45, ▶ Abb. 5.46). Da helfen auch keine Zusatzanker (S. 40). Die einzige Lösung ist, den Zug bei dieser Sehnenanlage auf ein praktikables Maß zu verringern.

Fehlendes Gefühl des Therapeuten und die Meinung „Viel hilft viel" verleitet dazu, die Tapes mit zu hoher Spannung zu kleben. Ein wenig Übung ist schon erforderlich, um 50 % oder 25 % Zug abschätzen zu können. Manche Tapingtherapeuten können die Zugstärke besser abwägen, wenn sie nicht mit Prozenten, sondern mit Adjektiven arbeiten:

- sehr leichter Zug entspricht etwa 10–20 % Dehnung
- leichter Zug entspricht etwa 20–40 % Dehnung
- mäßiger Zug entspricht etwa 40–60 % Dehnung
- starker Zug entspricht etwa 60–80 % Dehnung
- sehr starker Zug entspricht etwa 100 % Dehnung

Das elastische Tape ist bereits mit 10 % Zug auf der Trägerfolie fixiert. Zieht man das Tape nun von der Trägerfolie ab, dehnt man das Material je nach Haftstärke auf der Folie noch stärker.

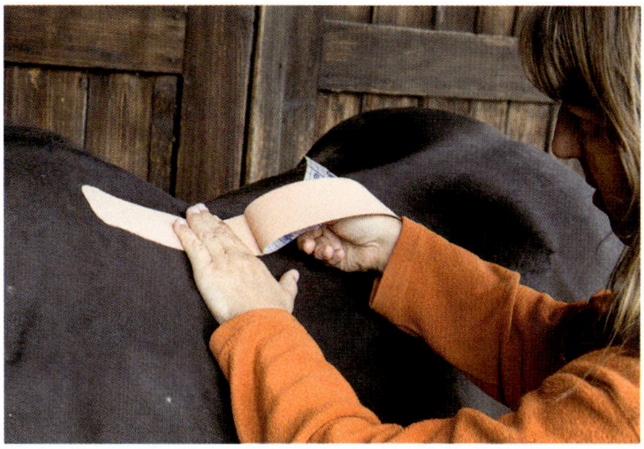

▶ **Abb. 2.6** Bei der Paper-Off-Technik wird das Tape gleichzeitig beim Abziehen des Trägerpapiers aufgeklebt.

Paper-Off-Technik Will man eine möglichst gleichmäßige, sehr leichte Dehnung übertragen (z. B. für eine Nerven- oder sedierende Muskelanlage), eignet sich die Paper-Off-Technik. Hierzu zieht man die Folie vom Tape ab und klebt dieses gleichzeitig auf das Pferdefell auf (▶ Abb. 2.6). Damit entsteht ein gleichmäßiger Zug, der idealerweise zwischen 10 und 20 % liegt, aber oft deutlich höher ausfällt, wenn das elastische Band zu stark auf dem Trägerpapier haftet. Deshalb eignet sich die Paper-Off-Anlage nur bei Tapes, die sich ohne Widerstand von der Trägerfolie ablösen lassen.

Die Wirkung der Tapespannung ist nicht nur von der Spannkraft abhängig, sondern auch von der Vordehnung der Zielstruktur. Die insbesondere bei detonisierenden Muskelanlagen praktizierte Vordehnung verstärkt die angestrebte Wirkungsweise der elastischen Tapes und muss für die Auswahl der Dehnungsstärke mit berücksichtigt werden.

2.1.3 Convolutions

Bei vielen Tapeanlagen wird die zu tapende Struktur in Vordehnung gebracht, bevor das Klebeband auf dem Fell befestigt wird. Um eine optimale Wirkung zu erreichen, sollte eine Strukturvordehnung bei Ligament-, Lymph-, Nerven- und detonisierenden Muskelanlagen durchgeführt werden. Ist eine Vordehnung beispielsweise durch das Vor- oder Zurückführen der Gliedmaße allerdings nicht möglich,

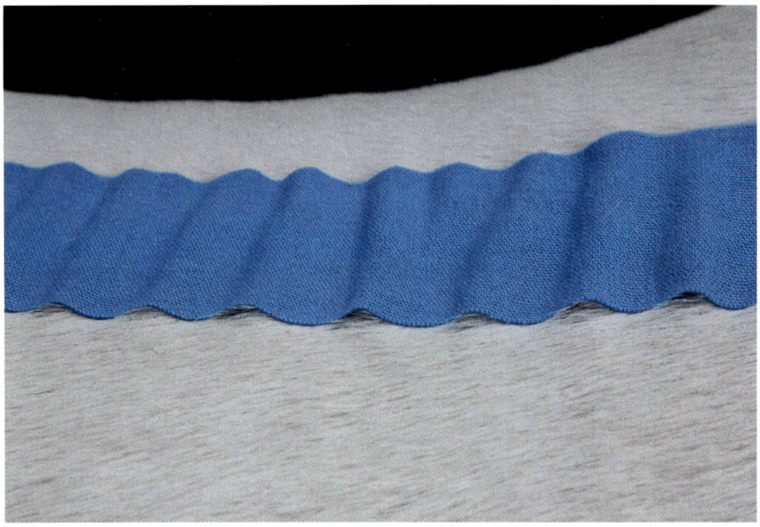

▸ **Abb. 2.7** Convolutions entstehen bei Vordehnung der Struktur und zugfreiem Aufbringen des Tapes. Tapewellen schaffen Raum, entlasten das Gewebe und wirken deshalb schmerzlindernd.

was unterschiedliche Ursachen haben kann, arbeitet man mit Hautvorschub. Dieser ist zwar nicht ganz so effektiv, aber immer noch besser als ohne jegliche Gewebedehnung.

Einen **Hautvorschub** erreicht man, indem man die Anfangsbasis entgegen der Taperichtung zieht und das Fell bzw. die Haut des Pferdes dabei mitnimmt. Hierfür muss das Tape jedoch nun mit nur einer Hand aufgebracht werden können. Da dies selten praktikabel ist, hilft ein Assistent, der den Tapeanfang auf Zug setzt. Alternativ kann man während des Klebens die Haut unmittelbar vor dem Aufbringen des Tapes in Taperichtung wegschieben, um eine Hautdehnung zu erreichen.

Bringt man die Struktur nach Aufbringen des Kinesiotapes wieder in Neutralstellung, bilden sich sogenannte Tapewellen (Convolutions). Diese Wellen sind erwünscht, da sie die Haut abheben und Raum schaffen. Damit findet eine Entlastung im Gewebe statt, die nicht nur schmerzlindernd ist, sondern auch die Durchblutung und den Stoffwechsel fördert. (▸ **Abb. 1.15**, ▸ **Abb. 1.16** und ▸ **Abb. 2.7**)

Wenn trotz Vordehnposition keine Convolutions sichtbar sind, kommen zwei Ursachen hierfür in Betracht: In den meisten Fällen wurde das Tape mit zu viel Zug geklebt. Wird die Struktur in Neutralstellung gebracht, schluckt das Tape durch Aufheben der Zugspannung den entstehenden Hautüberschuss, sodass keine Tapewellen entstehen.

In manchen Fällen jedoch ist eine Vordehnung nicht in der Weise möglich, dass sich Tapewellen bilden könnten. Die Gründe hierfür können eine zu stark verspannte Muskulatur oder Schmerzen in irgendeiner Struktur der zu dehnenden Region sein, die eine Dehnung nicht zulassen. Weiter kann eine artikuläre Blockierung ebenfalls die notwendige Bewegung für die Vordehnposition verhindern. In diesen Fällen sollte eine vorhergehende Manuelle Therapie – je nach Indikation als Massage, Mobilisation oder anderweitiger osteopathischer Techniken – durchgeführt werden, um ein Bewegungsausmaß zu erreichen, das eine Vordehnung zulässt.

2.1.4 Zusatzanker

Um die Haltbarkeit der Tapes auf dem Pferdefell zu erhöhen, bringt man quer zum Verlauf des Haupttapes ein weiteres Tape an, das eine zusätzliche Fixation gewährleistet. Dieser Zusatzanker erhöht die Klebefläche auf dem Pferdefell und ist immer dann sinnvoll, wenn hohe Zugkräfte oder ein vermehrtes Bewegungsausmaß der Struktur dazu führen, dass sich die Tapes frühzeitig lösen. Insbesondere sind Zusatzanker bei Sehnentapes notwendig, sinnvoll sind sie auch bei Lymph- oder Korrekturtapes auf der medialen Extremitätenseite.

Die Zusatzanker dürfen bei der Anwendung am Bein dieses keinesfalls komplett umschließen, sodass das Ende des Ankertapes über dessen Anfang geklebt wird (▸ **Abb. 2.8a**). Der geschlossene Ring garantiert zwar eine gute Haltbarkeit, kann jedoch sehr gefährlich werden (▸ **Abb. 2.8b**). Reibt das Pferd das Tape ab, rollt sich der Ring auf (▸ **Abb. 2.8c**) und wird zu einem äußerst festen Strang, der ins Gewebe einschneiden und dem Pferd schwere Verletzungen zufügen könnte (▸ **Abb. 2.8d**) Deshalb dürfen Ankertapes nie im Ring geklebt werden und sich somit selbst fixieren. Lieber löst sich eine Tapeanlage, als dass man eine Verletzung des Pferdes riskiert.

▸ **Abb. 2.8** Korrektes Verkleben von Ankertapes.

a Korrektes Verkleben von Ankertapes: Die Basen der Ankertapes (hier in violett) überlappen sich nicht.

b Falsch: Hier ist das obere Ankertape in sich verklebt worden.

c Es reicht, wenn man leicht über das Tape streift, dass es sich aufrollt. Reibt das Pferd mit seiner Nase am Tape, wälzt es sich oder streift es einen Gegenstand, entsteht derselbe Effekt.

d Selbst massiver Zug kann das aufgerollte, in sich verklebte Tape nicht zerreißen. Somit könnte das Pferd schwere Verletzungen erleiden, wenn es mit dem Tape an einem Gegenstand hängenbleibt oder das Tape auch nur in die Haut einschneidet.

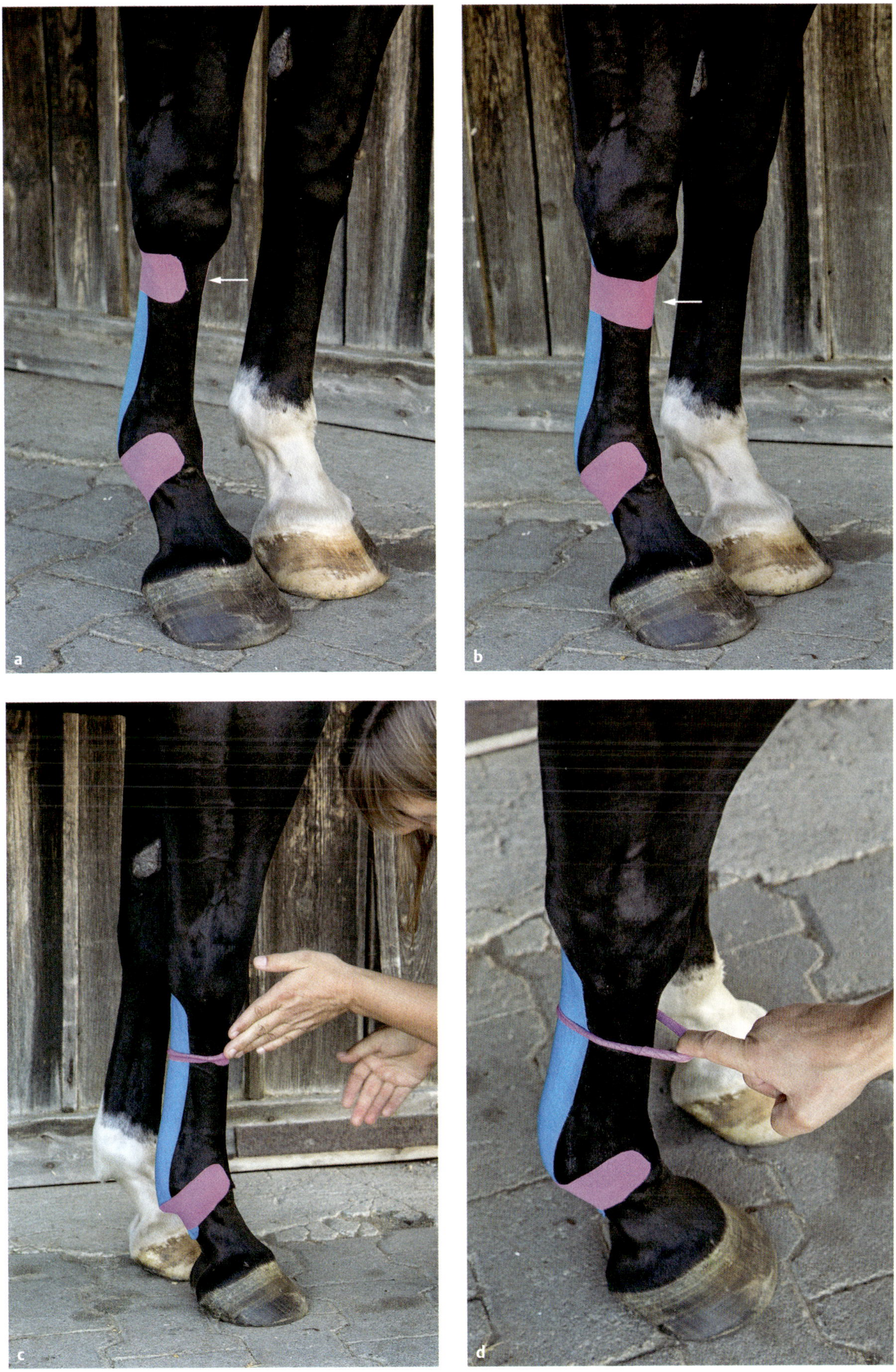

▶ **Abb. 2.8**

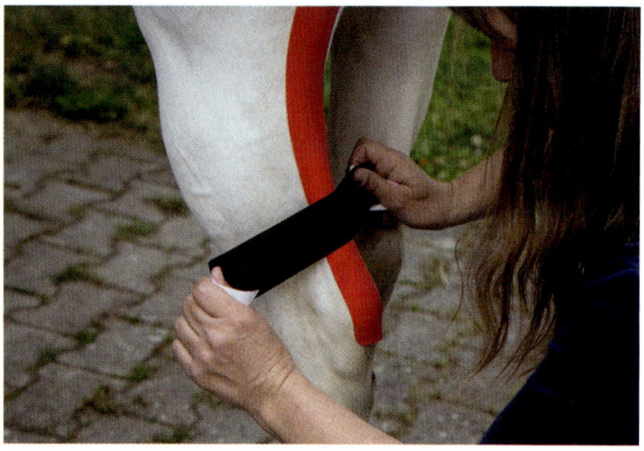

▶ **Abb. 2.9** Technisch gesehen werden Ankertapes als Ligamentanlage in Zentrierungstechnik angebracht.

Die Zusatzanker werden technisch gesehen als Ligamentanlage in Zentrierungstechnik (S. 54), allerdings ohne oder nur mit leichtem Zug angebracht. Hierzu reißt man das Trägerpapier mittig ein und zieht das Tape auf Spannung. Auf diese Weise löst sich das Trägerpapier selbstständig bis zu den Basen, die man mit den Händen festhält, ab. Nun klebt man das Tape en bloc im rechten Winkel zum fixierenden Tape auf (▶ Abb. 2.9), aktiviert den Kleber durch Reiben und drückt schließlich die Anfangs- und Endbasis zugfrei an.

Cave

Tapes und speziell Ankertapes dürfen nie komplett um das Pferdebein gewickelt und mit sich selbst verklebt werden, weil sich das Tape unter Umständen nicht mehr lösen kann und schwere Verletzungen des Pferdes die Folge sein könnten.

2.2 Muskelanlage

Die Muskelanlage ist eine der häufigsten Tapeanlagen bei Pferden. Dies ist insofern nicht verwunderlich, da über 80 % aller physischen Einschränkungen muskulären Ursprungs sind. Es ist jedoch zu beachten, dass die Blockierungen sich gegenseitig bedingen. Eine Verletzung beispielsweise zieht stets einen muskulären Hypertonus nach sich, da der Körper eine Schutzspannung aufbaut, um den Schmerz gering zu halten.

Eine muskuläre Dysbalance entsteht unter anderem durch einseitiges Training, falsche Belastung oder aufgrund einer Schonhaltung. Die agonistische Muskulatur ist überlastet und reagiert darauf stets mit einem Hypertonus. Die Antagonisten hingegen werden durch die Dauerkontraktion der Agonisten fortwährend gedehnt und können nicht mehr kontrahieren. Daraufhin kommt es zu einer Schwächung dieser Muskelgruppen (Hypotonus).

Wenn die Überlastung eines Muskels oder einer Muskelgruppe zu lange andauert, kann auch die erhöhte Spannung irgendwann nicht mehr aufrechterhalten werden, so kommt es langfristig ebenfalls zu einer Schwächung dieser Muskeln. In Folge davon werden die Muskeln hypoton und atrophieren. Da ein schwacher Muskel seiner eigentlichen Aufgabe nicht gewachsen und somit überfordert ist, kommt der Körper in einen Teufelskreis, da eine überlastete Muskulatur zunächst kontrakt und schließlich schwach wird.

Ein Muskel wird auch immer dann hypoton, wenn er unterfordert ist. Boxenpferde haben bei vergleichbarem Trainingseinsatz eine sichtbar schwächere Muskulatur als Pferde, die auf Gebirgsweiden gehalten werden, da diese deutlich mehr Bewegung erhalten, die entsprechende muskuläre Arbeit erfordert. Mit Hilfe von kinesiologischen Tapes lässt sich eine schwache Muskulatur sicherlich nicht direkt wieder aufbauen, wenn das entsprechende Training hierzu fehlt. Auch hypertone Muskeln können die Tapebänder nicht alleine in die Entspannung führen. Dennoch können die Tapes dazu beitragen, die Entwicklung des Normotonus zu unterstützen.

Merke

Kinesiologische Tapes sind nicht in der Lage, sich direkt am Muskelaufbau zu beteiligen, helfen jedoch, Dysbalancen zu beseitigen und die Muskulatur in einen Normotonus zurückzuführen. Auf diese Weise versetzen sie die Muskeln erst wieder in die Lage, optimal zu arbeiten und fördern die Stärkung der Muskulatur somit indirekt.

Für den Tapingtherapeuten ist es sehr wichtig, den aktuellen Zustand der Muskulatur zu erkennen, bevor er sich für eine bestimmte Tapinganlage entscheidet. Um die Muskulatur wieder in einen Normotonus zurückzuführen, muss durch Palpation sowie aktiver und passiver Bewegungsmuster festgestellt werden, ob ein Hypo- oder Hypertonus vorliegt. Weiter muss befundet werden, welche anderen Strukturen (Gelenke, Faszien, Bänder, Sehnen etc.) an einer Läsion beteiligt sind. All diese Erkenntnisse führen schließlich zur Entwicklung der entsprechenden Tapeanlage und zwar für jedes Pferd individuell.

Ziel Das Ziel der Muskelanlage ist es, den Körper dabei zu unterstützen, die Muskelfunktion zu optimieren. Insbesondere gilt es, die Dysbalancen innerhalb der Muskulatur auszugleichen, damit Agonisten und Antagonisten wieder in einem ökonomischen Wechselspiel agieren können. Die Muskelanlage zielt letztendlich darauf ab, die muskuläre Selbstregulation des Körpers zu fördern und die Muskulatur in einen Normotonus zurückzuführen. Die kinesiologischen Tapes helfen zu regulieren, sind aber nicht in der Lage, eine Leistungssteigerung in Form eines Muskelaufbaus direkt herbeizuführen. Dies muss stets über ein adäquates Training erfolgen, das allerdings nur

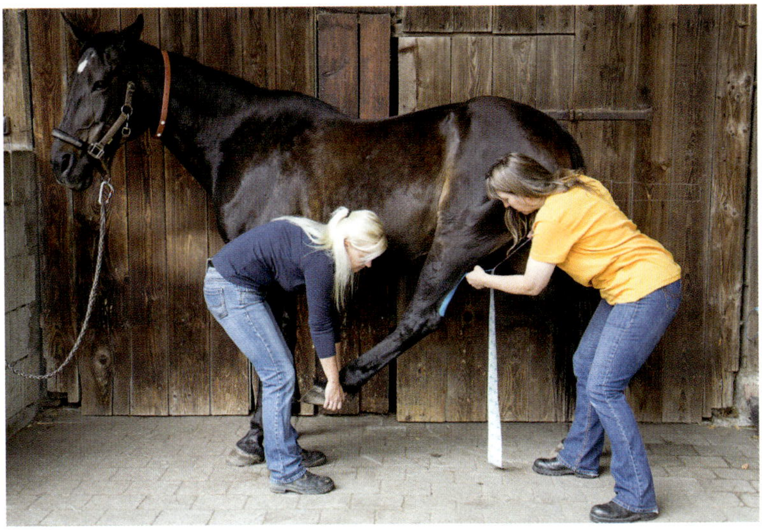

▶ **Abb. 2.10** Ein entgegen der Zugrichtung des Muskels angebrachtes Tape wirkt detonisierend.

dann möglich ist, wenn die Muskulatur arbeitsfähig, sprich weder kontrakt noch zu schwach ist.

Die Muskelanlage wird deshalb insbesondere bei Verspannungen, Muskelkrämpfen, Atrophien und Muskeldysbalancen eingesetzt. Durch eine Normalisierung der Muskelspannung erreicht man eine verbesserte Gelenkmobilität, eine bessere Durchblutungssituation und eine optimierte Stoffwechsellage.

Grundsätze Die Technik des Tapens einer Muskelanlage hängt von der jeweiligen Zielführung ab. Während der Wachstumsphase des Organismus entwickelt sich die Muskulatur vom Zentrum des Körpers ausgehend in Richtung Peripherie. Das bedeutet, dass der muskuläre Zug stets nach zentral erfolgt, weil im Zentrum der Fixpunkt des Muskels sitzt (Ursprung). Demzufolge erreicht man eine Unterstützung der Zugrichtung mit Hilfe der kinesiologischen Tapes, wenn man das Tape ebenfalls vom Zentrum aus in Richtung der Peripherie anbringt. Setzt man den Tapeanfang jedoch am Muskelansatz und klebt in Richtung des Muskelursprungs, wirkt die Zugrichtung des Tapes entgegengesetzt der des Muskels. Damit lassen sich muskuläre Verspannungen abschwächen und man erreicht eine Wirkung bis hin zur Neutralisierung der gegensätzlichen Zugkräfte.

Daraus folgt der Grundsatz: Die Taperichtung entgegen der Zugrichtung des Muskels detonisiert den Muskel, die Taperichtung in Zugrichtung des Muskels hat eine tonisierende Wirkung (▶ Abb. 2.10).

Praxistipp

Das Tapen **vom Ursprung in Richtung Ansatz** des Muskels hat eine **tonisierende** Wirkung auf den Muskel. Das Tapen vom **Ansatz zum Ursprung** des Muskels wirkt hingegen **detonisierend**.

Die Wirkungsrichtung der Muskelanlage sollte mit einer passend gewählten Tapefarbe unterstützt werden. So werden detonisierende Anlagen (mit Anfangsbasis am Muskelansatz und Endbasis am Muskelursprung) stets mit einer blauen Farbe getapet, für tonisierende Anlagen (hier liegt die Anfangsbasis am Muskelursprung und die Endbasis am Muskelansatz) hingegen wählt man bevorzugt Rot oder Pink, aber auch Violett oder Schwarz.

Insbesondere detonisierende Muskelanlagen werden stets in Vordehnung getapet, da man Convolutions erreichen möchte, die eine Volumenerweiterung im interstitiellen Raum initiieren. Auf diese Weise kommt es zu einer Druckreduktion auf die Rezeptoren, einer besseren Mikrozirkulation, einem gesteigerten Lymphfluss mit schnellerer Entstauung des Gewebes und forciertem Abtransport von Stoffwechselprodukten.

Tonisierende Muskelanlagen können in Ausnahmefällen ebenfalls in Vordehnung getapet werden, wenn sie als alleinige Anlage verwendet werden, um die Vorteile der Raumgewinnung im Interstitium zu nutzen. Es macht jedoch Sinn, nicht nur die Agonisten, sondern auch die Antagonisten in die Tapeanlage mit einzubeziehen. Aufgrund des Wechselspiels der beiden Muskelgruppen sollte die Tapeanlage auf die zielgerichtete Harmonisierung des Muskeltonus ausgelegt werden. Ist der Agonist hyperton, wird dieser detonisierend getapet, während der Antagonist eine Schwächung aufweisen wird, die tonisierend angelegt werden sollte. Hierfür ist die gleichgerichtete Zugrichtung von Tape und Muskel entscheidend. Die Zugwirkung wird jedoch durch Convolutions weitgehend aufgehoben. Aus diesem Grund entscheidet man sich beim tonisierend angelegten Tape nicht für eine Vordehnung, sondern aus Sicht des hypotonen Muskels für eine leichte Vorkontraktion oder in Neutralstellung für einen bis zu 25 %igen Zug, um die Zugrichtung des Muskels zu unterstützen.

In der Praxis bedeutet dies, dass in Vordehnung der hypertone Agonist getapet wird und diese Stellung auch beim Tapen des Antagonisten (für die Vorkontraktion) aufrecht erhalten bleibt. Würde sich eine zu große Spannung auf dem Tapeband ergeben, sobald die Neutralstellung wieder hergestellt wird, sollte die tonisierende Anlage in Neutralstellung, dafür aber unter leichtem Zug des Tapes (bis zu 25 %) angelegt werden. Diese Vorgehensweise ist insbesondere bei den Muskeln der Extremitäten ratsam.

Letztendlich ergibt sich nun bei einer kombinierten Tapeanlage von Agonist und Antagonist folgendes Tapeschema:

- Agonist detonisierend vom Ansatz zum Ursprung in der Farbe Blau mit Vordehnung.
- Antagonist tonisierend vom Ursprung zum Ansatz in der Farbe Rot oder Schwarz in Vorkontraktion oder alternativ in Neutralstellung unter leichtem Tapezug von bis zu 25 %.

Das detonisierende Muskeltape wird in der Regel ohne oder nur mit geringem Zug aufgebracht. Um die erwünschten Convolutions nicht zu eliminieren, sollte das Tape nicht mehr als bis zu 10 % Zug gedehnt werden. Da das Tape mit 10 % Zug auf dem Trägerpapier aufgebracht ist, kann man Muskelanlagen sehr gut mit der Paper-Off-Technik (S. 39) tapen.

Bei tonisierenden Muskelanlagen kann man – in Neutralstellung getapet – bis zu 25 % Zug aufwenden, außer man wendet die Technik der Vorkontraktion an, wodurch der Tapezug sich ergibt, wenn die Struktur wieder in Neutralstellung gebracht wird.

Es gibt verschiedene Möglichkeiten, eine Muskelanlage zu kreieren. Die Wahl der Anlagentechnik ergibt sich in der Regel aus dem Muskelverlauf und dessen Form. Man unterscheidet die Vektor- und Tangentialtechnik, die nachfolgend beschrieben werden.

Praxitipp
Bei Muskelanlagen sollen stets sowohl die **Agonisten** als auch die **Antagonisten** getapet werden.

2.2.1 Vektortechnik

Die Vektortechnik ist die am häufigsten angewandte Tapingvariante für Muskelanlagen (▶ **Abb. 2.11**). Hierzu benötigt man einen (in speziellen Fällen auch mehrere) I-Streifen. Die Länge des Tapestreifens wird bei einer detonisierenden Anlage **in Vordehnung** des Muskels am Pferd abgemessen (▶ **Abb. 2.12a**). Das Tape erstreckt sich dabei vom Ansatz bis zum funktionellen Ursprung des jeweiligen Muskels. Die Anfangs- und Endbasis des Tapes liegen außerhalb des Muskelursprungs und -ansatzes, sodass die Länge der Basen zur Gesamtlänge des Tapes hinzuaddiert werden muss. Bei tonisierenden Muskelanlagen wird die Länge des Tapes in Neutralstellung oder in Vorkontraktion (in Ausnahmefällen auch in Vordehnung) abgemessen – je nachdem, für welche Anlage man sich aufgrund der individuellen Situation entscheidet.

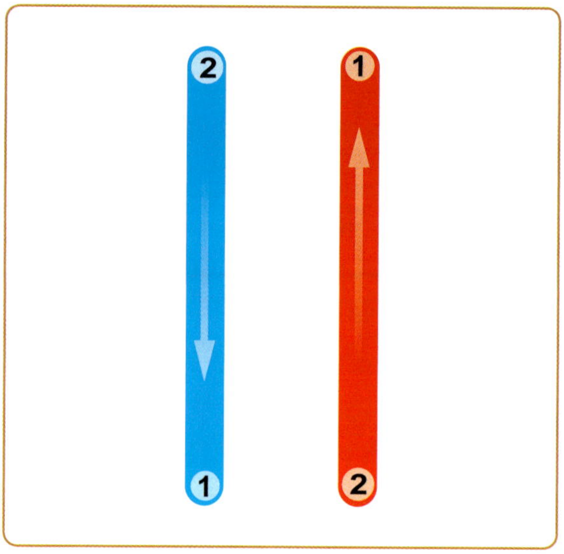

▶ **Abb. 2.11** I-Streifen für Muskelanlagen in Vektortechnik: Rot = tonisierend, Blau = detonisierend; bei der detonisierenden Anlage wird die Anfangsbasis (1) außerhalb des Muskelansatzes, bei der tonisierenden Anlage außerhalb des Muskelursprungs stets zugfrei angebracht. Die Endbasis (2) wird zum Schluss zugfrei angeklebt. Der Pfeil im Funktionsbereich zeigt jeweils die Zugrichtung des Tapes an.

Das abgemessene Band wird von der Rolle abgeschnitten und die Ecken berundet. Das Fell des Pferdes wird für die Beklebung vorbereitet: Es sollte geputzt, ggf. geschoren und von jeglichen Zusatzstoffen wie Sprays, Ölen oder Cremes befreit sein.

Das Trägerpapier wird zwischen Basis und Funktionsbereich eingerissen und an der Anfangsbasis komplett entfernt. Die Anfangsbasis wird nun außerhalb des Muskelansatzes (bei detonisierenden Anlagen) angebracht (▶ **Abb. 2.12b**). Anschließend erfolgt – am besten durch eine Hilfsperson – die Vordehnung der Struktur. In Paper-Off-Technik wird das Tape im Verlauf des Muskels über dem Muskelbauch aufgebracht (▶ **Abb. 2.12c**). Die Endbasis klebt man wiederum ohne jegliche Spannung auf (▶ **Abb. 2.12d.**). Noch während der Vordehnung aktiviert man den Acrylkleber durch kräftiges Reiben im gesamten Tapeverlauf (▶ **Abb. 2.12e.**). Anschließend bringt man die Struktur wieder in Neutralstellung.

Die Vektortechnik eignet sich beispielsweise für den M. brachiocephalicus, M. longissimus dorsi, M. semimembranosus, M. semitendinosus (▶ **Abb. 2.12f.**) sowie alle Extensoren und Flexoren der Extremitäten. Sie ist überall dort sinnvoll, wo ein Großteil des Muskelbauches abgedeckt werden kann. Bei großflächigeren Muskeln (M. biceps femoris, M. abdominalis etc.) eignen sich zwei oder mehr I-Streifen parallel nebeneinander, dass die doppelte Breite abgedeckt wird, oder die Form der Zebraoptik. Für die Zebratechnik werden bei sehr flächigen Muskeln (M. abdominalis) mehrere Streifen nebeneinander angebracht, während zwischen den Streifen jeweils eine Tape-

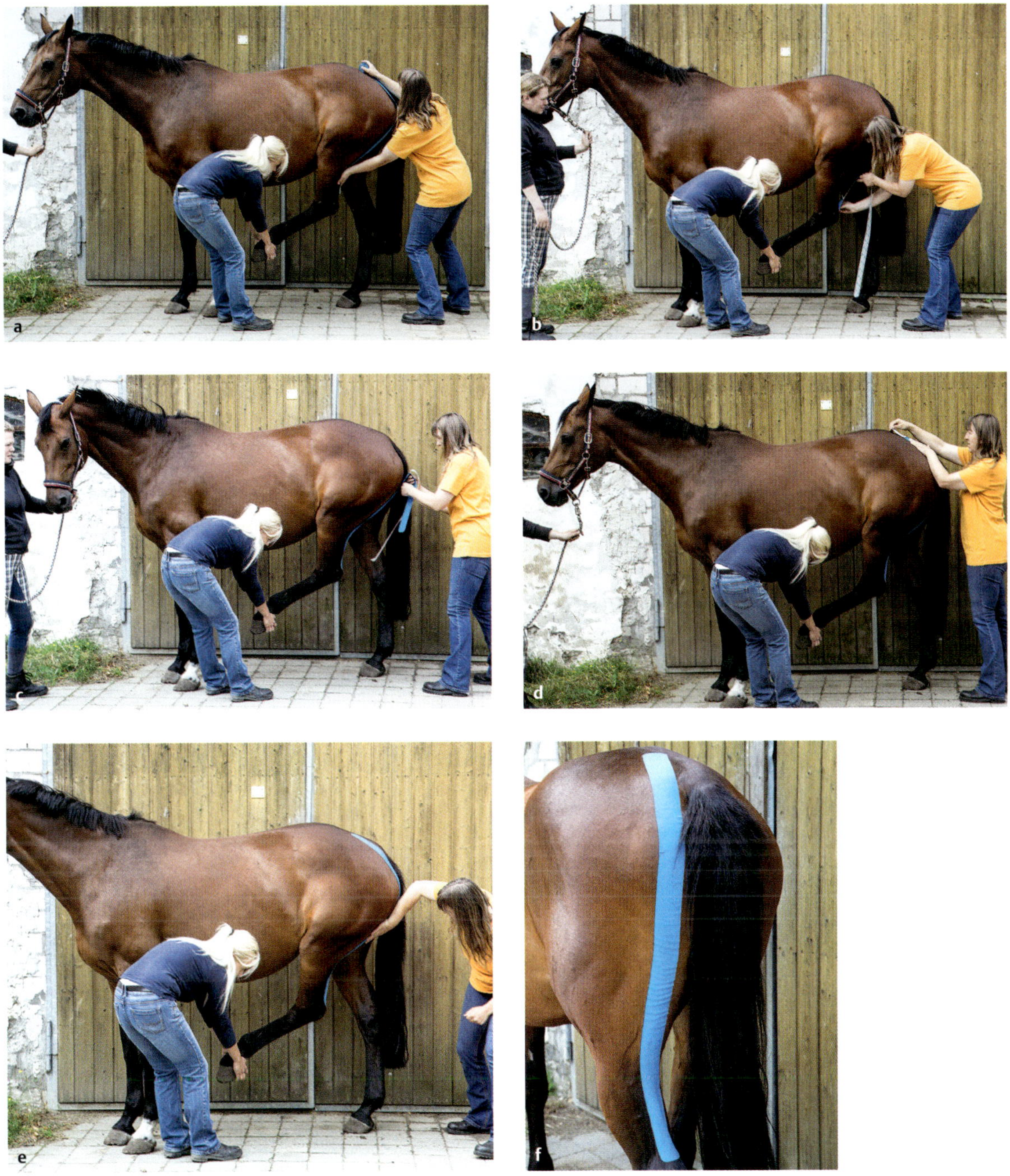

▶ **Abb. 2.12** Beispiel einer sedierenden Muskelanlage in Vektortechnik.
a Die Länge des Tapebandes wird unter Vordehnung abgemessen.
b Die Anfangsbasis wird am Muskelansatz ohne Zug fixiert.
c Das Tapeband wird ohne Zug in kontinuierlicher Vordehnung angebracht.
d Die Endbasis wird zugfrei außerhalb des Muskelursprungs geklebt.
e Noch unter Vordehnung wird das Tape mit der Hand angerieben, um den Acrylkleber zu aktivieren.
f Die fertige, sedierende Muskelanlage am M. semitendinosus mit sichtbaren Convolutions in Neutralstellung.

breite Abstand gehalten wird, wodurch sich ein Zebramuster ergibt (▶ **Abb. 2.13**).

Laufen Muskeln in mehrere Richtungen (M. biceps femoris, M. triceps brachii) oder dreiecksförmig (M. trapezius, M. tensor fasciae latae) eignet sich die Fächertechnik, wobei mehrere I-Streifen von einem Ausgangspunkt fächerförmig auseinanderlaufen (▶ **Abb. 2.14**). Je nach Anlagetechnik ist der Punkt, auf den die Streifen zulaufen, entweder die Anfangs- oder Endbasen der Tapes. Diese sollten möglichst nicht übereinander geklebt wer-

▶ **Abb. 2.13** Mehrere I-Streifen nebeneinander im Faserverlauf der Muskelfasern ergeben eine Zebraoptik. Hier ist der M. abdominalis externus als Antagonist zum M. longissimus dorsi tonisierend getapet.

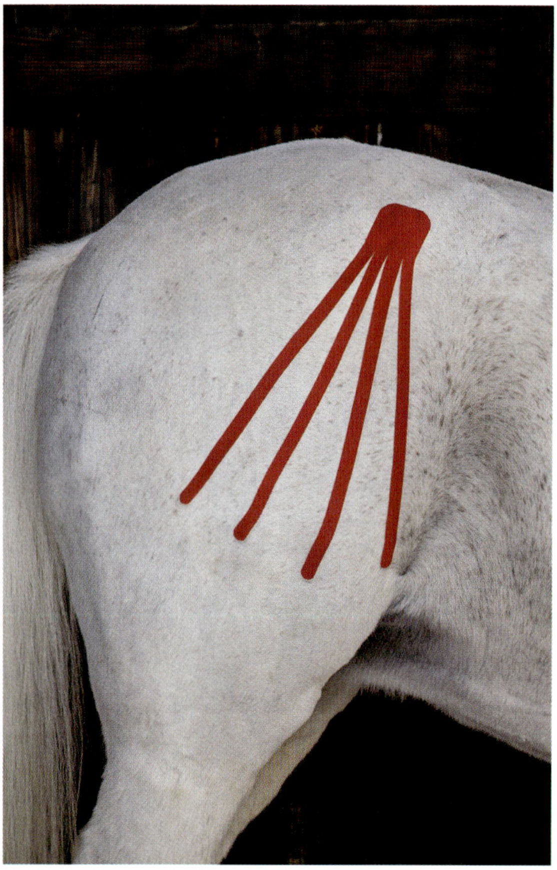

▶ **Abb. 2.14** Bei der Fächertechnik für die Muskelanlage werden die Tentakel des Tapes entlang der Muskelfaserverlaufsrichtung geklebt. Hier wurde eine tonisierende Muskelanlage für den M. tensor fasciae latae getapet.

den, da sich die Tapes unter Umständen gegenseitig aus der Verlaufsrichtung ziehen, vor allem, wenn Teile der Funktionsbereiche übereinander kleben (S. 81).

Muskeltape mit Zugimpulsen

In bestimmten Fällen lohnt es sich, die Muskelanlage mit anderen Techniken zu kombinieren oder abzuwandeln, um deren Wirksamkeit zu steigern bzw. der Gegebenheit anzupassen. Die Art und Weise der Alternativen wird durch die jeweilige Erkrankung oder Verletzung bestimmt.

Da jeder Muskel eine Ursprungs- und eine Ansatzsehne besitzt, diese beim Pferd eine größere Bedeutung haben, da viele Muskeln früh in sehnige Strukturen übergehen, sollte man die Sehnen beim Anlegen eines Muskeltapes nicht unberücksichtigt lassen. Einerseits hat man am Pferd spezielle Sehnentapes entwickelt, andererseits wird folglich dem zugehörigen Muskel zu wenig Bedeutung beigemessen. Beide Strukturen – Sehnen wie Muskeln – sind kaum unabhängig voneinander zu behandeln, weil sie sowohl funktionell als auch strukturell untrennbar miteinander verknüpft sind.

Beim Tapen von Muskel- und Sehnenproblemen lassen sich beide Strukturen mit einem Tape in Kombination bedienen (siehe hierzu auch Kap. Vektortechnik für Sehnentapes (S. 52)). Während man bei einem einfachen, detonisierenden Muskeltape den zugfreien Funktionsbereich sowohl über die Ursprungssehne als auch über den Muskelbauch und der Ansatzsehne zieht, werden 75 % Zug beim Tapen einer Ansatzsehne (beispielsweise der oberflächlichen und tiefen Beugesehne) angewandt. Somit liegt es nahe, auch den Sehnenbereich der eigentlich reinen Muskelanlage mit einem kräftigen Zug zu versehen, um einen stärkeren detonisierenden Impuls, sprich eine Entspannung im Schmerzbereich, zu erreichen. Zeigt ein Verletzungsbild beispielsweise eine Überdehnung der Ansatz- oder Überlastung der Ursprungssehne, lassen sich diese jeweils separat mit einem entsprechenden Zug versehen.

In der Praxis kann die Kombianlage wie folgt aussehen: Nach Befestigung der zugfreien Anfangsbasis folgt ein bis

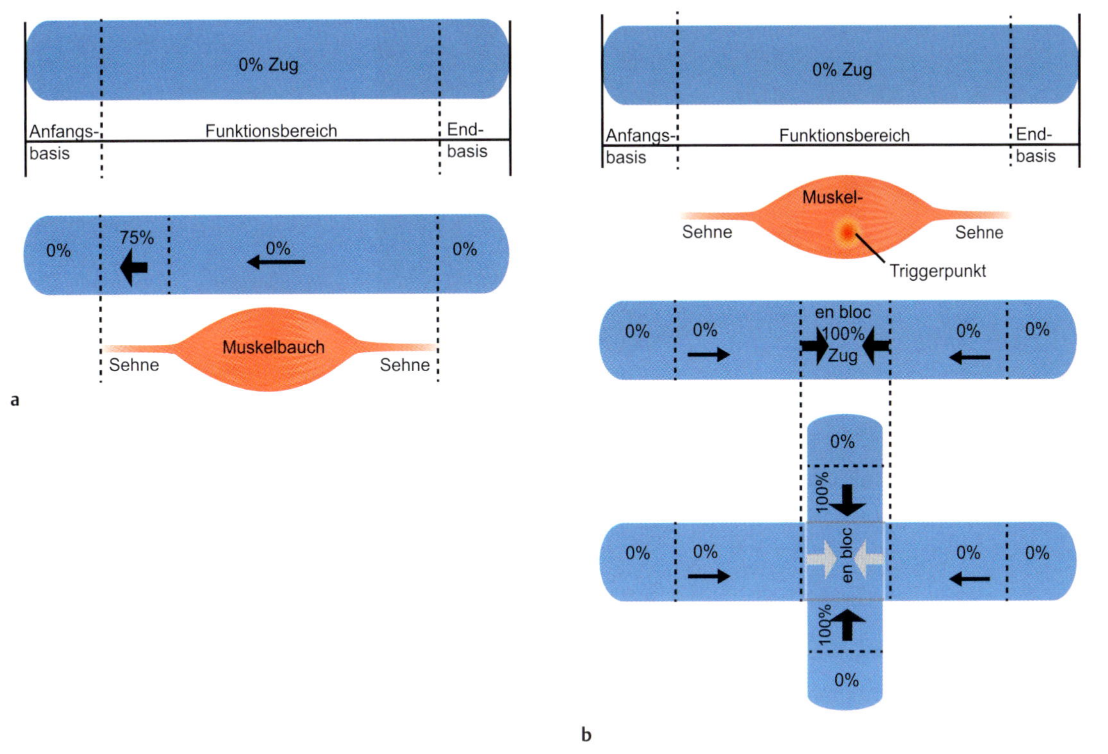

▸ **Abb. 2.15** Beispiele für Muskeltapes mit Zugimpulsen.

a Anfällige Strukturen sind die Ansatz- und Ursprungssehnen eines Muskels, die innerhalb einer Muskelanlage mit einem Zugimpuls angesprochen werden können. Auf diese Weise ist der sedierende Effekt intensiver.

b Aktive Triggerpunkte können mit einer raumschaffenden Zentrierungstechnik versorgt werden. Um den Effekt zu verstärken, wird ein weiteres Spacetape im 90°-Winkel über den Muskeltape gelegt.

zu 75 % starker Zug über dem Bereich der Ansatzsehne, wobei die Anfangsbasis mit der Hand gut fixiert wird. Nach Vordehnung der Struktur wird nun der Muskelbauch klassisch ohne Zug (oder ggf. bis zu 10 % Zug) getapet. Außerhalb des Funktionsbereichs wird die Endbasis zugfrei montiert (▸ Abb. 2.15a).

Auch die Ursprungssehne kann äquivalent der Ansatzsehne auf Zug geklebt werden. Häufig beginnen Überlastungen an der Ursprungssehne eines Muskels. Ein Entlastungszug kann somit einen gezielten Impuls auf die betroffene Sehne setzen. In diesem Fall kann allerdings nur vom Ursprung zum Ansatz – wie bei der tonisierenden Muskelanlage – getapet werden, weil der Zug auf die Sehne stets zum Knochenansatz erfolgen sollte, um eine Entspannung zu erreichen. Die Vordehnung bei detonisierenden Muskelanlagen allerdings überlagert die umgekehrte Tapezugrichtung. Die geänderte Zugrichtung hat beim Pferd außerdem noch den Vorteil, dass in diesem Fall nicht entgegen der Haarstrichrichtung getapet werden muss.

Auf diese Weise erreicht man eine dynamische Muskelanlage, die deutlich mehr Impulse setzt als die klassische, detonisierende Anlage.

Aber auch im Muskelverlauf selbst können Zugimpulse sinnvoll sein. Insbesondere aktive myofasziale Triggerpunkte sind dankbar für eine Druckentlastung (▸ Abb. 2.15b). Während man Triggerpunkte separat mit einem Spacetape (S. 55) versorgt, kann ein en bloc geklebter Teilbereich des Muskeltapes dieselbe Funktion erfüllen. Hierzu beginnt man ausnahmsweise nicht mit der Anfangsbasis, um das Muskeltape aufzukleben, sondern mit dem schmerzhaften Triggerpunkt auf dem Muskelbauch. Beim detonisierenden Muskeltape werden bereits in Vordehnung 5–10 cm des Tapestreifens bis zu 100 % gedehnt und en bloc über den Triggerpunkt geklebt (▸ Abb. 2.16). Fortlaufend fixiert man nun den zugfreien Funktionsanteil sowie die Anfangs- und Endbasis auf dem Fell. Bei dieser Technik ist es unvermeidlich, dass ein Teil der Tapeanlage nicht der vorgegebenen Zugrichtung (bei der detonisierenden Anlage vom Muskelansatz zum -ursprung) entspricht. Wenn die Vordehnung jedoch eingehalten wird, ist dies nicht so entscheidend. Dafür gewinnt man einen gezielten Impuls an der vorherrschenden Problemstelle des Muskels.

Erweiternd kann man die Zugstelle über dem Triggerpunkt nun auch noch mit einem weiteren Spacetape versehen, das im rechten Winkel zum Muskeltape ange-

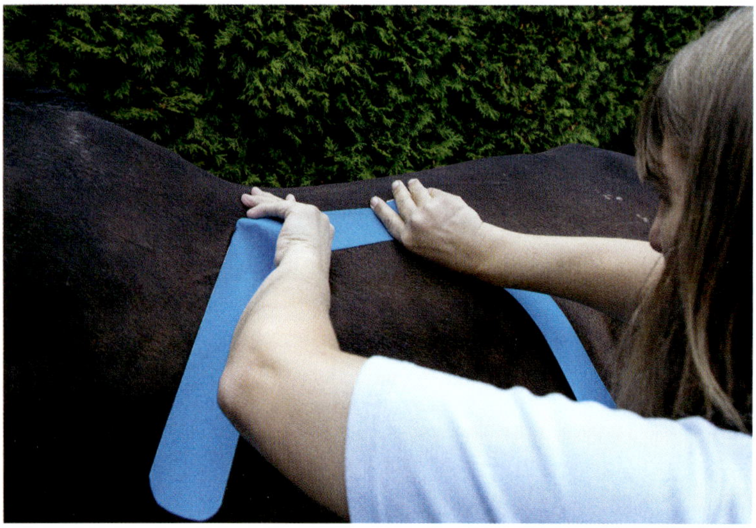

▶ **Abb. 2.16** Über dem M. longissimus dorsi wird der schmerzhafte Triggerpunkt zunächst mit einer Spacetechnik (100 % Zug) versehen, anschließend werden die Muskelfunktionsbereiche unter Vordehnung sowie die Basen zugfrei aufgebracht.

bracht wird und zusätzlich als raumschaffendes Tape wirkt (▶ Abb. 2.17a und ▶ Abb. 2.17b).

Praxistipp

Ein detonisierendes Muskeltape kann mit kurzen, aber kräftigen Zugarealen optimiert werden. En-bloc-Zugbereiche schaffen Raum und entspannen den Schmerzkomplex insbesondere bei aktiven Triggerpunkten. Sehnenursprünge und -ansätze hingegen können mit Hilfe eines vektorisierenden Zugs in Richtung Knochenansatz intensiver entspannt werden.

2.2.2 Tangentialtechnik

Für die Tangentialtechnik (▶ Abb. 2.18) entscheidet man sich bei sehr breit angelegten Muskeln, zwei oder mehreren Muskelbäuchen (z. B. M. biceps femoris) oder gibt dieser Technik immer dann den Vorzug, wenn die Muskelanlage mit anderen Tapeanlagen kombiniert werden soll. Für die Tangentialtechnik benötigt man nicht so viele Tapestreifen wie für die Zebra- oder Fächertechnik. So gibt einem die Tangentialtechnik mehr Raum für die Anordnung weiterer Anlageformen (▶ Abb. 2.19a, ▶ Abb. 2.19b und ▶ Abb. 2.19c). Die Tangentialtechnik lässt einen deshalb flexibler arbeiten.

Für die Tapeanlage in tangierender Technik bereitet man ein Y-Tape vor, dessen Schenkel unter Vordehnung (bei detonisierender Anlage) des jeweiligen Muskels entlang des Muskelrands abgemessen werden. Alternativ können anstatt des Y-Tapes auch zwei I-Streifen den Muskel umrahmen. Dies ist insbesondere dann notwendig, wenn die Anfangsbasen an den Schenkelenden eines Y-Tapes liegen würden. Nur wenn der geschlossene Bereich des Y-Tapes als Anfangsbasis dienen kann, ist das geteilte Tape praktischer.

Für das Y-Tape gibt man für die Anfangs- und Endbasen wiederum jeweils etwa 5–10 cm zu und schneidet das Band von der Rolle ab. Das Tape wird mittig in Längsrichtung durchgeschnitten, die Anfangsbasis hingegen bleibt in seiner ursprünglichen Breite, womit sich die Y-Form ergibt. Die Ecken werden wiederum berundet.

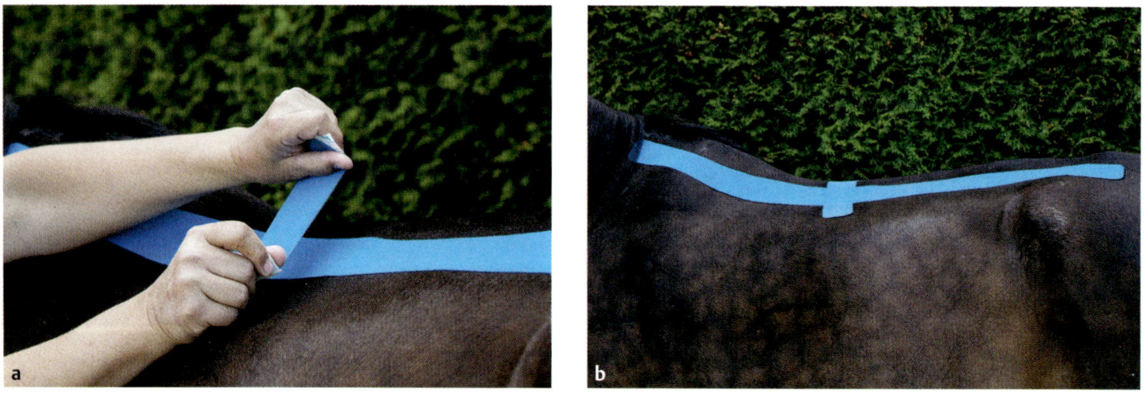

▶ **Abb. 2.17** Erweiterung von muskulären Zugimpulsen.
a Über dem unter Zug gesetzten Bereich des Muskeltapes wird ein weiteres Spacetape en bloc unter Maximalzug aufgebracht.
b Fertige Muskeltapeanlage mit integriertem Spacetape.

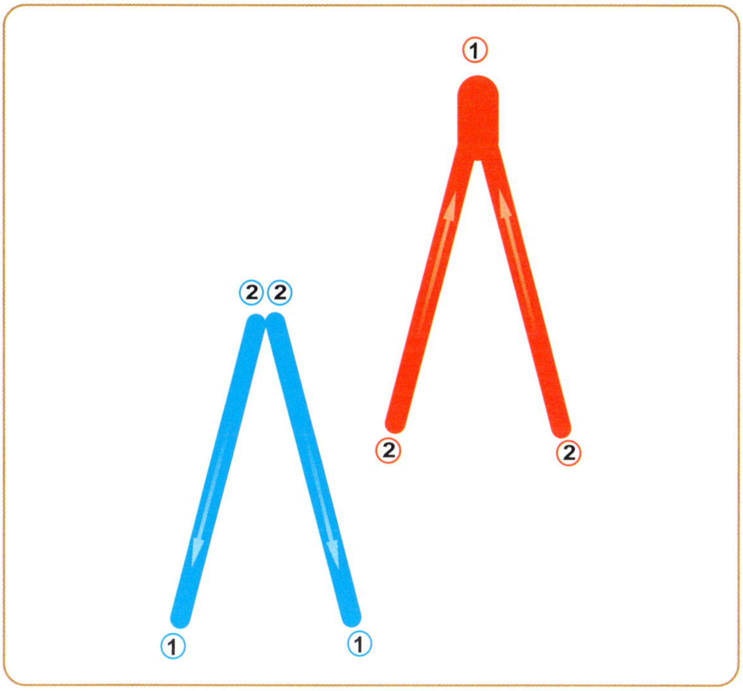

▶ **Abb. 2.18** Vorgehen beim Tapen der Tangentialtechnik für Muskelanlagen. Die sedierende Anlage ist in blau, die tonisierende in rot dargestellt. ① = Anfangsbasis, ② = Endbasis, Pfeil = Zugrichtung des Tapes.

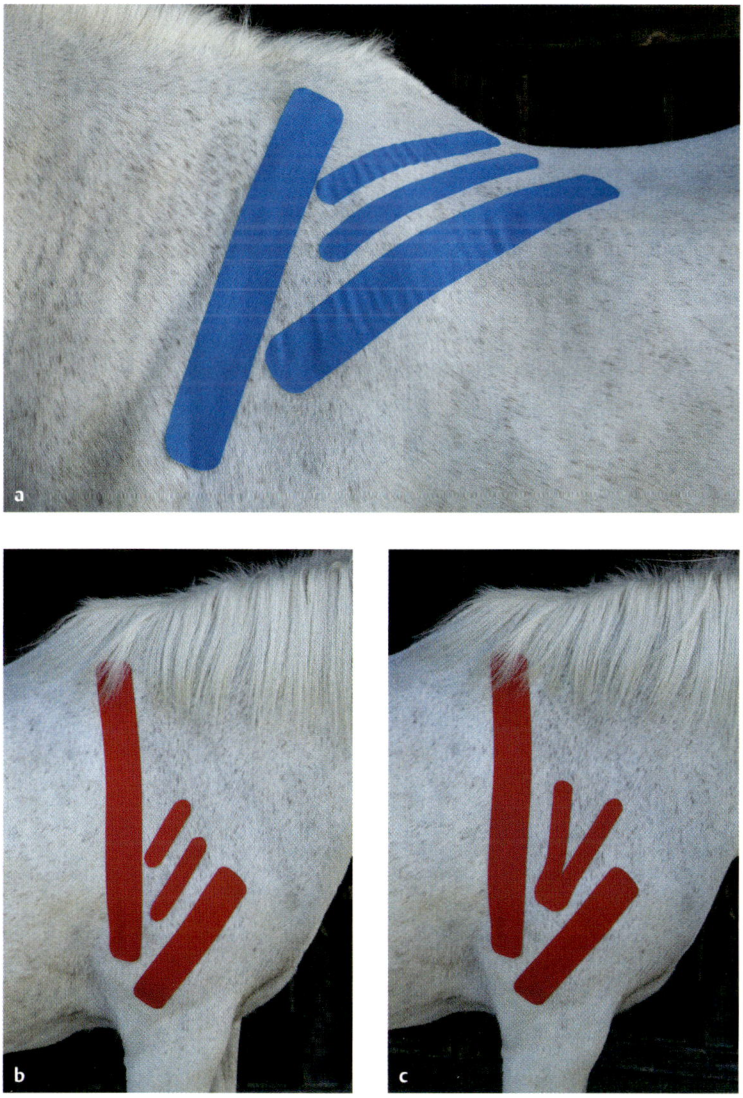

▶ **Abb. 2.19** Die einrahmende Y-Tape- bzw. tangierende I-Streifen-Anlage hat den Vorzug, das Muskeltape mit erweiterten Techniken zu kombinieren.

- a Bei dieser sedierenden Muskelanlage für den M. trapezius wurden in Zebraoptik zusätzliche Tapestreifen in Faserverlaufsrichtung angebracht. Diese Technik intensiviert die Wirkung der Muskelanlage.
- b Tonisierende Muskelanlage für den M. triceps brachii, caput longum, mit Zusatzstreifen in Zebraoptik zur Intensivierung der Tapewirkung.
- c Tonisierende Muskelanlage für den M. triceps brachii, caput longum, mit eingefasstem Faszientape zur besseren Aktivierung der Unterhautfaszie.

Die breite Basis, an der die Schenkel zusammenlaufen, ist stets die Anfangsbasis der Tapeanlage. Nachdem das Trägerpapier am Übergang von der breiten Basis zu den schmalen Schenkeln eingerissen und das Papier von der Anfangsbasis abgezogen wurde, wird die Basis nun außerhalb des Muskelverlaufs bei detonisierenden Anlagen am Muskelansatz und bei einer tonisierenden Tapingtechnik am Muskelursprung fixiert (▸ Abb. 2.20a). Anschließend bringt man zur Erzielung einer entspannenden Wirkung die Struktur in Vordehnung und klebt beide Schenkel ohne Zug (bzw. bis höchstens 10 % – zum Beispiel mit Hilfe der Paper-Off-Technik) tangierend zum Muskelverlauf auf das Fell. Die Schenkelenden treffen sich am Muskelursprung, sollten jedoch nicht übereinander verklebt werden, sondern frei enden. Abschließend wird durch Wärmeerzeugung (Reiben) der Acrylkleber aktiviert und die Vordehnung aufgehoben. Daraufhin sollten sich an den Schenkeln die gewünschten Convolutions zeigen.

Für die tonisierende Anlage wird das Y-Tape mit seiner Anfangsbasis am Muskelursprung angebracht, die Schenkel umfassen den Muskel seitlich und treffen sich, ohne sich zu berühren, am Muskelansatz (▸ Abb. 2.20b–▸ Abb. 2.20d). Bei der kräftigenden Anlage sollte man sich überlegen, ob im konkreten Fall eine Vorkontraktion oder eher ein leichter Tapezug in Neutralstellung die Wirkung besser unterstützt.

Zusammenfassende Fakten der Muskelanlage:

- Techniken: Vektortechnik, Tangentialtechnik
- Indikationen: Muskelverspannungen, Muskelkrämpfe, Dysbalancen, Atrophien
- Tapeform: I-Streifen, Y-Streifen, Fächertape
- Tapedehnung: 0–10 %, tonisierend bis 25 % bzw. ohne Zug bei Vorkontraktion
- Vordehnung: Ja, bei sedierender Anlage, ggf. Vorkontraktion bei tonisierender Anlage
- Anfangsbasis: Muskelansatz (detonisierend), Muskelursprung (tonisierend)
- Endbasis: Muskelursprung (detonisierend), Muskelansatz (tonisierend)
- bevorzugte Tapefarbe: Blau (sedierend), Rot, Pink, Schwarz (tonisierend)

2.3 Ligamentanlage

Die Ligamentanlage beinhaltet nicht nur Techniken zur Beeinflussung der Bänder, wie der Name bereits vermuten lässt, sondern auch Sehnenstrukturen und verschiedene punktuelle Bereiche. Alle unter dem Begriff der Ligamentanlage zusammengefassten Anlageformen haben einen relativ hohen bis maximalen Tapezug gemeinsam. Unterschiede jedoch bestehen in der Zugrichtung, den angesprochenen Strukturen und somit im Wirkungsbereich.

Eine erhöhte Verletzungsanfälligkeit zeigt das Pferd im Sehnenbereich. Dies ist leicht nachvollziehbar, wenn man sich bewusst wird, dass die Muskulatur des Pferdes einen hohen Sehnenanteil aufweist. Sehnen sind äußerst leistungsfähig und können im Gegensatz zu Muskeln nicht ermüden. Sie bestehen aus kollagenem, straffen Bindegewebe mit hoher Zugfestigkeit und geringer Dehnbarkeit. Sie können bis zu maximal 5 % ohne Verletzungsgefahr gedehnt werden. Bei etwa 8 % Dehnungskapazität kommt es jedoch bereits zur Ruptur der Sehne (S. 134).

Sehnen sind im Vergleich zur Muskulatur relativ schlecht durchblutet und haben darum eine sehr lange Heilungsdauer, die sich über Monate und – je nach Verletzungsart und -schwere – teils über ein Jahr erstrecken kann. Rezidive von Sehnenverletzungen stellen sich meist dann ein, wenn der Verletzung nicht genügend Zeit zur Ausheilung bereitgestellt wurde. Fast immer ist die Ursache hierfür eine zu frühe und zu starke Belastung der verletzten Sehnenstruktur. Andererseits wird seitens der Pferdebesitzer häufig nicht berücksichtigt, dass eine ehemals verletzte Sehnenstruktur Vernarbungen und Verklebungen aufweist, die eine ursprüngliche Zugfestigkeit und Dehnungskapazität nicht mehr zulassen. Somit sinkt die zukünftige Belastbarkeit der Sehne und erhöht gleichzeitig das Risiko von Rezidiven.

Ziel Zur Heilungsanregung und -beschleunigung kommen verschiedene therapeutische Ansätze in Betracht, um den Stoffwechsel zu aktivieren. Die spezielle Tapeanlage für Sehnen in Vektortechnik forciert die Durchblutung der Struktur und hilft über eine detonisierende Zugrichtung die Sehnenbelastung zu verringern.

▸ **Abb. 2.20** Die Muskelanlage des M. biceps femoris in Tangentialtechnik mit einem Y-Tape.
a Nach dem Abmessen und Zuschneiden des Tapes wird die Anfangsbasis ohne Zug für eine tonisierende Muskelanlage am Muskelursprung angebracht.
b Anbringen des ersten Schenkels in Paper-Off-Technik vom Ursprung zum Ansatz.
c Anbringen des zweiten Schenkels.
d Fertige Anlage für ein aktivierendes Muskeltape mit einem Y-Tape in Tangentialtechnik.

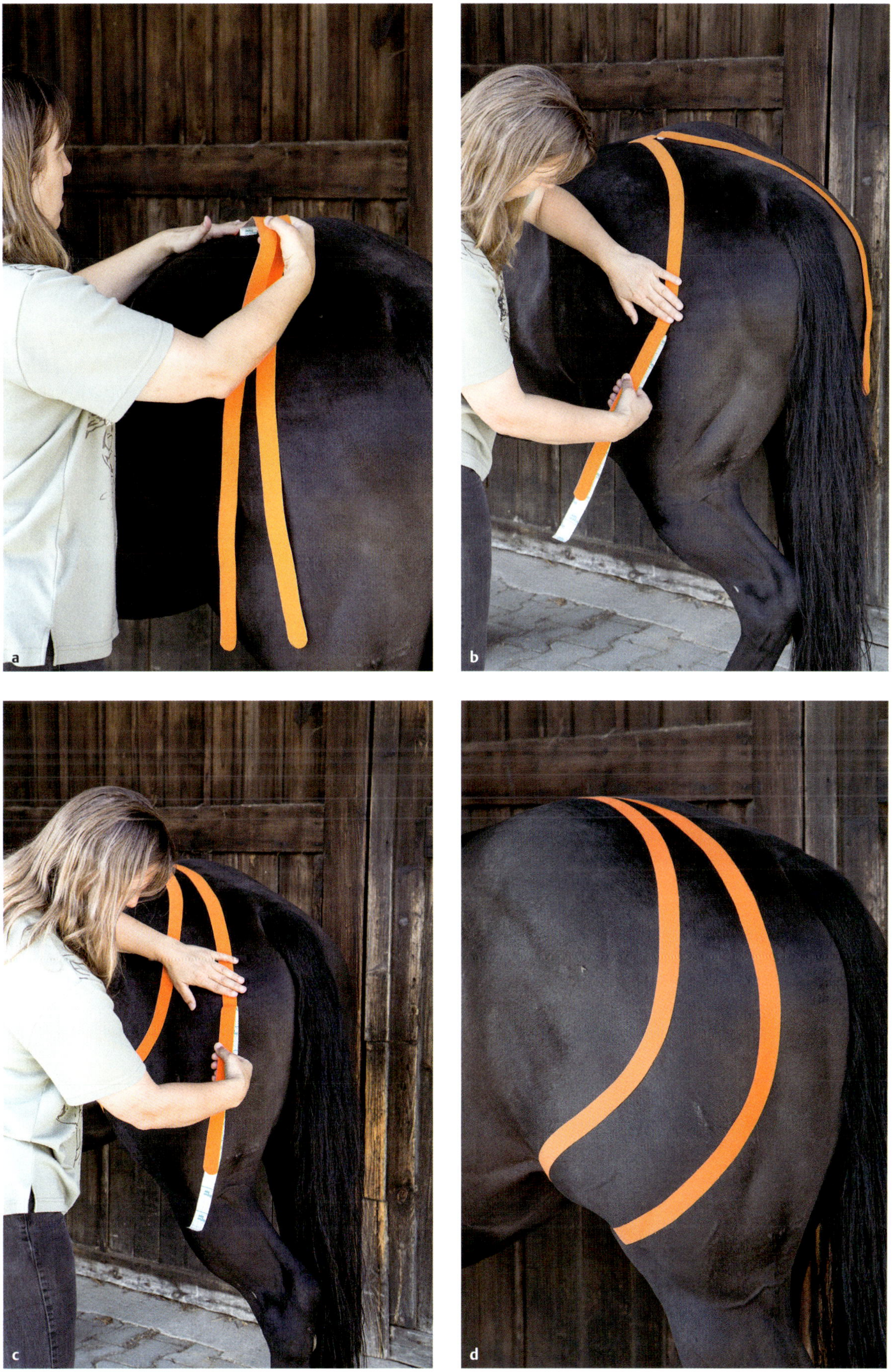

▸ **Abb. 2.20**

Grundsätze Während die Zugrichtung bei der Sehnenanlage stets in Richtung der knöchernen Ansatzstelle geleitet wird, zeigt die Richtung des Tapezugs bei den Zentrierungsanlagen zur Mitte. Die Zentrierungstechnik mit mehr als 50 % Zug wird zur Stabilisierung von Bändern oder über Schmerz-, Akupunktur- und Triggerpunkten eingesetzt. Die zentralisierte Zugrichtung erzeugt einen Raumgewinn im darunter liegenden Gewebe. Die damit verbundene Entspannung verringert den Schmerzlevel und stabilisiert die Struktur.

Praxistipp
Tapeanlagen mit mehr als 50 % Zug haben eine stabilisierende Wirkung. Weniger Zug hingegen mobilisiert die Struktur.

Der den Ligamentanlagen gemeinsame starke Zug der kinesiologischen Bänder bewirkt eine intensive Gewebereizung und reicht tief in die Körperschichten. Je oberflächlicher die Läsion ist, desto geringer kann der Tapezug sein. Die starken Zugkräfte und das große Bewegungsausmaß der Extremitäten des Pferdes verringern die Haltbarkeit der Tapes auf dem Pferdefell deutlich. Aus diesem Grund muss man sich oft mit einer geringeren Tapespannung zufrieden geben oder verstärkt mit Anker (S. 40) arbeiten. Werden die Tapes in Maximalzug aufgebracht, sollte man für eine bessere Haltbarkeit zudem die Anfangs- und Endbasen großzügig bemessen.

2.3.1 Vektortechnik für Sehnentapes

Für Sehnentapes kommt die Ligamentanlage in Vektortechnik zum Einsatz (▸ Abb. 2.21). Für den Tapingtherapeuten ist es wichtig zu wissen, wo die Knochenansatzstellen und muskulären Insertionsstellen der Sehnen sind, um das Tape korrekt anzulegen. In einigen Fällen ist es nicht möglich, tatsächlich auf Höhe der knöchernen Ansatzstelle zu tapen, da die Haltbarkeit des Tapes kaum gewährleistet ist. Insbesondere gilt dies für die Beugesehnen, die einerseits am Hufbein (tiefe Beugesehne – M. flexor digitorum profundus), andererseits am Kronbein (oberflächliche Beugesehne – M. flexor digitorum superficialis) ansetzen. Das Tapen in der stark behaarten und konkav gewölbten Fesselbeuge ist kaum möglich. Ein Ausrasieren der Fesselbeuge bzw. Abrasieren des Kötenbehangs ist aus tierschutzrelevanten Gründen abzulehnen. Deshalb beginnt man mit dem Tapen in diesen Fällen ausnahmsweise am, bzw. knapp unterhalb des Fesselkopfes.

Nachdem die zu tapende Region gesäubert wurde, misst man die Länge des benötigten Tapes am Pferd ab. Je nach Verlauf der zu beklebenden Sehne und der damit verbundenen Entscheidung, mit wie viel Zug das Tape angebracht werden soll, verkürzt man den Tapeabschnitt des I-Streifens entsprechend. Bei Sehnenanlagen ist ein

▸ **Abb. 2.21** Tapingschema einer Ligamentanlage in Vektortechnik. ① = Anfangsbasis, ② = Endbasis, Pfeil = Zugrichtung des Tapes.

Tapezug von bis zu 75 % praktikabel. Um die mit der Dehnung verbundene Tapeverlängerung abschätzen zu können, benötigt man etwas Erfahrung. Im Zweifelsfall schneidet man das Band lieber etwas länger. Bevor man die Endbasis fixiert, kann man das Tape immer noch im Nachhinein mit einer – an den Spitzen abgerundeten – Schere entsprechend kürzen.

Der I-Streifen wird wie gehabt an den Ecken berundet und das Trägerpapier an der Anfangsbasis entfernt. Die Anfangsbasis wird nun ohne Zug **außerhalb** der knöchernen Ansatzstelle der Sehne auf das Fell geklebt und aktiviert. Für Sehnenanlagen wird manchmal eine leichte Vordehnung empfohlen. Steht das Pferd auf dem Bein und belastet es im Stand gleichmäßig, sind die Beugesehnen bereits unter ausreichender Spannung. Aus diesem Grund ist hier eine zusätzliche Dehnung nicht notwendig und auch nicht sinnvoll, da ansonsten die Zugrichtung aufgehoben wird. Aufgrund des bis zu 75 % starken Zugs kommen auch bei einer weiteren Strukturvordehnung keine Convolutions zustande. Lediglich in der Hangbeinphase ergibt sich im Beugesehnenbereich eine völlige Entspannung des Tapes. Werden Tapewellen angestrebt, sollten sich diese jedoch bereits in Neutralstellung und nicht erst in starker Flexion der Gliedmaße zeigen. Bei der Sehnenanlage hat jedoch die Zugrichtung des Tapes in Richtung knöcherner Ansatzstelle für eine Entspannung der Sehnenstruktur Priorität.

Praxistipp
Die Zugrichtung des detonisierenden Sehnentapes in Richtung knöcherner Ansatzstelle hat vor der Erzeugung von Convolutions Priorität.

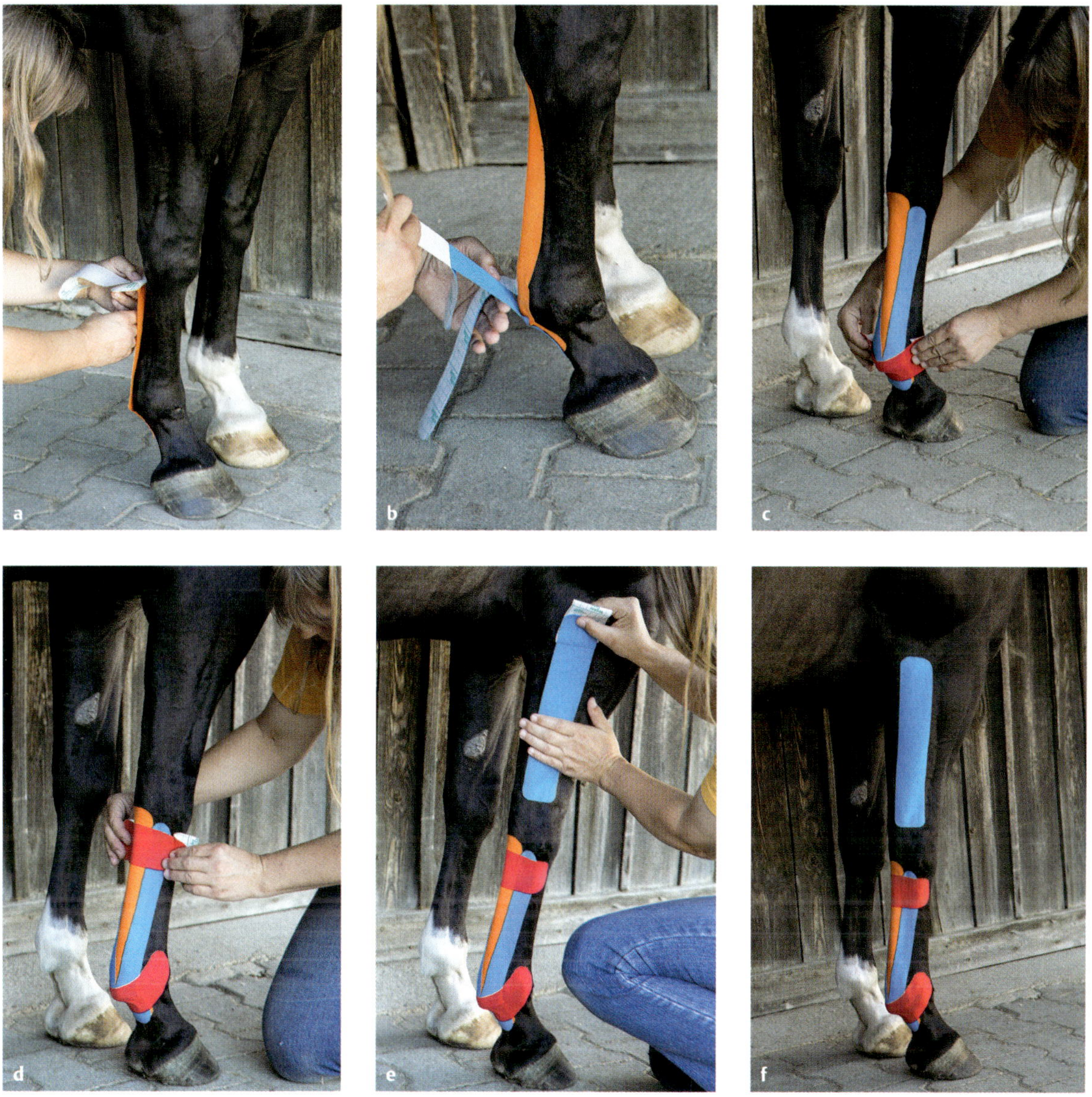

▸ **Abb. 2.22** Schritt für Schritt-Anleitung für die klassische Sehnenanlage mit zusätzlichem Muskeltape am M. flexor digitorum profundus.
a Zunächst wird das Ligamenttape (orange) für die oberflächliche Beugesehne angebracht. Nach zugfreiem Kleben der Anfangsbasis wird der Funktionsbereich mit bis zu 75 % Zug geklebt und anmodelliert. Die Endbasis wird wiederum ohne Zug fixiert.
b Das Y-Tape (blau) wird mit seiner Anfangsbasis unterhalb des Fesselgelenks zugfrei fixiert. Die Schenkel klebt man mit bis zu 75 % Zug lateral und medial entlang der tiefen Beugesehne.
c Unterhalb der Fessel fixiert ein Ankertape (rot) die Anfangsbasen der Sehnentapes.
d Auch an den Endbasen im proximalen Sehnenbereich ist ein Ankertape (rot) empfehlenswert.
e Der M. flexor digitorum profundus wird zusätzlich mit einem sedierenden Muskeltape versorgt.
f Die fertige Sehnenanlage für den M. flexor digitorum profundus.

Haftet die Anfangsbasis gut auf dem Pferdefell, fixiert man diese nun noch zusätzlich mit einer Hand, während die zweite Hand einen bis zu 75 % starken Zug auf das Band gibt und komplett auf den Sehnenverlauf klebt. Sofort wird das Tape angewärmt und der Kleber aktiviert, bevor man die Endbasis ohne Zug ebenfalls andrückt und anmodelliert. Die Endbasis sollte bereits auf dem Muskelbauch fixiert werden, die muskuläre Insertionsstelle steht somit noch unter der Spannung des Tape-Mittelteils.

Das Sehnentape soll eine Entlastung in die Struktur bringen. Da die Sehne stets mit dem zugehörigen Muskel in Verbindung steht, sollte immer auch der Muskel mitgetapet werden. Dies kann mit einem zusätzlichen Muskeltape geschehen, aber auch als Kombination mit einem gemeinsamen I-Streifen (▸ **Abb. 2.22**).

Praxistipp

Sehnenanlagen und Muskeltapes können sehr gut in einem gemeinsamen Tapestreifen kombiniert werden, weil der Muskel- und Sehnenverlauf denselben Vektor aufweist. Realisiert man die Tapeanlage mit einem I-Streifen in Kombination lässt sich ggf. auch die Haltbarkeit des Tapes auf dem Pferdefell optimieren.
Man beginnt außerhalb des knöchernen Sehnenansatzes mit der Anfangsbasis, zieht den Funktionsbereich für die Sehne mit 75 % Zug über die muskuläre Insertionsstelle hinweg und führt das Tapeband – nachdem ein Helfer den zu tapenden Muskel nun in Vordehnung gebracht hat – ohne Zug als Muskeltape weiter bis zum Muskelursprung. Ist dieser erreicht, fixiert man das Tape mittels zugfreier Endbasis.
Für die Anlage der tiefen Beugesehne kann man das Kombitape in der Mitte schlitzen, um mit einem lateralen und medialen Schenkel den Sehnenverlauf besser abdecken zu können. Außerdem lässt sich auf diese Weise das Os carpi accessorium (Erbsenbein) umgehen (▸ **Abb. 2.23**).

Meistens ist es notwendig, das Sehnentape an kritischen Stellen mit zusätzlichen Ankern zu fixieren. Die Anker werden ebenfalls in Ligamenttechnik – jedoch stets in Zentrierungstechnik (S. 54) – angebracht. Sehnentapes sollten immer mit Muskelanlagen und können auch gut mit Schmerztapes kombiniert werden (▸ **Abb. 2.23**).

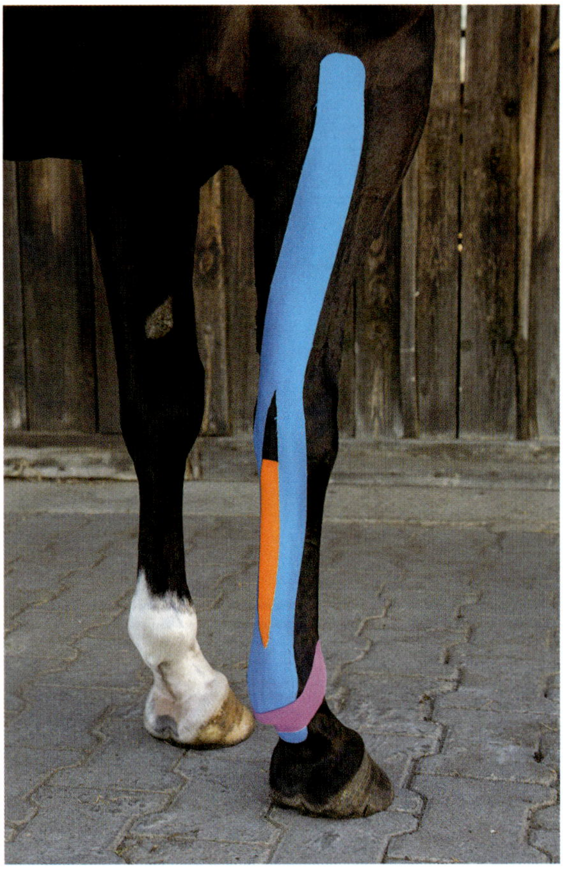

▸ **Abb. 2.23** Beispiel einer Sehnenanlage mit einem gemeinsamen Tapestreifen (blau) für die tiefe Beugesehne und deren zugehörigen Muskel. Das Tape wurde mittig geschlitzt, um die Y-Form im Sehnenbereich darzustellen und das Erbsenbein zu umgehen.

2.3.2 Zentrierungstechnik

Verschiedene Anlagen kommen für die ligamentäre Zentrierungstechnik in Frage. Neben den bereits erwähnten Bändertapes werden auch Schmerztapes mit maximalem Tapezug sowie Zusatzanker (ohne bis leichten Zug) stets en bloc geklebt. Die Tapeanlagen in Zentrierungstechnik sind technisch identisch, werden allerdings unterschiedlich kombiniert und differieren in der Wirkungsweise, da sie auf unterschiedliche Strukturen aufgebracht werden.

Für alle Tapevariationen der Ligamentanlagen in Zentrierungstechnik gilt dieselbe Vorgehensweise: Verwendet werden I-Streifen, die am Pferdekörper der Struktur entsprechend abgemessen werden. Die Ecken werden wie üblich berundet. Das Trägerpapier wird nun in der Mitte des Tapestreifens eingerissen, die Tapeenden beidseits mit den Händen auseinandergezogen, sodass sich das Trägerpapier bis zu den Basen selbstständig ablöst. Jetzt wird der Funktionsbereich des Klebebandes en bloc in maximaler Dehnung aufgeklebt und sofort anmodelliert. Anschließend werden die Basen ohne Zug angedrückt und der Kleber durch Reibung aktiviert.

Bändertape als En-bloc-Anlage

Ziel eines Bändertapes (▸ **Abb. 2.24**) ist die Stabilisierung und Entspannung des Bandapparats. Das Tape wird als En-bloc-Anlage über dem Bänderverlauf mit maximalem

▸ **Abb. 2.24** Schematische Darstellung der En-bloc-Tapeanlage für Bändertapes: ① = Zuerst aufgeklebter Funktionsbereich, ② = Endbasen, Pfeile = Tapezugrichtung.

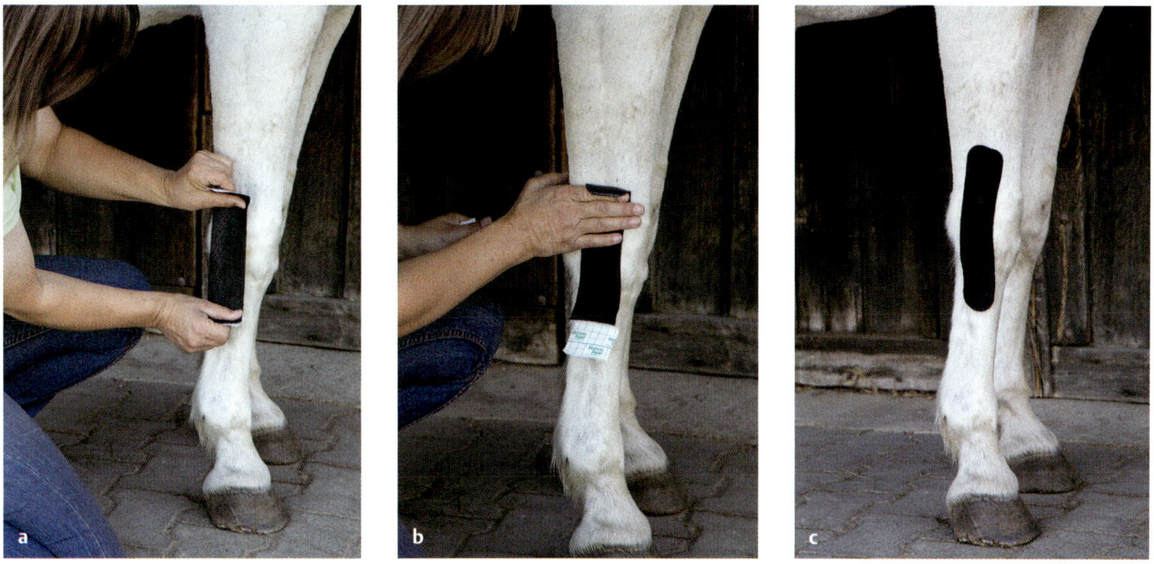

▶ **Abb. 2.25** Schritt für Schritt-Anleitung eines Bändertapes am Karpalgelenk.
a Das Trägerpapier wird im Funktionsteil entfernt. Der Therapeut bringt das Tape auf Maximalzug und klebt es en bloc im Bänderverlauf an.
b Die Basen werden zugfrei anmodelliert.
c Die fertige Bänderanlage für das laterale Kollateralband des Karpalgelenks.

Zug geklebt und die Basen ohne Zug fixiert (▶ **Abb. 2.25a**–▶ **Abb. 2.25c**). Die Gliedmaße sollte sich in der Mittelposition befinden, also weder endgradig flektiert, noch maximal extensiert sein. Für eine stabilisierende Anlage hat sich die Tapefarbe Schwarz bewährt, zielt man eher auf die Entspannung der Bandstrukturen und umliegenden Gewebe ab, wählt man Blau oder Beige. Aufgrund des Maximalzugs des Bandmittelteils sind die Basen großzügig zu wählen. Idealerweise teilt man das Band in drei gleichmäßige Abschnitte auf, um eine möglichst lange Haltbarkeit zu gewähren: ⅓ Anfangsbasis, ⅓ Mittelteil, ⅓ Endbasis.

Schmerztape als Spaceanlage

Über verschiedenen Schmerzpunkten wie beispielsweise Akupunktur-, Tender- oder Triggerpunkten kommt das Schmerztape als Spaceanlage zum Einsatz (▶ **Abb. 2.26**). Hierfür werden klassischerweise vier I-Streifen in gleicher Länge zurechtgeschnitten und an den Ecken berundet. Natürlich können – je nach Struktur – aber auch nur ein oder zwei Streifen zur Anwendung kommen. Über dem Schmerzareal fixiert man den ersten Streifen in bereits beschriebener Zentrierungstechnik (▶ **Abb. 2.27a**). Der Schmerzpunkt sollte exakt mittig unter dem Tapestreifen liegen, da in der Mitte des maximal gedehnten Tapes die größte Strukturentlastung stattfindet. Der zweite Streifen wird nun im 90°-Winkel zum ersten Streifen wiederum exakt mittig über den Schmerzpunkt geklebt (▶ **Abb. 2.27b**). Die beiden letzten Tapestreifen bringt man im 45°-Winkel zu den anderen beiden Streifen an (▶ **Abb. 2.27c**), sodass letztendlich ein Stern-Muster entsteht (▶ **Abb. 2.27d**).

▶ **Abb. 2.26** Schematische Darstellung zum Anbringen einer Spaceanlage: ① = Als erstes aufgebrachter Funktionsbereich, ② = Endbasen, Pfeile = Zugrichtung des Tapes.

Die bevorzugte Tapefarbe für ein Schmerztape ist ein harmonisierender, ggf. kühler und beruhigender Farbton wie Grün oder Blau. Auch bei der Space- oder Sternanlage gilt es, die Basen großzügig zu bemessen.

Zur besseren Druckreduktion können Spacetapes auch mit einem Loch in der Mitte versehen werden. Hierzu faltet man das Tape in der Mitte und schneidet ein Dreieck heraus, das beim aufgeklappten Tapeband schließlich eine Raute ergibt. Das Entlastungsloch sollte nicht größer als ein Drittel der Tapebreite einnehmen, um noch genügend Fellhaftung zu gewährleisten (▶ **Abb. 2.28**).

▸ **Abb. 2.27** Schritt für Schritt-Anleitung zum Kleben eines Spacetapes.
a Der erste I-Streifen wird en bloc mit Maximalzug im Funktionsbereich exakt über dem Schmerzpunkt aufgeklebt.
b Der zweite I-Streifen wird ebenfalls mit Maximalzug rechtwinklig versetzt über dem ersten Tapestreifen angeklebt.
c Der dritte Streifen wird im 45°-Winkel angebracht.
d Der vierte I-Streifen wird in 90° zum dritten Streifen angebracht. Nach dem Anreiben der Bänder ist das Spacetape fertig.

Cave

Nicht jedes Schmerzareal ist dazu geeignet, mit einem Spacetape versorgt zu werden. Hämatome dürfen beispielsweise auf keinen Fall mit einem Schmerztape beklebt werden. Die „ziehende" Wirkung des Tapes, die eine Strukturentlastung bringen soll, ist hier kontraproduktiv, da hierdurch Einblutungen verstärkt werden könnten. Sinnvoller ist es, Hämatome mit Hilfe von Lymphtapes (S. 65) zu versorgen.

Zusammenfassende Fakten der Ligamentanlage:

- Techniken: Vektortechnik, Zentrierungstechnik als En-bloc-Anlage
- Indikationen:
  - Sehnentape: Detonisierung des Muskel-Sehnen-Apparats
  - Bändertape: Stabilisierung, Entspannung der Bandstrukturen
  - Spacetape: Schmerzreduktion
- Tapeform: I-Streifen
- Tapedehnung: bis zu 75 %, Bänder- und Spacetapes bis zu 100 %
- Vordehnung: Keine, ggf. eine leichte Vordehnung bei Sehnentapes
- Anfangsbasis: Sehnentape: knöcherne Ansatzstelle
- Endbasis: Sehnentape: muskuläre Insertionsstelle
- bevorzugte Tapefarbe:
  - Sehnentape: Blau
  - Spacetape: Blau, Grün
  - Bändertape: Schwarz, Rot, Orange, Beige

▶ **Abb. 2.28** Spacetape mit Entlastungsloch.

2.4
Faszienanlage

Die Bedeutung der Faszien sind lange Zeit unterschätzt worden. Mittlerweile weiß man, dass Faszien eine Schlüsselrolle in der Gesundheit des Organismus spielen und vielfältige Aufgaben haben. Faszien durchziehen den gesamten Körper und haben eine Stütz- und Trägerfunktion, schützen vor krankmachenden Einflüssen und spielen eine große Rolle bei der Abwehr von Erregern. Sie haben eine Stoßdämpferfunktion zum Schutz der inneren Organe, sind an der biochemischen Kommunikation beteiligt und unterstützen die Strömungsmechanik des Blutes. Faszien umhüllen und durchziehen die körpereigenen Strukturen (z. B. Knochen, Nerven, Muskeln, Blutgefäße und Organe) wie ein Netzwerk.

Faszien sind Bindegewebskomponenten aus Kollagenfasern und Elastin, die als feste Bindegewebsmembranen durch den Körper verlaufen. Mehr oder minder gehören neben den „eigentlichen Faszien" somit auch alle Knorpel, Aponeurosen, Sehnen, Bänder, Gelenkkapseln und Muskelsepten zu den faszialen Strukturen.

Man unterscheidet die oberflächlichen Faszien, die zwischen dem Unterhautfettgewebe, der Dermis und dem subkutanen Zellgewebe liegen, von den äußeren, tiefen, mittleren und visceralen Faszien. Da die Faszien im gesamten Körper vorkommen, ist bei jeglicher Erkrankung oder Verletzung stets auch das Bindegewebe mit betroffen. Viele Erkrankungen spiegeln sich im Bindegewebe wider und manche pathologischen Veränderungen betreffen die faszialen Strukturen direkt. Beispiele hierfür sind Narben, Kollagenosen, Adhäsionen, Bursitis (Schleimbeutelentzündung: Genickbeule, Piephacke, Stollbeule), Tendinitis, Equines Fibromyalgie-Syndrom (EFMS) und Hauterkrankungen wie HERDA (Hereditary Equine Regional Dermal Asthenia – eine erblich bedingte, degenerative Hauterkrankung des Pferdes, insbesondere beim Quarter und Paint Horse.) Bei der Erbkrankheit HERDA sind die Kollagenfasern des Bindegewebes so schwach, dass die Hautschichten nicht fest miteinander verbunden sind. Damit ergibt sich für die Tapingtherapie allerdings eine Kontraindikation (S. 17), für die meisten anderen faszialen Pathologien jedoch kann die Faszienanlage dazu beitragen, Verklebungen im Bindegewebe zu lösen und die Faszien in eine optimierte Funktionalität zurückzuführen.

Ziel Das Ziel der Faszienanlage ist das Lösen von Adhäsionen im Bindegewebe, sodass eine verbesserte Beweglichkeit in den unteren Hautschichten erfolgen kann. Die aufgrund von Verklebungen entstandenen Dysbalancen in der betroffenen Region, die sich jedoch auf den gesamten Körper ausbreiten können, werden in Folge der Faszienstimulation wieder harmonisiert. Die Faszienanlage kann auf diese Weise dazu beitragen, den Körper in die Homöostase zurückzuführen.

Grundsätze Die Hauptwirkungsrichtung von Faszientapes ist, Verklebungen im Gewebe zu lösen. Kinesiotapes als Faszienanlage können deshalb an allen Strukturen zum Einsatz kommen, wo man die Haut stimulieren möchte. Eine Vordehnung ist für die Faszienanlage nicht nötig, vielmehr initiiert man durch unterschiedliche Zugstärken der Klebebänder unregelmäßige Hautverschiebungen. Das verklebte Areal wird hierzu flächig bearbeitet und mit den Tapeschenkeln eingefasst. Zu diesem Zweck werden in der Regel Y-Tapes verwendet, aber auch I-Streifen können zum Einsatz kommen.

! Merke
Faszientapes dienen in erster Linie dazu, Verklebungen in der Struktur zu lösen.

Fasziale Verklebungen lassen sich aufspüren, indem man die flache Hand auf das Pferdefell legt und versucht, die Haut in alle Richtungen zu verschieben. Je nach Region lässt sich die Haut mehr oder weniger gut bewegen. Der Seitenvergleich ist darum zusätzlich hilfreich für eine gesicherte Befundung, verklebte Areale aufzuspüren. Über den feinfühligen Verschiebetest (aktiv initiiert oder über den Écoute-Test) informiert sich der Therapeut darüber, ob sich das Gewebe in alle Richtungen gleichmäßig bewegen lässt. Bei Adhäsionen wird die Haut eine blockierte und eine freie Richtung aufweisen. In die Richtung, in die sich das Gewebe nur eingeschränkt verschieben lässt, setzt man die Anfangsbasis des Tapes. Der Tapezug geht stets in Richtung der Anfangsbasis, wodurch das Tape dauerhaft einen sanften Zug in die blockierte Richtung initiiert.

Es haben sich verschiedene Tapingtechniken für das Anbringen der Schenkel einer Faszienanlage etabliert. Die Art und Lage der Läsion hilft dem Therapeuten, sich für die ideale Methode zu entscheiden. So können die Schenkel mit wechselnder Zugstärke aufgebracht werden und auch seitlich verschoben werden, um verschiedene Zugrichtungen und -stärken in die Haut weiterzuleiten; vgl. Kap. Impulstechnik (S. 58). Größere Areale werden mit mehreren parallel angebrachten Y-Tapes abgedeckt, punktuelle Läsionen können mit zwei oder drei zueinander ausgerichteten Faszientapes eingerahmt werden. Letztere Form hat eine ähnliche Wirkung wie das Spacetape der Ligamentanlagen. Der Freiraum zwischen den Tapes wird aufgelockert, wodurch eine Schmerzreduktion und Entspannung in dem Gebiet stattfindet.

Die Schenkel des Y-Tapes werden mit 10–50 % Zug angebracht. In Ausnahmefällen kann die Zugstärke auch bis zu 100 % erreichen, wenn die Wirkung stark in die Tiefe gerichtet sein soll. Die oberflächlichen Faszien werden dabei allerdings in ihrer Verschieblichkeit gehemmt, deshalb eignet sich ein starker Schenkelzug nur für Läsionen wie tief gehende Narben, Muskelrisse und anderweitige zentral liegende Faszienverklebungen.

2.4.1 Tangentialtechnik

Das Adhäsionsareal soll mit den Tapeschenkeln tangential umschlossen werden, um die umliegenden Hautgebiete zu stimulieren und den Stoffwechsel, die Durchblutung und die Gewebemobilität anzuregen. Für die Tangentialtechnik (▶ **Abb. 2.29**) benötigt man ein Y-Tape, das in seiner Länge das zu behandelnde Gebiet großzügig einfassen kann. Die Anfangsbasis liegt stets außerhalb der Verklebung, ebenso die Endbasen. Die Basen werden wie immer ohne Zug fixiert.

Man schneidet einen entsprechend langen Streifen von der Taperolle und teilt diesen im Längsschnitt mittig bis zur Anfangsbasis, die – je nach Gesamtlänge des benötigten Tapes – 5–10 cm betragen sollte. Die Ecken werden berundet und das Trägerpapier am Übergang der Anfangsbasis zu den Schenkeln eingerissen. Das Papier wird an der Anfangsbasis komplett entfernt. Man klebt die Anfangsbasis auf das vorbereitete (gesäuberte) Fell dort auf, wo sich das Gewebe hinschieben soll.

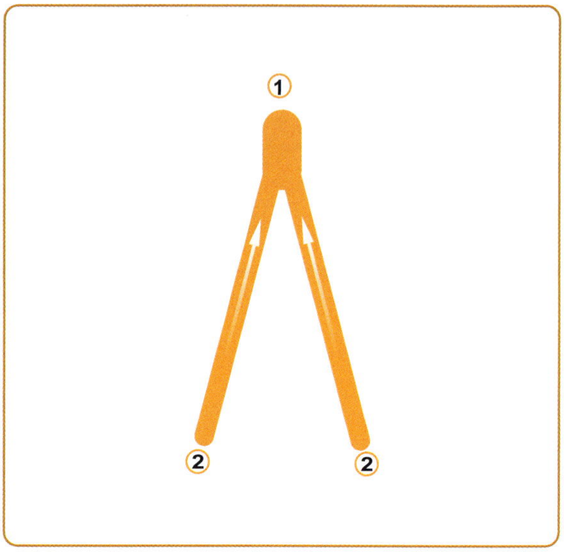

▶ **Abb. 2.29** Schematische Darstellung zum Anbringen eines Faszientapes in Y-Form: ① = Anfangsbasis, ② = Endbasen, Pfeile = Zugrichtung des Tapes.

Impulstechnik

Sollen die **oberflächlichen** Hautfaszien stimuliert werden, eignet sich am besten die Impulsmethode (▶ **Abb. 2.30b**). Hierbei werden beide Schenkel einzeln und nacheinander tangential des Zielgebiets aufgebracht. Sobald die Anfangsbasis anmodelliert ist, zieht man das Trägerpapier des ersten Schenkels bis zur Endbasis ab und klebt das Faszientape mit wechselndem Zug (impulsartig) und einer leichten Seitenverschiebung minimal schlängelnd auf das Fell auf (▶ **Abb. 2.30a**). Der Zug am Tapeschenkel sollte zwischen 10 und 50 % variieren, wobei das Band etappenweise auf das Fell gedrückt und schließlich warm gerieben wird. Zum Schluss wird die Endbasis vom Trägerpapier befreit und ohne Zug anmodelliert. Ebenso verfährt man mit dem zweiten Schenkel, der die Läsion auf der gegenüberliegenden Seite tangiert.

Die mit wechselndem Zug und ständig änderndem Kraftvektor angebrachten Schenkel sorgen für ungleichmäßige Verschiebungen sowie unterschiedliche und teils gegenläufige Zugrichtungen der Haut und der darunter liegenden Faszie. Der interstitielle Raum zwischen den Tapeschenkeln wird erhöht, sodass es zu einer Druckreduktion und Entspannung im Läsionsgebiet kommt.

Doppelzugtechnik

Für **tiefe und hartnäckige Verklebungen** hingegen ist die Impulstechnik zu sanft, deshalb entscheidet man sich in diesen Fällen für einen stärkeren Zug der Schenkel, der bis zu 100 % reichen kann. Mit dieser Doppelzugtechnik (▶ **Abb. 2.31**) fasst man die beiden Endbasen jeweils mit einer Hand und zieht die Schenkel mit hohem Zug gleichzeitig und tangential am Adhäsionsgebiet entlang. Die

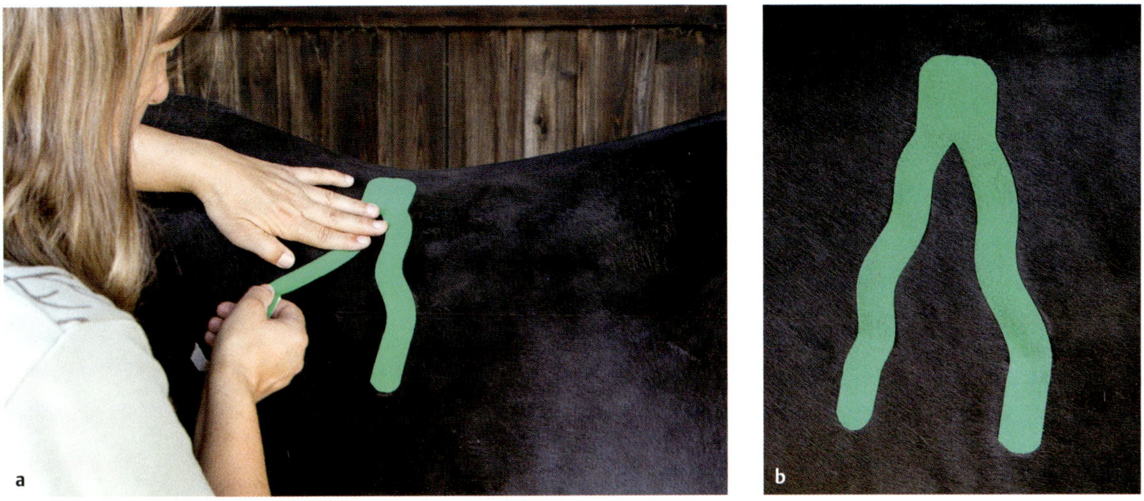

▸ **Abb. 2.30** Das Faszientape in Impulstechnik ist durch eine unterschiedliche Zugstärke und -richtung der Schenkel gekennzeichnet.
a Bei der Impulstechnik wird jeder Schenkel separat in leichter Schlängelform und unterschiedlicher Zugstärke angeklebt.
b Fertiges Faszientape in Impulstechnik.

Endbasen werden wie immer ohne Zug aufgeklebt und das gesamte Tape gut angerieben. Bei dieser Doppelzugmethode wird die Anfangsbasis nicht festgehalten. Auf diese Weise verschiebt sich die Basis mit der Haut in Richtung der freien Bewegung. Nach dem Aufkleben des Tapes zieht dieses deutlich in Richtung der Anfangsbasis.

Praxistipp
Bei der Doppelzugtechnik wird die Anfangsbasis nicht mit der Hand fixiert.

Die Faszienanlage wirkt auch dann intensiver, wenn zwei oder drei Y-Streifen verwendet werden. Die Tapes werden in diesem Fall gegenüberliegend (▸ **Abb. 5.34**) oder – bei Verwendung von drei Y-Tapes – im 60°-Winkel zueinander angeordnet. Möglich sind auch mehrere Y-Streifen, die auf großflächigen Arealen mehr oder weniger parallel zueinander auf der adhäsiven Fläche verteilt werden (▸ **Abb. 2.32**).

▸ **Abb. 2.31** Bei der Doppelzugtechnik einer Faszienanlage fasst man beide Endbasen des Tapes und zieht diese gleichzeitig mit hohem Zug über das Adhäsionsgebiet hinweg.

Zusammenfassende Fakten der Faszienanlage:

- Techniken: Tangentialtechnik (als Impuls- oder Doppelzugtechnik)
- Indikationen: Faszienverklebungen, Muskelrisse, Narben, Spannungszustände
- Tapeform: Y-Streifen, ggf. I-Streifen
- Tapedehnung: Impulstechnik: 10–50 %, Doppelzugtechnik: bis zu 100 %
- Vordehnung: Keine
- Anfangsbasis: im Bereich der blockierten Richtung
- Endbasis: im Bereich der freien Richtung
- bevorzugte Tapefarbe: je nach Indikation

▶ **Abb. 2.32** Parallel angebrachte Faszientapes zur Faszienstimulation bei größeren Arealen am Pferdekörper.

2.5

Funktionelle und mechanische Korrekturanlage

Während des Sichtbefunds und der Bewegungsanalyse werden häufig Stellungs- und Gangfehler deutlich, die dem Pferd langfristig Probleme bereiten können. Obwohl Züchter bemüht sind, Pferde mit Stellungsfehlern nicht zu verpaaren, gelingt es bislang nicht, ungünstige Beinstellungen vollständig zu eliminieren. Stellungsfehler sind in den meisten Fällen angeboren und können beim jungen Pferd teilweise korrigiert werden, indem einer professionellen Hufbearbeitung viel Aufmerksamkeit geschenkt wird. Bei adulten Pferden ist eine Korrektur in der Regel nicht mehr von Erfolg gekrönt, so lange die Fehlstellung nicht erworben wurde, sondern genetisch bedingt ist.

Die häufigsten Stellungsfehler (S. 184) sind bodenenge und bodenweite Stellungen, die von der Schulter- bzw. Beckengliedmaße ausgehen sowie zehenenge und zehenweite Stellungen, die sich aus dem Fesselgelenk heraus manifestieren. Diese Fehlstellungen können auch kombiniert als bodeneng-zehenenge, bodeneng-zehenweite, bodenweit-zehenweite und bodenweit-zehenenge Stellungen auftreten. Weiter kennt man die Rück- und Vorbiegigkeit des Karpalgelenks, außerdem die Valgus- (X-Beinigkeit) und Varusstellung (O-Beinigkeit). An der Hintergliedmaße treten speziell noch die kuhhessige Stellung, die Säbelbeinigkeit sowie die Vor- und Rückständigkeit der Beckengliedmaße auf.

Gangfehler resultieren häufig aus Fehlstellungen der Gliedmaße, können sich aber auch aufgrund schmerzbedingter Schonhaltungen (S. 190) oder antrainierten Bewegungsabläufen entwickeln. Das sogenannte Bügeln (S. 191) ist ein Gangfehler, der jedoch in manchen Zuchten als rassetypisch gilt. Der bügelnde Bewegungsablauf (▶ **Abb. 5.91**) kommt bei Pferden relativ häufig vor und resultiert meist aus einer bodeneng-zehenengen Gliedmaßenstellung.

Häufige Ursachen von Gangfehlern sind aber auch schmerzbedingte Schonhaltungen oder Ausweichbewegungen aufgrund von Gelenksblockierungen. Nicht selten finden sich zudem fehlerhafte Bewegungsabläufe, die sich durch falsches und unsachgemäßes Training einstellen. Schon ein unkorrekter Sitz des Reiters führt zu einer Fehlbelastung des Pferdes im Rücken als auch der Extremitäten, welche die Statik stören und in Folge dessen eine Ausgleichsbewegung notwendig machen.

Ziel Tapeanlagen sind nur dann von Erfolg gekrönt, wenn die eigentlichen Ursachen von Schon- und Fehlhaltungen eliminiert sind. Verletzungen, die eine Schonhaltung zur Folge haben, müssen ausgeheilt sein. Unpassende Sättel und schlechtsitzende Reiter sollten eine Korrektur erfahren haben. Die Fehlhaltungen werden vom Pferd trotz beseitigter Ursache aufgrund des Memoeffekts häufig beibehalten. Hier setzt die Tapingtherapie erfolgreich an, denn das Tape gibt dauerhafte minimale Impulse in die jeweilige Korrekturrichtung und ist auf diese Weise in der Lage, den Körper des Pferdes „umzuprogrammieren".

Praxistipp

Die länger anhaltenden, minimalen Impulse, die das kinesiologische Tape auf den Körper des Pferdes überträgt, deckeln im Laufe der Zeit die falschen, angewöhnten Verhaltensmuster (Schonhaltungen). Auf diese Weise helfen sie dem Pferd, in den korrekten Bewegungsablauf zurückzufinden und seine körperliche Balance wiederzuerlangen.

Funktionelle Korrekturanlagen haben zum Ziel, die pathologischen Bewegungen zu bremsen, während sie physiologische unterstützen. Die Korrekturtapes sollen stützend, stabilisierend und insbesondere führend wirken. Mechanische Korrekturanlagen werden zielführend so angelegt, dass sie Gelenke oder anderweitige Strukturen langfristig und dauerhaft in eine optimale, physiologische Ruheposition bringen. Dies erreicht man durch die längerfristige Impulsgebung des angelegten Tapes, die letztendlich fehlgeleitete Bewegungen bzw. ungesunde Körperhaltungen korrigiert.

Grundsätze Der Therapeut muss zunächst die Art der Fehlhaltung oder -bewegung erfassen, um die Korrekturrichtung bestimmen zu können. Wichtig ist es, die korrekte Zugrichtung des Tapes zu bestimmen. Dies ist nur möglich, wenn im Vorfeld eine genaue Analyse der Fehlstellung oder -bewegung vorausgegangen ist. Um ein Korrekturtape zu setzen, ist viel Erfahrung vonnöten, da falsch vektorisierte Tapes eine gestörte Bewegungsmechanik lediglich umleiten, aber nicht verbessern. Dies kann unter Umständen zu weiteren Störungen im Organismus führen, anstatt die bestehenden aufzulösen.

In den meisten Fällen wird man sich für einen I-Streifen entscheiden, manchmal kann auch ein Y-Streifen sinnvoll sein. Entscheidend ist stets die Zugrichtung des Tapes. Die Anfangsbasis wird immer außerhalb des Zielgebiets angebracht. Da die Zugrichtung stets in Richtung Anfangsbasis wirkt, liegt an der Gliedmaße die Anfangsbasis stets proximal bzw. an der fixierten Struktur, die Endbasis hingegen distal respektive an der mobilen Struktur.

Die Tapedehnung ergibt einen elastischen Widerstand im Verlauf der falschen Bewegungsrichtung und führt die Struktur in den physiologisch korrekten Bewegungsablauf. Eingefahrene Bewegungsmuster überdecken zwar anfänglich die Impulse des elastischen Tapes, der Körper empfindet jedoch eine Störung in seinem angewöhnten Verhaltensschema, sodass die angewiesene Richtung, die das Tape vorgibt, immer größere Bedeutung erlangt und der Körper dieser Richtung schließlich unbewusst folgt. Den größtmöglichen Impuls erreicht man mit einer maximalen Dehnung, doch auch schon eine deutlich geringere Zugintensität signalisiert dem Körper die Korrekturrichtung. Praktikabel ist beim Pferd eine Tapedehnung von 75 %. Diese kann je nach Struktur und Korrekturverlauf variieren. Eine längere Haltbarkeit bei nur geringen Impulsen (niedrige Tapedehnung) ist bei Korrekturtapes wichtiger als die Intensität (durch maximale Tapedehnung). Für einen nachhaltigen Therapieerfolg ist eine zur Tapingtherapie parallel durchgeführte Haltungs- und Bewegungsschule in aktiver und passiver Form anzuraten.

2.5.1 Vektortechnik

Die Tapelänge wird an der Struktur in korrigierter Position abgemessen und um den Dehnfaktor gekürzt. Die Ecken werden berundet, das Trägerpapier am Übergang der Anfangsbasis zum Mittelteil eingerissen und die Klebefläche der Anfangsbasis freigelegt. Die Anfangsbasis fixiert man außerhalb des Zielgebiets am Beginn des Zugverlaufs näher dem Körperzentrum (an den Gliedmaßen proximal). Anschließend stellt man die Struktur in Korrekturrichtung ein, wozu in den meisten Fällen ein Assistent sehr hilfreich sein wird. Das Tape wird komplett vom Trägerpapier befreit, mit entsprechend hohem Zug (bis zu 100 % - je nach Struktur und Tapeverlauf) aufgebracht und anmodelliert (▸ Abb. 2.33).

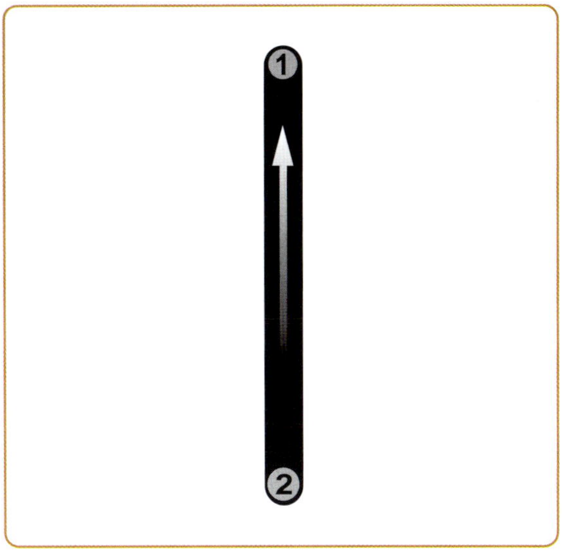

▸ **Abb. 2.33** Schematische Darstellung eines Korrekturtapes: Die Anfangsbasis (①) liegt stets proximal, der Tapezug geht immer Richtung Anfangsbasis (Pfeil), die Endbasis (②) wird abschließend zugfrei angebracht.

Möglicherweise ist es sinnvoll, das Korrekturtape mit Zusatzanker zu versehen, um die Haltbarkeit zu erhöhen. Eine bessere Fixierung erreicht man auch mit großzügig angelegten Basen am Anfang und Ende des Korrekturtapes.

Nachdem die Anlage angebracht ist, sollte man das Pferd in Bewegung nochmals begutachten, um zu überprüfen, ob die Zugrichtung stimmt. Das geübte Auge des erfahrenen Therapeuten kann in vielen Fällen die veränderte Bewegungsmechanik sofort erkennen.

Die Korrekturanlage sollte über mehrere Wochen wiederholt werden, bis die Haltungs- bzw. Bewegungsmuster korrigiert sind und somit das Tapeband überflüssig machen (▸ Abb. 2.34, ▸ Abb. 2.35).

Zusammenfassende Fakten der Korrekturanlage:

- Technik: Vektortechnik
- Indikationen: Haltungsfehler (Schon- und Fehlhaltungen), Fehlstellungen, Koordinationsprobleme, Blockierungen, falsche Bewegungsmuster
- Tapeform: I-Streifen, ggf. Y-Streifen
- Tapedehnung: 75 %, ggf. bis zu 100 % – je nach Verträglichkeit des Areals
- Vordehnung: Zielgebiet nach Möglichkeit aktiv oder passiv in Korrekturrichtung einstellen.
- Anfangsbasis: proximal außerhalb des Zielgebiets
- Endbasis: distal außerhalb des Zielgebiets
- bevorzugte Tapefarbe: schwarz, rot, violett

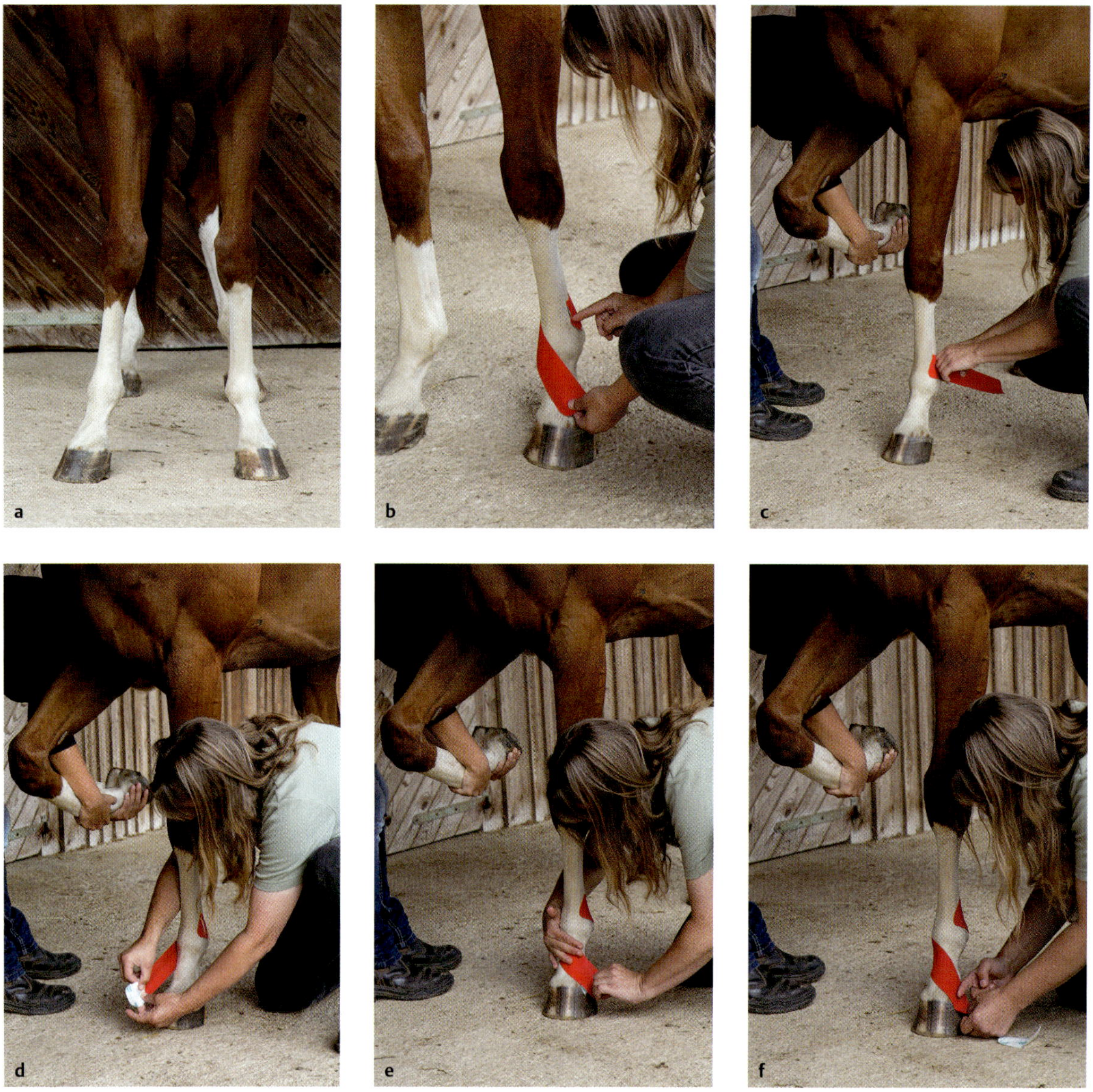

▸ **Abb. 2.34** Schritt für Schritt-Anleitung für eine Korrekturanlage einer zehenweiten Stellung bei einer kombinierten Fehlstellung zehenweit und x-beinig (vgl. auch ▸ **Abb. 2.35**).

a Fehlstellungen an den Vordergliedmaßen des Pferdes (rechts stärker als links): zehenweit und x-beinig.

b Zugrichtung des Korrekturtapes festlegen.

c Fixieren der zugfreien Anfangsbasis: Das Bein ist in Korrekturrichtung gestellt. Um die korrigierte Stellung aufrecht zu erhalten und zu gewährleisten, dass das Pferd während des Tapevorgangs ruhig steht, hebt der Assistent das gegenüberliegende Bein hoch.

d Funktionsbereich auf 75 % Zug bringen und im Korrekturverlauf anbringen.

e Funktionsbereich anmodellieren.

f Endbasis wiederum ohne Zug an der (ungeölten!) Hufkapsel fixieren.

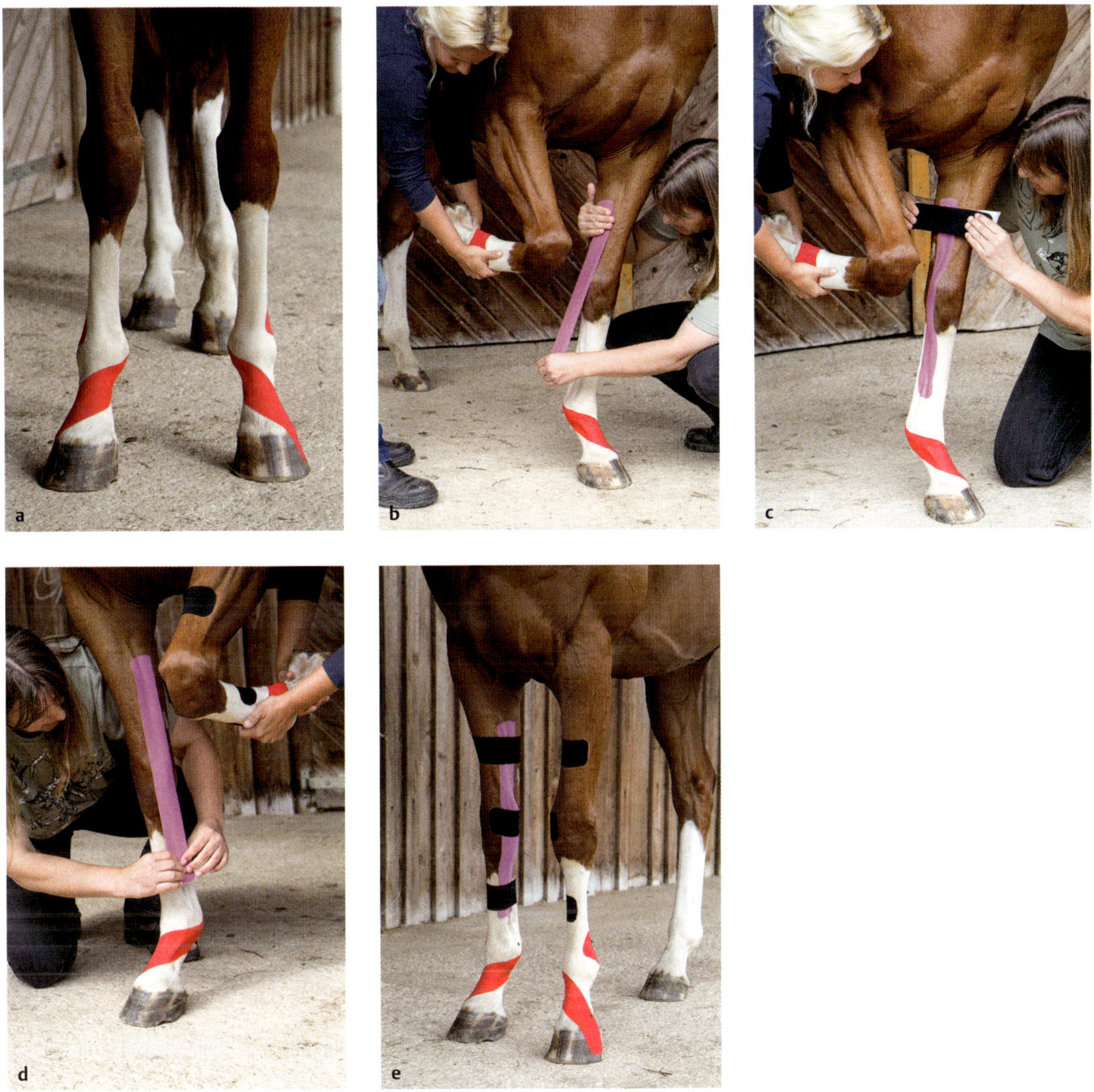

▸ **Abb. 2.35** Schritt für Schritt-Anleitung für eine Korrekturanlage der zusätzlichen x-beinigen Stellung bei einer kombinierten Fehlstellung zehenweit und x-beinig (vgl. auch ▸ **Abb. 2.34**).

a Nach der fertigen Anlage zur Korrektur der zehenweiten Stellung soll ein zusätzliches Korrekturtape zur Verbesserung der x-beinigen Stellung angebracht werden.

b Nach zugfreier Fixierung der Anfangsbasis erfolgt das Korrekturtape für die x-beinige Stellung unter 75 % Zug an der medialen Seite des Beines. Das Tape zieht großzügig über das Karpalgelenk.

c Anbringen der Anker für das stark auf Zug gesetzte Korrekturtape auf der medialen Beinseite.

d Stets werden beide Seiten getapet: Anbringen des Korrekturtapes für die x-beinige Stellung mit 75 % Zug und Ankleben der zugfreien Endbasis.

e Fertige Tapeanlage zur Korrektur einer zehenweiten und x-beinigen Stellung der Vordergliedmaße.

2.6 Nervenanlage

Das Nervensystem ist der Dreh- und Angelpunkt für den Austausch von Informationen im Körper. Alle Bewegungen und Organfunktionen werden über das Nervensystem gesteuert, so hat eine Störung des Nervensystems häufig massive Folgen. Die direkte Beeinflussung des Nervensystems mittels Tapeanlagen ist gering, kann aber bei Kompressionssyndromen oder Sensibilitätsstörungen eine spürbare Entlastung bringen.

Es ist beim Pferd jedoch sehr schwierig, Irritationen des Nervensystems zu erfassen, da das Tier beispielsweise eine Sensibilitätsstörung nicht ausreichend kommunizieren kann. Schwerwiegende nervale Pathologien wie Lähmungen (S. 179) hingegen sind in den meisten Fällen kaum therapierbar, mit Tapeanlagen wird man daher nur eine geringe Perspektive für eine erfolgreiche Behandlung haben. Dennoch sind Nerven besser regenerierbar als vielfach angenommen, sodass sich eine Nervenverletzung zu tapen durchaus lohnen kann. Allerdings sollte eine Nervenanlage nur in Verbindung mit anderen Therapiemethoden und nicht anstatt derer zum Einsatz kommen, um das Optimum an Regeneration und Heilung zu erreichen.

Ziel Die Regenerationsfähigkeit von Nerven darf nicht unterschätzt werden, sodass eine Unterstützung bei traumatischen Ereignissen mittels kinesiologischer Tapes durchaus sinnvoll ist. Mit Hilfe von Tapeanlagen ist es möglich, entlang des Nervenverlaufs eine generelle Entlastung im Gewebe herbeizuführen, was insbesondere zur Schmerzlinderung beiträgt.

Die Stimulation der Propriozeption der Haut aktiviert auf direktem Weg die Nervenbahnen, die damit zu einem beschleunigten Genesungsprozess angeregt werden.

Grundsätze Die Behandlung der peripheren Hauptnervenbahnen steht bei der Tapingtherapie im Vordergrund. Insbesondere kommen die Nervenstränge in Betracht, die häufig von Läsionen betroffen sind. Hier sind in erster Linie der N. radialis, der N. suprascapularis (S. 178) und N. ischiadicus zu nennen.

Wenn möglich erfolgt eine leichte Vordehnung des entsprechenden Nervenstrangs, während das Tape mit einem Zug von höchstens 10 % – hier bietet sich die Paper-Off-Technik an – angebracht wird. Für Neuraltapes werden üblicherweise I-Streifen verwendet, möglicherweise auch zwei I-Streifen, wenn man beide Äste eines sich verzweigenden Nervenastes tapen möchte. Beispielsweise wäre hier der N. ischiadicus prädestiniert, der sich auf Hüftgelenkshöhe in die Äste des N. tibialis und N. fibularis (peronaeus) communis aufspaltet. Die Breite der Tapestreifen ist variabel wählbar – verwendet werden sowohl 5–6 cm breite, als auch schmälere Streifen. Die Anfangsbasis sitzt stets am distalen Nervenende, um eine entspannende Wirkung zu erzielen.

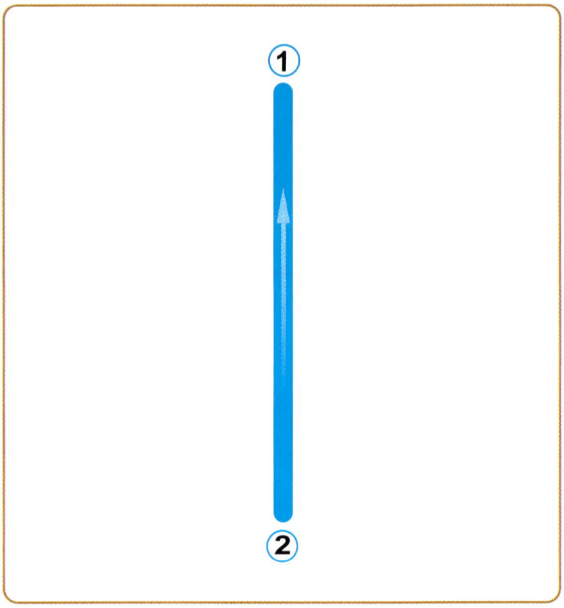

▸ **Abb. 2.36** Schematische Darstellung zum Tapen der Nervenanlage.

2.6.1 Vektortechnik

Für die Vektortechnik einer Nervenanlage (▸ **Abb. 2.36**) wird die Länge des benötigten Tapestreifens am Pferdekörper abgemessen, das Tape zurechtgeschnitten und die Ecken berundet. Außerhalb des distalen Nervenendes fixiert man die Anfangsbasis, die zuvor vom Trägerpapier befreit wurde. Entlang des Nervenverlaufs bringt man unter leichter Vordehnung, die idealerweise ein Helfer vornimmt, in Paper-Off-Technik, das Tape von distal nach proximal an (▸ **Abb. 2.37a**). Eine stärkere Dehnung des Tapes als 10 % ist zu vermeiden, um die gewünschte Druckentlastung im Gewebe zu gewährleisten. Die Zugrichtung wirkt in Richtung Anfangsbasis und führt so zu einer Entspannung im Gewebe (▸ **Abb. 2.37b**).

Bei verzweigenden Nervenverläufen verankert man den zweiten Tapestreifen im Zweigstellengebiet über dem ersten oder führt das Tape parallel zum ersten bis zur Austrittsstelle des gemeinsamen Nervenastes weiter.

Zusammenfassende Fakten der Nervenanlage:

- Technik: Vektortechnik
- Indikationen: Nervenkompressionssyndrome, Lähmungen, Schmerzen im Nervenverlauf, Sensibilitätsstörungen
- Tapeform: (schmale) I-Streifen
- Tapedehnung: höchstens 10 %
- Vordehnung: Ja, eine leichte Nervenvordehnung ist vorteilhaft
- Anfangsbasis: außerhalb des distalen Nervenendes
- Endbasis: über dem Austrittsgebiet des Nervenstrangs
- bevorzugte Tapefarbe: blau

▶ **Abb. 2.37** Die Nervenanlage wird mit maximal 10 % Zug und bevorzugt in leichter Vordehnung angebracht. Hier wird der Verlauf des N. ischiadicus getapet.
a Der Nervenverlauf wird von distal nach proximal mit einem schmalen Band getapet.
b Das Nerventape wird gut angerieben – positiv ist, wenn sich aufgrund der Vordehnung Convolutions zeigen.

2.7 Lymphanlage

Symptome eines eingeschränkt funktionierenden Lymphsystems kommen bei Pferden häufig vor. Allzu bekannt ist das Phänomen von angelaufenen Beinen, die bei zu langer Boxenruhe oder Überlastung entstehen können. Da nicht alle Pferde mit dicken Beinen reagieren, wenn sie zu wenig bewegt oder übermäßig belastet werden, liegt die Vermutung einer genetischen Veranlagung nahe, wenn Pferde zu angelaufenen Beinen neigen. Diskutiert werden in diesem Zusammenhang von Natur aus zu wenig angelegte Lymphgefäße oder eine eingeschränkte Funktionalität des Lymphsystems.

Beide Varianten sprechen auf die Behandlung mit Manueller Lymphdrainage sehr gut an. Eine ideale Ergänzung zur Manuellen Lymphdrainage stellt das Taping mit elastischen Bändern dar. Das kinetische Tape überträgt ständige, feine Impulse auf die Haut und deren darunter liegenden Strukturen, wodurch die Motorik der Lymphgefäße angeregt und der Lymphabfluss unterstützt wird.

Des Weiteren forciert eine Lymphanlage die Bildung neuer Lymphe, indem die Lymphgefäße durch die Gewebsentlastung weitgestellt und die einleitenden Öffnungen vergrößert werden. Auf diese Weise kann mehr interstitielle Gewebsflüssigkeit in die Lymphgefäße einströmen und die Stoffwechselprodukte können schneller abtransportiert werden.

Die Stimulation der Lymphe erfolgt bereits durch leichte Hautberührungen, weil beim Pferd die Lymphbahnen dicht unter der Haut verlaufen. Aus diesem Grund ist die Tapingtherapie dazu prädestiniert, das Lymphsystem anzuregen.

Ziel Ähnlich wie bei der Muskelanlage soll das Lymphtape die Haut leicht anheben, um das Gewebe zu entspannen und mehr Raum für den Lymphabfluss zur Verfügung zu stellen. Auf diese Weise wird zum einen das getapete Gebiet besser drainiert, zum anderen kann der Drainageeffekt über einen längeren Zeitraum aufrechterhalten werden. Dies ist insbesondere für Pferde mit chronischen Phlegmonen, angelaufenen Beinen und hartnäckigen Ödemen zur nachhaltigen Verbesserung des Krankheitsbilds von großem Wert.

Bei akuten Verletzungen, insbesondere mit Bildung von schmerzhaften Schwellungen, kann die Lymphanlage zur besseren Entstauung des Gewebes und somit zur zügigen Abschwellung beitragen. Die damit erreichte Schmerzreduktion fördert das Allgemeinbefinden des Pferdes und führt es einer schnelleren Genesung zu.

Grundsätze Damit das Lymphtape seine Wirkung entfalten kann, muss beim Anlegen der Tapes die Flussrichtung der Lymphe zwingend beachtet werden (▶ **Abb. 1.25**). Die Kenntnis der Lage und Abflussrichtung der Lymphgefäße ist von entscheidender Bedeutung, um die Klebestreifen korrekt anzubringen. Fehlanlagen können die Symptomatik gravierend verschlimmern, wobei der Lymphabfluss gehemmt und der Schmerzlevel gesteigert wird. Dies ist unbedingt zu vermeiden, weshalb die genauen Kenntnisse der anatomischen Strukturen und physiologischen Abläufe des Lymphsystems für den Therapeuten unabdingbare Voraussetzungen sind, um Lymphtapes am Pferd anzulegen.

Die Anfangsbasis des Lymphtapes wird stets auf das Lymphknotenzentrum geklebt, in das die Lymphe des zu therapierenden Entstauungsgebiets eingeleitet wird. Von hier aus sollten nach Möglichkeit weitere Lymphtapes zur Unterstützung der Drainage auf dem Weg bis zur Einleitung in die herznahen Venen, allerdings unter besonderer Berücksichtigung der Wasserscheiden – insbesondere die transversale Wasserscheide auf Höhe des 14. Thorakalwirbels – angelegt werden. Bei der Entwicklung einer Lymphanlage ist die Ableitung jedoch mindestens bis zum nächsten Lymphknotenzentrum zu legen.

Da viele Lymphgefäße auf der medialen Seite der Extremitäten verlaufen, ist das Anlegen der Lymphtapes nicht nur lateral, sondern vor allem auch medial ein wichtiger Grundsatz in der Tapingtherapie (▶ **Abb. 2.38**). Leider muss man damit rechnen, dass die Tapes auf der Beininnenseite mit Ziel des Abflusses in die axillaren und inguinalen Lymphknotenzentren (Ln. axillaris proprius, Lnn. inguinales superficiales) weniger gut halten, sodass man hier versuchen sollte, über Zusatzanker eine bessere Fixation zu erreichen.

Die Diagnose einer Verletzung oder Erkrankung muss vor dem Tapen durch einen Tierarzt sichergestellt sein, um entscheiden zu können, ob eine Lymphanlage indiziert ist. So sollte bei einer Elephantiasis (S. 198) einer fachgerechten Kompressionstherapie durch einen ausgebildeten Lymphtherapeuten der Vorzug gegeben werden. Eine gleichzeitige Tapeanlage ist in diesem Fall nicht möglich. Vielmehr kann später eine begleitende Tapingtherapie durchgeführt werden, wenn keine Kompressionsverbände mehr notwendig sind.

Cave

Bei massiven lymphatischen Problemen wie der Elephantiasis sollte anstatt einer Tapingtherapie eine tierärztlich begleitete, fachgerechte Kompressionstherapie im Vordergrund stehen.

Um das jeweilige Entstauungsgebiet mit Hilfe der Tapes abdecken zu können, werden Lymphtapes in Fächerform vorbereitet: Ein 5 cm breites Tapeband wird 3-mal längs durchschnitten, damit 4 Schenkel entstehen. Lediglich die Anfangsbasis bleibt in ihrer ursprünglichen Breite, wodurch die Fächerform entsteht. Möglich sind aber auch mehrere Tentakel, wenn man breitere Tapebänder benutzt oder in der Anlage zwei Tapestreifen parallel schaltet.

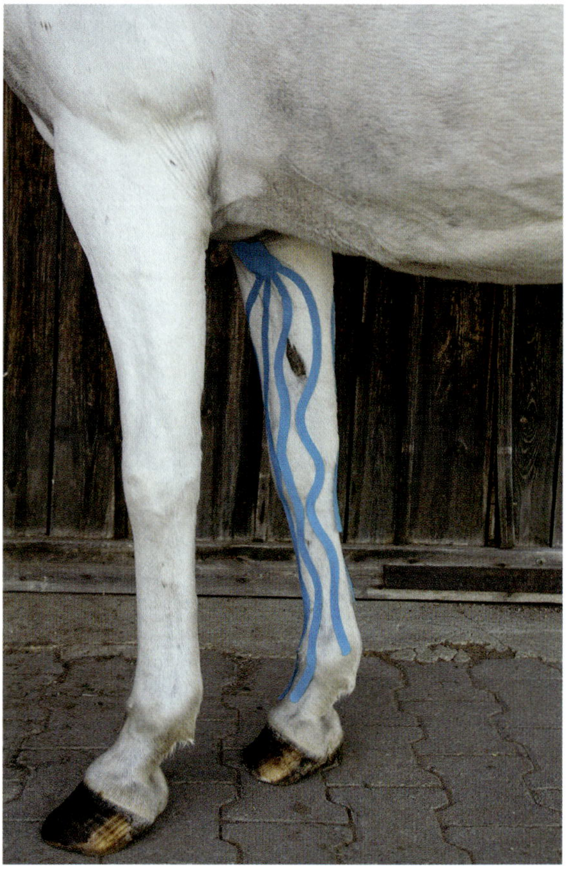

▶ **Abb. 2.38** Bei entsprechender Indikation sollte ein Lymphtape auch auf der medialen Seite der Gliedmaße angebracht werden.

Die Länge des Lymphtapes richtet sich nach der Klebetechnik und dem zu drainierenden Areal. Für die Fächertechnik werden mehrere kurze Lymphtapes in Reihe geschaltet, während man bei der technisch anspruchsvolleren Serpentinentechnik einen einzigen, langen Lymphtape einsetzt. Die Länge des Serpentinentapes ist aufgrund der in Wellenform aufgebrachten Tentakel großzügig zu bemessen. Für die Spiraltechnik, die an den Extremitäten zur Anwendung kommt, wird ein Tapeband längs durchschnitten und so auf ein Viertel seiner ursprünglichen Breite reduziert.

Eine Vordehnung zur Erzeugung von Convolutions ist wünschenswert, wenn die Struktur dies erlaubt. Eine zu starke Tapedehnung ist zu vermeiden, um die Beweglichkeit der Gelenke zu gewährleisten und die Erzeugung von raumschaffenden Tapewellen nicht zu verhindern.

2.7.1 Fächertechnik

Je nach Drainagegebiet bereitet man die entsprechende Anzahl von – bevorzugt blauen – Fächertapes in einer Länge von etwa 20–40 cm vor (▶ **Abb. 2.39**). Die Ecken der Anfangs- und Endbasen werden wie immer sorgfältig mit der Schere abgerundet. Die Theorie besagt, dass die an der Anfangsbasis konzentrierte Lymphe von den Ten-

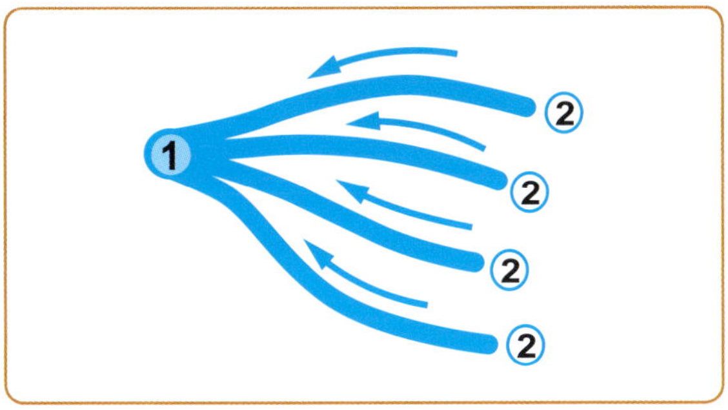

▶ **Abb. 2.39** Schematische Darstellung des Lymphtapes in Fächerform: ① = Anfangsbasis, ② = Endbasen, Pfeil = Tapezugrichtung.

takeln des nachfolgenden Tapes aufgenommen und weitergeleitet wird. Somit erfolgt die Weiterführung des Nachfolgetapes ohne großen Freiraum und schließt unmittelbar am Vorgängertape an.

Vom ersten Lymphtape zerreißt man das Trägerpapier am Übergang von der Anfangsbasis zu den Tentakeln, dass das Papier von den Schenkeln jeweils separat abgezogen werden kann. Nun entfernt man das Papier der Anfangsbasis und fixiert diese im Zielgebiet des Lymphabflusses, also im Bereich des linken Venenwinkels. Kopf und Hals des Pferdes werden jetzt von einem Helfer nach rechts abgestellt, um eine Vordehnung der linken Rumpfseite des Pferdes zu erreichen. Ist kein Helfer zur Stelle oder lässt sich keine Vordehnung durchführen, kann man sich mit leichtem Hautvorschub behelfen. Die Tentakel werden in Richtung Drainagegebiet fächerförmig, bevorzugt in leichten Slalomlinien, nacheinander aufgeklebt. Dabei fixiert man zunächst die beiden äußeren Schenkel, die das Drainagegebiet umschließen und verteilt die Verläufe der inneren Tentakel gleichmäßig innerhalb der eingegrenzten Fläche.

Die weiteren Lymphtapes werden in Reihe stets in Richtung Stauungsgebiet weisend in gleicher Manier geklebt. Das gerade zu tapende Gebiet wird möglichst vorgedehnt und der Tapezug auf Eigenspannung (ca. 10 %) gehalten, um im günstigsten Fall Convolutions zu erzeugen. Jedes fixierte Tape wird – noch während die Vordehnung aufrechterhalten wird – gut angerieben und somit aktiviert. Die Anfangsbasen, aber auch die Endbasen, werden stets ohne Spannung auf das Fell gedrückt und die Klebekraft des Acrylklebers durch wärmeerzeugendes Rubbeln verstärkt.

Die Lymphtapes ziehen jeweils in Richtung ihrer Anfangsbasis und unterstützen so etappenweise den Lymphabfluss mit gleichzeitiger Gewebeauflockerung durch die Tapewellen (▶ Abb. 2.40).

2.7.2 Serpentinentechnik

Klebetechnisch anspruchsvoller ist eine Lymphanlage mittels Serpentinentechnik (▶ Abb. 2.41), bei der die gesamte Strecke vom Venenwinkel bis zur nächsten größeren Lymphsammelstation bzw. vom Lymphzentrum zum Entstauungsgebiet mit Hilfe eines einzigen langen Tapes überbrückt wird. Vorteil der langen Tapes ist, dass keine Unterbrechung im Lymphfluss initiiert wird, weil die Tentakel durchgängig verlaufen. Praktisch ist außerdem, dass mit langen Schenkeln ausgiebigere Schlangenlinien geklebt werden können, die eine größere Fläche abde-

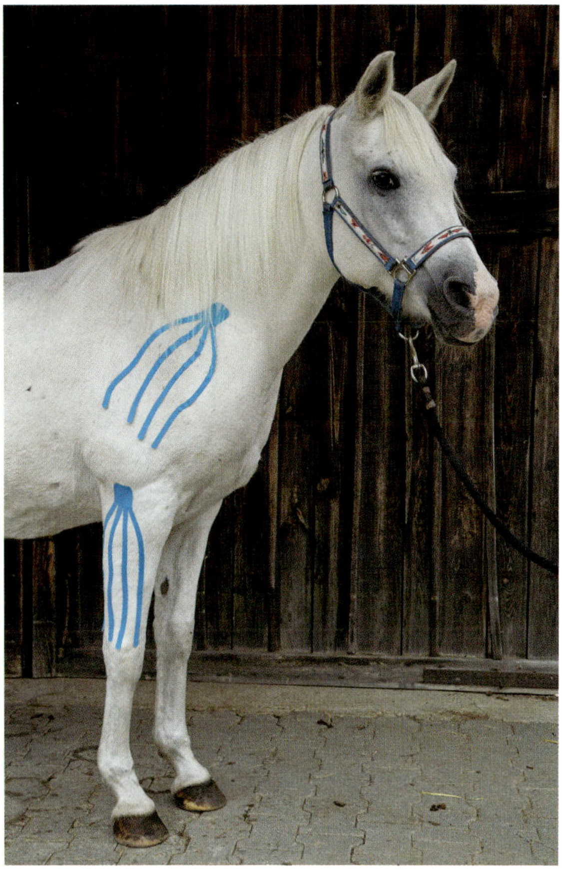

▶ **Abb. 2.40** Kurze Fächerlymphtapes vom Entstauungsgebiet bis zu den jeweiligen Lymphknotenzentren.

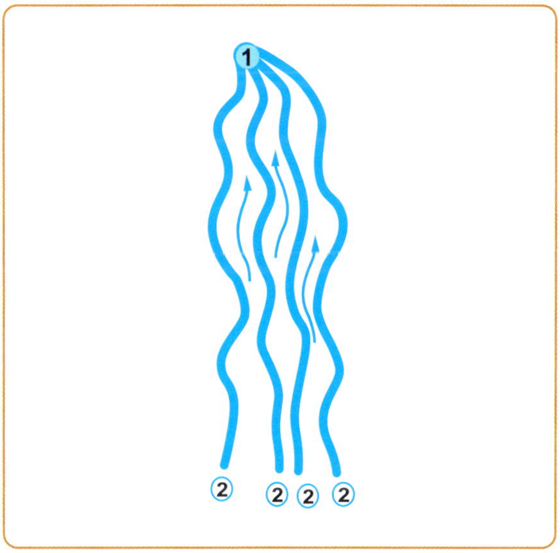

▶ **Abb. 2.41** Schematische Darstellung eines Lymphtapes in Serpentinentechnik: ① = Anfangsbasis, ② = Endbasen, Pfeile = Tapezugrichtung.

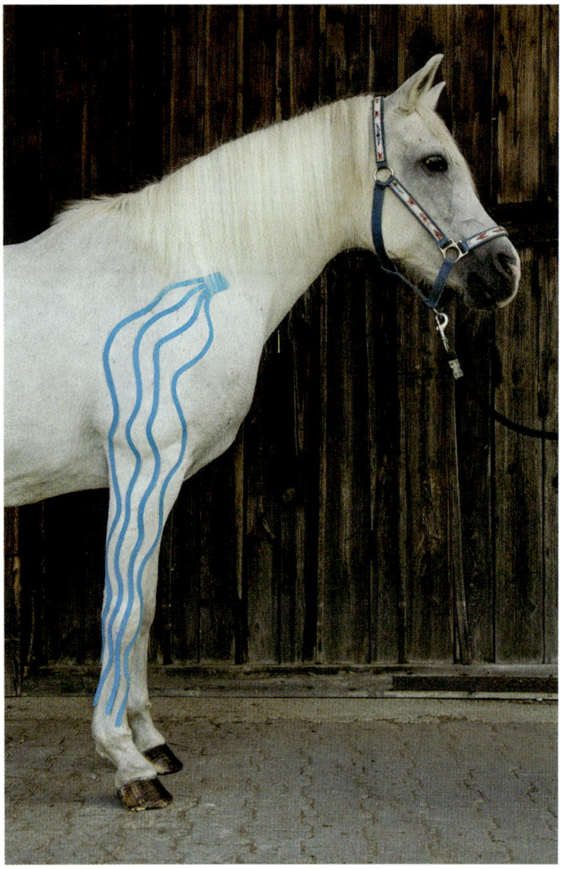

▶ **Abb. 2.42** Serpentinenlymphtape zur Entstauung der Vordergliedmaße mit Anfangsbasis am Lymphknotenzentrum.

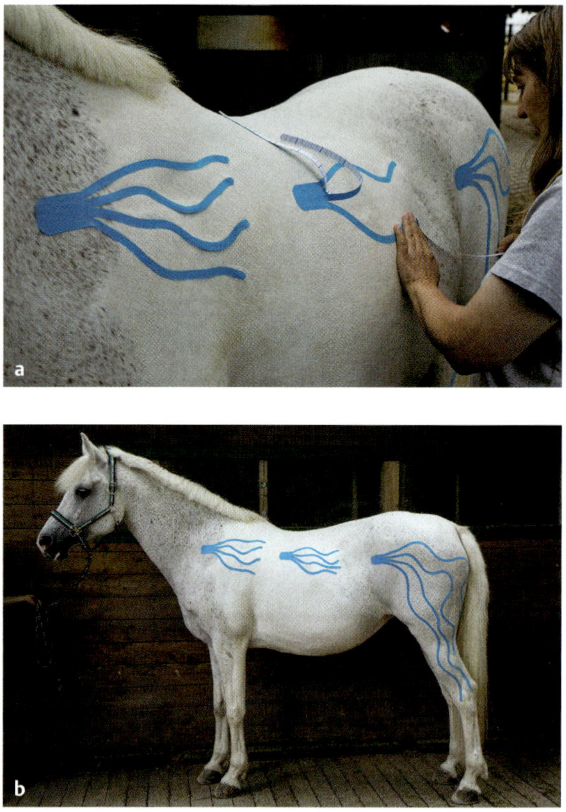

▶ **Abb. 2.43** Ableitung der Lymphe vom Entstauungsgebiet bis zum Venenwinkel.
a Anbringen der Lymphtapes in Fächertechnik: Die äußeren Tentakel werden zuerst geklebt, um das Drainagegebiet einzufassen.
b Fertige Lymphanlage mit Fächerlymphtapes und Serpentinentape in Kombination zur Entstauung der Hinterhand.

cken und die Lymphe damit noch besser aktiviert werden kann (▶ Abb. 2.42).

Die Vorbereitung der Tapes geschieht äquivalent zur Fächertechnik, außer dass die Tapeanzahl verringert, dafür jedoch das Tapemaß verlängert wird. Wiederum beginnt man mit dem Kleben des Tapes am Einflussgebiet der Lymphe in den Blutkreislauf im Bereich des linken Venenwinkels. Man fixiert die Anfangsbasis nachdem das Trägerpapier abgezogen wurde. Nach der Strukturvordehnung zieht man anschließend das Papier in Paper-Off-Technik vom oben gelegenen Schenkel ab und klebt das Tape in Schlangenlinien – das Drainagegebiet eingrenzend – auf. Nun fixiert man den gegenüberliegenden Begrenzungsschenkel auf dieselbe Weise und rahmt somit das Entstauungsgebiet ein. Die mittleren beiden Tentakel folgen ebenfalls schlangenlinienförmig sowie in Paper-Off-Technik und füllen auf diese Weise den Raum des abgegrenzten Gebiets auf. Gewissenhaft werden nun – immer noch in Vordehnung – die Basen und Tentakel des Lymphtapes durch Reiben wärmebehandelt, um den Kleber zu aktivieren. Nach Aufhebung der Vordehnung werden die Convolutions sichtbar.

Es ist darauf zu achten, dass die Tentakel der Lymphtapes nicht übereinander geklebt werden, weil die Haltbarkeit der Tapes verringert werden könnte (▶ Abb. 2.43).

2.7.3 Spiraltechnik

Das als Lymphanlage angelegte Spiraltape wird – wie der Name bereits verrät – spiralförmig am Pferdefell angebracht (▶ Abb. 2.44). Hierfür sind die Extremitäten, um die das Tape geschlungen werden kann, am besten geeignet. Die Beine des Pferdes sind auch am häufigsten betroffen, wenn der Lymphfluss beeinträchtigt ist. Das spiralförmig angebrachte Lymphtape ist besonders nützlich bei Pferden, die zu angelaufenen Beinen neigen, wobei grundsätzlich beide Vorder- bzw. beide Hinterbeine getapet werden sollten.

Optisch erinnert die sprialförmig angelegte Tapeanlage an Ringelsocken und so geben die schmalen Tapestreifen dem Pferd ein trendiges Aussehen, das noch einen zusätzlichen positiven Nebeneffekt hat: Die durch die Tapeanlage entstandene Beinstreifung erinnert an Zebrastreifen, die nachweislich lästige Fliegen und Bremsen davon abhält, das Pferd anzufliegen. So hat das Tape sogar eine optische Zusatzfunktion zur Fliegenabwehr.

Für den spiralförmigen Lymphtape bereitet man einen 1 cm breiten Streifen – bevorzugt in der kühlen, blauen Farbe – vor. Die Länge des Tapestreifens ist sehr variabel, da sowohl die Größe des Pferdes als auch die Anzahl der Wickelungen entscheidend ist, wieviel Tapematerial be-

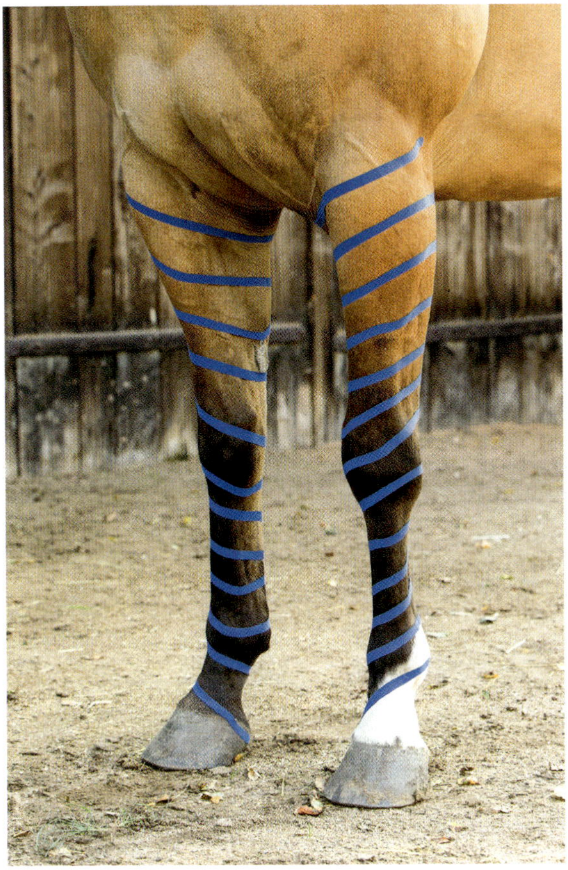

► **Abb. 2.44** Die fertige Lymphanlage mit Spiraltapes zur Entstauung der vorderen Gliedmaßen.

nötigt wird. Im Durchschnitt sollte mich mit etwa zwei Meter Tapeband rechnen. Das Band wird großzügig von der Rolle abgeschnitten. Sollte letztendlich noch Tapematerial übrigbleiben, kann man diese später immer noch als Narbentape oder kleine Sterntapes verwenden.

Gestartet wird mit der Anfangsbasis an der nächst erreichbaren, proximal gelegenen Lymphknotenstation, beispielsweise den Lnn. inguinales superficiales und profundi sowie Lnn. poplitei profundi an den Hintergliedmaßen beziehungsweise den Lnn. cubitales und Lnn. axillares proprii an den Vordergliedmaßen. Nun legt man das Tapeband nach distal um das zu entstauende Bein in Spiralform an. Die beste Technik ist dabei, jeweils etwa die Länge für eine Beinumwicklung vom Trägerpapier abzulösen und ohne Zug ums Bein zu schlingen und anzukleben. Alternativ kann aber auch die Paper-Off-Technik zur Anwendung kommen. So bringt man Wicklung um Wicklung nach distal führend im Abstand von etwa fünf Zentimetern an. Das Klebeband wird dabei bis zum Huf geführt. Die Hufkapsel nutzt man schließlich als Andockstation für die Endbasis des Tapes.

Beim Tapen von spiralförmig angebrachten Tapes muss als oberste Priorität gelten, dass das Tape nie in sich selbst verklebt wird und es so zu einem geschlossenen Ring um das Pferdebein kommt. Genaues Arbeiten und die Beachtung des parallelen Verlaufs der Wickelungen sind deshalb notwendig.

Der Vorteil von Spiraltapes gegenüber den standardmäßig verwendeten Fächertapes ist die gleichmäßigere und flächenmäßig größere Abdeckung des Drainagegebiets inklusive der medialen Beinseite. Von der Anfangsbasis ausgehend können dann Fächer- oder Serpentinentapes entlang des Entstauungsgebiets genutzt werden, um die Entstauung des Drainagegebiets bis zum linken Venenwinkel fortzuführen.

Zusammenfassende Fakten der Lymphanlage:

- Techniken: Fächertechnik, Serpentinentechnik, Spiraltechnik
- Indikationen: Lymphödeme, angelaufene Beine, Hämatome, Schwellungen, Verletzungen, Schmerzlinderung
- Tapeform: Fächertape (kurze bzw. lange Form), schmales I-Tape (Spiraltechnik)
- Tapedehnung: ohne oder maximal 10 % (Paper-Off)
- Vordehnung: leichte Vordehnung oder Hautvorschub
- Anfangsbasis: stets an den Lymphknotenstationen
- Endbasen: frei endend im gestauten Gebiet bzw. an der Hufkapsel (Spiraltechnik)
- bevorzugte Tapefarbe: blau

2.8 Tapeanlage für Narben

Es gibt kaum ein Pferd, das keine Narben hat. Jeder Wallach hat zumindest eine Kastrationsnarbe und jedes Pferd mit einem Rasse-, Kennzeichnungs- oder Eintragungsbrand trägt diese Brandnarbe sein Leben lang mit sich. Hinzu kommen weitere Narben durch kleinere und größere Verletzungen sowie Operationsnarben. Eine Verletzung führt immer dann zu einer Narbenbildung, wenn die Lederhaut in Mitleidenschaft gezogen wird. Bei einer Narbe handelt es sich stets um ein Ersatzgewebe, das von Fibroblasten gebildet wird und sehr faserreich ist. Es ist jedoch kein funktionelles Gewebe mehr, kann die heile Haut darum nicht wirklich ersetzen.

Merke

Narbengewebe ist ein minderwertiges, faserreiches Ersatzgewebe, das die Funktionalität der ursprünglich heilen Haut nicht erfüllen kann.

Narben sind weniger stark durchblutet, wodurch sie auf der menschlichen Haut blasser erscheinen als das Umgebungsgewebe. Nach dem Verständnis der Traditionellen Chinesischen Medizin behindern Narben auch den Energiefluss und können somit Störfaktoren im gesamten Funktionsgebilde des Organismus darstellen. Oft gehen Narbenbildungen mit Verklebungen des tiefer liegenden Gewebes einher, die Schmerzen und Bewegungseinschränkungen zur Folge haben. Aus diesem Grund sollte eine Narbenbildung schon früh – sobald die Wunde verschlossen ist – therapeutisch begleitet werden.

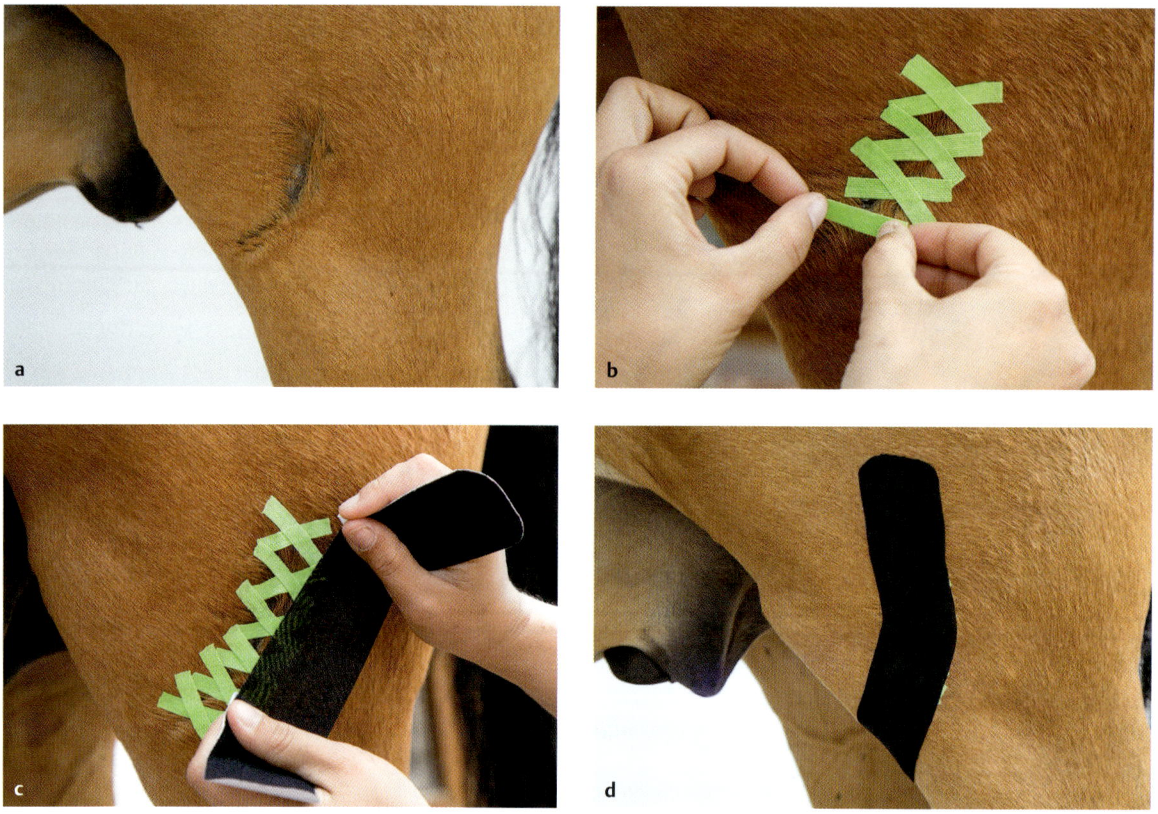

▸ **Abb. 2.45** Es gibt viele verschiedene Techniken, um Narben zu tapen. Hier ein Beispiel zur Versorgung einer Narbe im Kniebereich.
a Die Knienarbe ist deutlich sichtbar.
b Die Narbe wird mit kleinen Tapestreifen x-förmig als Ligamentanlage in Zentrierungstechnik abgeklebt.
c Die Narbe wird komplett abgedeckt. Abschließend werden die x-Tapes mit einem auf Zug gesetztem I-Streifen (schwarz) überklebt.
d Das fertige Narbentape mit schwarzem Abdeckstreifen.

Ziel Die hohe Anzahl von kollagenen Fasern erhöht zwar die Reißfestigkeit einer Narbe und macht das Gewebe stabil, die eingeschränkte Elastizität kann bei starken Belastungen jedoch zu Narbenbrüchen führen. Eine entsprechende Therapie hilft, die negativen Begleiterscheinungen einer Narbenbildung auf ein Minimum zu reduzieren. Eine gute Versorgung hilft, das Gewebe geschmeidig zu halten, sowie Verklebungen zu minimieren und die Blutzirkulation zu verbessern. Die damit verbundene Harmonisierung des Energieflusses trägt letztendlich auch zur Schmerzlinderung bei. Die konkurrenzlos beste Therapieform ist nach wie vor die Manuelle Therapie zur Behandlung von Narben. In der therapiefreien Zeit kann die Manuelle Therapie mit Hilfe von elastischen Tapes hervorragend unterstützt werden. Die Ergänzung durch spezielle Klebetechniken mit kinesiologischen Tapes trägt zur bestmöglichen Sensorik und Motorik des Narbengebiets bei.

Grundsätze Jede Narbe unterscheidet sich in ihrer Form, Tiefe und Ausrichtung, sodass es keine allgemein gültigen Regeln zur Anlage von Narbentapes gibt. Die Art der Anlage richtet sich stets nach der gewünschten Wirkungsrichtung, die sich wiederum aus dem Zustand der Narbe und deren Beschwerden für das Pferd ergibt. Deshalb ist auch hier erneut eine gezielte Befundung die wichtigste Voraussetzung zur Auswahl der Klebetechnik für die Behandlung einer Narbe. Je nach Spannungsfeld, das in Größe und Intensität variieren kann, wählt der Therapeut die jeweilige Tapetechnik aus. Ein spezielles Rezept für das Tapen von Narben gibt es nicht. Die Befundung gibt dem Therapeuten die Idee einer geeigneten Anlage (▸ **Abb. 2.45**).

Für die verschiedenen Klebetechniken werden viele kleine Tapestreifen benötigt, die sich in Länge und Anzahl an dem Ausmaß der jeweiligen Narbe orientieren. Es lassen sich für das Zurechtschneiden von Narbentapes Restabschnitte verwenden, wobei allerdings darauf zu achten ist, dass auch bei Narbentapes die Streifen stets in Längsrichtung geschnitten werden müssen und niemals quer, weil die Elastizität des Tapes nur in Längs- und nicht in Querrichtung gegeben ist.

In der Regel kommen für Narben I-Streifen zur Anwendung, für die Faszientechnik hingegen greift man zu den bewährten Y-Streifen. Die Zugrichtung und -stärke der Tapes richtet sich nach der jeweiligen Indikation. Bei tiefen Verklebungen wählt man bis zu 100 % Zug, sensible und schmerzhafte Narben vertragen deutlich weniger Zug. In diesen Fällen reduziert der Therapeut die Tapespannung auf etwa 25 %.

Für welche der nachfolgenden Tapetechniken man sich entscheidet, hängt zum einen vom Befundergebnis ab, aber auch von den Vorlieben des Therapeuten. Dennoch sollte man sich an gewisse Regeln halten und der Wirkungsweise entsprechend tapen. Will man beispielsweise bei einer eingezogenen, schmerzhaften Narbe eine raumschaffende, entlastende Technik umsetzen, wird man das Tape en bloc mit möglichst maximalem Zug beispielsweise in Crosstechnik anbringen. Zeigt das Gewebe während der Befundung eine starke, einseitige Sogrichtung an, liegt die Entscheidung einer vektorisierenden Klebetechnik – unter der Beachtung, dass die Tapezugrichtung stets in Richtung Anfangsbasis verläuft – nahe. Somit können die Narbentechniken auch innerhalb der einzelnen Varianten wiederum differieren. Ein Grundsatz ist für alle Techniken selbstverständlich: Ein Narbentape darf erst bei geschlossener Wunde angelegt werden!

Cave

Narbentapes dürfen erst zum Einsatz kommen, wenn die Wunde vollständig geschlossen ist!

2.8.1 Crosstechnik

Für die Crosstechnik (▸ Abb. 2.46) bereitet man I-Streifen in 5–10 cm Länge (je nach Struktur) und etwa 1–1,5 cm Breite vor. Mit einem 5 cm breiten Tapeband lassen sich also 4 Streifen schneiden. Die Ecken werden berundet. Da man mit der Crosstechnik eine Entlastung ins Gewebe bringen möchte, werden die einzelnen Streifen en bloc von 25 % bis maximalem Zug im 45°-Winkel zum Narbenverlauf aufgeklebt. Die Klebebänder werden dabei stets abwechselnd um 90° versetzt übereinander gelegt, dass ein Bild entsteht, das optisch an ein Flechtmuster erinnert.

Empfehlenswert ist es, die Tapes wie bei der Space-Technik (S. 55) zu kleben, also das Trägerpapier mittig einreißen, den Mittelteil auf Zug fixieren und die Endbasen schließlich ohne Zug aufkleben. Anschließend kann man die fertige Narbenanlage noch mit einem breiten I-Streifen komplett abdecken, um eine bessere Haltbarkeit zu gewährleisten (▸ Abb. 2.47).

Diese Technik eignet sich für schmerzhafte und eingezogene Narben, die zu Verklebungen neigen. Bei noch frischen Narben ist es ratsam, mit weniger Zug zu arbeiten.

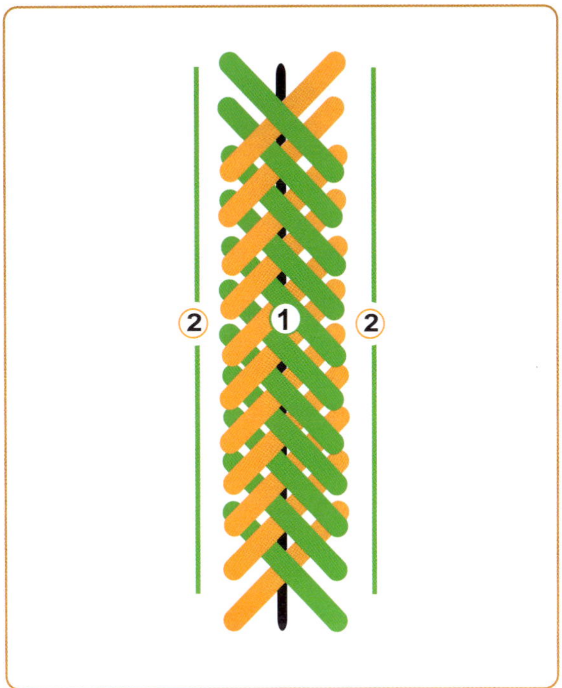

▸ **Abb. 2.46** Viele kleine Tapestreifen werden bei der Crosstechnik wechselseitig im 45°-Winkel en bloc über der Narbe angebracht: ① = Funktionsbereich, der en bloc aufgeklebt wird, ② = Endbasen.

2.8.2 Z-Technik

Der Therapeut entscheidet sich für die sogenannte Z-Technik (▸ Abb. 2.48), wenn Narben Verklebungen aufweisen und Schmerzen verursachen, es sich aber schon um älteres Narbengewebe handelt. Auch hier werden die zuvor vorbereiteten schmalen Tapestreifen im 45°-Winkel zum Narbenverlauf mittig über die Narbe geklebt. Diesmal jedoch erfolgt keine En-bloc-Anlage wie bei der Crosstechnik, sondern eine Vektortechnik. Hierzu bringt man die Anfangsbasis ohne Zug an, zieht das Tape an der Endbasis unter Maximalzug schräg über die Narbe und fixiert das Ende wiederum ohne Zug.

Den nächsten Streifen bringt man nun überlappend und im 90°-Winkel zum ersten Streifen an, wiederum in Vektortechnik unter Maximalzug und im 45°-Winkel den Narbenverlauf kreuzend. Auf diese Weise fährt man über die gesamte Narbenlänge fort.

Es ist darauf zu achten, dass die Anfangsbasen der anzulegenden Tapes nicht auf den vorherig geklebten Tapes liegen, sondern ohne Spannung auf dem Pferdefell gut fixiert werden. Abschließend kann man die gesamte Narbenanlage mit einem breiten I-Streifen abdecken (▸ Abb. 2.49).

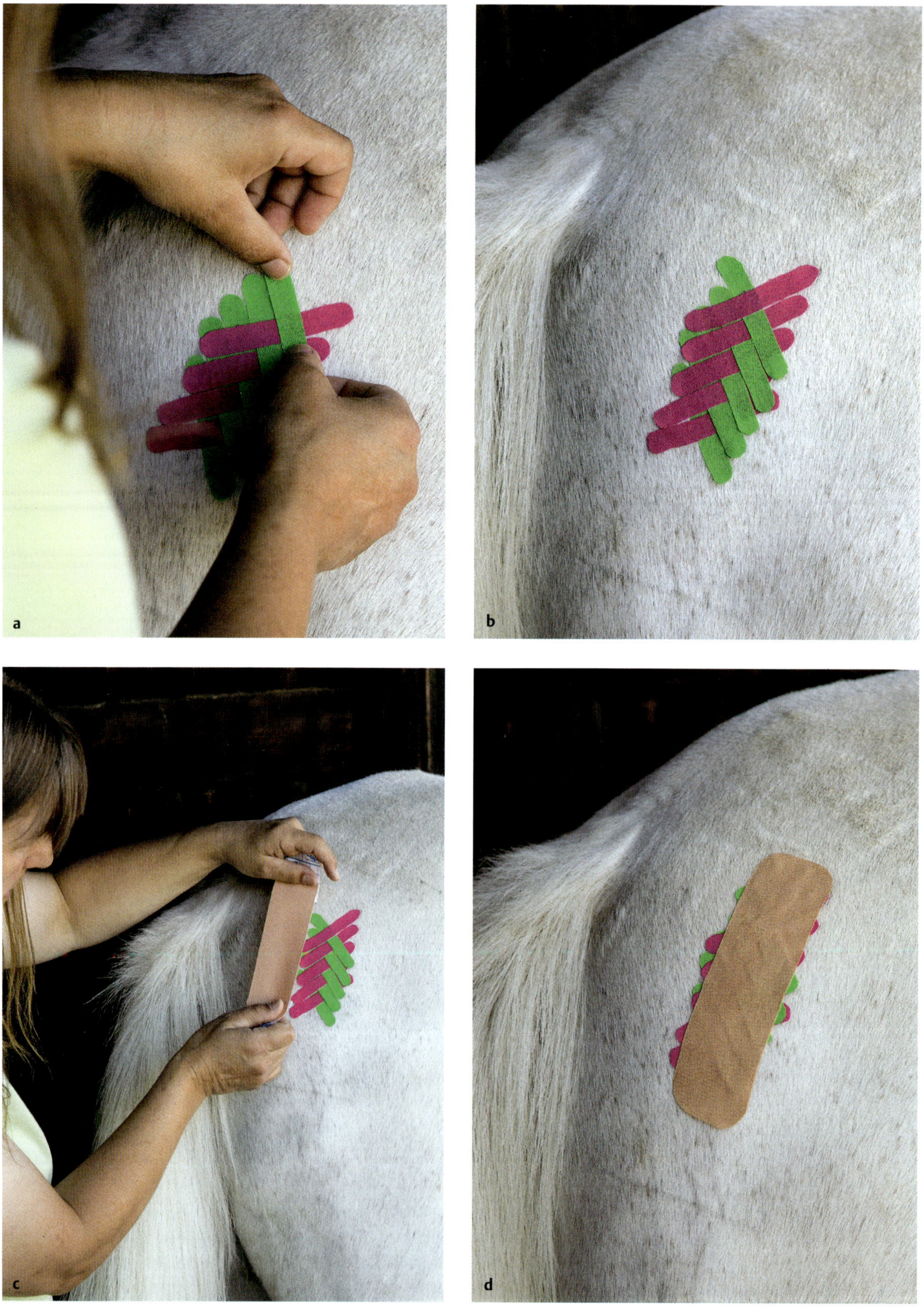

▸ **Abb. 2.47** Die Crosstechnik ist eine Narbenanlage für schmerzhafte, empfindliche Narben, die zu Verklebungen neigen.
a Die einzelnen, vorbereiteten Tapestreifen werden en bloc im 45°-Winkel zum Narbenverlauf und in 90° abwechselnd zueinander aufgeklebt.
b Vorläufig fertige Narbenanlage in Crosstechnik.
c Für eine bessere Haftung kann man das Narbentape zusätzlich mit einem I-Streifen abdecken.
d Fertige Narbenanlage in Crosstechnik und zusätzlicher Abdeckung.

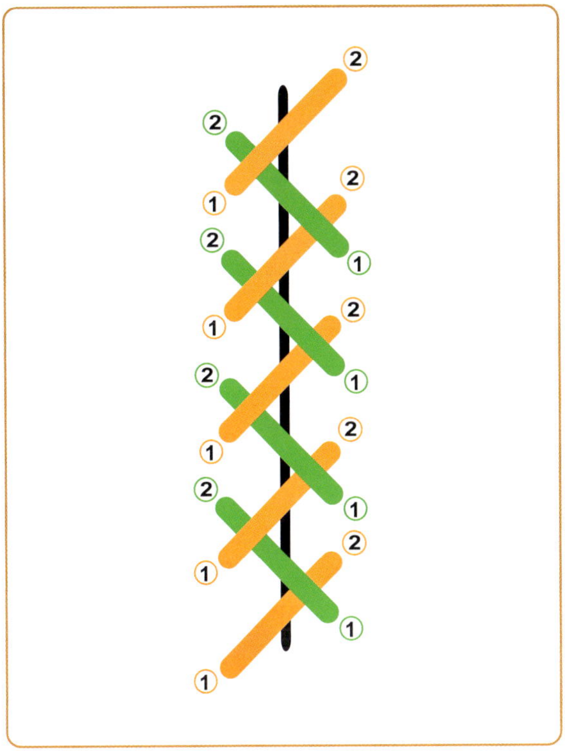

▸ **Abb. 2.48** Schema eines Narbentapes in Z-Technik: ① = Anfangsbasen, ② = Endbasen.

▸ **Abb. 2.49** Nachdem die einzelnen schmalen I-Streifen in Vektortechnik über dem Narbenverlauf aufgebracht wurden, kann die Anlage mit einem weiteren Tapeband (hier wurde ein schwarzer Streifen gewählt) abgedeckt werden.

2.8.3 Treppentechnik

Bei sehr schmerzhaften Narben kann die Treppentechnik (▸ **Abb. 2.50**) die ideale Therapiewahl darstellen. Hierfür werden drei I-Streifen mit einer Breite von 2,5–6 cm (je nach Größe der Narbe) vorbereitet. Die Länge richtet sich beim ersten Tapestreifen (= Abdecktape) nach der Narbenlänge. Man nimmt die Narbenlänge und gibt den Raum für die Anfangs- und Endbasis zu. Die vorgeschnittenen Streifen werden an den Ecken berundet.

Während es für die Narbentechniken keine Farbempfehlung gibt, sollte in diesem Fall insbesondere für den Abdeckstreifen, der nun im Narbenverlauf direkt über die Narbe geklebt wird und diese damit abdeckt, darauf geachtet werden, eine sedierende Farbe zu wählen. Blau ist natürlich die erste Wahl, aber auch Grün oder die neutraleren Farben Beige und Weiß und sogar ein aufhellendes Gelb wären möglich. Es sollte nur keine „heiße" Farbe wie Rot oder Pink zum Einsatz kommen.

Das beruhigende oder neutrale Tape wird also ohne Zug über die Narbe geklebt. Die beiden anderen mit Zug aufgebrachten Tapes (= Zugtapes) dürfen etwas mehr Power mitbringen und gerne in rot, orange, schwarz oder violett gehalten werden. Diese Streifen werden nun nacheinander in Ligamenttechnik angebracht. Die Anfangsbasis des ersten querliegenden Streifens wird außerhalb des Narbenverlaufs auf Höhe des Narbenanfangs ohne Zug positioniert. Man bringt den Klebestreifen nun unter

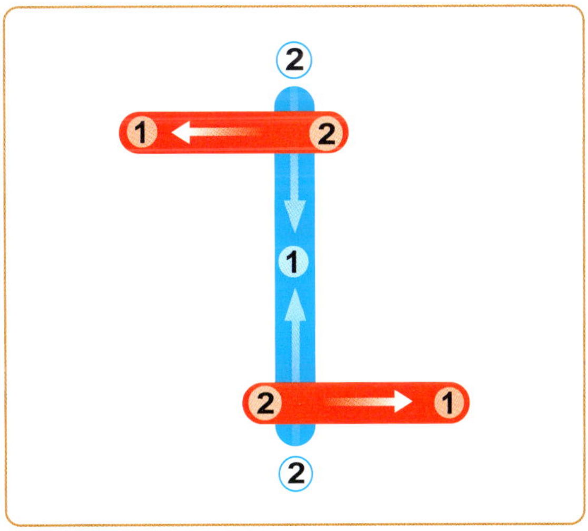

▸ **Abb. 2.50** Schematische Darstellung des Narbentapes in Treppentechnik: Blaues Abdecktape in En-bloc-Technik ohne Zug über dem Narbenverlauf (① = Funktionsbereich mit tapeeigenem Minimalzug zur Mitte hin, ② = Endbasen), rote Vektortapes von ① (Anfangsbasen) bis ② (Endbasen) unter Maximalzug. (Pfeile = Tapezugrichtung).

Maximalzug rechtwinklig zum Narbenverlauf auf dem Pferdefell auf und klebt die Endbasis auf das Abdecktape über der Narbe. Die Endbasis darf auch etwas über das erste Tape hinausragen.

▶ **Abb. 2.51** Bei der Treppentechnik deckt das blaue (sedierende) Tape die Narbe ab, während die beiden roten Tapes jeweils in Vektortechnik mit hohem Zug angebracht werden.

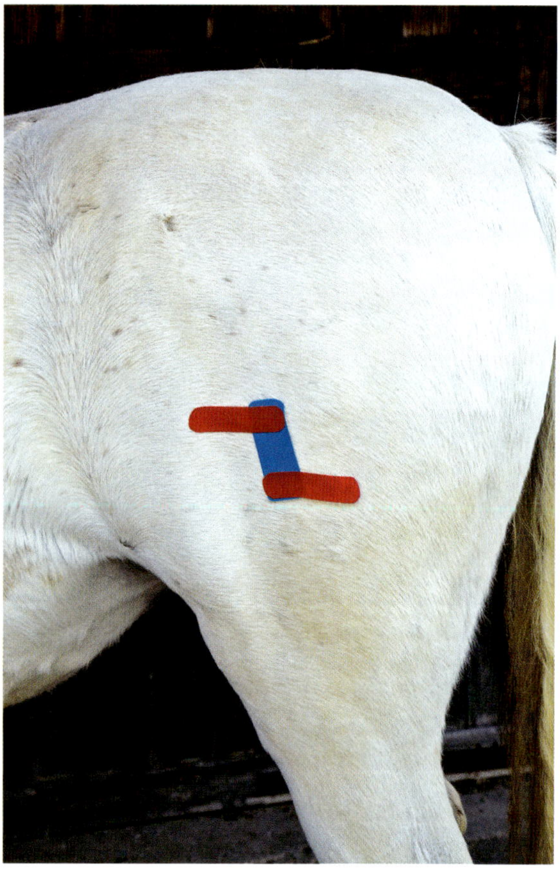

▶ **Abb. 2.52** Fertiges Narbentape in Treppentechnik: Blaues Abdecktape in En-bloc-Technik ohne Zug über dem Narbenverlauf (① = Funktionsbereich mit tapeeigenem Minimalzug zur Mitte hin, ② = Endbasen), rote Vektortapes von ① (Anfangsbasen) bis ② (Endbasen) unter Maximalzug (Pfeile = Tapezugrichtung).

Das Gewebe des Narbenanfangs wird nun in Richtung der Anfangsbasis des überlappenden Tapes gezogen. Das zweite Zugtape wird in derselben Technik wie das erste angebracht, allerdings auf Höhe des Narbenendes und in entgegengesetzter Richtung. Somit wird das Narbenende entgegengesetzt zum Narbenanfang gezogen. Diese Gewebsverwindungen lösen auf sanfte Art hartnäckige Verklebungen. Wie bei jeder Tapeanlage wird intensiv über die Tapestreifen gerieben, um mit der erzeugten Reibungswärme den Acrylkleber zu aktivieren (▶ **Abb. 2.51**, ▶ **Abb. 2.52**).

2.8.4 Faszientechnik

Die ideale Lösung für das Tapen von langen Narben bietet die Faszientechnik an (▶ **Abb. 2.53**). Bei Kolikoperationen oder langen Schnittverletzungen ergeben sich sehr lange Narben, die mit der Z- oder Crosstechnik nicht zu bewältigen wären. Auch die Treppentechnik ist hierfür nicht geeignet (▶ **Abb. 2.54**, ▶ **Abb. 2.55**).

Mit der Faszientechnik, die bereits im Kapitel Faszienanlage (S. 57) beschrieben wurde, können Verklebungen gelöst werden und somit eine Entspannung im Narbenbereich herbeigeführt werden. Hierfür werden die in Y-Form vorgeschnittenen Faszientapes im 90°-Winkel zum

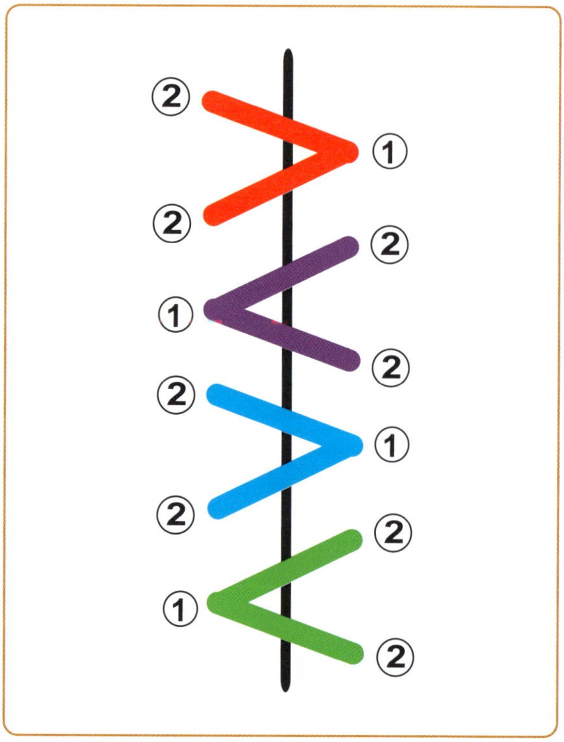

▶ **Abb. 2.53** Schematische Darstellung der Narben-Faszientechnik. Die Y-Tapes werden in Faszientechnik quer zum Narbenverlauf in abwechselnder Zugrichtung geklebt. ① = Anfangsbasen, ② = Endbasen.

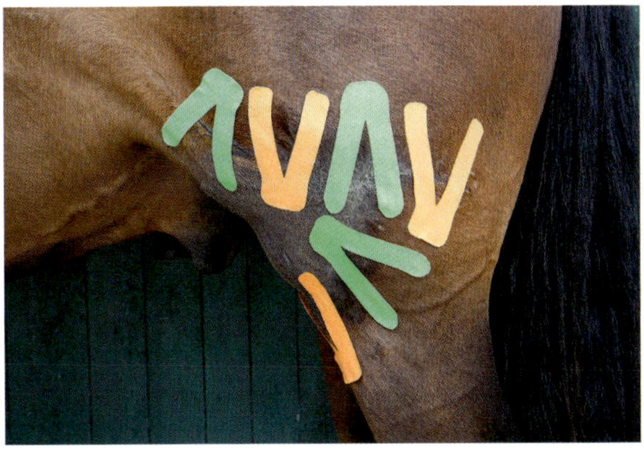

▸ **Abb. 2.54** Hier wurde eine sehr große Narbe am Knie des Pferdes mit einem Faszien-Narbentape versehen.

▸ **Abb. 2.55** Das fertige Narbentape wird anschließend mit einem Abdeckklebestreifen versorgt.

Narbenverlauf geklebt. Die Anfangsbasis liegt abseits der Narbe, die Schenkel werden mit 25 bis 100 % Zug über den Narbenverlauf gezogen und mit den zugfreien Endbasen fixiert. Die Anfangsbasis wird abwechselnd rechts und links der Narbe positioniert, wodurch unterschiedliche Zugrichtungen auf das Narbengewebe einwirken. Die Faszientapes können außerdem auch im weiteren Verlauf der Narbe – im gesunden Hautbereich – weiter fortgeführt werden, um das Areal großflächig zu stimulieren.

Zusammenfassende Fakten der Narbenanlage:

- Techniken: Cross-, Z-, Treppen-, Faszientechnik
- Indikationen: Narben, die Beschwerden verursachen
- Tapeform: I-Streifen, Y-Streifen
- Tapedehnung: 25–100 %
- Vordehnung: keine
- Anfangsbasis: wie bei den einzelnen Techniken beschrieben
- Endbasen: wie bei den einzelnen Techniken beschrieben
- bevorzugte Tapefarbe: keine, Treppentechnik: Abdecktape sedierend und Zugtapes aktivierend

2.9 Segmentanlage

Obwohl sich die Tapingtherapie auf die Behandlung von Strukturen des Bewegungsapparats konzentriert, lassen sich über die Segmenttechnik auch die inneren Organe und weitere Körperstrukturen, die von außen kaum direkt zugänglich sind, erfassen. Möglich ist dies aufgrund der nervalen Verschaltung über den Spinalnerv zu den einzelnen inneren Strukturen. Dadurch entstehen sogenannte Reflexzonen, die jeweils entsprechend der Verbindung mit dem zugehörigen Spinalnerv als Dermatom (Haut), Viscerotom (Organe), Sklerotom (Knochen), Angiotom (Gefäße) oder Myotom (Muskulatur) bezeichnet werden. Es entstehen somit unter Anderem viscerosomatische Beziehungen zwischen Haut und Eingeweiden, die therapeutisch genutzt werden können.

Aufgrund der embryonalen Entwicklung, bei der sich die einzelnen Segmentanteile teils stark verschieben, können die interaktiven Anteile eines Segments sehr weit voneinander entfernt sein. Dennoch bleiben sie mit demselben Spinalnerv verbunden. Diese Verbindung wird sowohl zur Diagnostik als auch für die Therapie genutzt.

Der englische Neurologe Henry Head (4. August 1861 – 8. Oktober 1940) hat die Zusammenhänge der segmentalen Hautzonen am Menschen erforscht, die bis heute als „Head'sche Zonen" bekannt sind. Im Gegensatz dazu sind die Myotome – auf die Skelettmuskulatur bezogene Zonen – nach dem schottischen Kardiologen James MacKenzie (April 1853 – Januar 1925) benannt. Die MacKenzie-Zonen sind hyperalgetische Zonen und Punkte in der Skelettmuskulatur, wozu unter anderem die Triggerpunkte, die nahezu äquivalenten Akupunkturpunkte sowie Tenderpunkte zu zählen sind. Diese Punkte dienen sowohl der Diagnostik als auch der Therapie. Ebenfalls können die Dornfortsätze auf Druck empfindlich reagieren und auf organische Probleme hinweisen. Beim Pferd sind gewisse hyperalgetische Zonen teilweise sogar sichtbar (Farb- und/oder Strukturänderung des Fells sowie Verquellungen) und tastbar.

Praxistipp
Veränderte Fellbereiche deuten auf hyperalgetische Zonen hin. Diese können sich beispielsweise durch aufgestellte Haare, Verquellungen oder eine veränderte Fellfarbe zeigen. Klar zu diagnostizieren sind die Bereiche schließlich durch Palpation und andere Verfahren wie beispielsweise der Kibler-Falte (S. 92).

Ziel Punktuelle Bezirke (Triggerpunkte, Akupunkturpunkte) können mittels Spacetape (S. 55) zur lokalen Schmerzreduktion getapet werden. Will man jedoch Einfluss auf den reflektorischen Auslöser dieser Schmerzen nehmen, kann ein Segmenttape eine Verbindung vom Schmerzgeschehen in der Haut oder der Muskulatur zu den Austrittsstellen der zugehörigen Spinalnerven herstellen. Auf-

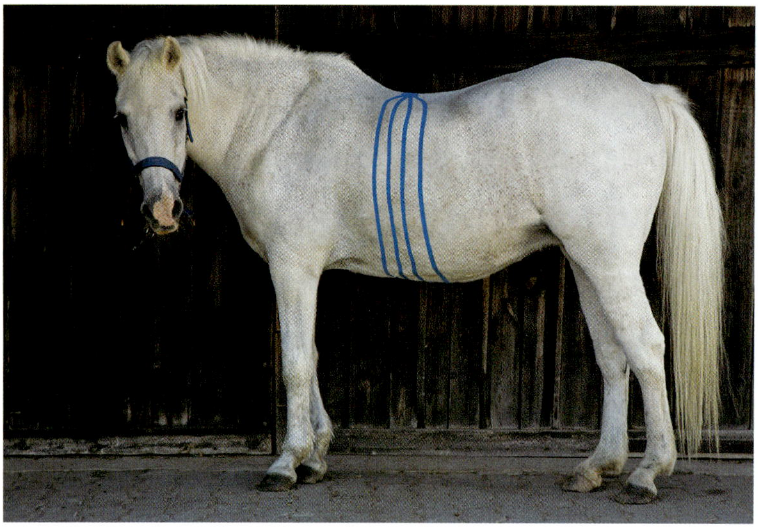

▸ **Abb. 2.56** Die Streifen des Fächertapes sollen möglichst das gesamte Dermatom des jeweiligen Wirbelsäulensegments abdecken. In diesem Fall wurde das Dermatom der Leber getapet.

grund der minimalen Reizung auf das subkutane Bindegewebe bewirkt man eine Spannungsänderung in den getapeten Hautschichten, die reflektorisch auf die inneren Organe einwirken. So kommt es zu einem harmonisierenden und ausbalancierenden Effekt auf die Viscera.

Grundsätze Zur Herstellung einer Verbindung zwischen dem ausstrahlenden Schmerzpunkt und dem inneren Organ steuert man mit dem Tape den Spinalnerv an, der diese beiden Strukturen koppelt. Da sich die Versorgungsgebiete allerdings über einen größeren Bereich – sprich ein Segment – ausbreiten, reicht hierfür ein einzelner Tapestreifen (I-Streifen) in der Regel nicht aus. Aus diesem Grund hat sich das aus der Lymphtechnik bekannte Fächertape als praktisches Instrument erwiesen, um das gesamte zugehörige Dermatom abzudecken (▸ **Abb. 2.56**).

Meistens überspannen die Dermatome ganze Wirbelsäulenabschnitte, sodass meist zwei oder drei parallel geschaltete Fächertapes vonnöten sind, um das betroffene Hautareal abzudecken. Die Überlappung der Innervationsgebiete macht eine exakte Abgrenzung der Segmente in ihrer Zuordnung zu den Hautarealen und inneren Organen nicht möglich.

Wie bei den Muskelanlagen lassen sich die Segmente tonisierend und sedierend tapen, wodurch ein Organ aktiviert oder beruhigt werden kann. Die Wahl für eine tonisierende oder detonisierende Anlage hängt von der Diagnostik ab.

Für eine tonisierende Anlage (Organaktivierung) liegt die Anfangsbasis stets paravertebral, während die Tentakel nach ventral laufen. Der Tapezug erfolgt in Richtung Wirbelsäule. Für die aktivierende Anlage wählt man bevorzugt ein rotes Tape.

Hat man es beispielsweise mit einem entzündeten Organ zu tun, bietet sich die detonisierende Segmentanlage an. Die Anfangsbasis liegt ventral auf dem Projektionsgebiet, die Schenkel ziehen zur Segmentwurzel. Die Tapezugrichtung führt ins Projektionsgebiet hinein, sodass das Organ entlastet wird. Die bevorzugte Tapefarbe für diese Anlage ist blau.

Wenn möglich, sollte bei detonisierenden Anlagen eine leichte Vordehnung des Segments erfolgen, alternativ kann man auch mit Hautvorschub arbeiten. Die Tapedehnung sollte einen Zug von 10 % (Paper-Off) bis 25 % aufweisen.

2.9.1 Fächertechnik

Eine klare Diagnostik muss dem Tapen von Segmenten vorausgehen. Auf eine reine Vermutung, dass ein bestimmtes Organ ggf. nicht perfekt arbeitet, sollte man sich nicht stützen, da schon allein die Entscheidung, ob man eine tonisierende oder detonisierende Anlage tapen möchte, eine exakte Diagnose erforderlich macht. Falsche Anlagen können eine Erkrankung möglicherweise verschlimmern!

Cave

Ohne eindeutige Diagnose darf eine segmentale Tapeanlage nicht durchgeführt werden, da eine falsche Wirkungsrichtung eine Verschlimmerung einer Organstörung herbeiführen könnte.

Segmentanlagen (S. 200) sollen mit den einzelnen Streifen des Fächertapes möglichst das gesamte Projektionsgebiet abdecken. Die Anfangsbasis bei tonisierenden Anlagen liegt dabei an der Wirbelsäule und überspannt meist mehrere Wirbel. Aus diesem Grund reicht die Basis eines 5 cm breiten Tapes nicht aus. Hier besteht deshalb die Möglichkeit, die Basis mit einem I-Streifen, der auf Länge der Austrittsstellen der Spinalwurzeln neben den Dornfortsätzen des jeweiligen Wirbelsäulenabschnitts ohne Spannung aufgeklebt wird, darzustellen (▸ **Abb. 2.57**).

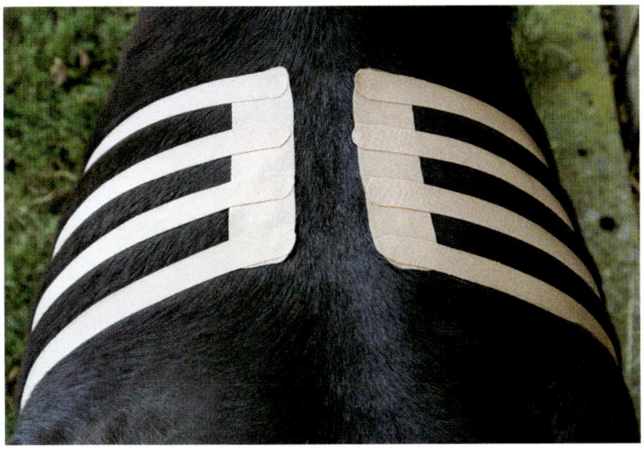

▸ **Abb. 2.57** Um alle Austrittsstellen der Spinalwurzeln abzudecken, die zum jeweiligen Dermatom gehören, wird die Basis mit einem separaten I-Streifen gebildet.

Für eine beispielsweise tonisierende Tapeanlage des Magens verläuft das Tape für die Anfangsbasis paravertebral von Th 10 bis Th 18. Die Basis wird gut anmodelliert. Nun bereitet man mehrere schmale I-Streifen vor, deren Ecken berundet werden und deren Anfangsbasis auf das Basistape geklebt wird (beachte hierzu Kap. 2.11.2.). Bei maximal 25 % Zug auf dem Tape modelliert man die Streifen nebeneinander von dorsal nach ventral an. Die Streifen sollten in ihrer Länge das Projektionsgebiet überspannen und an der Linea alba auslaufen. Die Endbasen werden wie gehabt ohne Spannung fixiert und alle Streifen durch Reiben gut aktiviert.

Die Streifen können in den Interkostalräumen nach ventral laufen, sodass vom Thorakalwirbel 10–18 insgesamt neun Streifen Platz finden. Nicht immer jedoch ist es praktikabel, im Abstand der Interkostalräume zu tapen. Bei stärkerer Beanspruchung (Reiten) bevorzugt man breitere Bänder in einem größeren Abstand, sodass in diesem Beispiel etwa 5 Streifen mit 2,5 cm Breite zum Einsatz kommen würden.

Eine detonisierende Magen-Tapeanlage wird von der Peripherie in Richtung Wirbelsäule getapet, die Lage der Schenkel ist mit der tonisierenden Anlage identisch, die Anfangsbasis liegt lateral der Linea alba. Ansonsten ändert sich lediglich die Arbeitsrichtung und somit die Zugrichtung der Tapes. Die Farbwahl sollte entsprechend der gewünschten Wirkung angepasst werden.

Die Segmenttapes werden in der Regel auf beiden Körperhälften geklebt, mit Ausnahme des Herzens, das nur auf der linken Seite getapet wird. Zu beachten ist außerdem, dass das Segmenttape für die Leber auf der rechten Seite ausgeprägter ist als auf der linken, wie aus der ▸ **Tab. 5.54** zu entnehmen ist.

Zusammenfassende Fakten der Segmentanlage:

- Technik: Fächertechnik
- Indikation: funktionelle Organstörungen
- Tapeform: Fächertape bzw. I-Streifen
- Tapedehnung: maximal 25 %
- Vordehnung: bei sedierender Anlage leichte Vordehnung oder Hautvorschub
- Anfangsbasis:
  - sedierende Anlage: Zielgebiet
  - tonisierende Anlage: Segmentwurzel
- Endbasen:
  - sedierende Anlage: Segmentwurzel
  - tonisierende Anlage: Zielgebiet
- bevorzugte Tapefarbe:
  - sedierende Anlage: blau
  - tonisierende Anlage: rot

2.10 Meridiananlage

Freunde der Traditionellen Chinesischen Medizin (TCM) und speziell Akupunkturfans können ihre Therapie mit Hilfe von kinetischen Tapes hervorragend unterstützen und erweitern. Nach der Lehre der TCM existiert im Körper ein Energieleitsystem, das ähnlich einem Kreislaufsystem funktioniert und über spezielle Leitbahnen, den sogenannten Meridianen, Energie durch den Körper schickt. Ist dieser Energiefluss jedoch gestört, kommt es zunächst zu einem Energiestau, was sich in bestimmten Regionen durch eine Fülle manifestiert, in Arealen nach dem gestauten Bereich hingegen durch Leere. Ein Energieüberschuss kann sich beispielsweise durch eine vermehrte Wärmeabstrahlung bemerkbar machen, aber auch durch Schmerzhaftigkeit oder Verquellungen. Ein energetisch leerer Bereich wirkt kalt, unterversorgt und zeigt sich mitunter durch eine schuppige Haut und stumpfes Fell.

Störfaktoren, die für einen Energiestau in Frage kommen, stellen unter anderem frische Verletzungen oder alte Läsionen in Form von Narben dar. Jede Art von Störung im Organismus kann zu einem Energieungleichgewicht führen. In der TCM gilt es, diese Dysharmonie frühzeitig zu erkennen und zu beseitigen, bevor eine Erkrankung daraus entsteht.

Ziel Das Ziel ist deshalb, den Energiefluss frühzeitig zu regulieren, um Erkrankungen im Vorfeld zu verhindern. Aus diesem Grund ist das System der Akupunktur eine regulative Therapieform, die imstande ist, **ge**störte Regionen zu harmonisieren, jedoch nicht in der Lage ist, **zer**störte Strukturen zu heilen.

Merke

Die Akupunktur ist eine regulative Therapieform, die gestörte Systeme harmonisiert, aber keine bereits zerstörten Strukturen heilen kann.

Ein TCM-Therapeut kann eine Energieflussstörung, lange bevor das betreffende Organ oder System reagiert, erkennen. Somit kann man es als „Frühwarnsystem" verstehen, da weder das Blutbild noch irgendein bildgebendes Verfahren der Schulmedizin in der Lage ist, diese Systemstörung anzuzeigen. Dem Therapeuten helfen bei der Diagnostik verschiedene Anzeichen, die der Körper als Signal aussendet, andererseits aber auch die Schmerzhaftigkeit bestimmter Akupunkturpunkte.

Grundsätze In der Regel werden gefundene Störungen durch Stimulation ausgewählter Akupunkturpunkte harmonisiert. Begleitend dazu gibt es Techniken der Meridianarbeit (beispielsweise das Ausstreichen der Meridianverläufe), um den Energiefluss im Körper zu regulieren. Diese Techniken können mit Hilfe von kinetischen Tapes hervorragend unterstützt werden, da eine leichte Stimulation – die durch die Tapes vermittelt werden kann – exakt die Einflussnahme darstellt, die der Körper benötigt, um wieder ins Lot zu kommen.

Selbstverständlich muss der Tapingtherapeut die Grundlagen der TCM und des Akupunktursystems kennen sowie die Lage der Akupunkturpunkte und den Verlauf der Meridiane wissen. Darauf aufbauend ist das Tapen der Meridiane – oder einen Teilbereich davon – und der Akupunkturpunkte möglich.

Für die Regulation des Energieflusses tapet man entlang der Merdianverläufe ähnlich einer Muskelanlage in sedierender oder tonisierender Richtung, um den Energiefluss anzuregen oder einzudämmen. Die Akupunkturpunkte werden wie Schmerzpunkte behandelt und mit einem Spacetape versorgt, der Raum schafft und eine leichte Stimulation auf den Punkt ausübt.

2.10.1 Vektortechnik

Um eine Meridiananlage zu tapen, misst man die Länge des Meridians – oder den jeweiligen Abschnitt – am Pferd ab und bereitet einen entsprechend langen I-Streifen mit abgerundeten Ecken vor. Es ist möglich, hierfür ein breites oder schmales Band zu wählen. Dies ist abhängig vom Meridianverlauf und dem vorhandenen Platz in der jeweiligen Region (▸ **Abb. 2.58**). Zeigt der Meridian sehr viele kleine Ecken in seinem Verlauf auf (zum Beispiel beim Gallenblasen- oder Dünndarmmeridian), deckt man diesen Bereich komplett mit einem breiten Band ab, anstatt zu versuchen, den Verlauf mit einem schmalen Tape exakt nachzuvollziehen. Dies würde zu Falten im Tape führen, welche die Wirkung und Haltbarkeit hemmen.

Für eine eindämmende, sedierende Anlage – in der Farbe Blau – beginnt man mit der Anfangsbasis am Anfangspunkt des Meridians (dieser wird immer mit der Ziffer 1 in Kopplung mit der Abkürzung der Meridianbenennung bezeichnet) und klebt das Tape bis zum Endpunkt des Meridians bei maximal 10 % Zug (bevorzugt: Paper-Off-Technik). Weil das Tape stets zur Anfangsbasis zieht, blockiert es den Energiefluss und bringt mehr Energie in den Nachbarmeridian. Energie lässt sich im Körper nicht verringern oder erhöhen, sondern nur umverteilen.

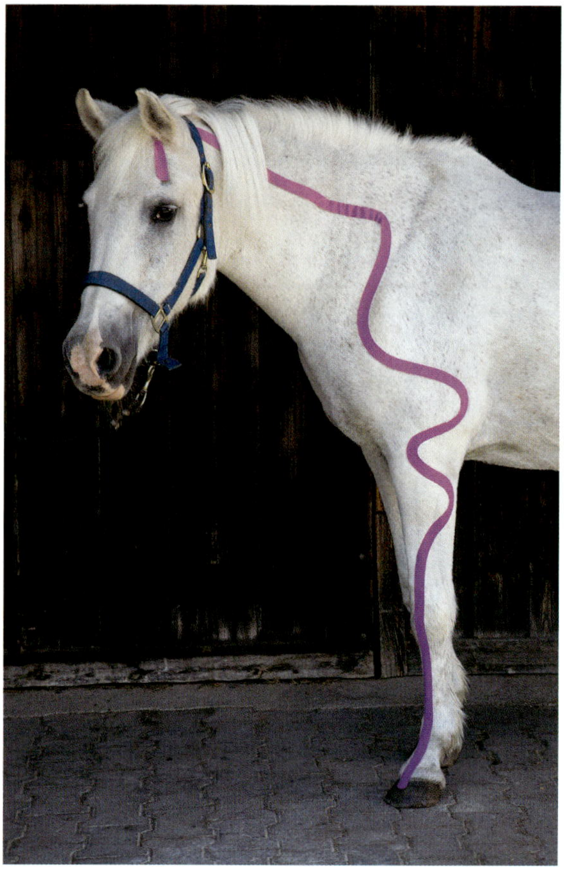

▸ **Abb. 2.58** Tonisierende Tapeanlage des Dreifach-Erwärmer-Meridians . Der Tapingtherapeut hat das Tape vom Endpunkt des Meridians (3E23) am Auge bis zum Anfangspunkt (3E1) am Huf gezogen. Auf diese Weise wird der Energiefluss des Meridians unterstützt.

Praxistipp

Da die Meridiane entweder am Kronrand des Pferdes beginnen oder enden, klebt man die jeweilige spannungsfreie Anfangs- bzw. Endbasis direkt auf das Hufhorn am Kronrand, wodurch eine deutlich bessere Haltbarkeit erreicht werden kann.

Um in einen Meridian Energie aus dem Vorläufermeridian zu ziehen, setzt man die spannungsfreie Anfangsbasis am Endpunkt des „leeren" Meridians an. Die Endbasis liegt schließlich am Meridian-Anfangspunkt. Für diese tonisierende Technik, die stets in Rot getapet wird, hilft eine leichte Vordehnung der Struktur, die im Endeffekt Convolutions ergibt. Die Tapewellen geben der Struktur mehr Raum, wodurch eine Mikrosogwirkung entsteht, die dazu beiträgt, Energie in den Meridian zu ziehen.

Die Kleberaktivierung geschieht noch in Vordehnung durch kräftiges Reiben über dem Tape. Dies allein bringt schon Energie in den Meridian. Aufgrund des wärmenden, energieaufladenden Effekts sollte man bei sedierenden Techniken das Aktivieren des Klebers jedoch auf ein notwendiges Maß beschränken. Erfolgversprechender ist jedoch die Technik, den leeren Folgemeridian tonisierend zu tapen, um die überschüssige Energie aus dem energiegefüllten Vorgängermeridian abzuziehen. Diese Vorgehensweise funktioniert in der Regel besser.

Praxistipp

Aus Sicht der TCM ist es leichter möglich, Energie aus einem Meridian abzuziehen als diese „wegzuschieben". Darum ist die tonisierende Tapeanlage mit einem roten Klebeband auf einem energieleeren Meridian überlegener als die sedierende, in blau gehaltene Anlage über einer energiegefüllten Leitbahn.

Tapes können auch genutzt werden, um einen dauerhaft nicht zu beseitigenden Energiestau – beispielsweise durch eine Narbe, die nur schwer entstörbar ist – zu umgehen. Im Meridianverlauf teilt man das Tapeband mittig und legt die Schenkel jeweils oberhalb und unterhalb des blockierenden Narbenbereichs entlang, sodass die Energie um die Blockade herum geleitet wird.

Da es sich bei Meridiananlagen um eine energetische Therapieform handelt, hat die richtige Farbwahl eine deutlich höhere Bedeutung als bei strukturell wirkenden Anlagen. Hier ist der Einsatz von Blau für sedierende und Rot, Violett oder Schwarz für tonisierende Anlagen quasi ein Muss. Möglich ist für einen harmonisierenden Charakter auch die Farbe Grün oder eine neutrale Farbe (Beige, Weiß). Das ausgleichende Grün oder ein neutrales Beige oder Weiß ist immer dann die Farbe der Wahl, wenn sich der Energiestatus schnell ändert (was nicht selten der Fall ist) oder man die Tapeanlage nicht täglich überprüfen kann.

2.10.2 Spaceanlage in Zentrierungstechnik

Anstatt einen Akupunkturpunkt zu nadeln, zu lasern oder mit den Fingern zu stimulieren (= Akupressur), ist es unter anderem möglich, den Punkt mit einem Schmerztape anzuregen (▶ **Abb. 2.59**). Alternativ kann man auch Gitterpflaster verwenden, dennoch hat sich beim Pferd insbesondere das in Sternform angelegte Spacetape in Ligamenttechnik (S. 55) bewährt.

Für energetisch arbeitende Therapeuten bietet sich das Spacetape insbesondere für die Stimulation von Alarmpunkten oder Shupunkten an. Aber auch die zusätzliche Behandlung von Meisterpunkten ist in Kombination mit einer strukturellen Tapeanlage eine gute Wahl.

▶ **Abb. 2.59** Spaceanlage in Zentrierungstechnik über dem Alarmpunkt des Milz-Pankreas-Meridians, Le 13.

Zusammenfassende Fakten der Meridiananlage:

- Techniken: Vektortechnik (im Meridianverlauf), Zentrierungstechnik (bei Akupunkturpunkten)
- Indikationen: Energiedysharmonien
- Tapeform: I-Streifen
- Tapedehnung: bis zu 10 % (Vektortechnik), 100 % (Spaceanlage in Zentrierungstechnik)
- Vordehnung: leichte Vordehnung oder Hautvorschub bei **tonisierender** Technik (Meridiananlage)
- Anfangsbasis:
  - sedierende Anlage: Anfangspunkt des Meridians
  - tonisierende Anlage: Endpunkt des Meridians
- Endbasen:
  - sedierende Anlage: Endpunkt des Meridians
  - tonisierende Anlage: Anfangspunkt des Meridians
- bevorzugte Tapefarbe:
  - sedierende Anlage: blau
  - tonisierende Anlage: rot
  - ausgleichend: grün

2.11 Kombination von Tapeanlagen

Krankheiten und andere somatische Störungen sind komplexe Konglomerate aus verschiedenen Symptomen, Abläufen und Mechanismen im Organismus. Die Behandlung durch einen ganzheitlich arbeitenden Therapeuten stützt sich dabei nicht nur auf die sichtbaren oder offensichtlichen Symptomatiken. Vielmehr versucht der Behandler, der Ursache auf den Grund zu gehen und diese zu eliminieren. Die wichtigste Sofortmaßnahme ist jedoch zunächst die Schmerzreduktion. Schließlich folgen unterstützende Maßnahmen, um die Selbstheilungsmechanismen des Körpers anzuregen. Zu guter Letzt können zusätzliche Schritte zur Symptombekämpfung eingeleitet werden.

Aus diesen Gründen wird der Tapingtherapeut mit einer einzigen Basis-Tapeanlage zur Behandlung eines Krankheits- oder Verletzungsbilds nur selten auskom-

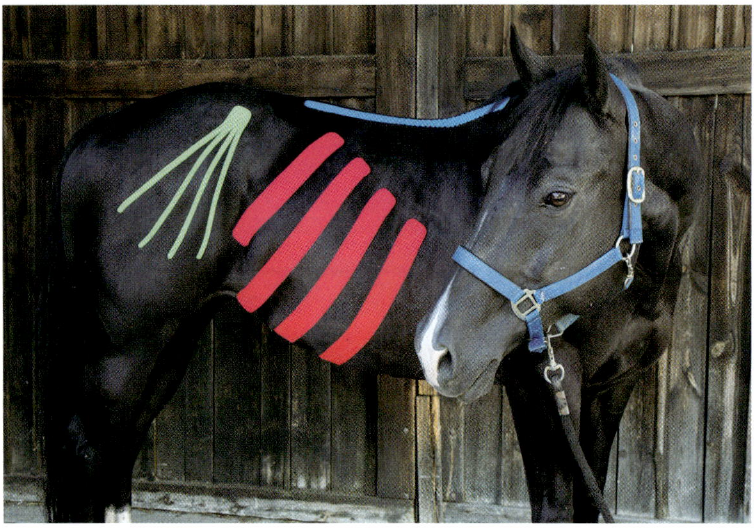

▶ **Abb. 2.60** Oft lässt das Krankheitsbild eine Kombination von mehreren Tapes als sinnvoll erscheinen.

men. Die Komplexität einer gesundheitlichen Störung und die Beteiligung von vielerlei Strukturen lässt in den meisten Fällen eine Kombination von mehreren Tapes mit unterschiedlicher Wirkungsrichtung als sinnvoll erscheinen (▶ Abb. 2.60).

Will man beispielsweise eine schmerzhafte Muskelverletzung mit kinesiologischen Bändern unterstützen, setzt man möglicherweise ein Spacetape zur Schmerzlinderung ein. Zur besseren Drainage aufgrund einer aufgetretenen Schwellung bietet sich ein Lymphtape an und zur Entlastung des Muskels ein detonisierendes Muskeltape. Somit wären bereits drei Basis-Tapeanlagen miteinander kombiniert.

Mehrere Basis- aber auch Zusatztapes zu kombinieren, ist eine sinnvolle Strategie, um den Körper bei der Bewältigung einer Erkrankung oder Verletzung bestmöglich zu unterstützen. Das Vorhaben einer Tape-Kombination wirft jedoch einige Fragen für die praktische Umsetzung auf. So gilt es zu ermitteln, in welcher Reihenfolge die Tapes platziert werden sollen, insbesondere wenn sie dieselbe Position am Pferdekörper einnehmen, womit es zu einem Übereinanderkleben der Tapes kommen würde.

Es gibt keine Vorgabe, wie viele Tapeanlagen kombiniert werden können oder sollen. Dies ergibt sich aus dem Krankheitsbild und den jeweiligen Umständen für das spezielle Pferd. Dennoch sollte man sich vor Augen führen, dass „Viel" nicht immer viel hilft. Es macht wenig Sinn, ein Pferd mit einer Fülle von Tapes zuzukleben. Zu viele Einflüsse können den Körper auch überfordern und zu einer Therapieresistenz führen. Nicht zuletzt ist es möglich, dass verschiedene Wirkungsrichtungen sich gegenseitig aufheben. Empfehlenswert ist es deshalb, sich auf die wichtigsten Punkte zu konzentrieren. Diese sind in der Reihenfolge der Wichtigkeit:

a) Schmerzreduktion (Raum schaffen)
b) Aktivierung des Stoffwechsels (Hautstimulation)
c) Führen in die Homöostase (Zugrichtung und -intensität)

Mit diesen Zielen im Hinterkopf wird man mit einer Kombination von drei Anlagen in den meisten Fällen auskommen. Vielfach reicht schon der Fokus auf eine spezifische Wirkungsrichtung, sodass man sich für die wichtigste entscheidet und die Primärtherapie (Manuelle Therapie) schon mit einer einzigen Tapeanlage hervorragend begleiten kann. Die Bekämpfung von Schmerzen steht immer an oberster Stelle der Therapie. Dies fördert nicht nur das Wohlbefinden des Pferdes, sondern ist auch die Voraussetzung dafür, dass der Körper weitere regulierende Maßnahmen zum Heilungsverlauf vornehmen kann, weil der Schmerzkreislauf unterbrochen ist.

Praxistipp

Priorität in der Tapingtherapie hat die Einhaltung der Reihenfolge der zielorientierten Wirkungsrichtung:

1. Schmerzreduktion
2. Stoffwechselaktivierung
3. Herstellen der Homöostase

Somit sollten nicht mehr als drei Anlagen gleichzeitig geklebt werden.

Es besteht zudem die Möglichkeit, durch eine geschickte Kombination von Tapetechniken, verschiedene Wirkungsrichtungen in einer Tapeanlage zu bündeln. Dies erfordert jedoch viel Erfahrung und eine ausgeklügelte Strategie bei der Entwicklung der Anlage.

2.11.1 Reihenfolge der Anlagen

Hat man sich für eine Kombination von mehreren Anlagen für ein bestimmtes Krankheitsbild entschieden, ist zu überlegen, in welcher Reihenfolge die Tapes nun auf dem Pferdekörper aufgebracht werden sollen. Es ist zwar grundsätzlich möglich, die Tapeanlagen übereinander zu kleben, jedoch ist darauf zu achten, dass sich die Bänder nicht gegenseitig beeinflussen (s. auch nachfolgendes Kap. „Tape auf Tape" kleben (S. 81)).

Bei der Anlage von mehreren Techniken werden die Tapes mit der geringsten Spannung zuerst aufgebracht. Die Streifen mit hoher Zugspannung folgen zum Schluss. In jedem Fall sollte die Spannungsstärke aber reduziert werden, weil sich die Zugstärke der Tapes, die in dieselbe Richtung führen, addiert. Das Kleben von gegensätzlichen Zugrichtungen macht außer bei Faszientechniken hingegen keinen Sinn.

2.11.2 „Tape auf Tape“ kleben

Bei der Anwendung von mehreren Tapeanlagen ist es nicht immer zu vermeiden, dass die Tapes übereinander zu liegen kommen. Somit klebt der nachfolgende Tapestreifen teilweise über dem darunter liegenden. Dies kann unter Umständen problematisch und darum kontraindiziert sein. Der Therapeut muss sich darum genau überlegen, ob eine „Tape-auf-Tape-Anlage“ sinnvoll ist.

Wie bereits erwähnt, beeinflussen sich die Tapebänder gegenseitig, wenn sie übereinander geklebt sind. Besonders wichtig ist es, die Zugrichtung zu beachten. Wenn ein Tape in die eine Richtung zieht, verstärkt ein darüberliegendes Tape die Zugrichtung, wenn es ebenfalls in diese Richtung Zug aufbaut. Die Zugstärke summiert sich, sodass darauf geachtet werden muss, die Zugstärke beider Tapeanlagen zu verringern.

Sollten sich die übereinanderliegenden Tapebänder in der Zugrichtung nicht decken, kommt es ggf. zu Irritationen im Gewebe. Wenn die Zugrichtungen jedoch gegensätzlich wirken, ist eine Aufhebung der Zugstärke die Folge, die ebenfalls nicht gewünscht ist. Eine solche Tapekombination ist deshalb nicht praktikabel. Bestenfalls kann ein Übereinanderkleben von spannungslosen Anfangs- oder Endbasen akzeptiert werden, weil es hier zu keinen Spannungsirritationen kommt.

Da sich die Zugstärken beim Übereinanderkleben summieren, verringert sich infolgedessen auch die Haltbarkeit der Tapes auf dem Fell. Insbesondere führen verschiedene Zugrichtungen zu einer schlechteren Haltbarkeit, was eine kombinierte Anlage in dieser Form fragwürdig erscheinen lässt. Eine Tape-auf-Tape-Anlage ist in diesen Fällen deshalb möglichst zu vermeiden.

Die Humantherapeuten verzichten darauf, ein Klebeband über das andere zu fixieren, weil die Haltbarkeit auf dem Tape geringer ist als auf der menschlichen Haut. Dieses Argument gilt für den Pferdetherapeuten jedoch nicht unbedingt, denn ein Tape hat auf dem Baumwollgewebe in der Regel eine bessere Klebekraft als auf dem Pferdefell. Dennoch muss man bedenken, dass ein Tape, das auf dem darunter liegenden Tape klebt, durch dieses auch wieder auf dem Pferdefell fixiert ist und somit auf die Klebekraft dieses Tapes auf dem Fell angewiesen ist. Löst sich das darunter liegende Tape ab, geht das darüber liegende automatisch mit. Liegen die Tapes jedoch parallel auf dem Pferdefell und es löst sich ein Tape ab, kann das andere immer noch wirken. Deshalb ist es stets anzustreben, ein „Tape-auf-Tape-Kleben“ zu vermeiden.

Um die Haltbarkeit der Tapes zu erhöhen, hat sich bei Pferdetaping-Therapeuten die Unsitte eingeschlichen, die Tapebänder mit sich selbst zu verkleben. Dies wird beispielsweise häufig in den Fällen praktiziert, in denen die Tapes um das Pferdebein gewickelt werden können. Insbesondere fixieren viele Therapeuten auf diese Weise die Zusatzanker. Aufgrund der möglichen Rollenbildung der Ankertapes, die schon beim Streifen über das Band entstehen kann, ist das „In-sich-Verkleben“ (S.40) von Zusatzankern nicht nur unprofessionell, sondern für das Pferd auch gefährlich (▸ Abb. 2.8).

2.12 Zusammenfassung

Zum besseren Überblick hier nochmals die wichtigsten Fakten der Basis-Tapeanlagen zusammengefasst (▸ Tab. 2.1):

Fazit

Wichtige Grundsätze

- Tape-Enden stets abrunden
- Tape-Enden immer ohne Zug fixieren
- Klebekraft durch intensives Reiben aktivieren
- nie ohne komplette Befundung tapen
- anatomische Strukturen beachten
- Kontraindikationen berücksichtigen
- Tapes mit der größten Spannung zum Schluss
- möglichst „Tape-auf-Tape-Kleben“ vermeiden
- keine Tapes „in sich“ verkleben

▸ **Tab. 2.1** Basis-Tapeanlagen und ihre Techniken

Anlage	Technik	Indikation	Tape-Anzahl Tapeform	Tape-dehnung	Vordehnung	Anfangs-basis	bevorzugte Tapefarbe	Beispiel	Sonstiges
Muskelanlage	Vektortechnik	Harmonisierung des Muskeltonus, Verbesserung der Gelenkmobilität, Muskelkrämpfe	1 I-Form	sedierend: ohne	sedierend: ja	sedierend: Muskelansatz	sedierend: blau	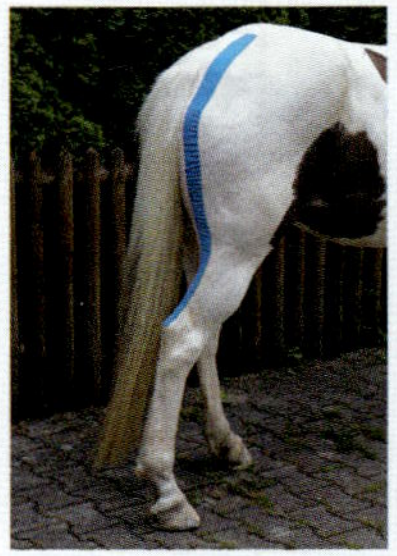	
	Tangentialtechnik		1 Y-Form	tonisierend: bis zu 25 %	tonisierend: leichte Vorkontraktion	tonisierend: Muskelursprung	tonisierend: rot, schwarz	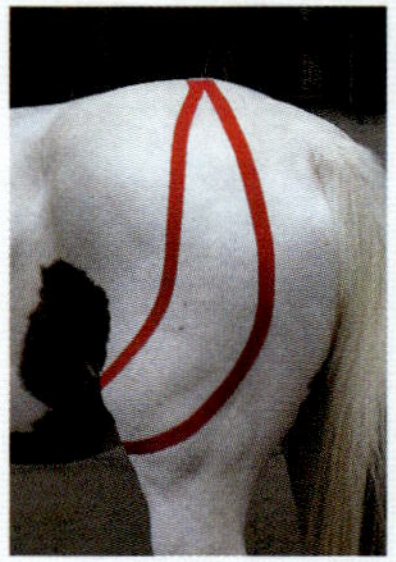	
Ligamentanlage	Vektortechnik (Sehnen)	Narben, Tendopathien, Bänderverletzungen, Entlastung und Unterstützung von Gelenken	1 I-Form	bis 75 %	ja, leicht	knöcherne Insertionsstelle der Sehne	blau, violett	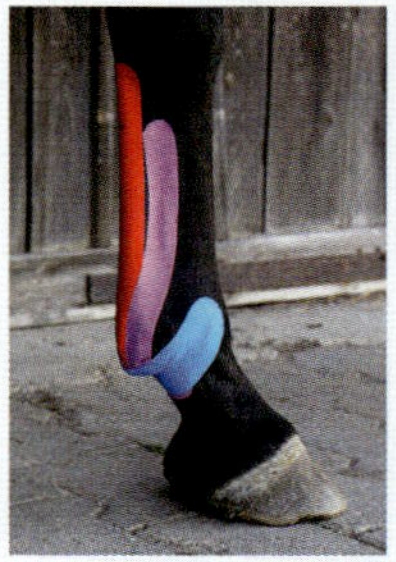	entspannende Wirkung auf die Enden der ligamentären Strukturen

▸ **Tab. 2.1** Fortsetzung.

Anlage	Technik	Indikation	Tape-Anzahl Tapeform	Tape-dehnung	Vordehnung	Anfangs-basis	bevorzugte Tapefarbe	Beispiel	Sonstiges
	Zentrierungs-technik Bän-dertape als En-bloc-Anlage		1 I-Form	bis 100 %	nein	–	schwarz	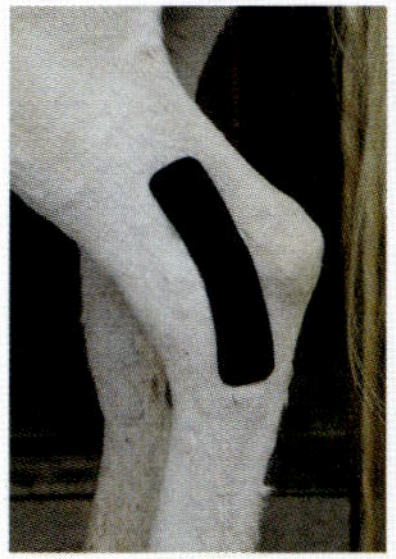	Anlage über Bänder in Ver-laufsrichtung
	Zentrierungs-technik Schmerztape als Spaceanla-ge		2 I-Form	bis 100 %	nein	–	blau, grün, weiß, beige		über Schmerz-, Trigger- und Akupunktur-punkte
Faszienanlage	Tangentialtech-nik (Impuls- oder Doppel-zugtechnik)	Faszienverklebun-gen, Narben, Schmerzen, Hä-matome, Prellun-gen	1–4 Y-Form	10–50 % (Impuls) oder 100 % (Doppel-zug)	nein	außerhalb des Schmerz-areals	blau, grün, beige		Anfangsbasis bei der Doppel-zugtechnik mit der Hand nicht fixieren!
funktionelle Korrektur-anlage	Vektortechnik	Fehlstellungen, Fehl- und Schon-haltungen	1 I-Form	75–100 %	Korrekturrich-tung manuell einstellen	–	schwarz, violett, rot	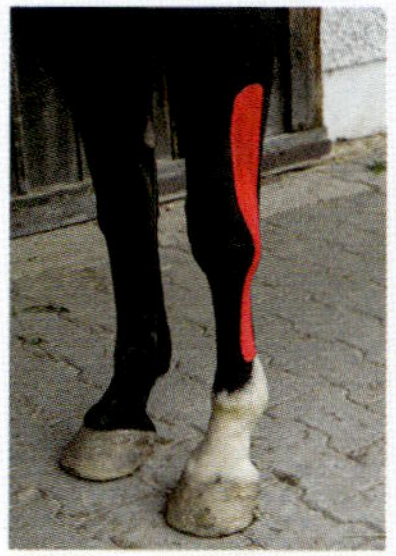	

▶ **Tab. 2.1** Fortsetzung.

Anlage	Technik	Indikation	Tape-Anzahl Tapeform	Tape-dehnung	Vordehnung	Anfangs-basis	bevorzugte Tapefarbe	Beispiel	Sonstiges
Nervenanlage	Vektortechnik	Nervenkompressionssyndrome, Ataxien, Ischialgien, Nervenschmerzen	1 I-Form (schmal)	bis zu 10 %	ja, leicht	distal (da immer sedierend)	blau	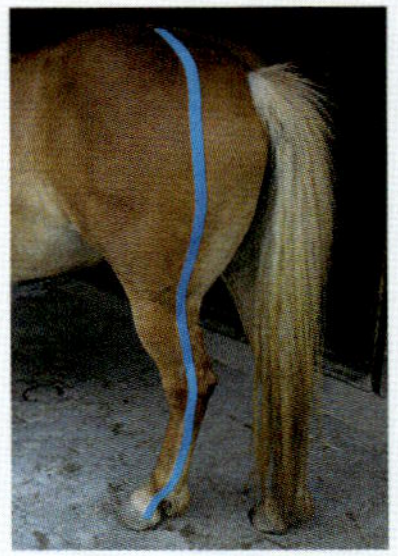	
Lymphanlage	Fächertechnik	Lymphödeme, Hämatome, Schwellungen, „angelaufene Beine“, Unterstützung der manuellen Lymphdrainage, Verletzungen	1 oder mehr Fächer (4 oder mehr Streifen)	bis zu 10 %	ja, leicht	an der jeweiligen Lymphknotenstation	blau		
	Serpentinentechnik							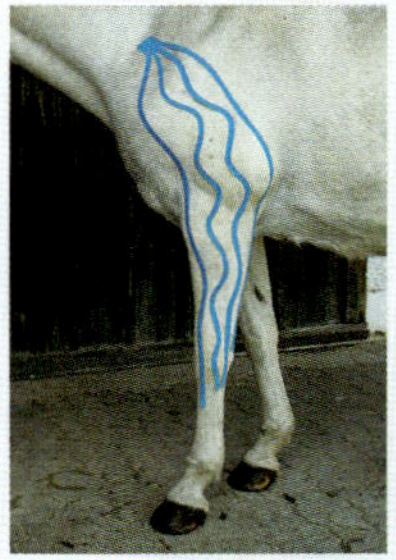	

▸ **Tab. 2.1** Fortsetzung.

Anlage	Technik	Indikation	Tape-Anzahl Tapeform	Tape-dehnung	Vordehnung	Anfangs-basis	bevorzugte Tapefarbe	Beispiel	Sonstiges
	Spiraltechnik	„Angelaufene Beine“, Unterstützung der manuellen Lymphdrainage	ein Tapestreifen ca. 1 bis 1,5 cm breit (¼ Breite der handelsüblichen Tapes von 4–6 cm), I-Form	ohne	evtl. leichte Vordehnung durch Hautvorschub	an der jeweiligen Lymphknotenstation	blau		
Narbenanlage	Crosstechnik	nach Wundschließung, Verhinderung von Verklebungen	mehrere ca. 5 cm lange und 1–1,5 cm breite I-Streifen	25–100 %	nein	-	–	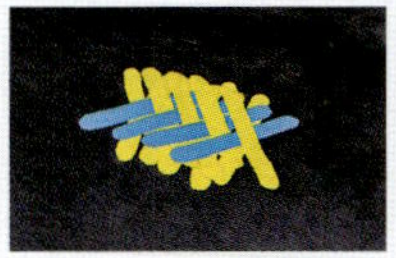	
	Z-Technik	chronische Narben (ab 3 Monaten) und ziehende Schmerzen		25–100 %	nein	am Ende des vorherigen Tapestreifens	–		wie Ligament-Vektortechnik
	Treppentechnik	schmerzhafte Narben, die nur wenig Zugwirkung vertragen	3 I-Form	1. Tape ohne, 2. + 3. Tape 100 %	nein	je am Anfang und Ende des ersten Tapestreifens	–		
	Faszientechnik	große und chronische Narben (ab 6 Monaten)	mehrere in Y-Form	25–100 %	nein	seitlich der Narbe	–		Y-Tapes abwechselnd links/rechts anbringen

► **Tab. 2.1** Fortsetzung.

Anlage	Technik	Indikation	Tape-Anzahl Tapeform	Tape-dehnung	Vordehnung	Anfangs-basis	bevorzugte Tapefarbe	Beispiel	Sonstiges
Segment-anlage	Fächertechnik	funktionelle Organstörungen	mehrere in I-Form	bis 25 %	sedierend: ja, leicht	sedierend: Zielgebiet,	sedierend: blau	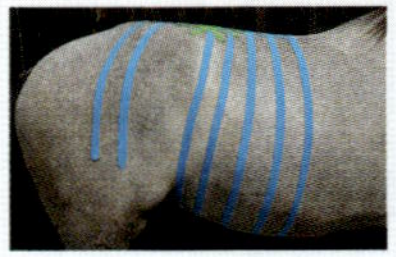	im Bereich der Head-Zonen
						tonisierend: Segment-wurzel	tonisierend: rot		
Meridian-anlage	Vektortechnik (Meridianver-lauf)	Energiedyshar-monien	1 I-Form	bis 10 %	tonisierend: ja, leicht	Anfangs- (se-dierend) bzw. Endpunkt (tonisierend) des Meri-dians	sedierend: blau; tonisierend: rot; ausgleichend: grün	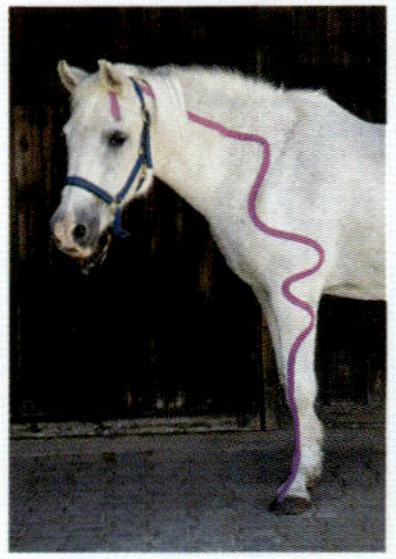	
	Zentrierungs-technik (Akupunktur-punkte)		4 I-Form	100 %	nein		blau, grün, weiß, beige		

Teil 2 Befundungsstrategien

3 Befundung

3.1 Der Untersuchungsgang vor dem Tapen

Das Kinesiotaping ist eine Therapieform, der – wie bei jeder anderen Behandlungsart auch – eine fundierte Diagnostik vorausgehen muss. Es ist immer wieder festzustellen, dass Therapeuten keine ausreichende Befundung durchführen, sondern viel zu häufig dasselbe Standardschema abspulen. Jedes Pferd ist ein einzigartiges Individuum, darum ist jede gesundheitliche Störung auch individuell. Die gesundheitlichen Probleme der Pferde sind deshalb sehr vielschichtig und bedürfen somit einer spezifischen Behandlung, die auf jedes einzelne Pferd speziell zugeschnitten sein muss. Daraus folgt zum einen, dass eine exakte Befundung eine Grundvoraussetzung darstellt, um die richtige Therapie zu finden, zum anderen wird jede Tapeanlage – auch bei gleichem oder ähnlichem Krankheitsbild – mehr oder weniger variieren.

Nicht selten liegen gesundheitliche Probleme vermeintlich klar auf der Hand. Die besten Beispiele hierfür sind offensichtliche Verletzungen: Hämatome, die aufgrund eines Schlags eines Koppelpartners entstanden sind oder Sehnenverletzungen, die sich ein Pferd zugezogen hat, als es beim Ausritt in ein Loch getreten ist. Bereits vorliegende Diagnosen von Tierärzten zeigen oft ebenso eindeutig das Krankheitsbild auf. In all diesen Fällen sparen sich viele Therapeuten eine wiederholte Untersuchung und beginnen sofort mit dem Tapen.

Wer jedoch gibt einem die Gewissheit, dass das offensichtliche Bild einer Verletzung oder Erkrankung das einzige gesundheitliche Problem des Pferdes ist? Woher nimmt man die Sicherheit, dass die vorhandene Diagnose – möglicherweise aufgrund des fortgeschrittenen Heilungsprozesses – nicht schon längst überholt ist? Wie erfährt man, was die Ursache des Problems ist? All diese Fragen sind nicht ohne eine umfassende Befundung zu beantworten. Sie ist wichtig, um eine Erkrankung oder Verletzung ganzheitlich zu erfassen und zu behandeln.

Dabei geht es nicht darum, bereits vorhandene Diagnosen anzuzweifeln, sondern vielmehr, sich einen Überblick über den momentanen Zustand zu verschaffen. Mitunter wurden weitere Gesundheitsprobleme vom Tierarzt nicht erfasst oder vom Besitzer nicht bzw. nur unzureichend weitergegeben. Jeder Behandler hat eine große Verantwortung dem Pferd gegenüber und ist deshalb verpflichtet, sich ein eigenes Bild über den aktuellen Gesundheitszustand des Tieres zu verschaffen. Insbesondere ist es die Verpflichtung eines jeden Therapeuten, Kontraindikationen auszuschließen und Pferde, die Krankheitsbilder zeigen, die einer schulmedizinischen Behandlung bedürfen, zum Tierarzt zu überweisen.

Der Tapingtherapeut muss sich im Klaren darüber sein, dass er voraussichtlich deutlich mehr Zeit in die Befundung investieren muss, als für die eigentliche Therapie des Tapens zu veranschlagen ist. Doch dieser Aufwand ist notwendig, um die richtige Tapeanlage auswählen zu können. Dabei ist es zunächst unwichtig, ob man das Taping als alleinige oder als Zusatztherapie anwendet. Es sollte jedoch vorausgeschickt werden, dass das Tapen in der Regel eine Zusatztherapie darstellt.

Merke

Die umfassende Befundung ist der Schlüssel zur richtigen Therapiewahl und letztendlich zur Entwicklung einer wirkungsvollen Tapeanlage.

Die Befundung erfolgt nach einer sinnvollen Systematik. Das Schema sollte als Grundgerüst immer eingehalten werden, damit die Informationen vollständig erfasst werden können. Ein Untersuchungsgang beinhaltet folgende Schritte:

- Anamnese
- Adspektion
- allgemeiner Gesundheitscheck
- Ganganalyse
- Palpation
- muskuläre Testgriffe
- artikuläre Testgriffe
- spezifische Untersuchungen

Die Durchführung einer ausführlichen und adäquaten Befundung erfordert ein hohes Maß an Wissen und Fertigkeiten, die nicht allein aus einem Buch erlernt werden können, sondern eine qualifizierte Unterweisung erforderlich machen. Insbesondere gilt dies für die praktischen Tätigkeiten am Pferd. Hier muss jeder Testgriff sitzen, um einerseits ein korrektes Ergebnis zu erhalten und um andererseits dem Pferd durch einen ungeschickten Umgang nicht zu schaden.

3.1.1 Anamnese

Im Anamnesegespräch mit dem Pferdebesitzer sollten alle bekannten aktuellen und früheren Erkrankungen und Verletzungen erfragt werden. Sie dienen dazu, den Gesundheitszustand des Pferdes einzuschätzen, ggf. Ursachen der momentanen Dysfunktion zu ergründen und das gesamte Krankheitsbild zu verstehen.

Die Aufnahme der Patientendaten ist hier ebenso wichtig wie die Abfrage, ob und welche anderen Therapeuten oder Tierärzte bereits eine Behandlung durchgeführt haben. Es sollten bereits bestehende Befunde – sofern sie zeitnah erstellt worden sind – angefordert werden. Laborbefunde, Röntgenbilder oder Ergebnisse von anderen

Untersuchungsmethoden und bildgebenden Verfahren können bei der Erstellung eines Befundes sehr hilfreich sein. Darum ist auch immer die Zusammenarbeit mit dem Tierarzt anzustreben. Idealerweise spricht man sich mit dem behandelnden Tierarzt in der Vorgehensweise für die gesamte Therapie ab.

Ein besonders wichtiger Punkt ist die Frage an den Pferdebesitzer, ob und welche Medikamente dem Tier verabreicht werden oder wurden. Schmerzmittel können das Empfindungsvermögen des Pferdes herabsetzen und falsche Ergebnisse bei der palpatorischen Untersuchung oder anderweitigen Tests zur Folge haben. Den Verlauf einer Verletzung oder Erkrankung zu wissen, ist ebenfalls ein wichtiger Aspekt.

In der anamnestischen Erhebung ist nicht nur der körperliche Zustand des Pferdes eine Kernfrage, sondern auch der psychische. Nicht zuletzt sollte man sich sowohl über die Haltungs- und Fütterungsbedingungen kundig machen, als auch über den Einsatz des Pferdes als Reit- oder Fahrpferd, die reiterlichen Kenntnisse des Pferdebesitzers, dessen Ambitionen, Erfahrungen und die Einstellung zu seinem Pferd. Letzteres ist nicht unerheblich, da sich die Verhaltensweise und der Umgang des Pferdebesitzers in direkter Form nicht nur körperlich, sondern vor allem auch psychisch auf das Pferd auswirken. Dem ganzheitlich arbeitenden Therapeuten muss klar sein, dass die Psyche einen immensen Einfluss auf den Körper hat. Es wird nicht von Erfolg gekrönt sein, wenn man ein körperliches Leiden behandeln will, welches durch die Psyche verursacht wurde. Wird die Ursache nicht behoben, kommen die Symptome immer wieder zurück und machen das Pferd letztendlich therapieresistent. Nur ein tiefer Blick in die Seele des Pferdes kann verborgene Auslöser aufdecken.

Ein intensives Anamnesegespräch kann bei tiefgreifenden Problemen sehr viel Zeit in Anspruch nehmen, ist aber für den Therapieaufbau ein wichtiges Mosaiksteinchen. Selbstverständlich werden die Angaben des Pferdebesitzers protokolliert, ebenso die nachfolgenden Ergebnisse der weiteren Untersuchung und der Therapieaufbau. Damit lässt sich später feststellen, was befundet und behandelt wurde. Jede Tapeanlage, die man beim Pferd anlegt, kann man auch problemlos im Protokoll skizzieren und hat so für später einen guten Überblick. Letztendlich macht die Dokumentation auch Sinn, um den Therapieverlauf zu kontrollieren.

3.1.2 Adspektion

Bei der Adspektion erstellt man einen Sichtbefund im Stand und eine Ganganalyse (S. 91). Es ist von Vorteil, wenn man das Pferd in seiner Box bzw. Paddock oder auf der Weide beobachten kann, noch bevor es vom Pferdebesitzer aus dem Stall geführt wird. Bewegt man das Pferd aus seiner Ruhephase heraus, sind die ersten Meter mitunter von entscheidender Bedeutung für die Beurteilung des Bewegungsapparats. Pferde mit Arthroseproblemen können sich nach einigen Schritten, manchmal aber auch erst nach mehreren Minuten Bewegung einlaufen, sodass sich die Bewegungsmechanik innerhalb kurzer Zeit deutlich verändert (▶ **Abb. 3.1**).

▶ **Abb. 3.1** Die Beurteilung des Pferdes in der Bewegung ist ein fester Bestandteil der Befundung durch den Therapeuten.

Das Verhalten im Auslauf innerhalb der Herde hat ebenfalls Aussagekraft.

- Steht das Pferd alleine oder ist es in die Herde integriert?
- Wie ist das Verhalten den Artgenossen gegenüber?
- Wo steht es in der Rangfolge?
- Wirkt es in der Herde gestresst oder zufrieden?

Die Antworten auf diese Fragen können dazu beitragen, das Wohlbefinden und den Stresspegel des Pferdes zu beurteilen.

Wenn der Pferdebesitzer nun sein Tier aus der Herde oder aus seiner Box führt, gilt es, die Reaktion des Pferdes genau zu beobachten:

- Geht das Pferd willig mit?
- Ist es aufmerksam oder desinteressiert?
- Bewegt sich das Pferd steif oder locker?
- Wie ist die Kopfhaltung?
- Wie bewegt es den Schweif?
- Wie beugt es die Gelenke?

Dies sind nur einige Beispiele, die bereits beim ersten Blickkontakt eine Fülle von Informationen vermitteln.

An einem ruhigen Ort mit möglichst ebenem Boden wird das Pferd anschließend aufgestellt. Es sollte eine ihm bequeme Stellung einnehmen, die weitere Informationen über die Balance und eventuelle Schonhaltungen geben kann. Steht es mit den Beinen parallel oder in Schrittstellung? Sind sonstige Auffälligkeiten zu sehen?

Nun beurteilt man zunächst den Allgemeinzustand des Pferdes. Hierzu gehören die Fellbeschaffenheit, die Struktur von Mähne und Schweif, der Ernährungszustand, der Augenausdruck, das Ohrenspiel, der Pflegezustand sowie eventuelle Hautveränderungen wie Narben, kahle Stellen oder Verletzungen. Speziell ist der Fokus darauf zu richten, ob das Pferd tränende oder getrübte Augen hat, Ausfluss aus den Nüstern oder eine unnatürliche (zum Beispiel schiefe) Kopfhaltung. Feuchte und mit Kot verunreinigte Schweifhaare und Hintergliedmaßen können auf Kotwasser oder Durchfall hinweisen. Der Zustand der Hufe ist ein weiterer, nicht zu unterschätzender Faktor. Zuerst sieht man sich die Form der Hufe, anschließend die Hornbeschaffenheit an. Gibt es Rillen, Risse oder Furchen im Huf? Ist die Glasurschicht glatt? Sind die Winkelungen im Seitenvergleich symmetrisch und passen sie zur Stellung von Fessel- und Schulterwinkelung?

Das Fell wird auf seine Beschaffenheit (rau, seidig, glänzend, stumpf?) beurteilt und auf eventuelle Farbveränderungen, die nicht der Fellfarbe entsprechen, inspiziert. Weiße Stichelhaare, die plötzlich auftreten, aber auch hellere oder dunklere Fellpartien, die nicht aufgrund des Fellwechsels auftreten, können auf Stoffwechselstörungen oder Probleme mit dem Immunsystem hinweisen.

Letztendlich schließt eine Exterieurbeurteilung den Sichtbefund ab. Die Begutachtung erfolgt zuerst von der Seite im Vergleich zur Gegenseite, schließlich von vorne und hinten. Wenn möglich, ist eine Ansicht von oben für die Beurteilung des Wirbelsäulenverlaufs von Vorteil (▶ **Abb. 3.2**). Die Einschätzung, ob die Muskulatur symmetrisch ausgeprägt ist, sagt vieles über Haltungs- oder Gangproblematiken aus. Nicht nur die Symmetrie im Rechts-Links-Vergleich ist dabei maßgebend, sondern auch die Ausprägung und Verteilung der Muskulatur von Vor- und Hinterhand.

Einen Schwerpunkt in der Tapingtherapie nimmt die Behandlung von Problemen am Bewegungsapparat ein, deshalb ist die Begutachtung von Stellungs- und Haltungsfehlern ein wichtiger Bestandteil der Adspektion am stehenden Pferd. Nicht selten führen Stellungsfehler wie eine zehenenge, zehenweite, bodenenge, bodenweite, kuhhessige, säbelbeinige, vorbiegige oder rückbiegige Stellung zu nachhaltigen Problemen im Bewegungsapparat. Ebenso sind erworbene Fehlstellungen beispielsweise aufgrund von mangelnder Hufpflege, Traumata oder anderweitigen Fehlbelastungen wichtige Informationen für den Therapeuten zur Kreation einer Tapinganlage.

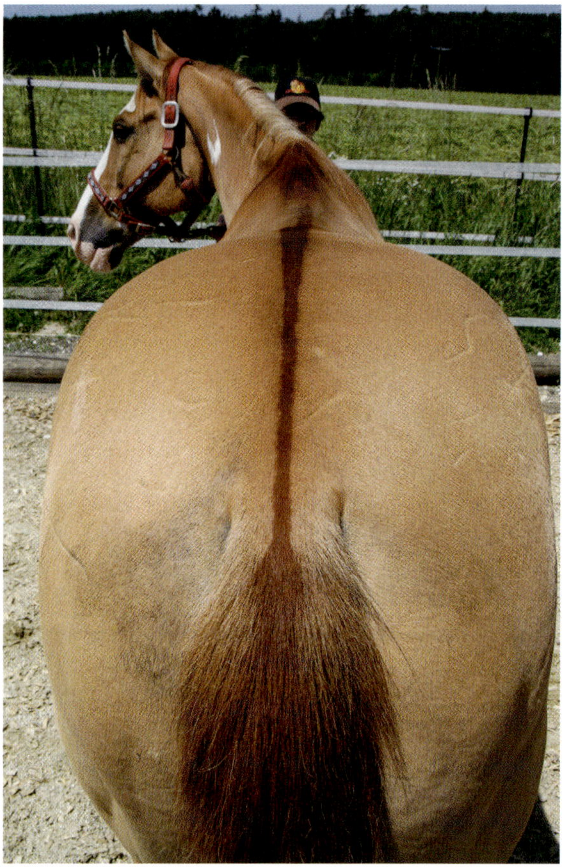

▶ **Abb. 3.2** Die Symmetrie der Rückenmuskulatur und den Wirbelsäulenverlauf beurteilt man mit einem Blick von hinten oben auf den Pferderücken.

3.1.3 Allgemeiner Gesundheitscheck

Noch bevor das Pferd im Rahmen der Adspektion in der Bewegung beurteilt wird, sollte ein allgemeiner Gesundheitscheck einen schlechten Allgemeinzustand ausschließen.

PAT-Werte Bei dieser Untersuchung werden unter anderem die PAT-Werte überprüft, wobei der Augenschein die Entscheidung darüber fällt, ob ein grober Check oder eine genaue Messung erfolgen soll. Wirkt das Pferd schlapp, desinteressiert, träge und lassen die Adspektionsergebnisse schon einen Rückschluss auf eventuelle gesundheitliche Probleme zu, sollte mit einem Fieberthermometer die genaue Temperatur des Pferdes gemessen werden. Die Normwerte liegen zwischen 37,5° und 38,2°Celsius – gemessen wird üblicherweise am After des Pferdes. Jede Abweichung von der Normaltemperatur ist eine Indikation für die Überweisung des Pferdes zum Tierarzt, bevor weitere Maßnahmen erfolgen.

Praxistipp
Für einen Schnelltest kann man das Pferd an den Ohrenspitzen anfassen, um die Temperatur zu checken. Sind die Ohrspitzen heiß, ist es sehr wahrscheinlich, dass das Pferd eine erhöhte Temperatur hat. Kalte Ohrenspitzen hingegen sind aber kein verlässliches Zeichen dafür, dass das Pferd fieberfrei ist!

Fieber geht oft mit einer erhöhten Atemfrequenz einher. Die Atmung kann allerdings auch aus unterschiedlichen Gründen unabhängig von anderen Messergebnissen von der Norm abweichen. Jegliche Aufregung und Stress lässt den Atemwert sofort in die Höhe schnellen, sodass man stets darauf bedacht sein sollte, die Untersuchung an einem ruhigen Ort durchzuführen.

Der Atemwert in Ruhe liegt bei 8–16 Atemzügen pro Minute im Normbereich. Zur Messung ist die Beobachtung der Flankenbewegung ausschlaggebend, während die Zeit mitgestoppt wird. Die Pulswerte (Normwert: 28–40 Pulsschläge pro Minute) lassen sich an verschiedenen Körperstellen ertasten: An der Fesselarterie, unter der Schweifrübe oder an der Ganaschenunterseite. Am einfachsten lässt sich der Puls an der Ganaschenunterseite erfühlen. Man misst 15 sec lang und multipliziert das Ergebnis mit 4, um den Minutenwert zu erhalten.

Hautfaltentest Bei erkrankten, überhitzten und überforderten Pferden kann eine Dehydration auftreten. Um den Flüssigkeitshaushalt des Pferdes festzustellen, ist der Hautfaltentest das Mittel der Wahl. Hierzu zieht man mit den Fingern eine Hautfalte am Hals des Pferdes sanft vom Körper ab. Nachdem man die Hautfalte losgelassen hat, sollte sich die Haut innerhalb von 2 sec wieder glätten. Ist dies nicht der Fall, ist von einer leichten Dehydration auszugehen. Benötigt die Haut länger als 5 sec, bis sich die Hautfalte wieder glättet, handelt es sich bereits um eine ausgeprägte Dehydration mit einer Austrocknungsrate von etwa 10 %. In diesem Fall – aber auch grundsätzlich – lohnt sich ein Blick auf den Urin und den Kot. Der Kot ist bei einer Dehydration trocken, der Urin hingegen dunkel. Die Konsistenz und die Farbe des Kotabsatzes geben weitere Hinweise über die Verdauung. Eine unnatürliche Farbe und Beschaffenheit des Urins können Nieren- und Leberprobleme anzeigen.

Kapillarfüllungstest Bei einer Dehydration wird auch der Kreislauf in Mitleidenschaft gezogen, der mit Hilfe des Kapillarfüllungstests überprüft wird. Hierfür drückt man oberhalb der Schneidezähne fest auf das Zahnfleisch, bis die Stelle erblasst. Löst man den Druck, sollte das Blut innerhalb von 2 sec zurückfließen und die Haut wieder rosa färben. Längere Rückflusszeiten bestätigen eine Dehydration, können aber auch auf einen schlechten Kreislaufzustand bzw. krankhaften Blutdruck (z. B. Schockzustand) hinweisen.

3.1.4 Ganganalyse

Obwohl die Ganganalyse zur Adspektion zählt, wird sie nach dem allgemeinen Gesundheitscheck durchgeführt, da man ein Pferd nicht unbedingt traben lassen sollte, wenn sich herausstellt, dass es beispielsweise Fieber hat und sich in keinem guten Allgemeinzustand befindet. Wirkt das Pferd jedoch fit, gehört das Vorführen an der Hand zum Standardprogramm der Befundung. Hierbei begutachtet man das Pferd von vorne, von hinten und von der Seite jeweils im Schritt und im Trab.

Der Therapeut achtet auf die Taktreinheit der Gänge, auf das plane Auffußen sowie die gleichmäßige Beugung der einzelnen Gelenke. Weiter fließt in die Beurteilung die Bewegungsmechanik mit ein, wobei der Fokus insbesondere darauf liegt, ob das Pferd eine Schonhaltung einnimmt. Neben deutlich sichtbaren Lahmheiten können Bewegungsdefizite auftreten, die nur bei genauem Hinsehen zu erkennen sind. Oft machen jedoch die minimalen Einschränkungen ein größeres Problem als die offensichtlichen. So geben ein einseitig verkürzter Raumgriff, schiefes Auffußen, unnatürliches Vorführen der Gliedmaße oder eine kürzere Fußungsphase Hinweise auf Unregelmäßigkeiten im Bewegungsablauf. Eine asymmetrische Kruppenbewegung, ein schief gehaltener Schweif, Zehenschleifen, einseitiges Kopfnicken oder eine Kopfschiefhaltung sind weitere Indikatoren, die auf Defizite im Bewegungsapparat hindeuten.

Die Beurteilung der Gänge eines Pferdes ist ein wichtiger Parameter für die Entwicklung einer geeigneten Tapeanlage. Sie geben die Hinweise für die Anlage von Korrekturtapes, aber auch für das richtige Anbringen von Entlastungs- und Schmerztapes. Für den Therapeuten ist es hilfreich, sich schon jetzt Notizen in Form einer Skizze zu machen, um Lage und Zugrichtung der Tapes bereits festzulegen.

Bei unklaren Bewegungsmustern oder unzureichenden Anhaltspunkten kann es nötig sein, die Ganganalyse zu erweitern. So kann es hilfreich sein, das Gangmaß auf harten und weichen Böden zu beurteilen, beim Rückwärtsrichten und in engen Wendungen. Zudem ist manchmal auch die Beurteilung im Galopp eine hilfreiche Maßnahme, wozu das Pferd an die Longe genommen wird. Mit all diesen erweiterten Schritten ist eine bessere Differenzierung der Problematik möglich, was zu einer exakten Befundung beiträgt.

Für die anschließende Palpation sollte das Pferd möglichst nicht so intensiv bewegt werden, dass es zu stark aufgewärmt ist. Damit wäre palpatorisch keine Beurteilung – insbesondere von Wärme und Kälte – mehr möglich. Soll eine erweiterte Ganganalyse durchgeführt werden, die über das einfache Vorführen an der Hand auf gerader Linie hinausgeht, sollte diese deshalb nach der Palpation realisiert werden.

Ist die Bewegungsmechanik immer noch nicht eindeutig einzustufen, können zusätzliche Videoaufnahmen mehr Klarheit schaffen, wenn diese anschließend ausgewertet werden. Zeitlupeneinstellungen und Einzelbildschaltungen können eine große Aussagekraft haben und ein Bewegungsdefizit klarer herausstellen.

3.1.5 Palpation

Die Vertrauensbasis zwischen Mensch und Pferd ist für jede Therapieform ein wichtiger Grundstein, damit eine Behandlung erfolgreich sein kann. Schon bei der ersten Kontaktaufnahme wird der Mensch vom Pferd „gelesen" und eingestuft. Dieser Moment entscheidet mitunter, ob die Therapie erfolgreich sein wird. Sind Pferde misstrauisch, lassen sie eine Therapie nicht zu und blocken sowohl auf physischer als auch auf psychischer Ebene ab. Dann kann eine Behandlung oder eine Tapeanlage technisch noch so gut durchgeführt werden, sie wird nicht den gewünschten Erfolg bringen.

Aus diesem Grund ist ein respektvolles und vertrauensbildendes Verhalten entscheidend. Die meisten Pferde haben ein Grundvertrauen in den Menschen und lassen sich problemlos am ganzen Körper berühren. Dennoch sollte man an sensiblen Zonen wie Bauch, Flanken und im Kniebereich vorsichtig vorgehen.

Prinzipiell beginnt man nach der üblichen Kontaktaufnahme mit dem Pferd, zunächst den Hals, den Rücken, Rumpf und schließlich die Extremitäten langsam abzustreichen. Man achtet dabei auf Kälte- oder Wärmeabstrahlungen, auf Verquellungen, Strukturveränderungen, Schwellungen, Hautverletzungen, Narben und sonstige Unregelmäßigkeiten. Letztendlich werden die Regionen auch auf Sensibilität bzw. Schmerzhaftigkeit abgetastet.

Die Reaktionen des Pferdes während der Palpation sind wichtige Anzeichen zur Einschätzung von Problemzonen. Insbesondere achtet man auch darauf, ob bestimmte Dermatome sensibel reagieren, die ggf. Rückschlüsse auf viscerale Erkrankungen zulassen. Die Sinne des Therapeuten müssen zur Aufnahme jedweder Information hellwach sein. Somit sollte die Palpation langsam und exakt durchgeführt werden.

Die gesammelten Befunde führen schließlich zu einer erweiterten Diagnostik, um nähere Hinweise auf eine etwaige gesundheitliche Störung zu erlangen. Hierfür dienen verschiedene Testgriffe und weiterführende Untersuchungstechniken.

Kiblerfalte

Eine sowohl diagnostische als auch therapeutische Maßnahme ist die Kiblerfalte (▶ Abb. 3.3), die Aufschluss über den Zustand des Gewebes gibt. Hierzu zieht man eine Hautfalte ab und schiebt diese mit zwei Fingern vorwärts, was leicht gelingt, wenn die Haut gegenüber den darunter liegenden Schichten gut verschieblich ist. Findet man hingegen Verdickungen, Verklebungen oder Verquellungen (Wassereinlagerungen in Haut und Bindegewebe), stockt die Vorwärtsbewegung, sodass das Rollen bzw. das Abheben der Haut kaum mehr möglich ist, kann eine gesundheitliche Störung der Grund sein. Meist ist dies dann für das Pferd auch schmerzhaft. In den auffälligen Arealen findet man häufig auch Triggerpunkte, Muskelverspannungen oder fasziale Verklebungen. Ebenso können die reaktiven Dermatome auf Organstörungen hinweisen, die jedoch bei Laboruntersuchungen noch keine Auffälligkeiten zeigen müssen.

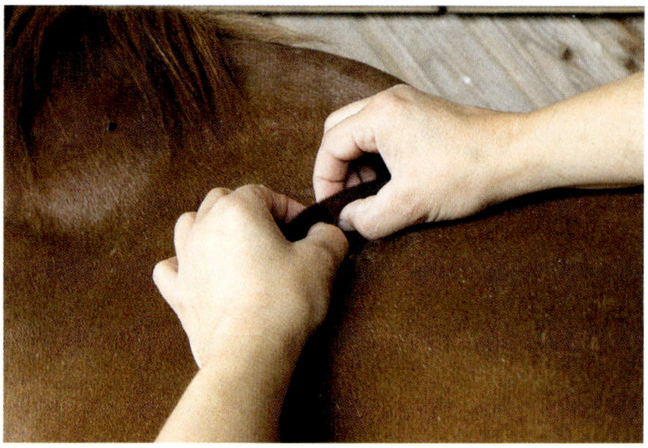

▶ **Abb. 3.3** Die Kiblerfalte gibt Aufschluss über den Zustand des Gewebes.

3.1.6 Testgriffe

Eine Reihe von Testgriffen gibt dem Therapeuten Aufschluss über den Zustand des Gewebes, der Muskulatur und der Gelenke. Diese Untersuchungen sowie weitere spezifische Tests sind unabdingbar für eine vollständige Befundung. An dieser Stelle muss nochmals erwähnt werden, dass es zwingend einer praktischen Unterweisung bedarf und viel Übung erfordert, um die Griffe korrekt durchzuführen und die Ergebnisse richtig einzuordnen. Jede Therapieform hat seine eigenen Tests und Untersuchungen, sodass nicht alle Möglichkeiten aufgeführt werden können. Dennoch wird der Schwerpunkt zur Befundung für die Anwendung des kinetischen Tapens darin liegen, die Funktionseinschränkungen des Bewegungsapparats aufzuspüren, weil die elastischen Tapes hier am besten unterstützen können. Dennoch beschränkt sich das Tapen nicht allein auf Problematiken am Bewegungsapparat, sondern muss auf den gesamten Organismus ausgeweitet werden, wenn man Pferde ganzheitlich betrachten und behandeln möchte. Somit kommen zu den Tests für die Muskulatur und die Gelenke bei Bedarf noch weitere spezifische Untersuchungen hinzu.

Eine Tapeanlage kommt am Pferd kaum ohne eine Muskelanlage aus, da die meisten Läsionen myofasziale Strukturen betreffen. Obwohl beispielsweise das Krankheitsbild der Gelenksarthrose nicht nur bei alten Pferden häufig befundet wird, kommt den Gelenksproblemen deutlich weniger Bedeutung zu als den muskulären Läsionen. Deshalb muss der Untersuchung der Weichgewebe besondere Aufmerksamkeit geschenkt werden. In vielen Fällen ist eine Dysfunktion im myofaszialen System der Auslöser für Blockaden im artikulären Bereich. Somit kann eine Gelenksläsion durch eine vorausgegangene Muskeltherapie oft schon gelöst werden. Es macht deshalb auch Sinn, die muskulären Untersuchungen stets vor denen der Gelenktests zu stellen.

Muskeltests

Eine funktionale Muskulatur steht im Vordergrund jeder therapeutischen Maßnahme, um den Bewegungsapparat in eine optimale Verfassung zurückzuführen. Die Untersuchung der muskulären Strukturen muss im Befundungsablauf eines jeden Tapingtherapeuten einen hohen Stellenwert einnehmen.

Es gibt verschiedene Wege, den Zustand der Muskulatur, aber auch den der begleitenden Weichgewebe (Faszien, Sehnen, Nerven und Bandstrukturen) zu befunden. Die palpatorischen Fähigkeiten des Therapeuten sind dabei ausschlaggebend für eine korrekte Befundung. Nach der allgemeinen Palpation geht der Therapeut gezielter an die Muskelpalpation und dringt dabei tiefer ins Gewebe ein. Beim Scannen des jeweiligen Muskels mit den Fingern ist das Aufspüren von Unregelmäßigkeiten von Bedeutung. Man wird feststellen, dass manche Muskeln „härter" als andere sind, was allerdings noch keine Aussage darüber trifft, ob Verspannungen im Gewebe vorhanden sind. Grundsätzlich weisen manche Muskeln einen höheren Grundtonus auf als andere. Dies verwirrt manche Einsteiger in die Muskeltherapie und kann zu Fehldiagnosen führen.

Um Fehlinterpretationen zu vermeiden, sollte man folgende Grundsätze beherzigen:

1. Strukturen stets im Seitenvergleich beurteilen: Die Muskulatur von Pferden ist nicht nur in ihrer Ausprägung von Rasse zu Rasse, aber auch von Pferd zu Pferd innerhalb einer Rasse oft sehr unterschiedlich. Selbst der Grundtonus unterscheidet sich häufig, der unter anderem auch durch den Trainingszustand beeinflusst wird. Deshalb ist ein Seitenvergleich der paarig vorhandenen Muskeln ein wichtiges Kriterium für die Beurteilung einer Unstimmigkeit.

2. Profundes Wissen über die anatomischen Strukturen: Wenn man nicht weiß, wie die Muskelfasern verlaufen, welcher Spannung sie unterliegen und welche Funktion sie haben, ist die Beurteilung eines Muskels schwierig. Beim Pferd gehen viele Muskeln frühzeitig in sehnige Strukturen über, die sich palpatorisch völlig anders abzeichnen als beispielsweise der weiche Muskelbauch.

3. Konzentriertes Hineinfühlen in die Strukturen: Jeder Therapeut muss sein Gefühl in den Fingern und Händen ständig schulen, um einen krankhaften Zustand von einem gesunden unterscheiden zu können. Bereits minimale Abweichungen können frühzeitig Hinweise auf Probleme geben. Je früher ein Muskel in seiner Funktion die richtige Unterstützung erfährt, desto besser wird das Gesamtergebnis der Therapie sein.

Um den Zustand eines Muskels zu ergründen, bietet sich die Suche nach Triggerpunkten in der Muskulatur an. Triggerpunkte sind auf Druck äußerst schmerzhaft, was ein sicheres Anzeichen für einen verspannten Muskel ist. Der myofasziale Triggerpunkt zeigt neben ausstrahlenden Schmerzen eine typische Muskelzuckungsantwort (local twitch response). Es handelt sich hierbei um Mikrokontraktionen, die sich nicht nur im lokalen Muskel, sondern auch an peripher gelegenen Arealen zeigen, sobald der Triggerpunkt eine Reizung (zum Beispiel durch einen Fingerdruck) erfährt.

Merke

Ein typischer Triggerpunkt zeigt auf Druck einen ausstrahlenden Schmerz, oft aber auch eine lokale und periphere Muskelzuckungsantwort, die beim Pferd zur Diagnostik für einen Stresspunkt herangezogen wird.

Der Therapeut kann neben den Triggerpunkten auch verhärtete Regionen und Punkte in der Muskelstruktur ertasten, die ebenfalls schmerzhaft sind, jedoch keine ausstrahlenden Schmerzen zeigen, und auch die Zuckungsantwort fehlt. Hierbei handelt es sich um Myogelosen, die ebenfalls in verhärteten und verspannten Muskeln zu finden sind.

Cave

Findet man einen Schmerzpunkt im Muskel, zeigt das Pferd die Schmerzen durch Ausweichreaktionen, Ohren anlegen, Schweif schlagen, Scharren oder Unruhe an. Ist der Schmerz jedoch sehr groß, muss man immer damit rechnen, dass das Pferd ausschlagen könnte.

Die Verspannungsareale zeigen sich dem Therapeuten durch die palpierbaren Verhärtungen und die vom Pferd übermittelten Schmerzreaktionen an. Um tief gelegene Verspannungsareale ausfindig zu machen, palpiert der Therapeut deutlich in den Muskel hinein. Diese intensive Palpation lässt das Pferd durchaus zu, wenn man sich gefühlvoll und langsam an die Schmerztoleranzgrenze herantastet, sie jedoch nicht überschreitet, sondern stets toleriert. Dies ist für das notwendige Vertrauen des Pferdes, aber auch für die Sicherheit des Therapeuten eine äußerst wichtige Voraussetzung bei der Vorgehensweise während der muskulären Befundung. Geht man hingegen zu zaghaft vor, entgehen einem die verspannten Regionen, die in Folge nicht befundet und damit auch nicht behandelt werden können.

Gelenktests

Nach Befundung der Weichgewebestrukturen sollten die festgestellten Läsionen gleich anschließend manualtherapeutisch behandelt werden. Dies ist deshalb vorteilhaft, weil viele artikuläre Restriktionen vom myofaszialen System ausgehen. Löst man die ursächlichen Verspannungen in der Muskulatur auf, deblockieren artikuläre Läsionen ggf. selbstständig.

Hat die Weichgewebebefundung und -behandlung stattgefunden, bleiben die primären artikulären Läsionen übrig, die sich nun mit den üblichen manualtherapeutischen Gelenktests (▶ **Abb. 1.22**) befunden lassen. Man geht üblicherweise von kranial nach kaudal – vom Kopf bis zur Schweifrübe – sowie anschließend von distal nach proximal an den Extremitäten vor. Da die distalen Nachbargelenke zum Testen stets in Flexion verriegelt werden müssen, bietet sich die Vorgehensweise von distal nach proximal an. Auf diese Weise ergibt sich ein flüssiger Befundungsablauf und somit ein schnelles Ergebnis.

Alle Gelenke werden entsprechend ihrer physiologischen Bewegungsmöglichkeiten in Flexion, Extension, Rotation oder Translation (je nach Gelenksform) getestet. Die Tests finden stets mit verriegelten distalen Nachbargelenken sowie – wenn möglich – unter leichter Traktion statt. Die Finger liegen dabei nahe am zu testenden Gelenkspalt. Die passive Testbewegung sollte immer langsam und exakt durchgeführt werden. Im Ergebnis beurteilt man das Bewegungsausmaß in alle physiologischen Richtungen, die Qualität der Bewegung, das Endgefühl und das Gelenkspiel. Alle Gelenktests werden bei paarig angelegten Gelenken grundsätzlich im Seitenvergleich durchgeführt.

Häufig befundet man ein eingeschränktes Bewegungsausmaß, das beispielsweise auf ein arthrotisches Gelenk hinweisen kann. In diesen Fällen ist besondere Vorsicht geboten, da eine fehlerhafte Ausführung beim artikulären Test das Gelenk noch mehr schädigen kann.

Der Therapeut sollte bei den Gelenktests sehr genau auf das Endgefühl achten. Dieses hat im Seitenvergleich einen hohen diagnostischen Wert. Jedes Gelenk hat ein für die jeweilige Art des Gelenks und dessen Bewegungsrichtung charakteristisches Endgefühl. Die Art des Endgefühls wird immer davon bestimmt, welche Strukturen den Gelenkstopp einleiten. So unterscheidet man verschiedene physiologische und pathologische Formen des Endgefühls.

Nach der Beurteilung der Gelenke erfolgt die entsprechende Behandlungstechnik, die mit einer Tapeanlage unterstützt werden kann. Die Tapebänder helfen dabei, die physiologische Ausrichtung eines Gelenks beizubehalten.

> **Praxistipp**
> Bei den Gelenktests fließen das Bewegungsausmaß, die Bewegungsqualität, das Endgefühl und das Gelenkspiel in die Beurteilung mit ein. Die Gelenke werden zur sicheren Befundung stets im Seitenvergleich getestet.

3.1.7 Spezifische Untersuchungen

Neben dem allgemeinen Gesundheitscheck und den speziellen muskulären und artikulären Untersuchungsmethoden lassen sich noch viele weitere diagnostische Techniken anschließen. Die Auswahl der jeweiligen Befundungstechnik wird sich stets nach den vorgefundenen Symptomen und der daraus erfolgten Verdachtsdiagnose richten. Nicht alle Untersuchungstechniken kann ein Therapeut durchführen. Für die meisten Krankheitsbilder sollte deshalb stets ein Tierarzt zu Rate gezogen werden, der eine gezielte Diagnostik mittels Labormethoden und speziellen Untersuchungsgeräten durchführen kann.

Wenn ein Pferd Koordinationsprobleme, Gleichgewichtsstörungen oder eine erschlaffte Muskulatur zeigt, liegt der Verdacht einer Nervenschädigung nahe. In diesem Fall können zielgerichtete Nerventests durchgeführt werden, die eine vermutete Läsion bestätigen oder entkräften können. Zur genauen Untersuchung und Behandlung sollte ein Pferd mit Nervenläsionen aber immer an einen Tierarzt überwiesen werden. Dennoch können einfache Tests schon vom Therapeuten durchgeführt werden, um beispielsweise einen Verdacht auf Ataxien zu bestätigen. Hierzu gehört beispielsweise das Führen auf engen Wendungen, wobei ein ataktisches Pferd die Hinterbeine nicht kreuzt. Zeigt das Pferd beim Rückwärtsrichten Unsicherheiten, wird dies als deutliches Ataxiezeichen eingestuft. Ein unsicheres Gangmaß verstärkt sich vor allem dann, wenn man dem Pferd das Blickfeld einschränkt. Hierzu reicht es aus, das Pferd mit erhobenem Kopf in Schlangenlinien zu führen.

Bei den meisten spezifischen Untersuchungen jedoch ist die Hilfe eines Tierarztes erforderlich. Die Untersuchung von inneren Organen lassen sich zwar über die segmentale Beurteilung von Dermatomen vermuten, dies kann aber nur ein Tierarzt mit bildgebenden Verfahren oder Labortechniken (Blutbild) sicher diagnostizieren.

4 Behandlungstechniken

4.1 Schulmedizinische Behandlung

Die meisten Krankheitsbilder bedürfen einer schulmedizinischen Behandlung. Der Tierarzt ist in der Lage, Krankheiten und Verletzungen sowohl gesichert zu diagnostizieren als sie auch einer entsprechenden Behandlung zu unterziehen. Ruft der Pferdebesitzer einen Therapeuten, hat dieser die Verpflichtung, dem Besitzer zu raten, einen Tierarzt hinzuzuziehen, wenn schwerwiegende Erkrankungen und Verletzungen vorliegen.

Normalerweise sollte stets ein Tierarzt die Diagnostik übernehmen und die Behandlung vornehmen. In bestimmten Fällen können Tierarzt und Pferdebesitzer schließlich Therapeuten, die auf einem bestimmten Gebiet Spezialisten sind, hinzuziehen. Auf diese Weise ergibt sich eine Zusammenarbeit, die dem Pferd nur nützlich sein kann. Ganz besonders gilt dies für den Tapingtherapeuten. Das kinesiologische Taping ist stets als Zusatztherapie zu betrachten und kann eine schulmedizinische Behandlung in Absprache mit dem Tierarzt sehr gut ergänzen.

Der Vorteil für den Therapeuten ist, dass er eine gesicherte Diagnose erhält, seine eigenen Befundergebnisse mit einfließen lassen und schließlich eine fundierte Behandlungsstrategie erarbeiten kann. Diese Vorgehensweise ergibt schließlich das bestmögliche Therapieergebnis.

Meistens ist eine schulmedizinische Behandlung bei akuten Krankheitsbildern erforderlich, bei chronischen Gesundheitsproblemen können oft alternative bzw. ergänzende Therapieformen eine sehr gute Wahl darstellen. Die Vorgehensweise richtet sich selbstverständlich nach dem jeweiligen Krankheitsbild. Man wird stets bestrebt sein, zunächst den Schmerzlevel zu reduzieren. Dies ist auch das Bestreben in der Tapingtherapie. Die schulmedizinischen Mittel sind jedoch in akuten Fällen deutlich wirksamer, die schmerzlindernden Tapinganlagen hingegen können bei chronischen Schmerzen eine gute Hilfe sein.

Den schulmedizinischen Behandlungsmethoden sollte man sich nicht verschließen. Sie können dem Pferd über die akute Krankheits- oder Verletzungsphase sehr gut hinweghelfen. Schließlich spricht nichts dagegen, den Genesungsvorgang mit einer zusätzlichen Tapeanlage zu unterstützen. Die Kombination der schulmedizinischen Behandlung mit einer Tapeanlage ist stets praktikabel und sinnvoll, so lange keine Kontraindikationen (S. 17) für das Aufbringen der Klebebänder bestehen.

4.2 Manuelle Behandlungstechniken

Tierärzte und Therapeuten haben es häufig mit Läsionen des Bewegungsapparats zu tun. Neben der schulmedizinischen Therapie, die insbesondere bei akuten Problemen in der Behandlung von Pferden nicht wegzudenken ist, können in erster Linie chronische Fälle von gut ausgebildeten manuell arbeitenden Therapeuten hervorragend betreut werden. Der Manualtherapeut kann sowohl eigenständig als auch in Zusammenarbeit mit dem Tierarzt behandeln – je nachdem, welche Vorgehensweise das jeweilige Krankheitsbild erforderlich macht. Zu den manualtherapeutischen Behandlungsstrategien ist die Tapingtherapie eine perfekte Ergänzung.

Die Kinesiotapes sind prädestiniert, die manualtherapeutische Behandlung zu unterstützen. Sie können die Wirkung über einen längeren Zeitraum aufrechterhalten, die der Osteopath oder Chiropraktiker mit seinen Händen hervorgerufen hat. Hierfür sind die elastischen Klebebänder für den Manualtherapeuten ein nicht mehr wegzudenkendes Hilfsmittel in der Pferdetherapie.

Merke

Die kinesiologischen Tapes können die Genesung des Pferdes hervorragend unterstützen, indem sie die Auswirkungen der Manuellen Therapie in zwar abgeschwächter Form, aber dafür dauerhaft – so lange die Klebebänder am Pferd verbleiben – aufrechterhalten.

Die Tapingtherapie sollte stets eine Ergänzung zur primären Therapieform darstellen. Als Sekundärtherapie ist das Kinesiotaping zur Unterstützung der Haupttherapie von unschätzbarem Wert.

4.2.1 Muskeltherapeutische Maßnahmen

Die nicht eben selten auftretenden muskulären Probleme bei Pferden bedürfen spezieller Behandlungsstrategien. Muskuläre Restriktionen können einerseits durch Fehlfunktionen von artikulären Strukturen entstehen, andererseits aber genausogut der Auslöser von Läsionen in Gelenken sein. So hat sich eine Reihe von Techniken etabliert, die auf das myofasziale System ausgerichtet sind. All diese Techniken sind in der Manuellen Therapie sehr wertvolle Instrumente, um den aktiven Bewegungsapparat in seiner Funktionalität zu optimieren.

▶ **Abb. 4.1** Die Klassische Massage ist die Grundlage der muskeltherapeutischen Maßnahmen.

Klassische Massage Die Klassische Massage (▶ **Abb. 4.1**) ist wohl eine der bekanntesten muskeltherapeutischen Techniken, wird in ihrer Wirkung jedoch meist verkannt. Oft wird ihr lediglich ein Wellnesseffekt zugeschrieben, der nach Ansicht vieler Pferdebesitzer keine zuverlässige therapeutische Wirkung erreicht. Diese Aussage ist aber so nicht korrekt, da eine gut ausgeführte Klassische Massage sehr wohl ihre therapeutische Wirkung auf den Körper hat. Diese zieht schließlich den Wellnesseffekt nach sich.

Innerhalb der Klassischen Massage haben sich verschiedene Basismassagegriffe etabliert, die die Grundlage für jede auf die Muskulatur abgestimmte manuelle Behandlungstechnik darstellt. Die Massage wirkt insbesondere aufgrund der mechanischen Beeinflussung der Haut, der Faszien und Muskeln. Beiläufig erfolgt zudem eine Manipulation der Nerven, Blutgefäße und Lymphbahnen. Somit erfolgt ein verbesserter Stoffwechsel, indem die Transportfunktionen aktiviert werden. Nährstoffe erreichen zuverlässiger ihr Zielgewebe und Abfallstoffe werden schneller abtransportiert.

Als Hauptmassagegriffe kennt man die Petrissage (Knetung), Effleurage (Streichung), Friktion (Reibung), Tapotement (Klopfung) sowie die Vibration und Schüttelung. All diese Griffe können in Geschwindigkeit und Druckstärke variiert werden, wodurch eine unterschiedliche und sogar teils gegensätzliche Wirkung erzielt werden kann. Ebenso üblich sind Abwandlungen der Basisgriffe (Walkungen, Hacken, Quer- und Längsfriktion, Verwindungen, Rechengriff, Sägegriff etc.), um spezielle Wirkungen in bestimmten Gebieten zu erzielen.

Je langsamer und sanfter eine Technik zum Einsatz kommt, desto beruhigender und entspannender wirkt sie auf den Körper. Werden die Griffe jedoch intensiv und schnell ausgeführt, erzielt man damit einen tonisierenden, belebenden Effekt.

Punktetherapie Spezielle Techniken widmen sich ganz gezielt den punktuellen Verspannungsarealen im myofaszialen System. An erster Stelle stehen die Triggerpunkte (S. 93), aber auch Tenderpoints und Akupunkturpunkte. Mit der Auflösung reaktiver Schmerzpunkte erreicht man eine reflektorische Wirkung auf den gesamten Muskel. Triggerpunkte werden mit größtmöglicher Druckstärke, anschließenden intensiven Querfriktionen und letztlich Muskeldehnungen behandelt.

Interessanterweise deckt sich die Lage der Akupunkturpunkte zum größten Teil mit der Lokalisation der Triggerpunkte. Akupunkturpunkte können mittels Laser oder ganz klassisch mit Akupunkturnadeln behandelt werden. Manuell erfolgt die Behandlung eines Akupunkturpunktes durch Fingerdruck (= Akupressur). Oberflächlich angelegte Akupunkturpunkte sind sehr gut mit Akupressur behandelbar. Bei tiefliegenden Punkten ist eine Nadel- oder Laserakupunktur die bessere Wahl, weil sie manuell kaum erreichbar sind.

Releasetechniken Aus der Osteopathie sind weitere verschiedene Muskeltechniken etabliert, aus denen hier die „Myofascial Release Technik“ (MRT) erwähnt werden soll. Releasetechniken zielen insbesondere darauf ab, tiefliegende Restriktionen in der Muskulatur und im Fasziensystem aufzulösen. Dieses Verfahren, das die Behandlungsmodelle der osteopathischen Strain/Counter-Strain-Technik, der Rolfingmethode und andere Bindegewebsmassagen tangiert, hat sich bei der Behandlung von Pferden sehr gut bewährt. Es ist außerdem immer dann angezeigt, wenn die Schmerzmuster keinem Dermatom, Myotom oder Sklerotom zugeordnet werden können.

Die Behandlung mit dem System der MRT ist auf das Feedback des Pferdes angewiesen. Nicht allein die Technik entscheidet über den Behandlungserfolg, sondern vielmehr das Gefühl. Der Therapeut nimmt Kontakt zum Gewebe auf und erfühlt dabei die notwendige Druck- und Zugstärke sowie dessen Richtung. Man wartet auf das Feedback des Gewebes und leitet daraufhin eine sanfte Dehnungssequenz ein. Nun bleibt die Vorspannung so lange aufrecht erhalten, bis der Release – eine merkliche Gewebsentspannung – eintritt. Daraufhin intensiviert der Therapeut die Dehnung, bleibt in Vorspannung und wartet erneut auf einen Release. Ist dieser eingetreten, löst der Therapeut die Dehnung auf, wiederholt den Vorgang jedoch so oft, bis das Endgefühl als weich-elastischer Gewebestopp erreicht ist.

Faszientechniken Wobei Releasetechniken und einige Massagegriffe die Behandlung des Bindegewebes mit einschließen, können sie aufgrund ihrer Wichtigkeit auch als eigene Kategorie innerhalb der Muskeltherapie geführt werden. In besonderem Maße können mit manuellen Techniken die oberflächlichen Faszien erreicht werden, aber auch auf die mittleren und tief liegenden Faszien Einfluss genommen werden. Neben Releasetechniken, wozu auch das besonders sanfte „Unwinding“ aus der kraniosacralen Osteopathie gehört, kennt man zum Lösen von oberflächlichen Faszien den Massagegriff des Hautrollens – ein Äquivalent zur Kibler-Falte (S.92) –, das Anheben (Verschieben der Haut nach dorsal, ventral, kranial und kaudal) sowie das Abziehen einer Hautfalte.

Dehnungen In bestimmten Fällen können auch aktive und passive Dehnungen die manuellen Techniken bereichern. Diese sollten jedoch nur bei einem aufgewärmten Pferd durchgeführt werden, um Verletzungen durch Überdehnungen zu vermeiden. Aktive Dehnungen, bei denen das Pferd die Bewegung selbstständig ausführt, sind relativ ungefährlich, weil das Pferd sich kaum selbst verletzt. Jedoch führen aktive Dehnungen nicht an die therapeutisch wirksame Dehngrenze heran, sodass passive Dehnungen wirkungsvoller sind. Aktive Dehnungen haben jedoch den Vorteil, dass der antagonistische Muskel eine Kräftigung erfährt, weil das Pferd selbstständig arbeitet.

Passiv ausgeführte Dehnungen können Überdehnungen und somit Verletzungen zur Folge haben, wenn der Therapeut eine unphysiologische Dehnrichtung wählt oder über die Dehnkapazität des Muskels hinausgeht. Für korrekt ausgeführte Dehnungen ist deshalb ein umfassendes anatomisches Wissen, viel Erfahrung und Gefühl erforderlich.

4.2.2 Osteopathie und Chiropraktik

Für manuell arbeitende Pferdetherapeuten werden die Berufsbezeichnungen Osteopath, Chiropraktiker und Physiotherapeut am häufigsten verwendet. Inhaltlich grenzen sich die Therapeuten schon lange nicht mehr klar ab, obwohl in den Vorstellungen der Pferdebesitzer die einzelnen Berufsbenennungen mit vagen oder auch exakt festgelegten Techniken verknüpft sind. So hat der Osteopath den Ruf, „ausgerenkte Gelenke mit sanften Techniken wieder einzurenken", während der Chiropraktiker hierfür eher harte bis „brutale" Techniken anwendet. Natürlich stimmen diese Vorstellungen in keinster Weise mit der Realität überein – vorausgesetzt der jeweilige Therapeut behandelt seriös.

Tatsächlich ausgerenkte Gelenke hätten beim Pferd fatale Folgen, und kein Therapeut könnte ein solches Gelenk einfach wieder „einrenken". Was der Volksmund als „ausgerenkt" bezeichnet, begegnet dem Therapeuten vielmehr als Läsion, Dysfunktion, Subluxation oder Blockade. Ein tatsächlich ausgerenktes Gelenk wäre eine Luxation, die beim Pferd nur in Ausnahmefällen reponierbar wäre. Konkret ist bei einer Blockade das physiologische Bewegungsausmaß einer Struktur – und damit sind nicht nur das der Gelenke, sondern insbesondere auch das der Muskeln, Sehnen, Bänder und Faszien gemeint – und infolgedessen deren Funktion mehr oder weniger eingeschränkt. Die Ursachen hierfür sind multipel, und es ist eine wichtige Aufgabe für den Therapeuten, diese herauszufinden.

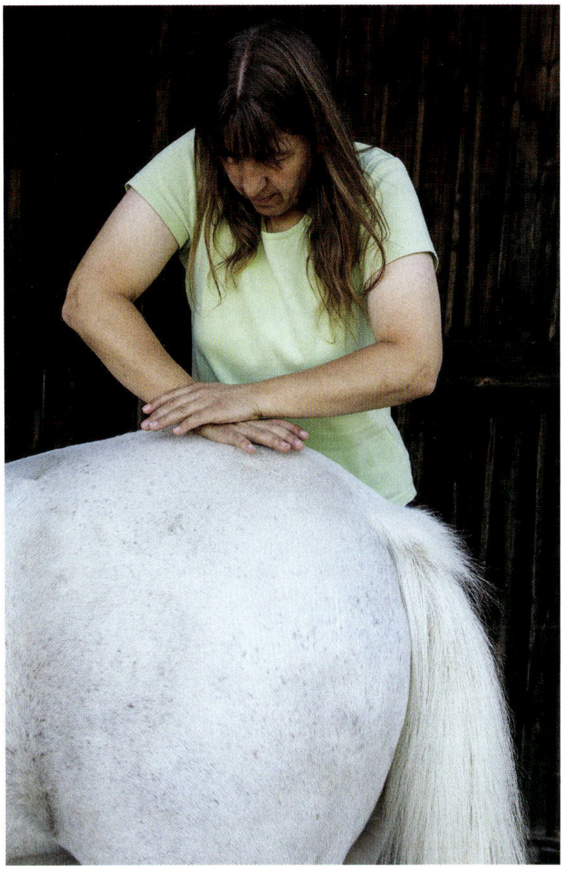

▶ **Abb. 4.2** Die Impulstechnik für das Sacrum als ursprüngliche chiropraktische Technik wird mittlerweile nicht nur von Chiropraktikern, sondern auch von Osteopathen und anderen Therapeuten durchgeführt.

Zwar grenzten sich die Osteopathen früher exakt von den Chiropraktikern ab, mittlerweile hat jeder Therapeut vom anderen verschiedene Techniken übernommen, sodass die Grenzen der Behandlungsmaßnahmen längst verschwommen sind. Ursprünglich widmete sich der Chiropraktiker ausschließlich der Wirbelsäule und wendete hierfür Impulstechniken (▶ **Abb. 4.2**) an, während der Osteopath sich dem gesamten aktiven und passiven Bewegungsapparat und somit selbst dem Weichgewebe nicht verschloss, aber Gelenke lediglich mobilisierte. Mittlerweile wendet der osteopathisch arbeitende Therapeut ebenfalls Impulstechniken an und der Chiropraktiker hat längst erkannt, dass der Körper nicht nur aus einer Wirbelsäule besteht.

Merke
Nicht die jeweilige Technik ist „gut" oder „schlecht", sondern lediglich die Ausführung derselben.

Selbstverständlich hat jeder Therapeut seine speziellen Vorlieben für bestimmte Behandlungsformen, dennoch gibt es keine „gute" oder „schlechte", sondern lediglich eine gut oder schlecht ausgeführte Technik. Jede Technik hat ihre Daseinsberechtigung und wird von kompetenten Therapeuten entsprechend ihrer Eignung eingesetzt. So bevorzugt man im Allgemeinen eine Impulstechnik bei frischen, akuten Blockierungen, während chronifizierte Dysfunktionen meist besser auf Mobilisationen ansprechen. Dennoch gibt es immer Ausnahmen von der Regel und ein adäquat ausgebildeter Therapeut hat deshalb verschiedene Techniken im Repertoire, dass er die Therapie jeweils auf die Bedürfnisse des Pferdes anpassen kann.

Wichtig im Zusammenhang mit der Behandlung von Pferden ist also nicht die Bezeichnung des jeweiligen Therapeuten, sondern seine Qualität, die passende Technik auszuwählen und korrekt einzusetzen. Ein kompetenter Manualtherapeut kennt für alle Strukturen – Muskeln, Sehnen, Bänder, Knochen, Gelenke, Faszien, Nerven, Organe usw. – wirksame Techniken, die mit Hilfe von elastischen Tapes erweitert und intensiviert werden können. Dies rundet eine ganzheitliche Therapie perfekt ab.

4.3 Begleittherapien

Verschiedene Therapeuten spezialisieren sich auf eine bestimmte Therapieform. Im Hinblick auf die Läsionen des Bewegungsapparates können jedoch viele Behandlungsmaßnahmen nur eine zusätzliche Unterstützung des Genesungsprozesses darstellen. Als Primärtherapie eignen sie sich nicht. Für die Behandlung des Bewegungsapparates ist die Manuelle Therapie in Form von chiropraktischen, osteopathischen und physiotherapeutischen Methoden das Mittel der Wahl. Dennoch kann die Manuelle Therapie durch verschiedene weitere Therapieansätze ergänzt werden. Diese sogenannten Begleittherapien sind als alleinige Maßnahmen nicht ausreichend, um zu einem zufriedenstellenden Ergebnis zu kommen.

Bei der Wahl einer Therapieform ist es wichtig zu wissen, wie wirksam welche Maßnahmen für welche Erkrankungen oder Verletzungen sind. Regulatorische Therapieformen wie die Akupunktur haben nicht den Anspruch, eine zerstörte Struktur wieder herzustellen. Sie können lediglich gestörte Mechanismen wieder ins Lot bringen, damit ernsthafte Erkrankungen erst gar nicht entstehen. Einerseits kann ein homöopathisches Mittel nicht in der Lage sein, ein mechanisch blockiertes Gelenk wieder zu mobilisieren. Andererseits wird auch ein elastisches Tape dieser Aufgabe nicht gewachsen sein. Das Tape kann aber ein manuell korrigiertes Gelenk möglicherweise daran hindern, wieder zu blockieren und ist sicherlich eher in der Lage, die Struktur mobil zu halten als homöopathische Globuli.

Dafür hat die Homöopathie auf einer anderen Ebene möglicherweise mehr Erfolg als Tapes, Akupunkturnadeln oder ein therapeutischer Laser. Die Wahl der Therapieform, insbesondere aber die richtige Auswahl von Behandlungskombinationen mit der entsprechenden Einstufung von Primär- und Sekundärtherapien trägt wesentlich zum Behandlungserfolg bei.

Wichtige begleitende und ergänzende Therapiemethoden sind neben dem kinesiologischen Taping die Akupunktur, Homöopathie, Phytotherapie (Kräutermedizin) und weitere naturheilkundliche Verfahren, physikalische Therapien (Elektrotherapie, therapeutischer Ultraschall, Stoßwellentherapie, Magnetfeldtherapie, Lasertherapie etc.), Lymphdrainage und Neuraltherapie, um nur einige Beispiele zu nennen.

Die Tatsache, dass es sich um ergänzende Therapieverfahren handelt, bedeutet jedoch nicht, dass sie weniger wertvoll wären. Die richtige Kombination und die adäquate Anwendung der Therapien sind hier entscheidend.

4.4 Tapen in der Praxis

Bevor man eine Tapeanlage am Pferd anbringt, sollte das Pferd einer ausführlichen Befundung unterzogen worden sein. Normalerweise kommt der Vierbeiner zudem in den Genuss einer passenden Primärtherapie, die in den meisten Fällen entweder aus einer schulmedizinischen Behandlung besteht oder (insbesondere bei Restriktionen des Bewegungsapparates) eine Manuelle Therapieform beinhaltet. Selbstverständlich sind neben anderen Behandlungsformen auch Therapieverfahren in Kombination möglich. Die Tapeanlage als zusätzliche Sekundärtherapie steht schon aus praktischen Gründen ganz am Schluss einer Behandlung. Die Klebebänder würden die Ausführung anderer Therapiearten unter Umständen stören. Wenn weitere Sekundärtherapien angewendet werden sollen (Phytotherapie, Homöopathie etc.), ist die Reihenfolge egal, wenn die Tapebänder die nachfolgenden Tätigkeiten am Pferd nicht behindern.

Die Befundergebnisse geben dem Therapeuten eine Idee der passenden Tapeanlage. Eine gut funktionierende Anlage muss dabei verschiedene Kriterien erfüllen. In erster Linie ist die Wirkungsrichtung entscheidend, aber auch die Reihenfolge der Basisanlagen, die Zugrichtung, die Zugstärke, die Art des Anbringens und nicht zuletzt auch die Farbwahl. All diese Dinge erfordern viel Übung und Erfahrung.

Eine unbefriedigende Anlage kann zwar jederzeit abgeändert und korrigiert werden, dennoch verliert man wertvolle Therapiezeit und auch die Materialkosten sind nicht zu unterschätzen. Darum ist es wichtig, im Vorfeld zu überlegen, welche Tapes sinnvoll sind. Es zeugt von der Qualität des Therapeuten, wenn er die Tapes sauber und korrekt anbringt. Ein zweiter Versuch kostet auch ein neues Tapeband, denn ein Band, das einmal mit dem

▶ **Abb. 4.3** Die Auswahl von qualitativ hochwertigen Tapes ist bei Pferden besonders wichtig, damit sie sich auch bei großer Beanspruchung wie z. B. beim Wälzen nicht gleich wieder ablösen.

Pferdefell in Berührung gekommen ist, wird kein zweites Mal kleben.

Für die Planung einer Tapeanlage sind aber nicht nur das Krankheitsbild, sondern auch die äußeren Umstände entscheidend, die eine Tapeanlage beeinflussen können. So ist zu überlegen, ob es Sinn macht, Tapebänder im Bereich des Pferderückens anzubringen, wenn das Pferd täglich geritten werden soll. Möglicherweise arbeitet man auch umsonst, wenn das Tier bei Regenwetter ganztags auf einem schlammigen Paddock gehalten wird. Nässe und Schweiß sind keine guten Freunde der Klebebänder, die sich dann sehr schnell ablösen können. Weidepferde könnten sich der Bänder ziemlich flott entledigen, wenn sie nach der Therapie auf die Koppel entlassen werden und sich gleich genüsslich wälzen (▶ **Abb. 4.3** und ▶ **Abb. 4.4**). Auch neugierige Artgenossen helfen manchmal gerne durch Beknabbern mit, die farbigen Streifen wieder loszuwerden.

Damit die praktische Umsetzung einer Tapeanlage reibungslos funktioniert und die Bänder so lange wie möglich halten, sind einige Kriterien zu beachten. Tapes sollten nur angebracht werden, wenn gute Chancen bestehen, dass sie lange genug auf dem Fell haften bleiben. Jedes Ablösen noch am selben Tag frustriert sowohl Pferdebesitzer als auch den Therapeuten.

Aus diesem Grund müssen optimale Bedingungen geschaffen werden, damit die Klebebänder ihre Wirkung erzielen können. Das bedeutet, ideale Rahmenbedingungen zu schaffen (in Haltung, Umgang und Reiten), eine gezielte Vorbereitung des Pferdes sowie Maßnahmen zu ergreifen, die die Haltbarkeit der Tapes erhöhen.

▶ **Abb. 4.4** Diese Segmentanlage hat das ausgiebige Wälzen des Ponys allerdings gut überstanden, da qualitativ hochwertige Tapes verwendet wurden.

4.4.1 Haltbarkeit der Tapes erhöhen

Es ist eine große Herausforderung, die Klebebänder auf dem Pferdekörper so anzubringen, dass sie über einen längeren Zeitraum fixiert bleiben. Ein frühzeitiges Ablösen der Tapes demotiviert und lässt nicht zu Unrecht Zweifel am Sinngehalt der Tapingtherapie aufkommen, wenn sich die Bänder schon nach kurzer Zeit vom Pferdefell verabschieden. Die Akzeptanz, insbesondere des Pferdebesitzers, ist jedoch von fundamentaler Bedeutung, da ansonsten mögliche Einschränkungen in der Nutzung des Pferdes (Reiten) ebenfalls nicht hingenommen werden. Somit würde eine allumfassende, ganzheitlich ausgerichtete Therapie auf der Strecke bleiben.

Es gilt deshalb alles dafür zu tun, dass die Tapes so lange wie möglich auf dem Pferdefell halten. Die Strategie beginnt mit der Auswahl von passenden, qualitativ hochwertigen Tapes. Unter der Vielzahl von Tapeherstellern und -vertreibern ist es nicht einfach, den Überblick zu bewahren und das beste Tape für das Pferdetaping zu finden. Eine erste Auswahl kann man nach dem Materialtest (S. 13) bereits treffen. Einige Hersteller haben mittlerweile auch schon spezielle Tapes für Tiere im Programm, die mit einer besseren Klebekraft ausgestattet sind. Letztendlich aber heißt es, die verschiedenen Tapes auszuprobieren, bis man ein zufriedenstellendes Klebeband gefunden hat.

Die Technik des Klebens spielt ebenfalls eine große Rolle, ob ein Tape sich vorzeitig ablöst. Zu hohe Zugkräfte führen dazu, dass die Klebekraft nachlässt. Deshalb gilt die Devise beim Pferdetaping: „Weniger ist mehr". Lieber etwas weniger Zug, dafür gewinnt man eine umso längere Haltbarkeit auf dem Fell. Dasselbe Problem ergibt sich beim „Tape auf Tape-Kleben (S. 81)", wobei sich die Zugkräfte summieren und sich die Haftung auf diese Weise verringert.

Scheren

Besonders im Winter kann es eine sinnvolle Maßnahme sein, die Bereiche, auf denen kinesiologische Tapes geklebt werden sollen, weitestgehend von langen Haaren zu befreien. Eine „Straße", die mit Hilfe einer Schermaschine ins Winterfell geschoren wird, trägt deshalb zu einer besseren Haltbarkeit bei. Allerdings möchte nicht jeder Pferdebesitzer geschorene Streifen auf dem Fell seines Pferdes sehen, vor allem wenn die Tapes nicht dauerhaft, sondern nur vorübergehend für einige Tage auf dem Fell verbleiben sollen.

Ist der Pferdebesitzer nicht begeistert von der Idee, sein Pferd in den Bereichen zu scheren, an denen die Tapes angebracht werden sollen, muss man bei zotteligen Robustpferderassen meist gänzlich auf das Tapen verzichten. Bei sehr langem Winterfell würde das Tape grundsätzlich seine Wirkung verlieren. Je länger das Fell, umso geringer die Wirkung, die auf der Haut ankommt.

Zurückhaltend sollte man in den Monaten Februar bis April sein, wenn die Pferde im Fellwechsel sind und das lange Winterfell abwerfen. Wenn die Pferdebesitzer täglich schubkarrenweise lange Haare aus dem Fell bürsten, hält ein Tape kaum ein paar Stunden lang. Auch hier ist das Scheren die einzige Lösung, wenn eine Tapeanlage halten soll.

Anwärmen

Für die Haltbarkeit des Tapes auf dem Pferdefell ist es fundamental wichtig, den Acrylkleber auf dem Tapeband fachgerecht zu aktivieren. Dies geschieht, indem man mit den Fingern kräftig über dem Baumwollgewebe des Tapes reibt. Die dabei entstandene Reibungswärme aktiviert den Kleber, der daraufhin seine vollständige Klebekraft entfalten kann. Das intensive Anmodellieren sollte deshalb nicht oberflächlich, sondern sehr gewissenhaft geschehen.

Man kann mit zusätzlichen Wärmequellen ggf. nachhelfen, ohne jedoch dabei auf die Idee zu kommen, mit elektrischen Geräten wie Fön oder Heizlüfter am Pferd zu hantieren. Diese Praktiken wären viel zu gefährlich. Überlegenswert sind allerdings die mit kleinen Aluplättchen zu aktivierenden Wärmepads, die es in verschiedenen Größen zu kaufen gibt. Pferdebesitzer haben es auch schon mit Wärmeflaschen versucht, die besonders in den Wintermonaten eine Wohltat für den Pferderücken sein können.

Werden die Tapes großer Wärme ausgesetzt, verliert der Acrylkleber seine Klebekraft und jedes gute Anmodellieren ist sinnlos. Das Tape wird sich weigern, auf dem Fell zu haften. Aus diesem Grund sollten die Taperollen nicht auf sonnenbeschienenen Fensterbänken, im Auto, das der Sonne ausgesetzt ist, oder neben anderen Wärmequellen (z. B. Heizung) gelagert werden.

Zusatzkleber

Um die Haltbarkeit der Tapes auf der Haut oder dem Fell zu erhöhen, hält die Industrie spezielle Zusatzkleber in Sprühdosen bereit. Diese werden unmittelbar vor dem Tapen auf das Fell gesprüht und das Tape nach etwa 30 sec Einwirkzeit aufgebracht. Es ist jedoch darauf zu achten, dass der Kleber die Schleimhäute in Augen, Maul oder Nase nicht kontaktiert, da es ansonsten zu Reizungen kommen kann. Der Kleber darf deshalb nicht am Kopf des Pferdes angewendet werden.

Von manchen Kritikern wird bemängelt, dass die Zugwirkung der Tapes durch den Kleber negativ beeinflusst wird. Der ursprüngliche Acrylkleber ist auf dem elastischen Baumwollband in Wellenform aufgebracht und ermöglicht zwischen den Klebewellen eine freie Beweglichkeit des Gewebes. Diese wird durch den Zusatzkleber eliminiert, sodass fraglich ist, ob die Wirkung des Tapes damit signifikant verändert wird. Auch wenn dem so sei, bringt einem allerdings ein „irgendwie" klebendes Tape mehr als ein abgelöstes. Allein schon deshalb ist dieser Kritikpunkt durchaus tolerierbar.

Weiter muss festgestellt werden, dass die wellenförmige Klebeeigenschaft durch die Haftung am Pferdefell keineswegs denselben Effekt erzielen kann wie ein direkt auf der Haut klebendes Tape. Je länger die Haare sind, umso stärker „verzögert" sich der Zug des Tapes in Richtung und Kraft. Dies muss kein Nachteil sein, für die Kreation einer Tapeanlage sollte dies jedoch berücksichtigt werden. Dass das Tape beim Pferd nicht direkt auf der Haut haftet, hat sogar den Vorteil, dass die Haut stets gut belüftet ist und somit besser atmen kann. Es findet kein direkter Kontakt der Haut mit dem Kleber statt, sodass beim Pferd allergische Reaktionen auf den Acrylkleber erfahrungsgemäß nicht auftreten.

Will man einen Zusatzkleber verwenden, muss man allerdings sicherstellen, dass das Pferd an das Zischgeräusch der Sprühdose gewöhnt ist, da es sonst unruhig und ängstlich werden kann. Das anschließende Kleben der Tapestreifen könnte folglich erschwert oder sogar gänzlich unmöglich werden.

4.4.2 Vorbereitung des Pferdes

Das kinesiologische Tapen ist eine Therapieform, die sorgfältig geplant werden muss, soll sie funktional sein. Hierzu gehört nicht nur die spezielle Kreation der Tapeanlage, sondern auch die gezielte Vorbereitung des Pferdes, damit die Tapes lange halten und ihre Wirkung entfalten können. Wie es auch bei anderen Therapieformen üblich ist, sollte das Pferd an einen ruhigen Ort gebracht werden, damit es gelassen steht und Therapeut und Helfer ohne Störung arbeiten können.

Im Vorfeld ist daran zu denken, dass das Pferd mindestens 2 h zuvor nicht gearbeitet wird. Es sollte auch nicht in der prallen Sonne gestanden haben, weil die Tapes auf einem verschwitzten und nassen Fell nicht gut halten.

Sauberkeit

Jeder Zustand, der die Klebeeigenschaft der Tapes auf dem Pferdefell negativ beeinflusst, sollte möglichst eliminiert werden. Ein sauberes Fell ist für das Tapen deshalb obligatorisch. Schweiß, Staub, Schmutz und Nässe sind den Tapes feindlich gesinnt. Das Pferd sollte darum vor dem Tapen gründlich geputzt werden.

Manche Therapeuten empfehlen dem Pferdebesitzer, seinen Vierbeiner vor dem Tapen mit einem milden Shampoo oder einer pH-neutralen Seife zu waschen. In diesem Fall müssen anschließend mindestens 2 h veranschlagt werden, bis das Pferd vollständig abgetrocknet ist. In dieser Zeit ist es keine gute Idee, das Tier auf die Koppel zu entlassen, weil sich frisch gewaschene Pferde gerne sofort wieder wälzen. Diesen Drang haben die Pferde aber häufig auch noch nach dem Trocknen. Ist das Pferd fertig getapet und wird dann auf die Weide entlassen, kann es passieren, dass es sich der Tapes innerhalb von Sekunden entledigt, wenn es sich wälzt oder die nächste Schubbergelegenheit wahrnimmt, um sich genüsslich das juckende Fell zu kratzen.

Bei vielen Pferden macht es deshalb mehr Sinn, die Tiere nur gründlich mit der Bürste zu schrubben, um den gröbsten Schmutz herauszuputzen. Nur bei Pferden, die stark geschwitzt haben und der getrocknete Schweiß das Fell verklebt, ist Wasser und ein mildes Shampoo eine sinnvolle Angelegenheit, um den Juckreiz auslösenden Schweiß auszuwaschen.

Selbstverständlich muss das Pferd vollständig getrocknet sein, bevor die Klebestreifen angebracht werden.

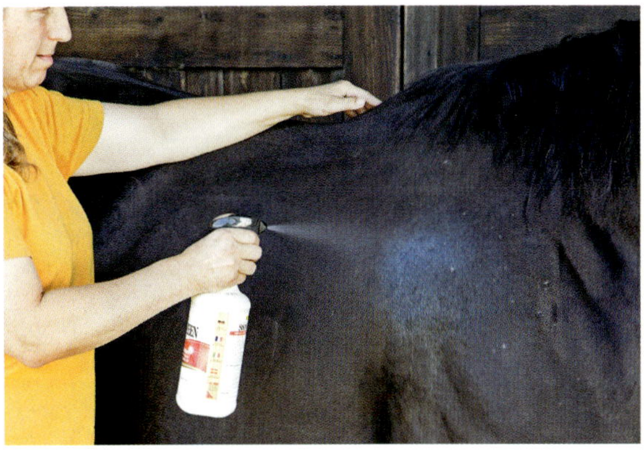

▶ **Abb. 4.5** Pflegesprays verringern die Haltbarkeit von Tapes signifikant und sollten deshalb nicht verwendet werden, wenn das Pferd getapet werden soll.

Pflegemittel

Mindestens 48 h zuvor sollten keine Pflegemittel wie Salben, Öle, Fliegenmittel, Fellglanzsprays etc. verwendet werden. All diese Mittel verringern die Haftung des Acrylklebers signifikant (▶ **Abb. 4.5**). Bei fliegenempfindlichen Pferden muss man deshalb ggf. auf Fliegendecken ausweichen.

Irritierte Hautpartien, die der medizinischen Pflege bedürfen und mit Salben oder Tinkturen behandelt werden sollen, stellen eine Kontraindikation (S. 17) dar und sollten deshalb nicht getapet werden. Wird eine Behandlung jedoch lediglich präventiv vorgenommen, um dem Fell einen schöneren Glanz zu verleihen oder um die Haut geschmeidiger zu machen, sollte auf Pflegemittel verzichtet werden. Die therapeutische Wirkung der Tapes sollte hier im Vordergrund stehen.

Praxistipp

Die Haltbarkeit der Tapes kann durch vielerlei Maßnahmen unterstützt werden:

- zu beklebende Areale scheren
- Zusatzkleber verwenden
- auf Pflegemittel (Fliegenmittel, Salben, Fellglanzsprays etc.) verzichten
- mit pH-neutralem Shampoo oder Seife waschen und ausreichend trocknen lassen
- gründlich putzen
- Verwendung von speziellen Tapes für Tiere
- qualitativ hochwertige Kinesiotapes wählen
- Fellwechselzeit möglichst meiden
- gründliches Aktivieren des Acrylklebers durch intensives Anwärmen
- fachgerechte Lagerung der Tapes (kühl und trocken)

4.4.3 Tapekontrolle

Jeder Therapeut ist verpflichtet, den Behandlungsverlauf seiner Therapie zu kontrollieren. Dies gilt insbesondere für Therapieformen, bei denen Material am Pferd zurück

▶ **Abb. 4.6** Pferde schubbern sich gegenseitig, wobei sich Tapes ablösen können.

bleibt, wie beispielsweise bei der Akupunktur: Viele Akupunkteure setzen eine gewisse Anzahl von Nadeln, die in der Regel etwa 20 min in der Haut des Pferdes verbleiben sollen. Da die Therapeuten diese Zeitspanne oft nicht abwarten wollen, verlassen sie den Therapieort, ohne die Nadeln zu ziehen. Dies wird dann in der Regel dem Pferdebesitzer übertragen, dem oft gar nicht bewusst ist, wie viele Nadeln der Behandler an welchen Stellen gesetzt hat. Auf diese Weise können Nadeln übersehen werden oder vorzeitig abgefallene Nadeln ins Stroh geraten. Dies birgt eine nicht unerhebliche Verletzungsgefahr für Mensch und Tier.

Übersehene Nadeln, die nicht gezogen worden sind, können sich weiter ins Gewebe drücken und Entzündungen oder größere Verletzungen verursachen. Nicht mehr gefundene, vorzeitig abgefallene Akupunkturnadeln sind zwar relativ flexibel, doch wälzt sich das Pferd im Stroh und sticht sich mit der im Einstreu verborgenen Nadel ins Auge ... Oder der Pferdebesitzer greift nach einer Handvoll Stroh, um sein Pferd damit abzureiben und fasst dabei in die Nadel ... Es gibt vielerlei „dumm gelaufene“ Situationen, die hätten vermieden werden können, wenn der Therapeut fachgerecht gearbeitet hätte.

Das kann bei kinesiologischen Tapes nicht passieren? Weit gefehlt: Ein Tapeband ist zwar flexibel, aber dennoch sehr reißfest. Insbesondere wenn die Grundsätze des korrekten Tapens nicht beachtet werden und ein Tapeband um das Bein geschlungen wird und dabei in sich selbst verklebt wird, kann dies zu einer verletzungsträchtigen Falle werden. Rollt sich das Tape auf, bildet sich ein unnachgiebiger Strang um das Pferdebein. Damit könnte das Pferd an einem Gegenstand hängenbleiben und sich schwere Beinverletzungen zuziehen (▶ **Abb. 2.8**).

Man hat auch schon Pferde gesehen, die ihren Weidekumpels die Tapes vom Körper gezogen und diese dann als Kaugummi benutzt haben. Gelangen die abgelösten Tapes ins Futter, könnten sie von den Pferden versehentlich mitgefressen werden. Nicht zuletzt hat es schon Fälle gegeben, bei denen das getapete Pferd Panik bekommen hat, weil sich ein Tapeband teilweise gelöst hat und lose am Körper herabhing. Das Flattern des Bandes im Wind hat das Tier so erschreckt, dass es in Panik über die Koppel gerast ist. Auch dies kann zu schlimmen Verletzungen führen.

Es ist deshalb sehr wichtig, dass ein getapetes Pferd stets unter Kontrolle steht. Der Pferdebesitzer muss auf die möglichen Gefahrenquellen sensibilisiert werden und Anweisungen erhalten, wie er mit sich ablösenden Tapes verfahren soll. Oft genügt es, die teilweise abgelösten Tapestreifen mit einer abgerundeten Schere abzuschneiden. Manchmal müssen getapete Pferde sogar von den Artgenossen getrennt werden, wenn diese zu neugierig sind und die Klebebänder mit ihren Zähnen abzuziehen versuchen (▶ **Abb. 4.6**). Getapete Pferde müssen öfters kontrolliert und die Tapes auf ihren Zustand hin überprüft werden.

! Merke

Der Therapeut hat die Verpflichtung, den Therapieverlauf zu kontrollieren!

Der Therapeut sollte stets auch den körperlichen Zustand des Pferdes überwachen:

- Wie wirken die Tapes sich auf den Körper aus?
- Erzielen sie die gewünschte Wirkung?
- Oder überreagiert der Körper und bekommt das Pferd beispielsweise angelaufene Beine?
- Wurde dabei möglicherweise eine falsche Tapefarbe oder Zugrichtung gewählt?
- Verändert sich das Gangbild zum Positiven oder Negativen?

All diese Fragen können nur durch eine Kontrolle des Therapieverlaufs beantwortet werden. Kommt es zu unerwünschten Reaktionen, kann der Therapeut schnell eingreifen und ggf. nachbessern.

4.4.4 Reiten mit Tapes

Selbstverständlich kann das Pferd geritten werden, wenn es getapet ist. Berücksichtigen sollte man jedoch, dass sich die Tapes schneller ablösen, wenn das Pferd schwitzt oder umfangreichere Bewegungen ausführt, die aufgrund von schnellen Gangarten oder Sprüngen erforderlich sind. Die Tapes können (je nach Anlageart) unter Umständen an ihre Elastizitätsgrenze stoßen, insbesondere wenn diese bereits unter großer Spannung geklebt wurden.

Liegen die Tapes in der Gurt- oder Sattellage, im Bereich der Schenkellage oder am Pferdehals auf Höhe der Zügellinie, kann es zu frühzeitigem Ablösen der Tapes kommen, wenn die Ausrüstung oder das Reiterbein Kontakt mit den Tapes haben. In diesen Fällen ist zu überlegen, ob das Pferd nur eingeschränkt bewegt (Alternativen wären Longieren oder Mitlaufen als Handpferd), die Tapeanlage verändert oder einfach öfters nachgetapet werden sollte. Die ersten beiden Alternativen sind häufig die ungünstigeren Kompromisse, es muss aber für jeden Fall individuell entschieden werden (▶ **Abb. 4.7**).

Für den Turnierreiter wird sich früher oder später die Frage stellen, ob er auch mit Tapestreifen am Pferd in einer Turnierprüfung starten darf. Hierzu gibt es unterschiedliche Auffassungen zumal die Deutsche Reiterliche Vereinigung (FN) in ihren Dopingrichtlinien keine direkte Stellung dazu bezieht. Displizit erlaubt die FN derzeit (2016) lediglich „manuelle Therapieverfahren (Physiotherapie, Chiropraxis, Osteotherapie) sowie folgende physikalische Verfahren: Eiswasser, Kühlmaschinen, nicht unter einer Temperatur von 0°C, Magnetdecken“. Das Kinesiotaping ist weder als verboten, noch als erlaubt aufgeführt.

Die Erste Westernreiter Union Deutschland (EWU) hingegen verbietet aktuell das Reiten von getapeten Pferden in ihren Prüfungen und beruft sich unter anderem darauf, dass das Kinesiotaping nicht in den Ausnahmen zu Anhängen der Listen I bis III der Anti-Doping- und Medikamentenkontroll-Regeln (ADMR) aufgeführt sind.

Diskutiert wird innerhalb der Verbände auch, dass man bei getapeten Pferden davon ausgehen muss, dass die Tiere körperliche Beschwerden haben, diese darum als nicht gesund anzusehen sind und somit auf dem Turnierplatz nichts verloren hätten. Übersehen wird dabei, dass Pferde durchaus auch präventiv, unterstützend oder leistungssteigernd getapet werden können, das heißt also, nicht zwingend krank oder verletzt sein müssen. Wird das Tape auf eine spezielle Weise angebracht (z. B. Korrekturanlage), kann es unter Umständen aber auch einen bestimmten Bewegungsablauf unterstützen, der ggf. zu höheren Leistungen befähigt. In diesem Fall müssten dann die Dopingbestimmungen greifen. Sicherlich wird es in den nächsten Jahren noch einige Änderungen geben. Turnierreiter sollten sich deshalb bei ihren Reitverbänden stets über die aktuell geltenden Regeln erkundigen.

▶ **Abb. 4.7** Reiten kann die Haltbarkeit der Tapes – insbesondere in der Sattellage und am Hals – aufgrund der aufliegenden Ausrüstung einschränken.

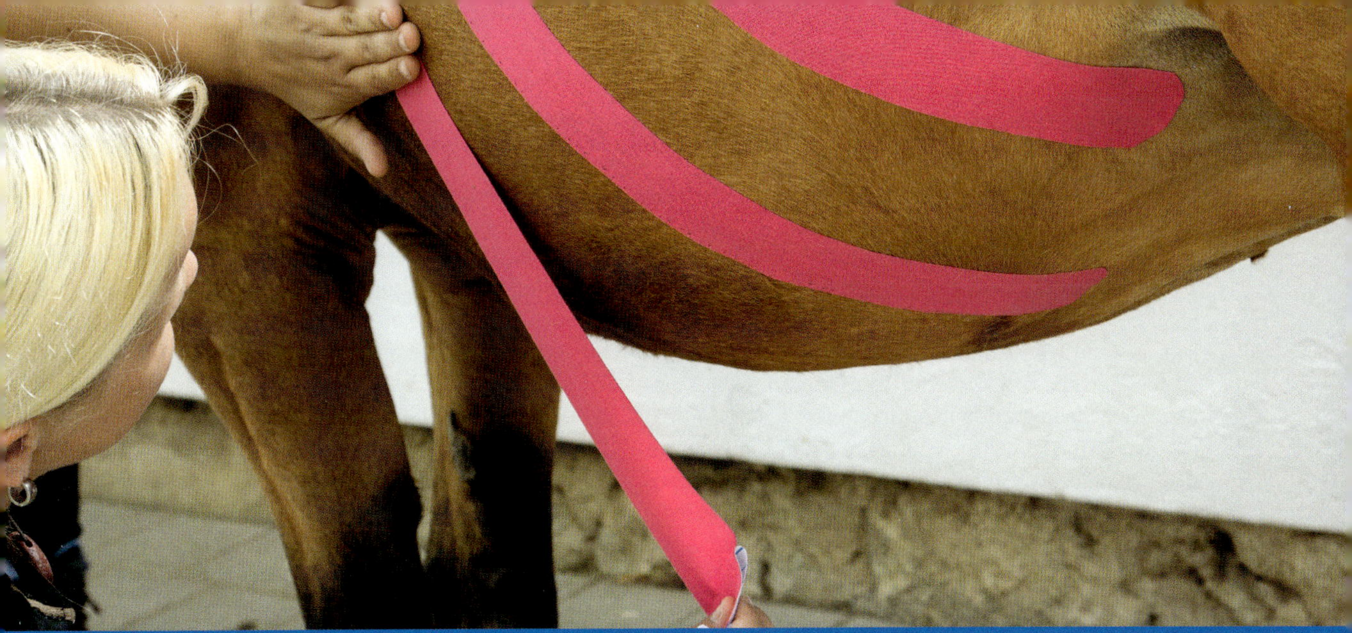

Teil 3
Indikationsanlagen in der Praxis

5 Klinische Anwendung von elastischen Tapes

5.1 Prinzipien

Die in Kap. 2 beschriebenen Basis-Tapeanlagen (S. 36) stellen stets die Grundlage für den Entwurf einer Tapeanlage zu einem bestimmten Krankheitsbild dar. Sie sind das Handwerkszeug, das – gepaart mit dem kompetenten pathologischen Wissen und der Kreativität des Therapeuten – dazu beiträgt, eine sinnvolle Tapeanlage zu entwickeln, die den Pferdeorganismus in der Bewältigung einer gesundheitlichen Störung unterstützt.

Es ist fundamental wichtig, sich mit der Erkrankung oder Verletzung des Pferdes intensiv auseinanderzusetzen, bevor man mit dem Tapen beginnt. Der Therapeut muss die pathophysiologischen Abläufe kennen und somit die Krankheit verstehen lernen. Nur auf diese Weise kann er wissen, welche Maßnahmen den Heilungsvorgang forcieren können. Wie bereits erwähnt, ist hierfür eine umfassende Diagnostik (S. 88) von entscheidender Bedeutung.

Erkrankungen und Verletzungen stellen sich stets variabel in ihrer Form und Ausprägung dar. Dieselbe Erkrankung kann sich bei unterschiedlichen Pferden völlig anders präsentieren. Manche Symptome treten bei dem einen Pferd auf, bei einem anderen nicht. Die Auswirkungen auf das Wohlbefinden stellen sich ebenso mannigfaltig dar wie das Schmerzempfinden, die psychische Auswirkung sowie der Verlauf des Krankheitsgeschehens. All diese Faktoren erfordern eine individuelle Entwicklung einer Tapeanlage – speziell für jedes einzelne Pferd mit seiner ganz persönlichen Form der Gesundheitsstörung. Dies macht deutlich, dass die hier vorgestellten Tapeanlagen für verschiedene Krankheitsbilder stets nur eine von vielen Möglichkeiten darstellen, die Gesundung des jeweiligen Pferdes anzukurbeln (▶ **Abb. 5.1**). Es ist deshalb wenig sinnvoll, die Indikationsanlagen einfach nur nachzutapen. Sie sollen lediglich eine Idee davon geben, was möglich ist und wie eine Anlage kreiert werden kann.

Merke

Jede Tapeanlage muss individuell für jedes Pferd erstellt werden. Es macht darum keinen Sinn, die vorgestellten Anlagen lediglich nachzutapen. Sie dienen jedoch als Ideenquelle zur Entwicklung einer passenden Tapestrategie für das jeweilige Pferd.

Die Auswahl der vorgestellten Indikationsanlagen richtet sich danach, wie häufig und aktuell die verschiedenen Krankheitsbilder auftreten und welche konstruktiv mit Tapes versorgt werden können. Prädestiniert sind deshalb die Erkrankungen des Bewegungsapparats, aber auch verschiedene innere Erkrankungen lassen sich begleitend mit Klebestreifen behandeln.

Manche Gesundheitsstörungen kommen mit wenigen Tapestreifen aus, beispielsweise genügt es oft, bei einer muskulären Problematik, nur einen einzigen Muskeltape zu setzen. Grundsätzlich sollte man darauf achten, die Pferde nicht zu „übertapen", sondern sich auf wenige, wichtige Tapestreifen zu konzentrieren, anstatt den Körper des Pferdes mit vielen Klebebändern zu überfrachten (▶ **Abb. 5.2**).

Bei der Entwicklung einer Tapeanlage sind folgende Punkte in der Zusammenfassung zu beherzigen:

- Wichtigstes Ziel ist die Schmerzreduktion.
- Keine Tapeanlage ohne vorherige Befundung.
- Sich auf die wichtigsten Tapes konzentrieren, die Pferde nicht „zutapen".
- Tapen als ergänzende, sekundäre Therapieform ansehen, die primäre Therapieform muss dem Tapen vorausgehen.
- Die Individualität des Pferdes berücksichtigen und Tapeanlagen darauf ausrichten.
- Bei Tapekombinationen die Klebestreifen mit dem stärkeren Zug möglichst zum Schluss anbringen.

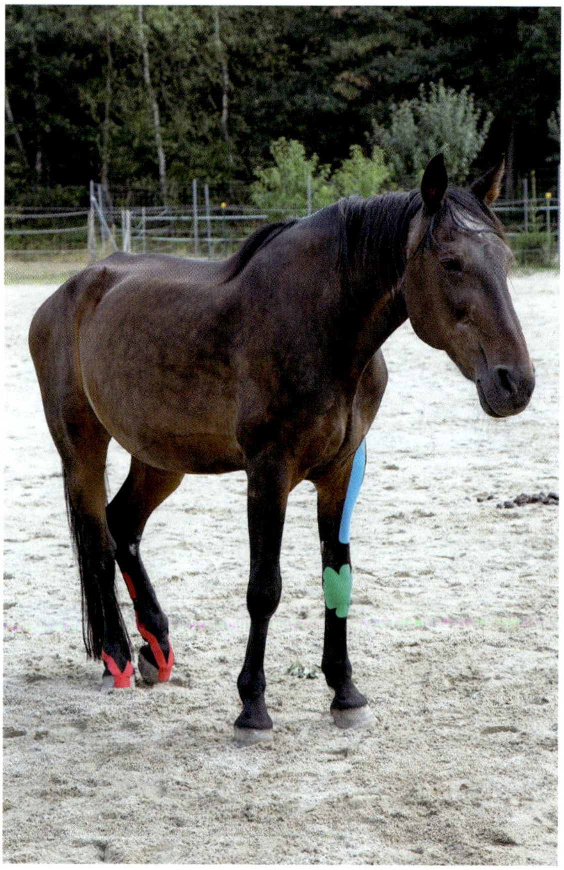

▶ **Abb. 5.1** Die Tapeanlage muss für jedes Pferd individuell angelegt werden. Die Beschwerden beispielsweise alter Pferde können mit Tapes gut unterstützt werden.

- Tapes so wenig wie möglich übereinander kleben.
- Möglichst stets beide Körperseiten tapen, auch wenn das Problem nur auf einer Seite besteht.

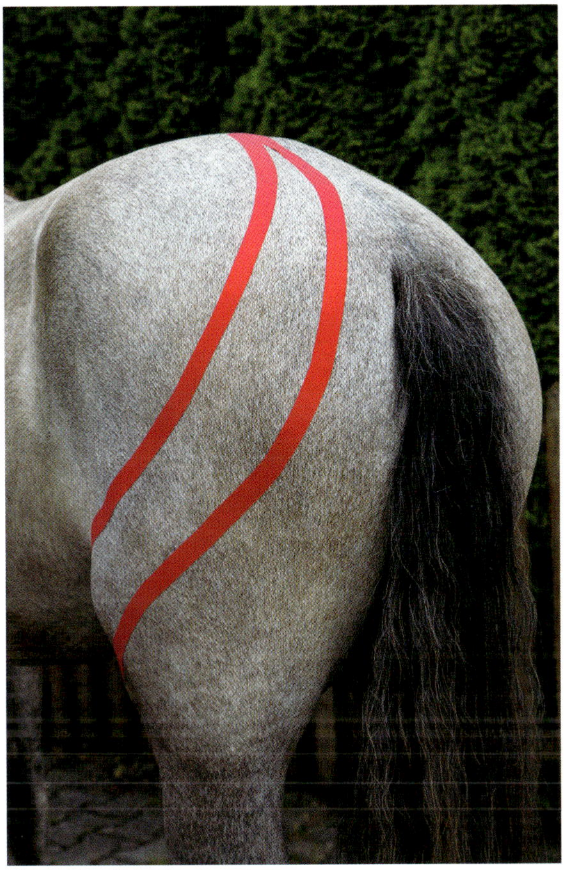

▶ **Abb. 5.2** Man sollte darauf achten, den Körper nicht mit vielen Klebestreifen zu überfrachten. Manchmal genügt auch schon ein einziger Tape pro Körperhälfte.

5.2 Muskeldysfunktionen

Eine Fehlfunktion der Muskulatur kann viele Gründe haben. Neben verletzungs- und krankheitsbedingten Läsionen (S. 129) kommen Muskelverspannungen und -atrophien bei Reitpferden sehr häufig vor. Über 80 % der Läsionen im Bewegungsapparat lassen sich dem myofaszialen System zuordnen. Es steht fest, dass bei verspannungsbedingten Bewegungseinschränkungen nicht nur der Muskel an sich, sondern auch das Fasziensystem, die Sehnen und der passive Bewegungsapparat mitbetroffen sind. Nicht immer sind Ursache und Auswirkung voneinander abgrenzbar, weil sich beide gegenseitig bedingen.

Ursachen Bei einer muskulären Verspannung kommt es zu einem dauerhaft kontrakten Muskel. Ursache ist oft eine schmerzbedingte Schutzspannung. Die Auslöser von Schmerzen sind multipel und können durch unpassende Ausrüstung, Fehlstellungen, übertriebenes oder falsche Training, traumatische Ereignisse oder aber auch innere Erkrankungen entstehen. Die Ursachensuche gestaltet sich deshalb nicht einfach, sodass der Therapeut zunächst einmal die Symptombeseitigung anstreben wird.

Ein kontrakter Muskel ist in seiner Dehnfähigkeit eingeschränkt, die Schmerzen verhindern ebenso das endgradige Bewegen der Gelenke. Die Folge davon sind steife Bewegungen, eine verringerte Stoffwechselrate und ein umfassender Muskelabbau (▶ **Abb. 5.3**).

Der ursprünglich betroffene Muskel überträgt seine Aufgabe im Anfangsstadium seinen synergistisch arbeitenden Kollegen, die bei längerer Zusatzbelastung überfordert sind und aufgrund dessen ebenfalls verspannen. Die antagonistische Muskulatur ist in Folge davon unterfordert und verliert entsprechend an Muskelmasse – sie atrophiert. Ein atrophierter Muskel kann seiner Aufgabe ebenfalls nicht mehr adäquat nachkommen. Letztendlich

▶ **Abb. 5.3** Die Ursachen von Muskelatrophien sind vielfältig. Der 25-jährige Schimmelwallach leidet unter einer extremen Muskelatrophie der Hinterhand aufgrund einer vorausgegangenen, mittlerweile ausgeheilten Beckenverletzung.

ist die gesamte Muskulatur des Pferdes überfordert, infolge davon kontrakt und/oder schwach. Den ursprünglichen Auslöser zu finden, ist in diesem Stadium selten möglich. Zu einem früheren Zeitpunkt lässt sich die Ursache leichter finden und der jeweils direkt betroffene Muskel sowie seine Antagonisten gezielt behandeln.

Symptome Dem Pferdebesitzer müssen zunächst keinerlei Veränderungen auffallen, was dazu beiträgt, dass das frühe Stadium übersehen und die spätere Ursachensuche erschwert wird. Oftmals wirken die Pferde schließlich lediglich etwas „faul“, manchmal unwillig. Dieser Zustand kann sich sogar über Jahre hinweg manifestieren, die Reiter sind schließlich daran gewöhnt, dass ein Pferd triebig ist. Die Alarmglocken sollten schrillen, wenn der Pferdebesitzer von einem „überbraven“ Pferd berichtet. Pferde, die sich alles gefallen lassen und kaum mehr eine Reaktion zeigen, sind nicht selten psychisch gebrochen – die Ursache können jahrelange, chronische Schmerzen sein.

In spätem Stadium manifestieren sich taktunreine Gänge oder gar Lahmheiten. Schließlich greifen die Folgen der Bewegungseinschränkung auf Gelenke, Sehnen, Faszien und innere Organe über. Aufgrund der Nährstoffunterversorgung durch eine verringerte Stoffwechselrate können sich verschiedenste Krankheiten entwickeln.

Atrophierte Muskeln sind oftmals bereits adspektorisch zu erfassen. Der Therapeut muss den Fokus auf die symmetrische Ausbildung der Muskeln richten, um Unregelmäßigkeiten festzustellen. Eine verspannte Muskulatur ist palpatorisch eindeutig zu identifizieren. Ein Muskelhartspann und Myogelosen zeigen sich teilweise äußerst druckdolent und sind als harte Stränge oder auch nur als erbsengroße Knötchen zu ertasten. Myofasziale Triggerpunkte sind beim Pferd mithilfe der Muskelzuckungsantwort zu identifizieren.

Therapie Die therapeutischen Maßnahmen richten sich nach dem Stadium und der Ausprägung der muskulären Defizite. Neben ggf. schulmedizinisch verabreichten Medikamenten ist eine manuelle Muskeltherapie die wichtigste Behandlungsmaßnahme. Ergänzend hierzu ist eine Tapeanlage geradezu prädestiniert, weitere physikalische Therapieverfahren sind zusätzlich empfehlenswert.

Häufig reicht eine einfache Muskelanlage aus, um den betroffenen Muskel nach erfolgter Manueller Therapie in Funktion zu halten. Wenn möglich, sollte man allerdings stets auch den Antagonisten des jeweiligen Muskels tapen, da diese in Wechselwirkung zueinander stehen und sich gegenseitig beeinflussen. Einem entspannend getapeten, kontrakten Agonisten steht ein schwacher Antagonist gegenüber, der schließlich mit einem tonisierend wirkenden Klebestreifen versorgt wird.

Praxistipp

Für eine entspannende Muskelanlage wird die Struktur in Vordehnung gebracht. Versorgt man den antagonistischen Muskel mit einem kinesiologischen Klebestreifen, bleibt die Struktur in der für den Agonisten aufgebauten Vordehnung. Auf diese Weise ergibt sich für die tonisierende Muskelanlage eine Vorkontraktion, die das Tape unter Dauerspannung hält.

Nach Möglichkeit sollte der kontrakte Muskel für eine sedierende Tapeanlage in Vordehnung gebracht werden und diese für die stärkende Anlage des Antagonisten beibehalten werden. Damit ergibt sich für den tonisierend zu tapenden Muskel eine Vorkontraktion, die den Zug auf dem Tapeband in Richtung Ursprung erhöht und somit die Kontraktion des Muskels unterstützt.

Die Tapebreite wird je nach Muskelform gewählt, sogar zwei Tapes parallel sind bei breiten Muskeln möglich. Flächige Muskeln versorgt man mit mehreren parallel verlaufenden Tapes in Zebraoptik. Eine weitere Möglichkeit ist das Einfassen des Muskelbauches mittels Y-Streifen.

5.2.1 Spasmen und Atrophien des M. masseters

Während sich bei sehr alten Pferden fast immer eine Atrophie des M. masseters beobachten lässt, ist eine Verspannung des auf dem Unterkieferast liegenden Muskels bei allen Altersgruppen recht häufig zu finden (▶ Abb. 5.4). Die Ursachen sind nicht selten Zahnprobleme, denken sollte man aber auch an Nasennebenhöhlenvereiterungen, grobe Einwirkungen auf das Pferdemaul durch eine harte Reiterhand oder ein unpassendes Mundstück.

Symptomatisch können Pferde Kau- und/oder Verdauungsprobleme zeigen und nehmen beim Reiten das Gebiss nicht an. Die Pferde können auf Palpation mit Schmerzanzeichen reagieren. Vor dem Tapen sollte sichergestellt werden, dass keine Zahnproblematik vorliegt. Falls sich jedoch erweist, dass die Ursache in der Maulhöhle des Pferdes zu finden ist, sollte man im Vorfeld eine Zahnbehandlung vom Tierarzt durchführen lassen.

Praxistipp

Etwa eine Woche nach jeder Zahnbehandlung sollte ein Manualtherapeut den Zustand von Kiefergelenk und Kaumuskulatur unter die Lupe nehmen. Bei Verspannungszuständen des M. masseter, die sich nach der Behandlung aufgrund des notwendigen Tragens eines Maulgatters entwickeln können, kann die Manuelle Therapie in Kombination mit einer Tapeanlage Abhilfe schaffen.

Anatomische Fakten

- Ursprung: gesamter Verlauf des Arcus zygomaticus (Jochbogen)
- Ansatz: Angulus mandibulae (kaudaler Rand des Unterkieferknochens)

▶ **Abb. 5.4** Beispielanlage für eine Tapeanlage für einen kontrakten M. masseter. Blaue Tapestreifen werden vom Ansatz zum Ursprung ohne Zug in paralleler Ausrichtung angelegt.

- Funktion: Schließt das Maul bei beidseitiger Anspannung, bewegt Mandibula lateral bei einseitiger Anspannung
- Innervation: N. massetericus (N. mandibularis)

Mögliche Tapeanlage des M. masseters

Bei Verspannungen oder Atrophien des M. masseters ist ein klassisches Muskeltape das Mittel der Wahl. Aufgrund des breit angelegten, flach verlaufenden Muskelbauches können mehrere schmale Streifen in paralleler Ausrichtung in Betracht gezogen werden (▶ Abb. 5.5).

Das Vordehnen für eine sedierende Anlage ist im Gesicht des Pferdes kaum umzusetzen, weshalb hier mit Hautvorschub gearbeitet werden sollte. In den meisten Fällen sind die Muskeln auf beiden Körperhälften betroffen, der Therapeut klebt die Tapes deshalb immer beidseits.

Ziel

Entlastung des gesamten Muskels bei Verspannungen sowie unterstützende Aktivität des Muskels bei Atrophien (▶ Tab. 5.1, ▶ Tab. 5.2).

Step by Step

- Länge und Anzahl der benötigten Tapestreifen ermitteln, vorschneiden, Ecken berunden.
- Für detonisierende Anlage: Muskeltapes (blau) auf dem M. masseter unter Hautvorschub in Zebraoptik ohne Zug vom Ansatz zum Ursprung anbringen und anmodellieren.
- Für tonisierende Anlage: Muskeltapes (rot) auf dem M. masseter in Zebraoptik mit bis zu 25 % Zug vom Ursprung zum Ansatz anbringen und anmodellieren.

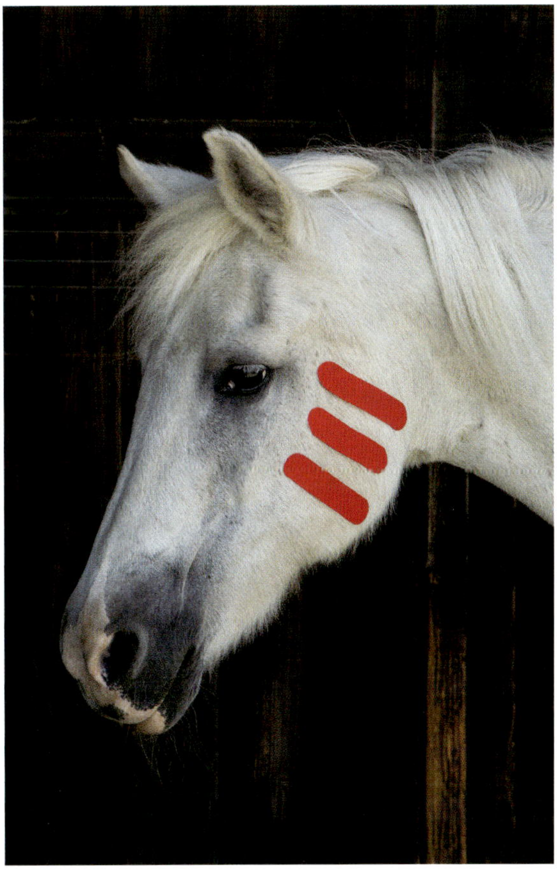

▶ **Abb. 5.5** Bei alten Pferden (auf dem Bild eine 34-jährige Stute) stellt sich aufgrund von Kauproblemen oftmals eine Atrophie des M. masseters ein. Hier wurde deshalb eine tonisierende Muskelanlage mit parallel verlaufenden I-Streifen in Zebraoptik angelegt.

▶ **Tab. 5.1** Sedierende Muskelanlage für den M. masseter

Anlageform	bevorzugte Farbe	Tapeverlauf/Region	Technik	Wirkung, Sonstiges
Muskeltape	blau	Verlauf: Über dem **M. masseter**; Anfangsbasis: Unterkieferrand; Endbasis: Jochbeinleiste	Vektortechnik, parallele I-Streifen in Zebraoptik, ohne Zug mit Hautvorschub	sedierend

▶ **Tab. 5.2** Tonisierende Muskelanlage für den M. masseter

Anlageform	bevorzugte Farbe	Tapeverlauf/Region	Technik	Wirkung, Sonstiges
Muskeltape	rot	Verlauf: Über dem **M. masseter**; Anfangsbasis: Jochbeinleiste; Endbasis: Unterkieferrand	Vektortechnik, parallele I-Streifen in Zebraoptik, bis zu 25 % Zug	tonisierend

▶ **Tab. 5.3** Sedierende Muskelanlage für den M. obliquus capitis caudalis

Anlageform	bevorzugte Farbe	Tapeverlauf/Region	Technik	Wirkung, Sonstiges
Muskeltape	blau	Verlauf: Über dem **M. obliquus capitis caudalis**; Anfangsbasis: Atlasflügel; Endbasis: Processus spinosus des Axis	Vektortechnik mit I-Streifen, leichte Vordehnung, Tape ohne Zug	sedierend

▶ **Tab. 5.4** Tonisierende Muskelanlage für den M. obliquus capitis caudalis

Anlageform	bevorzugte Farbe	Tapeverlauf/Region	Technik	Wirkung, Sonstiges
Muskeltape	rot	Verlauf: Über dem **M. obliquus capitis caudalis**; Anfangsbasis: Processus spinosus des Axis; Endbasis: Atlasflügel	Vektortechnik mit I-Streifen, leichte Vorkontraktion, ggf. bis 25 % Zug	tonisierend

5.2.2 Spasmen und Atrophien des M. obliquus capitis caudalis

Der zwischen dem ersten und zweiten Halswirbel gelegene M. obliquus capitis caudalis ist für die Drehbewegung des Kopfes verantwortlich, indem er den Atlas um den Dens axis rotiert. Er arbeitet mit seinem Synergisten M. obliquus capitis cranialis zusammen, der von der Crista nuchae zum Atlasflügel zieht und ebenfalls als Kopfrotator fungiert.

Das Pferd versucht, sich einem dauerhaften, einseitig verstärkten Zügelzug durch eine Rotation des Kopfes zu entziehen. Auf diese Weise kommt es zu einer Dauerkontraktion des Kopfdrehers. Im Resultat ergeben sich Schmerzen, wobei sich das Pferd beim Reiten im Genick verwirft, gegen die Hand geht und in hartnäckigen Fällen den Kopf beständig schief hält. Bei der Palpation finden sich im gesamten Muskelverlauf häufig hochgradig schmerzhafte Triggerpunkte.

Neben der Reiterschulung und einer adäquaten Manuellen Muskeltherapie kann eine Tapeanlage die Muskelentspannung unterstützen.

Anatomische Fakten

- Ursprung: Processus spinosus et Processus articularis caudalis axis
- Ansatz: Ala atlantis (Atlasflügel)
- Funktion: Rotation des Atlantoaxialgelenks (Kopfrotator)
- Innervation: Ramus dorsalis nervi cervicalis II

Mögliche Tapeanlage des M. obliquus capitis caudalis

Bei einer einseitigen Belastung des M. obliquus capitis caudalis kann sein gegenüberliegender Partner atrophieren. Hier findet man eine deutlich asymmetrisch ausgebildete Muskulatur, bei der es sich anbietet, den verspannten Muskel detonisierend und den atrophierten Muskel kräftigend zu tapen (▶ **Abb. 5.6**, ▶ **Tab. 5.3** und ▶ **Tab. 5.4**).

Die Vordehnung des Muskels geschieht möglichst durch eine leichte Kopfrotation in die Gegenrichtung. Ist diese nicht möglich, kann auch eine Lateroflexion so viel Aufdehnung herbeiführen, dass Convolutions erreicht werden.

▶ **Abb. 5.6** Schematische Darstellung des sedierenden Muskeltapes im Bereich des M. obliquus capitis caudalis.

Ziel

Entlastung des aktiven Muskels und Aufrechterhaltung der Funktionalität, welche mit Hilfe der Manuellen Muskeltherapie herbeigeführt worden ist. Convolutions wirken raumschaffend, wodurch der Stoffwechsel angeregt wird.

Step by Step

- Länge des benötigten Tapestreifens ermitteln, vorschneiden, Ecken berunden.
- Für detonisierende Anlage: Muskeltape (blau) auf dem M. obliquus capitis caudalis unter Vordehnung ohne Zug vom Ansatz zum Ursprung anbringen und anmodellieren (▶ Abb. 5.7).
- Für tonisierende Anlage: Muskeltape (rot) auf dem M. obliquus capitis caudalis unter leichter Vorkontraktion und bis zu 25 % Zug vom Ursprung zum Ansatz anbringen und anmodellieren.

5.2.3 Spasmen und Atrophien des M. rhomboideus

Reitanfänger neigen dazu, ihre Pferde zu stark auf die Vorhand zu reiten, wodurch die Vorhand-, Hals- und Schultermuskulatur kontrakt werden. Insbesondere ist der M. rhomboideus gefährdet, sich zu verspannen, weil er an der Schulterhebung maßgeblich beteiligt ist. Bei einer stark einseitigen Belastung kann es auch zur Atrophie auf einer Seite kommen. Die Pferdebesitzer klagen über häufiges Stolpern und Anschlagen beim Reiten über Stangen. Weiter manifestiert sich ein geringerer Raumgriff.

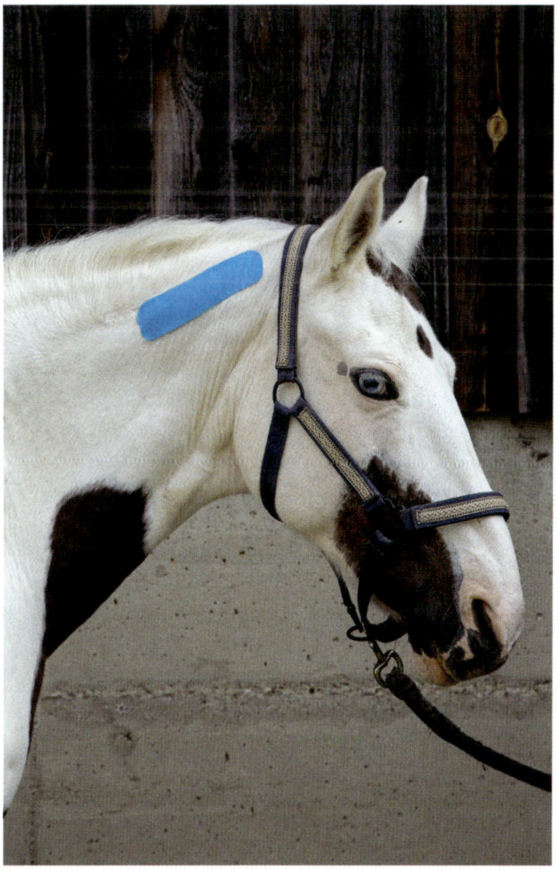

▶ **Abb. 5.7** Der Kopfdreher (M. obliquus capitis caudalis) wird mit einem I-Streifen über dem Muskelverlauf sedierend getapet, wenn der Muskel Triggerpunkte aufweist. Stets werden beide Seiten mit Kinesiotapes versorgt.

Der Manualtherapeut kann über die passive Schulterblatt-Translation nur wenig Bewegung feststellen. Da der M. rhomboideus unter dem M. trapezius in der Tiefe liegt, muss der Therapeut mit großem Druck arbeiten, um den Muskel zu erreichen. Es macht deshalb auch Sinn, die Hebelwirkung der Vordergliedmaße zur Dehnung des Muskels zu nutzen. Unabdingbar ist die Schulung des Reiters, der lernen muss, die Hinterhand des Pferdes zu aktivieren und dessen Schulter zu heben. Das kinesiologische Tape kann die Muskelfunktion unterstützen.

Anatomische Fakten

- Ursprung: Ligamentum nuchae (Nackenband)
- Ansatz: Cartilago scapulae (Schulterblattknorpel)
- Funktion: Elevation und Adduktion der Scapula, unterstützt die Retraktion und das Anheben der Vordergliedmaße, hebt den Hals (bei fixierter Vordergliedmaße)
- Innervation: N. dorsalis scapulae

Mögliche Tapeanlage des M. rhomboideus

Bei der Tapeanlage für den M. rhomboideus ist der Faserverlauf zu beachten (▶ Abb. 5.8). Die sich ändernde Faserrichtung erfordert eine Anlage mit mehreren I-Streifen, die leicht trichterförmig angeordnet werden. Da der M. trapezius keine direkte Verbindung zum darunter liegenden M. rhomboideus über die Unterhautfaszie zulässt, kann das Tape lediglich indirekt mobilisieren. Eine Alternative wäre deshalb auch das Anlegen von Faszientapes im Bereich des Schulterblattknorpels bis zu den Dornfortsätzen der ersten Thorakalwirbel.

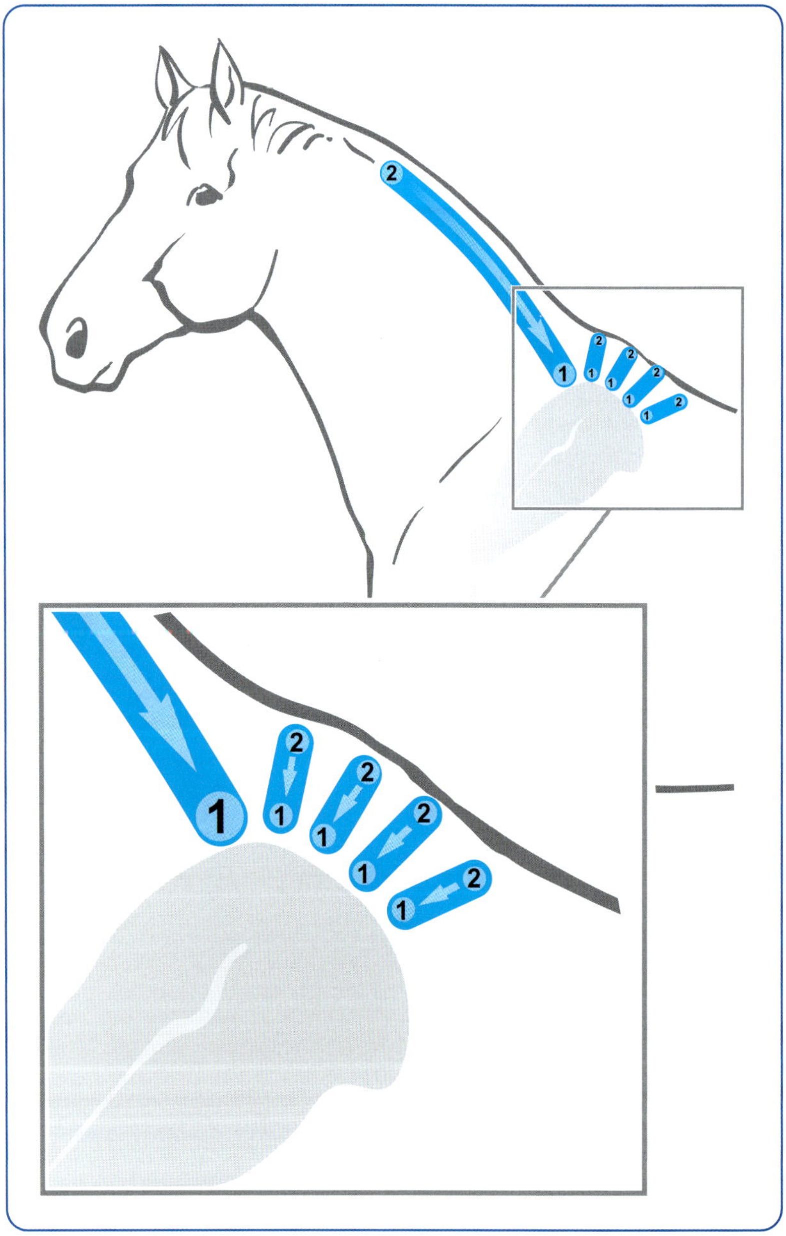

▶ **Abb. 5.8** Möglichkeit zum Tapen des M. rhomboideus mit I-Streifen im Faserverlauf. Hier dargestellt ist eine sedierende Muskelanlage.

Manche Therapeuten tapen deshalb auch nur den kranialen Anteil des Muskels mit Hilfe eines einzelnen breiten I-Streifens. Es macht auch Sinn, ggf. den M. rhomboideus in Kombination mit dem M. trapezius zu tapen, der meist ebenfalls kontrakte Fasern aufweist (▶ Abb. 5.9).

Der M. rhomboideus ist fast immer beidseits betroffen, insbesondere dann, wenn die Ursache kein traumatisches Ereignis war. Deshalb sind stets beide Körperhälften entsprechend mit Tapes zu versorgen.

Ziel

Anregung des Muskels bei der Schulterhebung sowie Lösen der Unterhautfaszien im Muskelbereich (▶ Tab. 5.5, ▶ Tab. 5.6).

Step by Step

- Länge und Anzahl des benötigten Tapestreifens ermitteln, vorschneiden, Ecken berunden.
- Für detonisierende Anlage: Muskeltapes (blau) auf dem Muskelverlauf des M. rhomboideus unter Vordehnung ohne Zug vom Ansatz zum Ursprung anbringen und anmodellieren.
- Für tonisierende Anlage: Muskeltapes (rot) auf dem Muskelverlauf des M. rhomboideus mit bis zu 25 % Zug in Vorkontraktion vom Ursprung zum Ansatz anbringen und anmodellieren.

5.2.4 Spasmen und Atrophien des M. brachiocephalicus

Der aus dem M. cleidocephalicus und M. cleidobrachialis zusammengesetzte Muskel ist bei den Reitern als Arm-Kopf-Muskel bekannt. Wenn der M. brachiocephalicus kontrakt wird, bildet sich der berühmtberüchtigte „Unterhals" aus. Diese unschöne Halsform entsteht in der Regel, wenn der Reiter nicht zügelunabhängig sitzt, sich das Pferd auf den Zügel legt und/oder mit hoher Kopfhaltung versucht, der Zügeleinwirkung zu entgehen.

▶ **Tab. 5.5** Sedierende Muskelanlage für den M. rhomboideus

Anlageform	bevorzugte Farbe	Tapeverlauf/Region	Technik	Wirkung, Sonstiges
Muskeltape	blau	Verlauf: Entlang des Muskelfaserverlaufs des **M. rhomboideus**; Anfangsbasis: Schulterblattknorpel; Endbasen: Ligamentum nuchae und Dornfortsätze der Thorakalwirbel	Vektortechnik, mehrere I-Streifen, ohne Zug in Vordehnung	sedierend

▶ **Tab. 5.6** Tonisierende Muskelanlage für den M. rhomboideus

Anlageform	bevorzugte Farbe	Tapeverlauf/Region	Technik	Wirkung, Sonstiges
Muskeltape	rot	Verlauf: Entlang des Muskelfaserverlaufs des **M. rhomboideus**; Anfangsbasen: Ligamentum nuchae und Dornfortsätze der Thorakalwirbel; Endbasis: Schulterblattknorpel	Vektortechnik, mehrere I-Streifen, mit bis zu 25 % Zug in Vorkontraktion	tonisierend

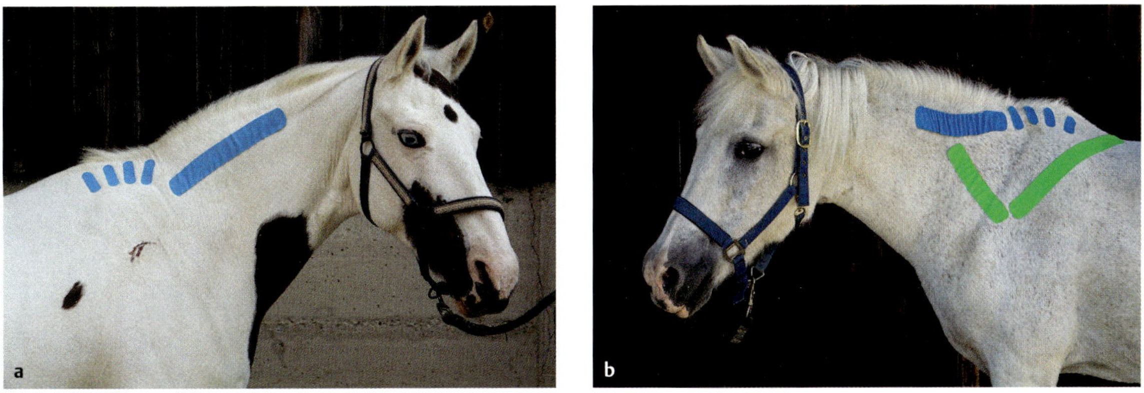

▶ **Abb. 5.9** Tapeanlagen für eine sedierende Muskelanlage des M. rhomboideus.
a Sedierende Muskelanlage des M. rhomboideus.
b Sedierende Anlage des M. rhomboideus (blau) in Kombination mit entspannenden Tapes für den M. trapezius (grün). Aufgrund einer guten Vordehnung entstehen ausgeprägte Convolutions.

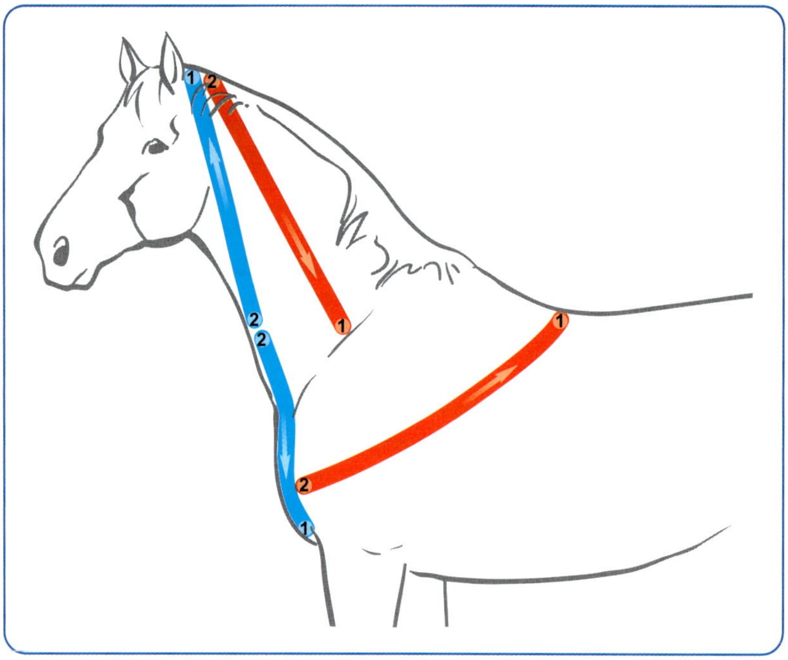

▶ **Abb. 5.10** Tapingschema für eine sedierende Anlage des M. brachiocephalicus. Die Endbasen des zweigeteilten M. brachiocephalicus treffen sich am Klavikularstreifen.

Weitere Symptome sind Stolpern und ein deutlich vorhandlastiges Gangbild. Die Verspannung des M. brachiocephalicus ist oft auch mit einer insgesamt kontrakten Schulter- und Halsmuskulatur vergesellschaftet. Weil der M. brachiocephalicus mehrere Aufgaben hat und somit kaum zur Ruhe kommt, sind Verspannungen häufig. Atrophien hingegen zeigen sich beim Arm-Kopf-Muskel äußerst selten. Sie entstehen ggf. bei neuronalen Defiziten oder traumatisch bedingten Schädigungen.

Der M. brachiocephalicus ist prädestiniert für eine Manuelle Therapie, da er mit den Händen gut zu fassen ist (▶ **Abb. 4.1**). Ergänzend lässt sich ein atrophierter oder kontrakter Muskel auch hervorragend mit einem kinesiologischen Tape in seiner Arbeit unterstützen (▶ **Abb. 5.10**).

Anatomische Fakten

- Ursprung: Intersectio clavicularis
- Ansatz: Processus mastoideus ossis temporalis (M. cleidocephalicus), Crista humeri (M. cleidobrachialis)
- Funktion: Maßgeblicher Protraktor der Vordergliedmaße (M. cleidobrachialis), der M. cleidocephalicus beugt und rotiert zusätzlich den Kopf.
- Innervation: Ramus ventralis nervi accessorii (M. cleidocephalicus), N. axillaris (M. cleidobrachialis)
- Antagonisten: M. latissimus dorsi (zieht die Vordergliedmaße nach kaudal), M. longissimus capitis (hebt Kopf und Hals, einseitig: führt Kopf seitlich)

Mögliche Tapeanlage des M. brachiocephalicus

Der kombinierte Muskel erfordert bei der Muskelanlage verschiedene Zugrichtungen, da der Ursprung jeweils am Klavikularstreifen liegt. Aus diesem Grund sind am Intersectio clavicularis stets die Anfangsbasen der Tapes zu fixieren, wenn der Muskel gestärkt werden soll. Es ist hier möglich, mit einem Tapestreifen zu arbeiten. Man reißt das Trägerpapier in der Mitte ein, platziert diesen Abschnitt ohne Zug am Klavikularstreifen, welcher nun die Anfangsbasis für beide Muskelanteile darstellt. Von hier ausgehend bringt man den oberen Abschnitt über den Muskelverlauf des M. cleidocephalicus und den unteren Abschnitt über dem Muskelverlauf des M. cleidobrachialis jeweils bis zu deren Muskelansätzen an.

Meist liegt jedoch eine Indikation für eine detonisierende Muskelanlage vor. Deshalb müssen in diesem Fall zwei I-Streifen vorbereitet werden, die vom jeweiligen Muskelansatz bis zum Klavikularstreifen getapet werden, wo sich die Endbasen treffen. Für die detonisierende Anlage kann eine Vordehnung einfach durchgeführt werden, indem der Kopf zur kontralateralen Seite abgestellt und das Vorderbein in die Retraktion gebracht wird. Auch hier werden meistens beide Körperhälften ein entsprechendes Muskeltape benötigen.

Um einen schwachen M. brachiocephalicus zu unterstützen, können die Antagonisten M. latissimus dorsi sowie der M. longissimus capitis detonisierend getapet werden (▶ **Abb. 5.11**). Ein kontrakter Arm-Kopf-Muskel wird mit tonisierenden Tapeanlagen der Antagonisten unterstützt (▶ **Abb. 5.10**).

Ziel

Kontrakter Muskel: Entspannung des M. brachiocephalicus bei gleichzeitiger Stärkung seiner Antagonisten, wodurch die physiologische Muskelfunktion unterstützt wird (▶ **Tab. 5.7**).

Schwacher Muskel: Stärkende Muskelanlage bei gleichzeitiger Detonisierung der Antagonisten (▶ **Tab. 5.8**).

▶ **Tab. 5.7** Entspannende Muskelanlage für den M. brachiocephalicus

Anlageform	bevorzugte Farbe	Tapeverlauf/Region	Technik	Wirkung, Sonstiges
Muskeltape	blau	Verlauf: **M. brachiocephalicus**; Anfangsbasen: Processus mastoideus ossis temporalis (M. cleidocephalicus), Crista humeri (M. cleidobrachialis); Endbasen: Klavikularstreifen	Vektortechnik, 2 I-Streifen, ohne Zug in Vordehnung (Kopf zur kontralateralen Seite, Vorderbein in Retraktion)	sedierend
Muskeltape	rot	Verlauf: **M. longissimus capitis**; Anfangsbasis: Th 1–2 Processus transversi; Endbasis: Processus mastoideus ossis temporalis,	Vektortechnik, I-Streifen, bis 25 % Zug mit leichter Vorkontraktion (homolaterale Kopfstellung)	tonisierend
Muskeltape	rot	Verlauf: **M. latissimus dorsi**; Anfangsbasis: Fascia thoracolumbalis; Endbasis: Humerus (Tuberositas teres major)	Vektortechnik, bis 25 % Zug, ggf. leichte Vorkontraktion durch homolaterale Rumpfbiegung	tonisierend

▶ **Tab. 5.8** Kräftigende Muskelanlage für den M. brachiocephalicus

Anlageform	bevorzugte Farbe	Tapeverlauf/Region	Technik	Wirkung, Sonstiges
Muskeltape	rot	Verlauf: **M. brachiocephalicus**; Anfangsbasen: Processus mastoideus ossis temporalis (M. cleidocephalicus), Crista humeri (M. cleidobrachialis); Endbasen: Klavikularstreifen	Vektortechnik, I-Streifen, bis 25 % Zug in leichter Vorkontraktion (Kopf zur homolateralen Seite, Vorderbein in Protraktion)	tonisierend
Muskeltape	blau	Verlauf: **M. longissimus capitis**; Anfangsbasis: Processus mastoideus ossis temporalis; Endbasis: Th 1–2 Processus transversi	Vektortechnik, I-Streifen, ohne Zug in Vordehnung (kontralaterale Kopfstellung)	sedierend
Muskeltape	blau	Verlauf: **M. latissimus dorsi**; Anfangsbasis: Humerus (tuberositas teres major); Endbasis: Fascia thoracolumbalis,	Vektortechnik, I-Streifen, ohne Zug in Vordehnung (Lateroflexion des Rumpfes)	sedierend

Step by Step

- Länge der benötigten Tapestreifen ermitteln, vorschneiden, Ecken berunden.
- **Für detonisierende Anlage:**
  - Muskeltapes (blau) auf dem M. brachiocephalicus mit Vordehnung (kontralaterale Stellung des Kopfes, Retraktion der Vordergliedmaße) ohne Zug vom Ansatz zum Ursprung ankleben und anmodellieren.
  - Rotes Muskeltape auf dem M. longissimus capitis mit leichter Vorkontraktion (homolaterale Kopfstellung) mit max. 25 % Zug vom Ursprung zum Ansatz anbringen und anmodellieren.
  - Rotes Muskeltape auf dem M. latissimus dorsi mit leichter Vorkontraktion (homolaterale Rumpfbiegung) mit max. 25 % Zug vom Ursprung zum Ansatz fixieren und anreiben.
- **Für tonisierende Anlage:**
  - Muskeltapes (rot) auf dem M. brachiocephalicus mit leichter Vorkontraktion (homolaterale Kopfstellung, ggf. leichte Protraktion der Vordergliedmaße) mit

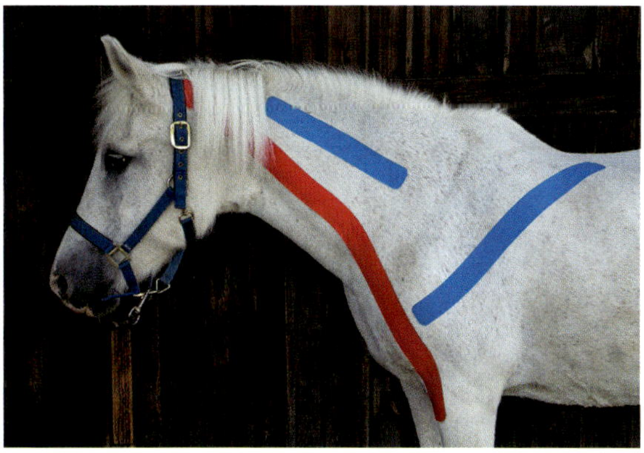

▶ **Abb. 5.11** Um einen schwachen M. brachiocephalicus zu unterstützen, wählt man ein rotes Band und zieht dieses vom Ursprung (Klavikularstreifen) in zwei Teilen zum jeweiligen Ansatz hinter der Ohrmuschel (Proc. mastoideus ossis temporalis) bzw. Humerus (Crista humeri). Zusätzlich versorgt man die Antagonisten (M. latissimus dorsi und M. longissimus capitis) mit einem sedierenden Muskeltape.

max. 25 % Zug vom Ursprung zum Ansatz anbringen und anreiben.
- Blaues Muskeltape auf dem M. longissimus capitis mit Vordehnung (kontralaterale Kopfstellung) ohne Zug vom Ansatz zum Ursprung ankleben und anmodellieren.
- Blaues Muskeltape auf dem M. latissimus dorsi mit Vordehnung (kontralaterale Rumpfbiegung) ohne Zug vom Ansatz zum Ursprung fixieren und anreiben.

Praxistipp

Wenn die Pferde geritten werden, ist das Tapen des M. latissimus dorsi – bzw. grundsätzlich Tapes im Bereich der Sattel- und Gurtlage – nicht immer sinnvoll, wenn die Tapes unter dem Sattel schlecht halten. Hier kann es durch Abreiben sogar zu Druckstellen kommen. Ist dies der Fall, spart man die Tapes im Bereich der Ausrüstung aus. Alternativ sollten die Pferde für ein paar Tage nicht geritten werden. Dennoch ist es wichtig, das Training vom Boden aus (Longieren) weiterzuführen, damit sich die Muskulatur entsprechend entwickeln kann.

5.2.5 Spasmen und Atrophien des M. trapezius

Der M. trapezius wird häufig durch unpassende Sättel irritiert. Der unangenehme bis schmerzhafte Dauerdruck führt zunächst zur Muskelverspannung, wodurch der Muskel seine Arbeit auf ein Minimum herabsetzt oder abschnittsweise ganz einstellt, was wiederum zur Folge hat, dass der Muskel atrophiert. Dieser Muskelabbau wird durch „Kuhlen“ dorsokaudal der Scapula ersichtlich (▸ Abb. 5.12).

Es nützt wenig, einen Muskel, der aufgrund von Verspannungsschmerzen atrophiert ist, stärkend tapen zu wollen. Es muss stets zuerst die Ursache behoben werden. Das bedeutet, dass im ersten Schritt der drückende Sattel durch einen passenden ersetzt werden muss. Anschließend beginnt man mit einer lösenden Therapie, die manuell erfolgt und ggf. durch physikalische Verfahren erweitert wird. Diese Phase kann bereits mit einer detonisierenden Tapeanlage begleitet werden.

Erst wenn der Muskel wieder arbeitsfähig – d. h. entspannt – ist, kann der Trapezmuskel durch entsprechendes Training aufgebaut werden. Ist man im Therapieverlauf bereits im Aufbautraining angekommen, unterstützt man den Muskel schließlich mit einem stärkenden, tonisierenden Muskeltape (▸ Abb. 5.13).

Anatomische Fakten

- Ursprung: Ligamentum nuchae und supraspinale (C 2–Th 10)
- Ansatz: Spina scapulae (Schulterblattgräte)
- Funktion: Protraktor (Retraktor) und Abduktor der Vordergliedmaße
- Innervation: R. dorsalis aus N. accessorius
- Antagonist: u. a. M. latissimus dorsi

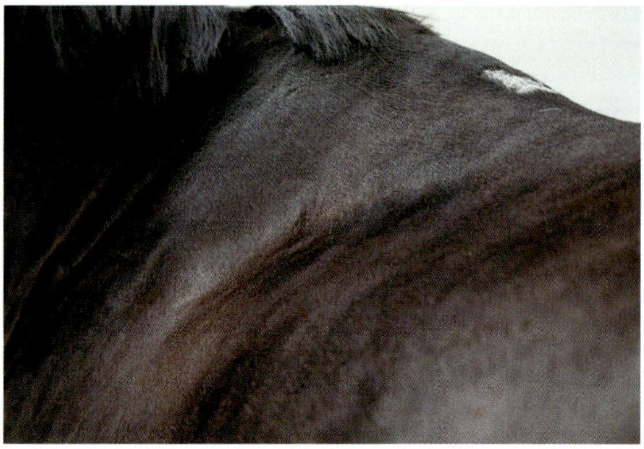

▸ **Abb. 5.12** Unpassende Sättel und falsches Training führen häufig zu einer Atrophie des M. trapezius thoracis.

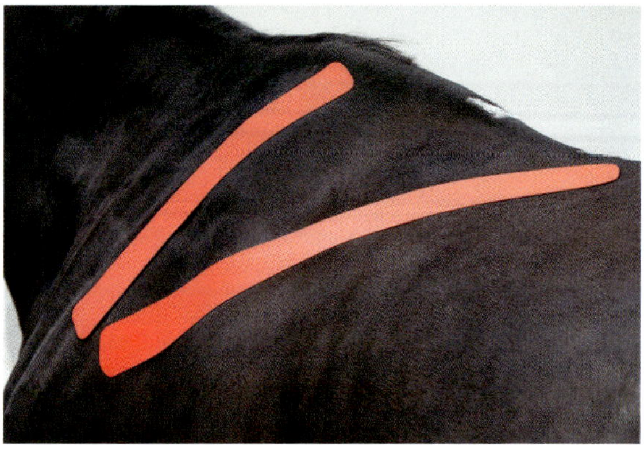

▸ **Abb. 5.13** Erst wenn der – in diesem Fall – thorakale Anteil des Trapezmuskels nicht mehr verspannt, sondern arbeitsfähig ist, unterstützt man diesen mit einem tonisierenden Muskeltape.

Mögliche Tapeanlage des M. trapezius

Der Trapezmuskel besteht aus zwei Anteilen, dem M. trapezius pars cervicis und dem M. trapezius pars thoracis. Der sattelgeschädigte Anteil ist meist der Pars thoracis, den man nun zunächst mit einem sedierenden Muskeltape versorgt. Möglich sind ein bis zwei I-Streifen vom Ansatz in Richtung Ursprung des Muskels. Entweder man klebt nur den Pars thoracis separat oder versieht beide Anteile mit je einem Tapestreifen. Gleichzeitig kann eine antagonistische Tapeanlage für den M. latissimus dorsi überlegt werden (▸ Abb. 5.14).

Es schadet nicht, beide Anteile zu tapen. Allerdings agieren sie teilweise antagonistisch. Während der M. trapezius pars thoracis die Protraktion der Gliedmaße unterstützt, hilft der Pars cervicis bei der Retraktion des Vorderbeins mit. Da allerdings beide Anteile synergistisch als Abduktor fungieren und die antagonistische Funktion nicht gleichzeitig stattfindet, ist ein antagonistisches Tapen der beiden Muskelanteile möglich, aber nicht zwingend erforderlich (▸ Abb. 5.15). Die Entscheidung, welcher Anteil wie geklebt werden soll, hängt von der jeweiligen Indikation ab.

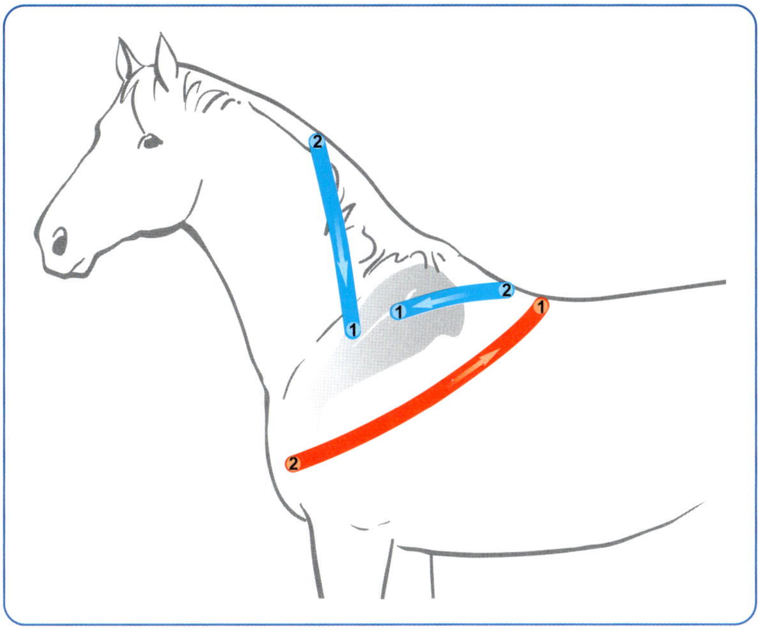

▶ **Abb. 5.14** Beispielanlage für eine sedierende Anlage des M. trapezius mit tonisierendem Antagonisten (M. latissimus dorsi).

▶ **Abb. 5.15** Je nach Indikation besteht auch die Möglichkeit, beide Muskelanteile des M. trapezius antagonistisch zu tapen, da sie teilweise gegensätzlich arbeiten.

Beide Anteile können also sowohl gleichzeitig sedierend oder – im weiteren Therapieverlauf – tonisierend getapet werden, als auch – bei entsprechender Indikation – antagonistisch mit einem stärkend und einem beruhigend getapeten Anteil versorgt werden.

Ziel

Im ersten Schritt soll der Muskel entlastet werden (▶ **Tab. 5.9**), um den Muskelaufbau im weiteren Therapieverlauf zu ermöglichen (▶ **Tab. 5.10**).

Step by Step

- Länge und Anzahl der benötigten Tapestreifen ermitteln, vorschneiden, Ecken berunden.
- **Für detonisierende Anlage:**
  - Muskeltapes (blau) auf dem M. trapezius sowohl auf dem Pars thoracis als auch auf dem Pars cervicis, beidseits in Vordehnung, ohne Zug, vom Ansatz zum Ursprung anbringen und anmodellieren.
  - **Alternativ** kann ein zusätzliches antagonistisches, stärkendes Muskeltape am M. latissimus dorsi in leichter Vorkontraktion und max. 25 % Zug vom Ursprung zum Ansatz angebracht und anmodelliert werden.
- **Für tonisierende Anlage:**
  - Muskeltapes (rot) auf dem M. trapezius sowohl auf dem Pars thoracis als auch auf dem Pars cervicis, beidseits in leichter Vorkontraktion und max. 25 % Zug, vom Ursprung zum Ansatz anbringen und anmodellieren.
  - **Alternativ** kann ein zusätzliches antagonistisches, sedierendes Muskeltape am M. latissimus dorsi in Vordehnung, ohne Zug, vom Ansatz zum Ursprung angebracht und anmodelliert werden.

▶ **Tab. 5.9** Sedierende Muskelanlage für den M. trapezius

Anlageform	bevorzugte Farbe	Tapeverlauf/Region	Technik	Wirkung, Sonstiges
Muskeltape	blau	Verlauf: **M. trapezius**, jeweils **pars thoracis** und **pars cervicis**; Anfangsbasis: Spina scapulae; Endbasen: Ligamentum nuchae und supraspinale	Vektortechnik, ohne Zug mit Vordehnung	sedierend
Alternativ: zusätzliches Muskeltape	rot	Verlauf: **M. latissimus dorsi**; Anfangsbasis: Fascia thoracolumbalis; Endbasis: Humerus (tuberositas teres major),	Vektortechnik, I-Streifen, max. 25 % Zug in leichter Vorkontraktion	tonisierend

▶ **Tab. 5.10** Tonisierende Muskelanlage für den M. trapezius

Anlageform	bevorzugte Farbe	Tapeverlauf/Region	Technik	Wirkung, Sonstiges
Muskeltape	rot	Verlauf: **M. trapezius**, jeweils **pars thoracis** und **pars cervicis**; Anfangsbasen: Ligamentum nuchae und supraspinale; Endbasis: Spina scapulae	Vektortechnik, I-Streifen, max. 25 % Zug in leichter Vorkontraktion	tonisierend
Alternativ: zusätzliches Muskeltape	blau	Verlauf: **M. latissimus dorsi**; Anfangsbasis: Humerus (tuberositas teres major); Endbasis: Fascia thoracolumbalis	Vektortechnik, I-Streifen, ohne Zug in Vordehnung	sedierend

5.2.6 Spasmen und Atrophien des M. longissimus dorsi

Der M. longissimus dorsi ist der längste Muskel im Pferdekörper und besteht aus mehreren Anteilen, die ineinander übergehen: M. longissimus capitis, M. longissimus atlantis, M. longissimus thoracis und M. longissimus lumborum. Probleme finden sich häufig im thorakalen Anteil, die sich jedoch langfristig im gesamten Muskelverlauf manifestieren. Auslöser von schmerzhaften Verspannungen und einem im weiteren Verlauf resultierenden Muskelabbau ist in erster Linie der reiterliche Einsatz des Pferdes bei unsachgemäßem Training oder allgemein schwacher Konstitution des Pferdes. Eine unpassende Ausrüstung – insbesondere ein drückender Sattel – kann den Muskel in seiner Funktion ebenfalls beeinträchtigen.

Als Wirbelsäulenstabilisator muss der M. longissimus dorsi bei reiterlichem Einsatz eine zusätzliche Arbeit leisten, indem er das Reitergewicht mitträgt. Mit dieser Aufgabe ist der Muskel oft überfordert, vor allem, wenn er nicht langsam an diese Anforderung herangeführt und entsprechend antrainiert wurde. Infolgedessen reagiert der Rückenmuskel mit Verspannungen, weiterführend können sich Atrophien einstellen.

Ein adäquates Training des Pferdes ist die beste Prävention, um einem Muskelabbau vorzubeugen. Dieses setzt jedoch eine passende Ausrüstung und einen fortgeschrittenen Reiter voraus. Therapeutisch können je nach Stadium und Schwere der Problematik schulmedizinische Medikamente, physikalische Therapieverfahren und manuelle Behandlungen indiziert sein. Zusätzlich ist eine sedierende, später stärkende Muskelanlage eine ideale Unterstützung der Primärtherapie.

Anatomische Fakten

- Ursprung: Pars thoracis: Processus spinosi vertebrae thoracicae (Dornfortsätze der Thorakalwirbel), Pars lumborum: Ala ossis ilii (Darmbeinschaufel), Processus spinosi ossis sacri (Dornfortsätze des Kreuzbeins), Processus spinosi vertebrae lumbales (Dornfortsätze der Lendenwirbel)
- Ansatz: C 4–C 7, Processus transversi vertebrarum thoracicorum (Querfortsätze der Brustwirbel), Tuberculi costarum (Rippenhöcker)
- Funktion: Stabilisierung der Wirbelsäule und Extension des Rückens
- Innervation: Rami dorsales nervorum spinalium
- Antagonist: Mm. abdominalis

Mögliche Tapeanlage des M. longissimus dorsi

Der Faserverlauf des M. longissimus dorsi weist keine exakte Parallelität zur Wirbelsäule auf, dennoch wählt man für den Rückenmuskel ein langes Tapeband, das über dem Muskel, jedoch parallel zur Wirbelsäule verläuft. Je nachdem, wo die hauptsächlichen Problematiken im Rückenverlauf liegen, kann man einen bestimmten Teil des Rückens oder aber den gesamten Verlauf komplett tapen (▶ **Abb. 5.16** und ▶ **Abb. 5.17**).

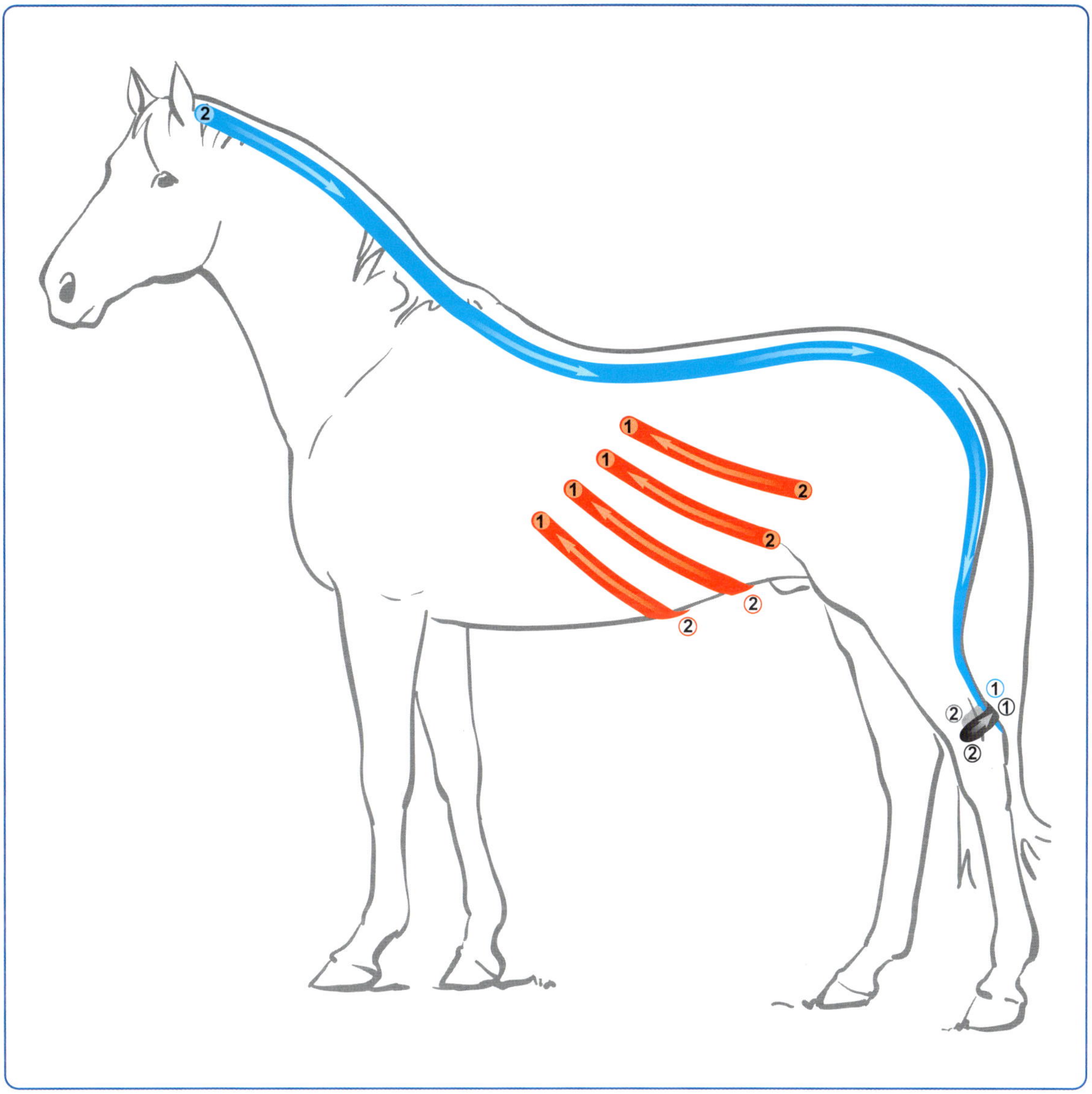

▸ **Abb. 5.16** Tapingschema einer sedierenden Anlage für die gesamte dorsale Muskelkette mit Einbezug des M. longissimus dorsi. Zusätzlich sollte immer die antagonistisch arbeitende Abdominalmuskulatur tonisierend mitgetapet werden.

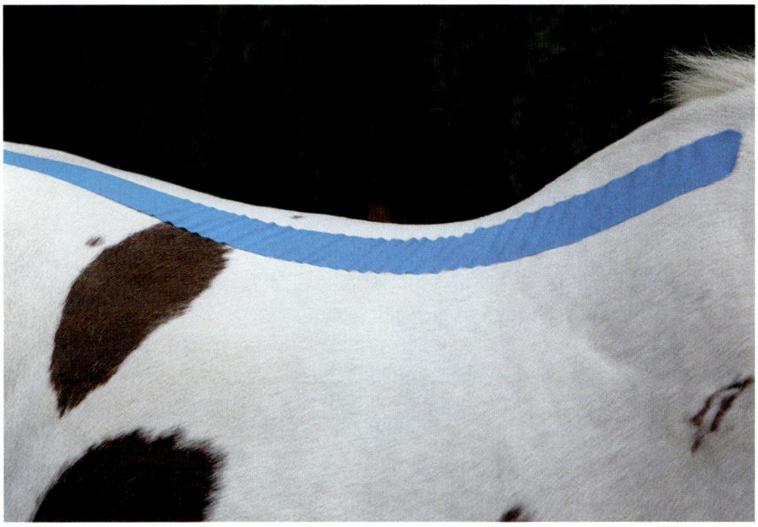

▸ **Abb. 5.17** Sauber unter Vordehnung angelegtes sedierendes Muskeltape für den M. longissimus dorsi. Sehr schön sind hier die Convolutions zu sehen, die dem Gewebe im Bereich des Rückenmuskels mehr Raum verschaffen.

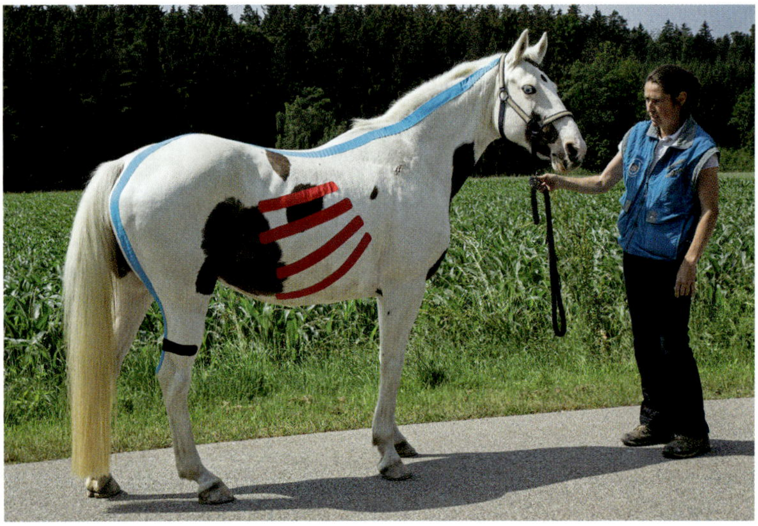

▶ **Abb. 5.18** Die gesamte dorsale Muskelkette des M. longissimus dorsi wurde sedierend getapet, die Abdominalmuskulatur hingegen mit einer tonisierenden Muskelanlage versorgt.

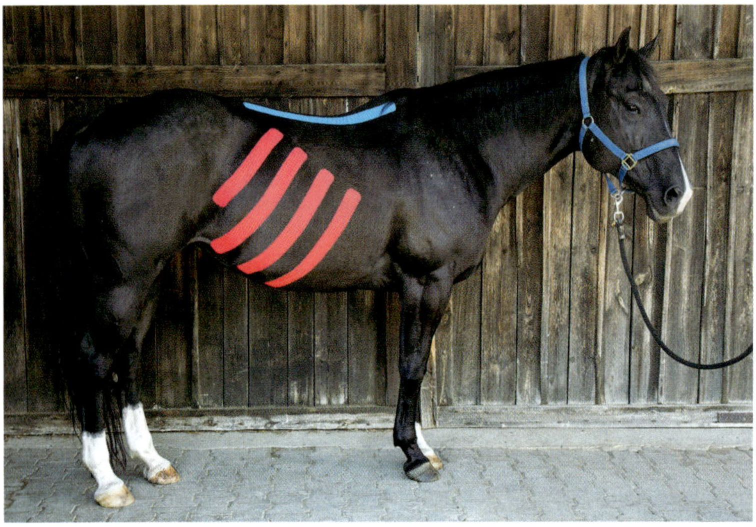

▶ **Abb. 5.19** Vorbildlich angelegte sedierende Muskelanlage für den M. longissimus dorsi mit antagonistisch wirkenden Klebestreifen in Zebraoptik für den M. obliquus externus abdominis.

Hervorragend wirkt eine Tapeanlage, die die ganze Muskelkette vom Ansatz des M. longissimus capitis, dem Processus mastoideus ossis temporalis, über den Hals und den gesamten Rücken sowie weiterführend bis zum Ansatz des M. semitendinosus an der Tibia und am Tuber calcanei (Fersenbeinhöcker) abdeckt (▶ Abb. 5.18).

Merke

Das Tapen von ganzen Muskelketten ist insbesondere dann vorteilhaft, wenn Verspannungen auf die Nachbarmuskeln übergegriffen und die Problematiken sich chronifiziert haben sowie eine globale Behandlung angestrebt wird.

Für eine sedierende Anlage der gesamten Muskelkette werden die einzelnen Muskelabschnitte stets separat vorgedehnt, während man das Tape ohne Zug aufklebt. Das Muskeltape wird stets beidseits angebracht. Sind Rückenprobleme in nur einzelnen Abschnitten lokalisiert und noch nicht chronifiziert, kann auch ein Muskeltape über dem entsprechenden Einzelmuskel genügen. Obligatorisch ist bei der Anlage des M. longissimus dorsi ein antagonistisch wirkendes Muskeltape für den M. obliquus externus abdominis. Dieser Muskel wird in der Regel kräftigend – bevorzugt in Zebraoptik mit mehreren parallel verlaufenden Streifen – getapet (▶ Abb. 5.19 und ▶ Abb. 5.20).

Ziel

Entspannung der gesamten Oberlinie (▶ Tab. 5.11) mit anschließender Stärkung der dorsalen Muskelkette (▶ Tab. 5.12).

Step by Step

- Länge der benötigten Tapestreifen ermitteln, vorschneiden, Ecken berunden.
- **Für detonisierende Anlage** der gesamten Muskelkette:
  - Muskeltape (blau) vom Ansatz des M. semitendinosus (Tuber calcanei) bis zum Ansatz des M. longissimus capitis unterhalb des Ohrgrunds unter etappenweiser Vordehnung ohne Zug anbringen und anmodellieren.

▶ **Tab. 5.11** Sedierende Muskelanlage der dorsalen Muskelkette (M. longissimus dorsi)

Anlageform	bevorzugte Farbe	Tapeverlauf/Region	Technik	Wirkung, Sonstiges
Muskeltape	blau	Verlauf: gesamte dorsale Muskelkette **(M. longissimus dorsi)**; Anfangsbasis: Tuber calcanei (Fersenbeinhöcker); Endbasis: Processus mastoideus ossis temporalis (Ohrbasis)	Vektortechnik, I-Streifen ohne Zug mit etappenweiser Vordehnung	sedierend
Alternativ: Ligamenttape	schwarz	über der Anfangsbasis am **Tuber calcanei**	Zentrierungstechnik als En-bloc-Anlage	Anker
Muskeltape	rot	Verlauf: **M. obliquus externus abdominis**; Anfangsbasen: Mitte der Rippen 4 bis 18; Endbasen: Verlauf Linea alba bis Flankenbereich	Vektortechnik, mehrere I-Streifen in Zebraoptik, mit bis zu 25 % Zug, ggf. leichte Vorkontraktion	tonisierend

▶ **Abb. 5.20** Die sedierende Muskelanlage für den M. longissimus dorsi (blaues Tape) sollte stets unter guter Vordehnung angebracht werden, damit sich Convolutions bilden, die das Gewebe entlasten. Die roten Tapes stellen die tonisierende Muskelanlage am antagonistisch arbeitenden Abdominalmuskel dar.

- Ggf. Anker über der Anfangsbasis am Fersenbeinhöcker en bloc setzen, Enden **nicht** überlappen lassen! Intensiv anmodellieren.
- Antagonistisches, stärkendes Muskeltape (rot) am M. obliquus externus abdominis vom Ursprung zum Ansatz – bevorzugt mehrere I-Streifen parallel in Zebraoptik – anbringen und anmodellieren.

- **Für tonisierende Anlage** der gesamten Muskelkette:
  - Muskeltape (rot) über die gesamte Muskelkette vom Ansatz des M. longissimus capitis bis zum Ansatz des M. semitendinosus mit bis zu 25 % Zug, ggf. leichte Vorkontraktion, anbringen und anmodellieren.
  - Ggf. Anker über der Endbasis am Fersenbeinhöcker en bloc setzen, Enden **nicht** überlappen lassen! Intensiv anmodellieren.
  - Antagonistisches, sedierendes Muskeltape (blau) am M. obliquus externus abdominis vom Ansatz zum Ursprung – bevorzugt mehrere I-Streifen parallel in Zebraoptik – anbringen und anmodellieren.
- **Alternativ:** Etappenweise im Verlauf der Muskelkette oder an exponierten Bereichen entsprechende sedierende bzw. tonisierende Tapes setzen.

5.2.7 Spasmen und Atrophien des M. tensor fasciae latae

Probleme des M. tensor fasciae latae sind oft mit Dysfunktionen des tiefer liegenden M. quadriceps femoris kombiniert. Das Pferd kann bei Seitengängen Schwierigkeiten zeigen, und in der Vorwärtsbewegung fußt es häufig nicht spurtreu. Demzufolge leidet auch der Raumgriff, was bei einer einseitigen Läsion zu Taktunreinheiten führt. Der Muskel ist häufig auch bei Knieproblemen betroffen.

Der M. tensor fasciae latae ist ein stark sehniger, straffer Muskel, der schwer zu entspannen ist. Bei intensiven Massagegriffen reagieren viele Pferde abwehrend. Ein Muskeltape kann deshalb gute Dienste leisten, den Muskel funktional zu halten.

Anatomische Fakten

- Ursprung: Tuber coxae
- Ansatz: Patellafaszie und seitliches Kniescheibenband, kranialer Rand der Tibia, Trochanter tertius
- Funktion: beugt die Hüfte und streckt das Knie, zieht die Hintergliedmaße nach vorne
- Innervation: N. gluteus cranialis
- Antagonisten: u. a. M. biceps femoris, M. semimembranosus, M. semitendinosus

▸ **Tab. 5.12** Tonisierende Muskelanlage der dorsalen Muskelkette (M. longissimus dorsi)

Anlageform	bevorzugte Farbe	Tapeverlauf/Region	Technik	Wirkung, Sonstiges
Muskeltape	rot	Verlauf: gesamte dorsale Muskelkette **(M. longissimus dorsi)**; Anfangsbasis: Processus mastoideus ossis temporalis (Ohrbasis); Endbasis: Tuber calcanei (Fersenbeinhöcker)	Vektortechnik, I-Streifen, max. 25 % Zug in leichter Vorkontraktion	tonisierend
Alternativ: Ligamenttape	schwarz	Über der Endbasis am **Tuber calcanei**	Zentrierungstechnik als En-bloc-Anlage	Anker
Muskeltape	blau	Verlauf: **M. obliquus externus abdominis**; Anfangsbasen: Verlauf Linea alba bis Flankenbereich; Endbasen: Mitte der Rippen 4 bis 18.	Vektortechnik, mehrere I-Streifen in Zebraoptik, ohne Zug, Vordehnung	sedierend

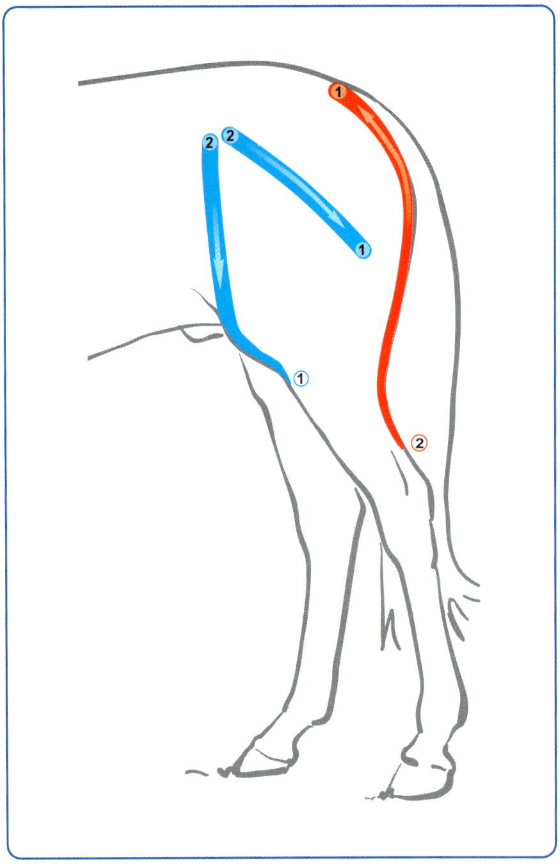

▸ **Abb. 5.21** Sedierende Basisanlage für den M. tensor fasciae latae mit antagonistisch wirkendem Tape am M. semitendinosus.

▸ **Abb. 5.22** Tonisierende Anlage für den M. tensor fasciae latae mit antagonistisch getapetem M. semitendinosus.

Mögliche Tapeanlage des M. tensor fasciae latae

Für eine entspannende Muskelanlage, die in den meisten Fällen indiziert sein wird, eignet sich ein Tape in V-Form, das man aus zwei I-Streifen bildet. Die zusammenlaufenden Endbasen treffen sich direkt am Tuber coxae, und werden möglichst nebeneinander – nicht übereinander – fixiert. Die verschiedenen Zugrichtungen der Tapes könnten dafür sorgen, dass sich übereinandergeklebte Bänder frühzeitig ablösen (▸ **Abb. 5.21**).

Für eine tonisierende Anlage bietet sich das Y-Tape mit einer gemeinsamen Anfangsbasis am Tuber coxae an (▸ **Abb. 5.24b**, ▸ **Abb. 5.25b**). Wahlweise ist der Muskel auch mit einem Fächertape (▸ **Abb. 5.23**) oder zwei separaten I-Streifen (▸ **Abb. 5.22**) zu tapen. Für den Fächertape werden die Schenkel des Y-Tapes nochmals längs durchschnitten, sodass vier Schenkel entstehen. Die äußeren Tentakel fassen den Muskel wiederum ein, die inneren decken den Muskelverlauf ab.

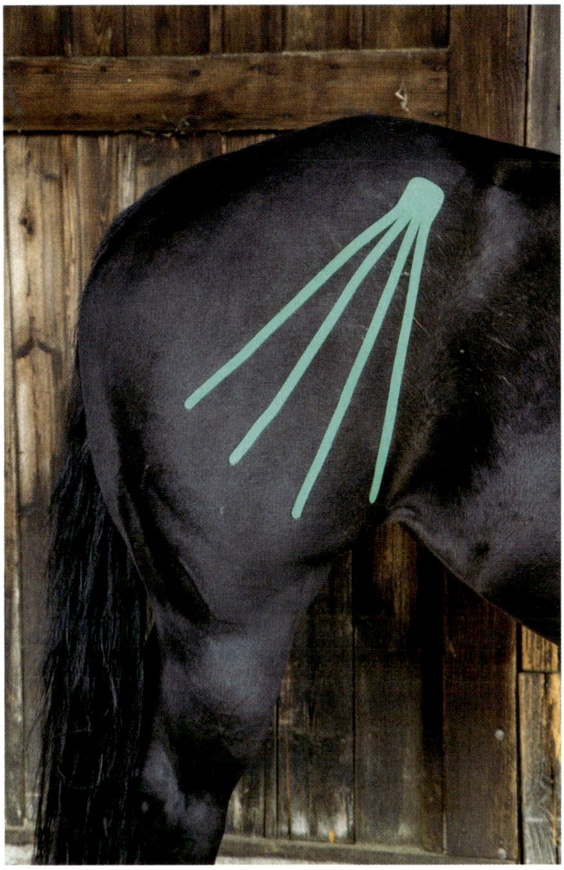

▶ **Abb. 5.23** Beispiel einer tonisierenden Muskelanlage für den M. tensor fasciae latae mit Hilfe eines Fächertapes.

Alternativ kann zusätzlich eine antagonistische Muskelanlage von M. semitendinosus und M. semimembranosus (S. 124) erfolgen.

Ziel

Die sedierende Muskelanlage (▶ **Tab. 5.13**) hilft, den Muskel zu entspannen und in einen Normotonus zu führen. Die entweder im Anschluss an eine zunächst sedierende Anlage oder aufgrund eines schwachen Muskels primär gewählte tonisierende Muskelanlage (▶ **Tab. 5.14**) hilft, den Muskel zu aktivieren.

Step by Step

- Länge des benötigten Tapestreifens ermitteln, I-Streifen, Y-Tape oder Fächertape vorschneiden, Ecken berunden.
- **Für detonisierende Anlage:** Muskeltapes (blau) auf dem M. tensor fasciae latae an dessen Rändern ohne Zug unter Vordehnung (Retraktion der Gliedmaße) vom Ansatz zum Ursprung anbringen und anmodellieren.
- **Für tonisierende Anlage:** Muskeltapes (rot) auf dem M. tensor fasciae latae als Y-Tape in Tangentialtechnik (alternativ 2 I-Streifen oder Fächertape) mit max. 25 % Zug unter leichter Vorkontraktion (Protraktion der Gliedmaße) vom Ursprung zum Ansatz anbringen und anmodellieren.
- **Alternativ zusätzlich:** Antagonistische Muskelanlage des M. semitendinosus und M. semimembranosus (S. 124)

▶ **Tab. 5.13** Sedierende Muskelanlage für den M. tensor fasciae latae

Anlageform	bevorzugte Farbe	Tapeverlauf/Region	Technik	Wirkung, Sonstiges
Muskeltape	blau	Verlauf: den **M. tensor fasciae latae** einfassend; Anfangsbasen: unterhalb des Hüftgelenks am Femur (Trochanter tertius) sowie am kranialen Rand der Tibia; Endbasis: auf dem Tuber coxae	Vektortechnik, 2 I-Streifen, ohne Zug, mit Vordehnung (Retraktion der Gliedmaße)	sedierend

▶ **Tab. 5.14** Tonisierende Muskelanlage für den M. tensor fasciae latae

Anlageform	bevorzugte Farbe	Tapeverlauf/Region	Technik	Wirkung, Sonstiges
Muskeltape	rot	Verlauf: den **M. tensor fasciae latae** einfassend; Anfangsbasis: auf dem Tuber coxae; Endbasen: unterhalb des Hüftgelenks am Femur (Trochanter tertius) sowie am kranialen Rand der Tibia	Tangentialtechnik, 2 I-Streifen, Y-Tape oder Fächertape mit max. 25 % Zug, leichte Vorkontraktion (Protraktion der Gliedmaße)	tonisierend

5.2.8 Spasmen und Atrophien des M. semitendinosus und M. semimembranosus

Der M. semitendinosus und M. semimembranosus – in Fachkreisen gerne einfach nur als „Semis“ bezeichnet – sind besonders wichtige Muskeln, denen viel Aufmerksamkeit geschenkt werden muss. Sie dienen als „Motor“ der Hinterhand und gehören zur dorsalen Muskelkette, wodurch diese Muskeln einer großen Belastung ausgesetzt sind. Demzufolge sind sie häufig von Läsionen betroffen und zeigen sich nicht selten kontrakt. Auf Palpation reagieren die Pferde dann mit Schweifschlagen, werden unruhig oder treten möglicherweise aus, wenn der Schmerz zu groß ist. Der M. semitendinosus hat große sehnige Anteile und steuert – wie auch der M. biceps femoris (S. 127) – dem M. soleus und M. gastrocnemius einen sehnigen Ausläufer zur Bildung der Achillessehne bei (▶ **Abb. 2.12f**).

Pferde, die Probleme mit den „Semis“ haben, kommen aus allen Disziplinschichten, insbesondere jedoch sind Pferde betroffen, deren Hinterhandaktivität durch verschiedene Manöver forciert wird. Vor allem sind hier Spring-, Dressur- und Reiningpferde betroffen, die viel Kraft in der Hinterhand brauchen, um Hindernisse zu überwinden, Pirouetten zu drehen oder Sliding Stops zu absolvieren.

Die Hinterhandmuskulatur ist prädestiniert für eine Massagebehandlung und kann durch Tapes eine gute zusätzliche Unterstützung erhalten. Meist sind muskelentspannende Tapeanlagen indiziert, bei schwach ausgeprägter, aber lockerer Muskulatur kann auch eine tonisierende Anlage angezeigt sein.

Anatomische Fakten M. semitendinosus

- Ursprung: Os sacrum, Fascia caudae, Ligamentum sacrotuberale latum, Tuber ischiadicum;
- Ansatz: kranialer Rand der Tibia, Fascia cruris, Tuber calcanei
- Funktion: bei belastetem Bein Extension von Knie, Hüfte und Sprunggelenk, bei entlastetem Bein Knieflexion bei Retraktion und Innenrotation der Gliedmaße
- Innervation: N. tibialis, N. gluteus caudalis
- Antagonist: M. tensor fasciae latae, M. quadriceps

Anatomische Fakten M. semimembranosus

- Ursprung: Ligamentum sacrotuberale latum, Schweifwirbel, Tuber ischiadicum
- Ansatz: mediale Kondylen von Femur und Tibia
- Funktion: bei belastetem Bein Extension von Hüfte und Knie, bei entlastetem Bein Retraktion, Innenrotation und Adduktion der Gliedmaße
- Innervation: N. tibialis, N. gluteus caudalis
- Antagonist: M. tensor fasciae latae, M. quadriceps

Mögliche Tapeanlage des M. semitendinosus und M. semimembranosus

Theoretisch lassen sich beide Muskeln parallel tapen, in den meisten Fällen entscheidet man sich für einen der beiden Muskeln, der augenscheinlich mehr Unterstützung nötig hat. Aufgrund des Verlaufs und Form der Muskeln bietet sich der klassische I-Streifen für ein Muskeltape an. Der M. semitendinosus fungiert als letzter Muskel der dorsalen Muskelkette (S. 118) (▶ **Abb. 5.16**), die sich über Rücken und Hals bis zum Ohransatz zieht. Aus diesem Grund ist das Tapen der gesamten Muskelkette möglich, das Tape kann somit problemlos großzügig über die Kruppe gezogen werden, gerne die Glutealmuskulatur sowie bei entsprechender Indikation auch die Rückenmuskulatur mit einbinden. Selbstverständlich bietet sich sowohl beim M. semimembranosus (▶ **Abb. 5.24a**) als auch beim M. semitendinosus (▶ **Abb. 5.25a**) an, die antagonistische Muskulatur – vor allem den M. tensor fasciae latae (S. 121) – mitzutapen (▶ **Abb. 5.24b**, ▶ **Abb. 5.25b**).

In der Regel sollten beide Körperhälften getapet werden, selbst bei Muskeldysbalancen oder einseitiger Problematik trägt das beidseitige Tapen dazu bei, die Muskulatur des gesamten Körpers zu harmonisieren.

Ziel

Überlastete Muskeln erhalten durch eine sedierende Muskelanlage (▶ **Tab. 5.15**, ▶ **Tab. 5.17**) harmonisierende Impulse und tragen zur Entspannung bei (▶ **Abb. 5.26**). Schwache Muskulatur soll über eine tonisierende Anlage zu mehr Aktivität angeregt werden (▶ **Tab. 5.16**, ▶ **Tab. 5.18**).

Step by Step

- Länge der benötigten Tapestreifen ermitteln, vorschneiden, Ecken berunden.
- **Für detonisierende Anlage**: Muskeltape (blau) auf dem M. semitendinosus (bzw. M. semimembranosus) in Vordehnung (Protraktion der Gliedmaße) ohne Zug vom Ansatz zum Ursprung anbringen und anmodellieren.
- **Für tonisierende Anlage:** Muskeltape (rot) auf dem M. semitendinosus (bzw. M. semimembranosus) in leichter Vorkontraktion (Retraktion der Gliedmaße) vom Ursprung zum Ansatz anbringen und anmodellieren.
- **Alternativ zusätzlich:** Antagonistische Muskelanlage des M. tensor fasciae latae (S. 121).

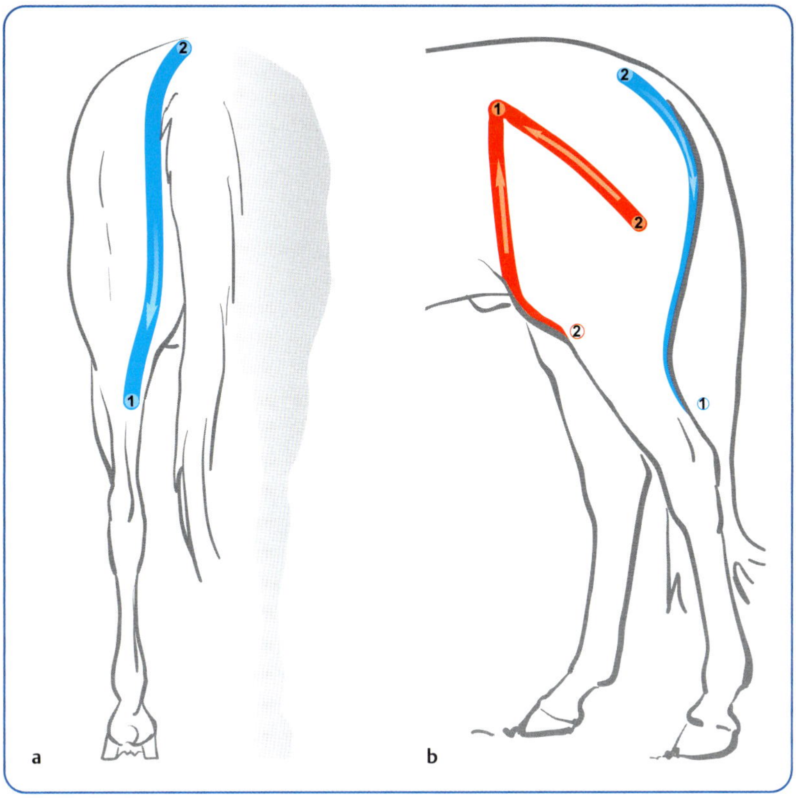

▸ **Abb. 5.24** Grundlegende sedierende Tapeanlage für den M. semimembranosus mit antagonistisch getapetem M. tensor fasciae latae.

a Sedierendes Muskeltape auf dem M. semimembranosus.

b Zum sedierend getapetem M. semimembranosus wird der M. tensor fasciae latae tonisierend in Rot geklebt.

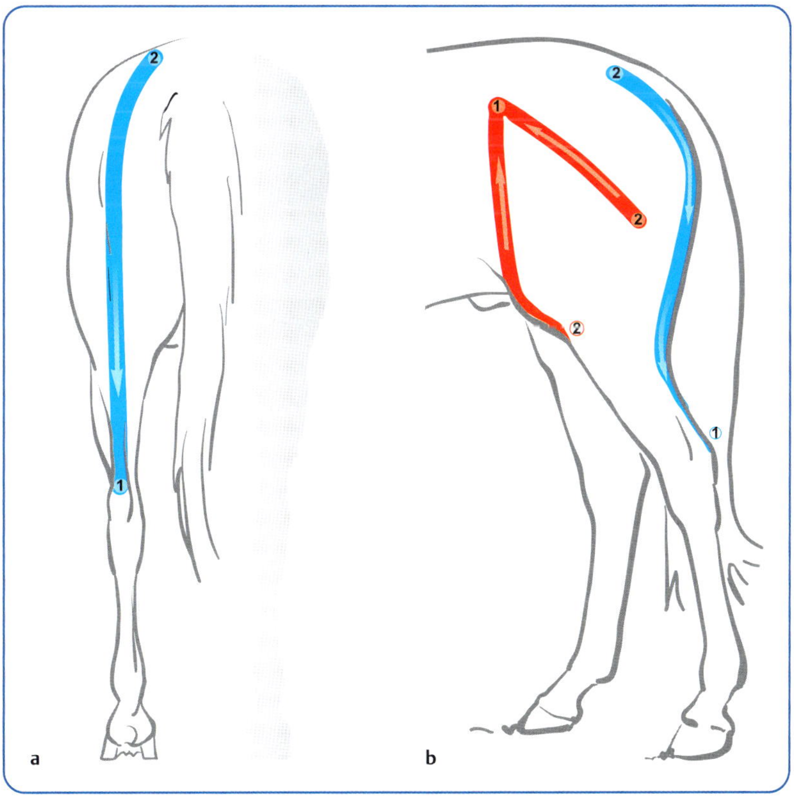

▸ **Abb. 5.25** Grundlegende, sedierende Tapeanlage für den M. semitendinosus mit antagonistisch getapetem M. tensor fasciae latae.

a Sedierendes Muskeltape auf dem M. semitendinosus.

b Zum sedierend getapetem M. semitendinosus wird der M. tensor fasciae latae tonisierend in Rot geklebt.

▸ **Tab. 5.15** Sedierende Muskelanlage für den M. semitendinosus

Anlageform	bevorzugte Farbe	Tapeverlauf/Region	Technik	Wirkung, Sonstiges
Muskeltape	blau	Verlauf: **M. semitendinosus** über Tuber ischiadicum; Anfangsbasis: Höhe Tibia (unterhalb der Kniekehle) alternativ am Calcaneus; Endbasis: Os sacrum, seitlich der Dornfortsätze	Vektortechnik, I-Streifen, ohne Zug, in Vordehnung (Protraktion der Gliedmaße)	sedierend
Muskeltape	rot	Verlauf: den **M. tensor fasciae latae** einfassend; Anfangsbasis: auf dem Tuber coxae; Endbasen: unterhalb des Hüftgelenks am Femur (Trochanter tertius) sowie am kranialen Rand der Tibia	Tangentialtechnik, Y-Tape mit max. 25 % Zug, leichte Vorkontraktion (Protraktion der Gliedmaße)	tonisierend

▸ **Tab. 5.16** Tonisierende Muskelanlage für den M. semitendinosus

Anlageform	bevorzugte Farbe	Tapeverlauf/Region	Technik	Wirkung, Sonstiges
Muskeltape	rot	Verlauf: **M. semitendinosus** über Tuber ischiadicum; Anfangsbasis: Os sacrum, seitlich der Dornfortsätze; Endbasis: Höhe Tibia (unterhalb der Kniekehle) alternativ am Calcaneus	Vektortechnik, I-Streifen, max. 25 % Zug, in leichter Vorkontraktion (Retraktion der Gliedmaße)	tonisierend
Muskeltape	blau	Verlauf: den **M. tensor fasciae latae** einfassend; Anfangsbasen: unterhalb des Hüftgelenks am Femur (Trochanter tertius) sowie am kranialen Rand der Tibia; Endbasis: auf dem Tuber coxae	Vektortechnik, 2 I-Streifen, ohne Zug, mit Vordehnung (Retraktion der Gliedmaße)	sedierend

▸ **Tab. 5.17** Sedierende Muskelanlage für den M. semimembranosus

Anlageform	bevorzugte Farbe	Tapeverlauf/Region	Technik	Wirkung, Sonstiges
Muskeltape	blau	Verlauf: **M. semimembranosus**; Anfangsbasis: etwas medial der Kniekehle; Endbasis: Os sacrum (Kreuzbeinspitze)	Vektortechnik, I-Streifen, ohne Zug, in Vordehnung (Protraktion der Gliedmaße)	sedierend
Muskeltape	rot	Verlauf: den **M. tensor fasciae latae** einfassend; Anfangsbasis: auf dem Tuber coxae; Endbasen: unterhalb des Hüftgelenks am Femur (Trochanter tertius) sowie am kranialen Rand der Tibia	Tangentialtechnik, Y-Tape mit max. 25 % Zug, leichte Vorkontraktion (Protraktion der Gliedmaße)	tonisierend

▸ **Tab. 5.18** Tonisierende Muskelanlage für den M. semimembranosus

Anlageform	bevorzugte Farbe	Tapeverlauf/Region	Technik	Wirkung, Sonstiges
Muskeltape	rot	Verlauf: **M. semimembranosus**; Anfangsbasis: Os sacrum (Kreuzbeinspitze); Endbasis: etwas medial der Kniekehle	Vektortechnik, I-Streifen, max. 25 % Zug, in leichter Vorkontraktion (Retraktion der Gliedmaße)	tonisierend
Muskeltape	blau	Verlauf: den **M. tensor fasciae latae** einfassend; Anfangsbasen: unterhalb des Hüftgelenks am Femur (Trochanter tertius) sowie am kranialen Rand der Tibia; Endbasis: auf dem Tuber coxae	Vektortechnik, 2 I-Streifen, ohne Zug, mit Vordehnung (Retraktion der Gliedmaße)	sedierend

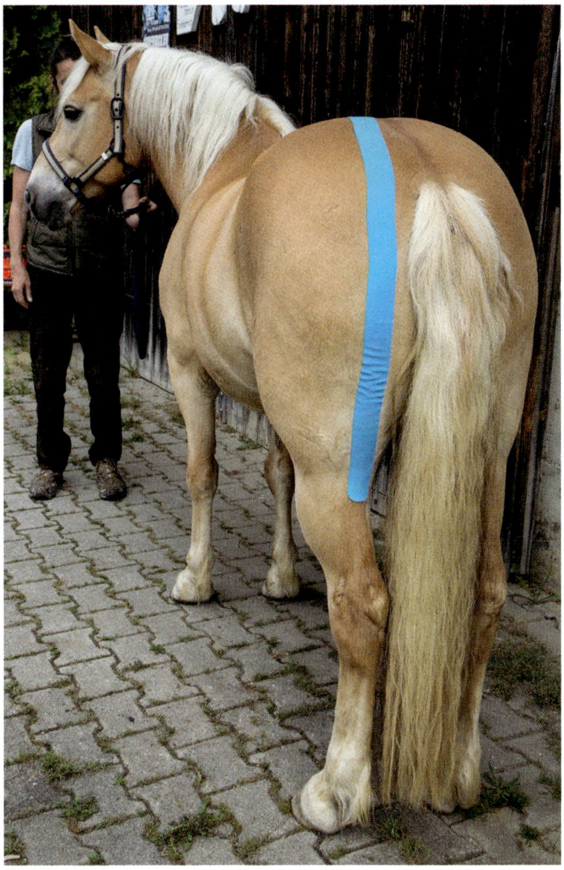

▸ **Abb. 5.26** Ein in Vordehnung geklebter, sedierender I-Streifen auf dem M. semitendinosus.

5.2.9 Spasmen und Atrophien des M. biceps femoris

Der sehnige Ansatz des M. biceps femoris steuert einerseits einen Ausläufer zur Achillessehne bei, andererseits deckt er das Knie von lateral ab. Deshalb sollte man bei Pferden, die im Kniebereich auf Palpation sensibel reagieren, auch an eine Restriktion des M. biceps femoris denken. Als Synergist zu den beiden Muskeln M. semitendinosus und M. semimembranosus reagiert der M. biceps femoris oft mit, wenn es zu Überlastungen der „Semis" kommt. Neben Schwierigkeiten bei der Schubentwicklung zeigen sich bei Läsionen des Muskels auch Probleme bei den Seitengängen sowie ein verkürzter Raumgriff.

Anatomische Fakten

- Ursprung: Sacrum (Processus spinosi et transversi), Lig. sacrotuberale latum, Fascia caudae, Tuber ischiadicum
- Ansatz: Patella, Ligamentum patellae intermedium et laterale, Margo cranialis tibiae, Tendo calcaneus communis, Tuber calcanei
- Funktion: streckt und abduziert das Hüftgelenk, flektiert das Knie in der Hangbeinphase, extensiert Knie- und Sprunggelenk in der Stützbeinphase
- Innervation: N. gluteus caudalis, N. tibialis
- Antagonisten: M. tensor fasciae latae, M. quadriceps femoris

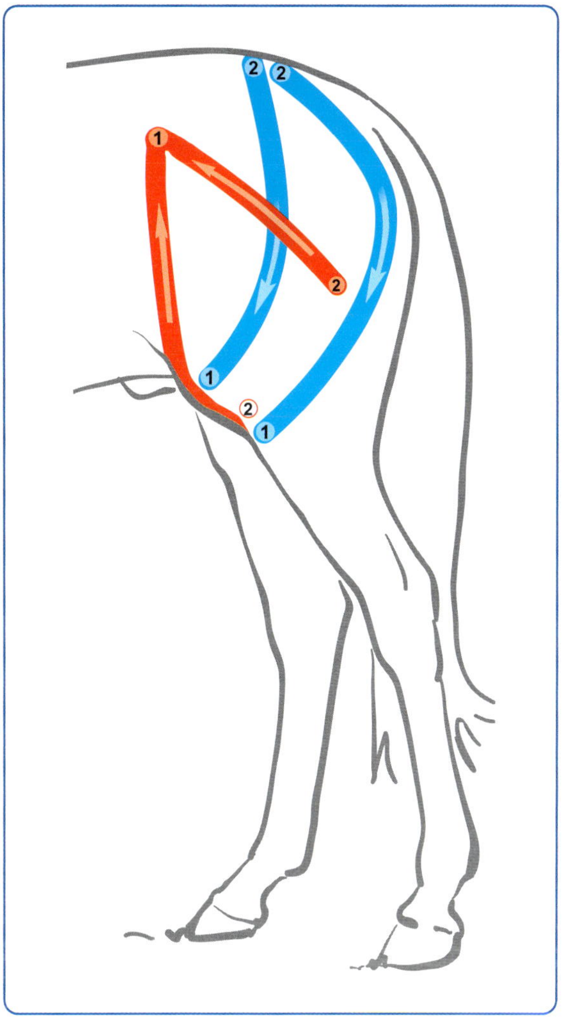

▸ **Abb. 5.27** Schematische Darstellung der sedierenden Standard-Tapeanlage für den M. biceps femoris mit tonisierend geklebtem antagonistischen M. tensor fasciae latae.

Mögliche Tapeanlage des M. biceps femoris

Der zweiköpfige Oberschenkelmuskel nimmt den Raum kranial des M. semitendinosus bis zur Vorderkante des Femurs ein und kann aufgrund seiner Ausprägung mit einem Y-Tape eingefasst werden. Für eine tonisierende Anlage bringt man die Anfangsbasis über den Querfortsätzen des Kreuzbeins an und zieht den kranial liegenden Schenkel bis zum Knie, den kaudalen entweder bis unterhalb des Knies oder bis zur Kniekehle. Die Endbasis läuft bei letzterer Version am Calcaneus aus.

Für die entspannende Version sind zwei I-Streifen die bessere Alternative, die sich am Os sacrum treffen, aber nicht übereinander geklebt werden (▸ **Abb. 5.27**). Ebenso kann ein einzelner I-Streifen über dem Muskelbauch – hier bevorzugt im Verlauf des kranialen Anteils – vom Knie zum Os sacrum mit Verlauf zwischen dem Hüftgelenk und Tuber ischiadicum angebracht werden.

Vielfach sind beide Muskeln des paarig angelegten M. biceps femoris betroffen, sodass eine Tapeanlage unabhängig davon welche Seite stärker betroffen ist, sowohl auf der linken als auch auf der rechten Körperhälfte erfolgen sollte (► Abb. 5.28 und ► Abb. 5.29).

Ziel

Zur Entlastung des Muskels erfolgt eine sedierende Anlage (► Tab. 5.19), zur Kräftigung tapet man tonisierend (► Tab. 5.20).

► **Tab. 5.19** Sedierende Muskelanlage für den M. biceps femoris

Anlageform	bevorzugte Farbe	Tapeverlauf/Region	Technik	Wirkung, Sonstiges
Muskeltape	blau	Verlauf: **M. biceps femoris** im Bogen hinter dem Hüftgelenk vorbei zum Knie; Anfangsbasis: Patella (bei Tangentialtechnik auch Calcaneus oder distal des Knies); Endbasis: Os sacrum	Tangentialtechnik mit zwei I-Streifen oder Vektortechnik mit einem I-Streifen, ohne Zug, in Vordehnung (Protraktion der Gliedmaße)	sedierend

► **Tab. 5.20** Tonisierende Muskelanlage für den M. biceps femoris

Anlageform	bevorzugte Farbe	Tapeverlauf/Region	Technik	Wirkung, Sonstiges
Muskeltape	rot	Verlauf: **M. biceps femoris** im Bogen knapp hinter dem Hüftgelenk und vor dem Tuber ischiadicum vorbei zum Knie bzw. Calcaneus; Anfangsbasis: Os sacrum; Endbasen: Patella, Calcaneus	Tangentialtechnik mit max. 25 % Zug, in Vorkontraktion (Retraktion der Gliedmaße)	tonisierend

► **Abb. 5.28** Bei diesem Pferd wurde aufgrund einer starken Muskelatrophie der M. biceps femoris beidseits tonisierend getapet.

► **Abb. 5.29** Zusätzlich zum M. biceps femoris wurde der M. tensor fasciae latae ebenfalls tonisierend angebracht, weil beide Muskeln atrophiert, aber nicht verspannt sind.

Step by Step

- Länge der benötigten Tapestreifen ermitteln, vorschneiden, Ecken berunden.
- **Für detonisierende Anlage**: Muskeltape (blau) auf dem M. biceps femoris in Vordehnung (Protraktion der Gliedmaße) ohne Zug vom Ansatz zum Ursprung anbringen und anmodellieren.
- **Für tonisierende Anlage:** Muskeltape (rot) auf dem M. biceps femoris in leichter Vorkontraktion (Retraktion der Gliedmaße) vom Ursprung zum Ansatz anbringen und anmodellieren.
- **Alternativ zusätzlich:** Synergistische Muskeln („Semis") und antagonistische Muskeln (M. fasciae latae) können entsprechend der beschriebenen Regeln für das Tapen von überlasteten bzw. schwachen Muskeln mitgetapet werden.

5.3 Muskelverletzungen

Muskelverletzungen sind bei Pferden nicht selten, werden jedoch oft bagatellisiert oder gar nicht erkannt. Etwa 40 % der Körpermasse wird durch die Muskeln gebildet, sodass die Verletzungsgefahr nicht unerheblich ist. Pferdebesitzer werden allerdings meist erst dann hellhörig, wenn das Pferd lahmt. Jedoch sollte man immer bedenken, dass selbst ein Pferd, das keine Lahmheitsanzeichen zeigt, dennoch Schmerzen und somit eine muskuläre Verletzung oder Erkrankung haben kann. Deshalb ist es ratsam, bereits auf kleinste Anzeichen wie steifer Gang, Unwilligkeit („Faulheit") oder verringerten Raumgriff zu achten, um nur einige Beispiele zu nennen.

Die Arten von muskulären Problemen beim Pferd sind sehr vielfältig und können auch aufgrund von Stoffwechselstörungen, Vergiftungen, Problemen im Elektrolythaushalt, neurogenen und endokrinen Ursachen, traumatischen Ereignissen, aber auch belastungsabhängig entstehen. In den meisten Fällen ist eine schulmedizinische, tierärztliche Behandlung unabdingbar. Muskelprobleme sollten nicht auf die leichte Schulter genommen werden, da sie unter Umständen sogar lebensbedrohlich sein können. Aus diesem Grund ist eine exakte Diagnostik wichtig, bevor die Frage nach einer passenden Tapeanlage gestellt wird.

Kreuzverschlag Ein Beispiel einer ernsthaften Muskelerkrankung gehört der Kreuzverschlag zu den belastungsbedingten Myopathien. Andere Bezeichnungen hierfür sind Feiertagskrankheit, Lumbago, paralytische Myoglobinurie oder als älterer Ausdruck die Schwarze Harnwinde. Im englischen Sprachgebrauch ist der Begriff „Tying up" gebräuchlich. Der Kreuzverschlag ist die häufigste Muskelerkrankung bei Pferden und äußert sich durch eine brettharte Muskulatur im Kruppenbereich. Die Pferde gehen steif bis hin zur völligen Bewegungsunfähigkeit und setzen braunen Harn ab. Dies ist die Folge aus der Freisetzung von Myoglobin aus dem geschädigten Muskel. Die Symptome treten etwa 10–20 min nach Arbeitsbeginn auf. Die Pferde sollten dann nicht mehr bewegt und warm eingedeckt werden.

Bei stark beanspruchten Pferden kann eine erschöpfungsbedingte Myopathie auftreten, bei der es zu einer schmerzhaften Muskelentzündung kommt. Sie wird durch kohlenhydratreiche Fütterung, Vitamin- und Selenmangel sowie Elektrolytverlust zusätzlich gefördert.

Myopathien Eine weitere Krankheit ist die Atypische Myoglobinurie bei Weidepferden, deren Ursachen noch nicht vollständig geklärt sind. Zudem kennt man stoffwechselbedingte Myopathien, wozu die Polysaccharid Storage Myopathy (PSSM), eine erblich bedingte Erkrankung bestimmter Rassen (Quarter Horse, Paint Horse, Appaloosa, Percheron und Belgisches Kaltblut), sowie die Hyperkaliämische Periodische Paralyse (HYPP) – betroffen sind hier vor allem das American Quarter Horse – gehört.

Muskeltraumen Neben obigen schwerwiegenden Erkrankungen können auch verletzungsbedingte Muskelprobleme wie Hämatome, Zerrungen und Muskelrisse auftreten. Vielfach sind es jedoch chronisch bedingte muskuläre Überlastungserscheinungen, mit denen die meisten Reitpferde heutzutage geplagt sind. Die Ursachen hierfür sind vielfältig und erstrecken sich von unpassender Ausrüstung über ein falsches Training, eine mögliche Fehlernährung bis hin zu einem unkoordiniert agierenden Reiter.

Über einen längeren Zeitraum manifestierte Fehlbelastungen des Pferdekörpers bewirken einerseits eine Überlastung der agonistischen Muskulatur bei gleichzeitiger Schwächung der Antagonisten. Somit entstehen weitreichende Muskelverspannungen und -krämpfe, aber auch hartnäckige Muskelatrophien. Insbesondere diese Form von Muskelproblemen ist mit Hilfe von physiotherapeutischen Maßnahmen und manueller Therapien in Begleitung mit kinetischen Tapes sehr gut behandelbar.

Praxistipp

Selbst ohne deutliche Lahmheitsanzeichen können Muskelverletzungen vorliegen. Man sollte deshalb Signale wie steifen Gang, Unwilligkeit und verkürzten Raumgriff registrieren und die Ursache hierfür ergründen.

Kommt es zu Muskelverletzungen, registriert man diese nicht immer sofort. Die Symptome und Auswirkungen sind abhängig von der Schwere der Muskelverletzung. Sie werden klassifiziert in relativ harmlose Muskelbeschwerden wie ein leichter Muskelkater bis hin zu schwersten Verletzungen wie Muskelabrissen.

Muskelverletzungen werden eingeteilt in:

- Muskelzerrung
- Muskelkater
- Muskelfaserriss
- Muskelriss
- Muskelprellung
- Muskelkrämpfe

Ursachen Muskelverletzungen entstehen in erster Linie durch plötzliche, unvorbereitete, extreme Muskelanspannung, die sich meist aufgrund von unberechenbaren äußeren Einflüssen ergeben. Hiervon kann ein Pferd betroffen sein, wenn es erschrickt und infolgedessen einen Sprung zur Seite macht. Oder aber ein Pferd tritt in ein Bodenloch, das es nicht gesehen hat. Weitere Ursachen können trainingstechnische Überforderungen der Muskulatur aufgrund ungenügender Aufwärmphase oder Überlastung sein. Nicht zu vergessen sind außerdem die traumatischen Einwirkungen durch Schläge von Artgenossen oder anderweitige Gewalteinwirkungen beispielsweise durch Unfälle.

Merke

Muskelverletzungen sind möglich durch:

- **Ungenügendes Aufwärmen vor dem Training**
- **Fehlendes Abwärmen nach dem Training**
- **Überlastung während des Trainings und Muskelermüdung durch falsche Trainingsmethoden**
- **Muskuläre Dysbalancen (trainings-, exterieur-, krankheits- oder verletzungsbedingt)**
- **Traumatische Einwirkung (Schlag durch Artgenossen, Unfall)**

Bereits ein **Muskelkater** stellt eine Muskelverletzung dar, die nicht bagatellisiert werden sollte. Er entsteht durch übermäßige Belastung, die der Körper nicht gewohnt ist. Beim Muskelkater handelt es sich um kleinste Muskelfaserrisse und nicht um eine Übersäuerung der Muskulatur durch Laktatbildung, wie man früher glaubte. Ein Muskelkater schmerzt – je nach Intensität – mehrere Tage lang. In dieser Phase sollte das Pferd geschont und nur leicht bewegt werden. Wärme ist ebenfalls eine wohltuende Maßnahme.

Durch eine mangelhafte Aufwärmphase, zu intensive Belastungen, falsches Training, aber auch durch Mineralstoffverluste (Schwitzen) können **Muskelzerrungen** entstehen. Der Muskel erreicht dabei seine Elastizitätsgrenze, überschreitet diese jedoch nicht, sodass Muskelfasern noch nicht zerreißen. Somit kann ein Muskelkater eine schwerwiegendere Verletzung als die Muskelzerrung darstellen, wobei jeweils das Ausmaß der Verletzung zu berücksichtigen ist.

Die nächste Stufe stellt der **Muskelfaserriss** dar, der bei Pferden relativ häufig vorkommt. Dieser entsteht durch plötzliche Schnellkraftbeanspruchungen (Sprünge, Sprints, Erschrecken). Obwohl das Pferd als „Kaltstarter“ gilt, weil es in freier Wildbahn als Fluchttier in der Lage sein muss, aus einer Ruhesituation heraus, sehr schnell in die Höchstgeschwindigkeit überzugehen, ist es vor Verletzungen durch Schrecksituationen nicht gefeit. Plötzliche Reaktionen wie starkes Abbremsen, Wegspringen und Lossprinten können Muskelfaserrisse nach sich ziehen, die stets mit Einblutungen einhergehen und schließlich durch eine mehr oder weniger große Dellenbildung in der Muskulatur sichtbar werden.

Die Steigerung des Muskelfaserrisses ist der **Muskelriss**, bei dem nicht nur einzelne Fasern, sondern ganze Faserbündel zerreißen. Im schlimmsten Fall wird sogar der ganze Muskelbauch zerstört, was meist eine Unfallfolge ist oder in seltenen Fällen durch Schläge von Artgenossen verursacht werden kann. Eine Wiederherstellung der Muskelfunktion ist in diesen Fällen höchstens operativ möglich. Je nachdem, welcher Muskel betroffen ist, können ggf. die Synergisten die Funktion des verletzten Muskels übernehmen. Somit kann das Pferd eine derartige Verletzung häufig recht gut kompensieren.

Trainingsbedingte Muskelverletzungen sind meist vermeidbar, wenn das Pferd genügend lange und fachgerecht aufgewärmt, in der Trainingsphase adäquat belastet, aber nicht überlastet, und eine ausreichend lange Abkühlphase eingehalten wird. Mit fehlenden Auf- und Abwärmphasen riskiert man einerseits Muskelverletzungen, andererseits sind hartnäckige und chronisch manifestierte Verspannungen vorprogrammiert. Verspannte Muskelareale sind wiederum erheblich anfälliger für Verletzungen wie Zerrungen und Faserrisse.

Durch Schläge von Artgenossen kann es zu einer **Muskelprellung** kommen, die ebenfalls intramuskuläre Einblutungen nach sich ziehen. Somit entwickelt sich ein mehr oder weniger großes Hämatom, das sehr schmerzhaft und berührungsempfindlich ist. Die Verletzungen sind in der Regel nicht allzu schwerwiegend, wenn die Pferde keine Eisen tragen. Durch Eisenbeschläge, die ggf. noch mit Stollen und Stiften ausgestattet sind, können jedoch gravierende Verletzungen entstehen.

Muskelkrämpfe sind bei Pferden seltener zu beobachten. Sie sind meist das Resultat eines Elektrolytverlusts (Schwitzen), der durch Mineralstoff- und Wasserzufuhr nicht rechtzeitig ausgeglichen wird. Jedoch kann es auch bei einer Überlastung zu Muskelkrämpfen kommen.

5.3.1 Hämatome

Schlägereien unter Artgenossen sind in neuen Herdenkonstellationen häufiger zu beobachten. Ursachen können aber auch ungenügende Freiflächen für rangniedrige Pferde sein oder die Zusammenstellung von unverträglichen und fehlgeprägten Pferden. Somit kann es zu schmerzhaften Hämatomen kommen, wobei das Risiko einer schwerwiegenden Verletzung durch das Tragen von Hufeisen deutlich erhöht ist (▸ **Abb. 5.30**).

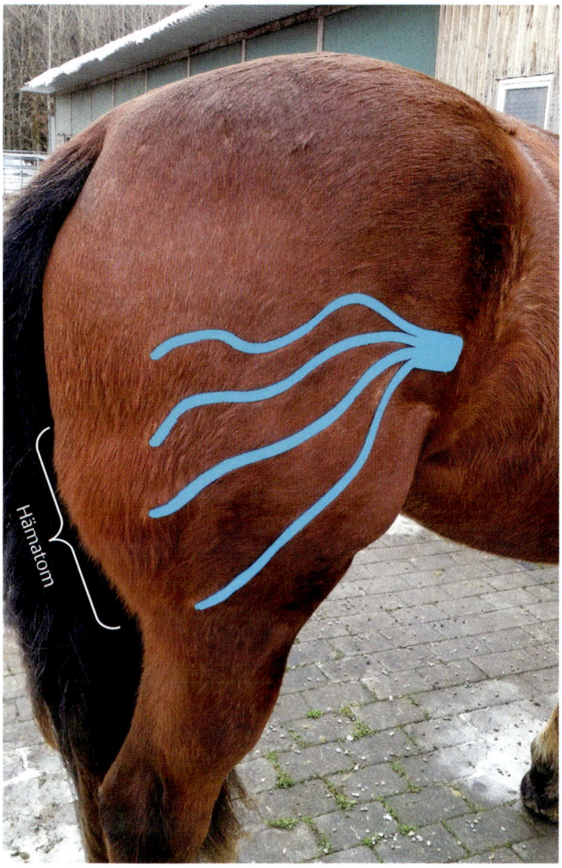

▸ **Abb. 5.30** Durch den Huftritt eines Artgenossen hat dieses Pferd ein Hämatom am M. semitendinosus und M. biceps femoris. Ein Lymphtape hilft, die Stoffwechselprodukte schneller abzutransportieren und die Schwellung abzubauen.

Lymph- und Blutgefäße können zerrissen und gequetscht werden, wodurch es zu Einblutungen in den Muskel und das subkutane Gewebe kommt. Folglich bildet sich relativ rasch eine Schwellung. Palpatorisch ist die verletzte Region durch vermehrte Wärmeabstrahlung und deutliche Berührungsempfindlichkeit vom unverletzten Gewebe abzugrenzen. Die Schmerzen zwingen zu einer Trainingspause, wobei leichte Bewegung den Stoffwechsel und somit die Ausheilung fördert. Das Pferd sollte sich deshalb auf der Koppel oder im Paddock frei bewegen können.

Im akuten Stadium ist das Kühlen der verletzten Region mit Eiswasser die Methode der Wahl. In schweren Fällen kann der Tierarzt abschwellende und entzündungshemmende Medikamente verordnen.

Mögliche Tapeanlage bei Hämatomen

Aufgrund der großen Schmerzhaftigkeit sind manuelle Maßnahmen wie Massagen etc. im akuten Stadium kontraindiziert. Ebenso dürfen keine Tapes auf die empfindlichen Areale geklebt werden. Somit scheidet eine muskuläre Tapeanlage, aber auch ein Schmerztape über der betroffenen Region aus. Sehr hilfreich jedoch ist das Anlegen eines Lymphtapes (S. 65). Es trägt dazu bei, die anfallenden Stoffwechselprodukte schneller abzutransportieren, insbesondere wenn zuvor eine manuelle Lymphdrainage durchgeführt wurde.

Das Lymphtape reicht mit seinen Tentakeln an die Schwellung heran, die Basis liegt am nächstgelegenen Lymphknotenzentrum (▸ **Abb. 5.31**). In schweren Fällen

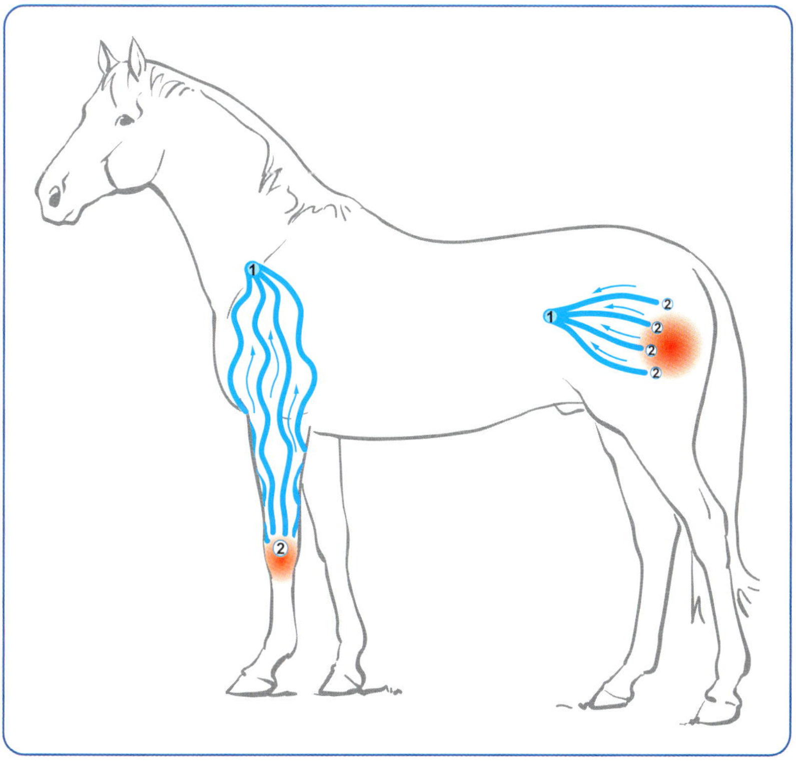

▸ **Abb. 5.31** Schematische Darstellung von Lymphtapes (Fächer- und Serpentinentechnik) zum besseren Abtransport von Stoffwechselprodukten in die nächstgelegene Lymphknotenstation nach einer Verletzung.

▸ **Tab. 5.21** Lymphanlage für Hämatome

Anlageform	bevorzugte Farbe	Tapeverlauf/Region	Technik	Wirkung, Sonstiges
Lymphtape	blau	Verlauf: Zwischen dem Verletzungsgebiet und der Lymphknotenstation; Anfangsbasis: Lymphknotenstation; Endbasen: an der Verletzungsgrenze	Fächertechnik oder Serpentinentechnik mit einem Fächertape, max. 10 % Zug (Paper-Off) unter leichter Vordehnung oder Hautvorschub	entstauend, schmerzlindernd

begleiten weitere Lymphtapes den Weg des Lymphabflusses bis zum linken Venenwinkel im Brustbereich.

Ziel

Schnellerer Abtransport von lymphpflichtigen Stoffwechselprodukten. Länger anhaltender Effekt nach einer manuellen Lymphdrainage (▸ **Tab. 5.21**).

Step by Step

- Länge des benötigten Tapestreifens ermitteln (dabei die Wellenform bei der Serpentinentechnik berücksichtigen und entsprechend längere Streifen ablängen), Tape in Fächerform vorschneiden, Ecken berunden.
- Die Anfangsbasis des Lymphtapes (blau) auf der nächstgelegenen Lymphknotenstation anbringen und anmodellieren. Bei langen Lymphtapes in Serpentinentechnik klebt man zunächst – unter leichter Vordehnung oder Hautvorschub (je nach Region) – die äußeren Tentakel unter maximal 10 % Zug wellenförmig bis zum Zielgebiet auf und fasst damit das Abflussgebiet ein.
- Anschließend werden die mittleren Schenkel ebenfalls in Vordehnung bzw. Hautvorschub und in Paper-Off-Technik (10 % Zug) wellenförmig bis zum Zielgebiet angebracht.
- Die Tapeschenkel werden möglichst noch unter Vordehnung gut anmodelliert.

5.3.2 Muskel(faser)riss

Ein Muskelfaserriss kann bei Pferden unbemerkt entstehen, wenn der Pferdebesitzer die Schmerzanzeichen ignoriert oder nicht registriert. Möglicherweise ist ein geringfügiger Muskelfaserriss funktionell kaum bedeutend, da das Pferd die Läsion meist problemlos kompensieren kann. Die Pferdebesitzer bemerken erst später eine Delle in der Muskulatur, die auf einen Muskelfaserriss hinweist.

Da Pferdebesitzer kleinere Muskelfaserrisse selten frühzeitig erkennen, findet nur sporadisch eine tierärztliche Behandlung statt. Der Faserriss bildet im Heilungsverlauf eine Narbenstruktur im Muskel, die palpatorisch auszumachen ist. Die zerrissenen Muskelfasern rollen sich auf und bilden darum die sicht- und tastbare Delle.

Mögliche Tapeanlage bei Muskel(faser)riss

Muskelfaserrisse können mit unterschiedlichen Tapeanlagen versorgt werden. Für welche Anlageform man sich entscheidet, hängt von der Lage, der Schwere und dem Stadium der Verletzung ab. In akuten Fällen kann eine Lymphanlage sinnvoll sein, in chronischen Fällen ist ggf. eine sedierende Muskelanlage indiziert. Eine weitere Möglichkeit ist eine raumschaffende Anlage – beispielsweise mittels Spacetape (Zentrierungstechnik der Ligamentanlage) – oder ein das Verletzungsareal tangierendes Faszientape (▸ **Abb. 5.34**). Auch eine Kombination dieser Anlagen kann in Betracht gezogen werden (▸ **Abb. 5.32**, ▸ **Abb. 5.33**).

Ziel

Förderung des Stoffwechsels im Verletzungsgebiet (▸ **Tab. 5.22**), Schmerzlinderung durch Raumschaffung, Verklebungen vermeiden oder lösen (Faszientape).

Step by Step

- Länge der benötigten Tapestreifen je nach Größe des Verletzungsgebietes ermitteln, Tapes in Y-Form vorschneiden, Ecken berunden.
- Die Anfangsbasis außerhalb des Verletzungsareals anmodellieren.
- Die Tapeschenkel in Doppelzug- oder Impulstechnik mit bis zu 100 % Zug tangential des Verletzungsgebiets anbringen, Endbasen ohne Zug aufkleben, gesamtes Tape anmodellieren
- Als **Alternative** weitere 1–3 Y-Tapes in gegensätzlichem und 90°-winkligem Verlauf anordnen und mit gleicher Technik wie erstes Faszientape anbringen.
- Als **Alternative** (akute Phase): zusätzliches oder separates Lymphtape mit Anfangsbasis an der Lymphknotenstation und Endbasen an den Grenzen des Verletzungsgebiets, leichte Vordehnung oder Hautvorschub, 10 % Zug (Paper-Off-Technik), anmodellieren.
- Als **Alternative** (chronische Phase): Spacetape in Zentrierungstechnik als raumschaffende Tapemaßnahme. 4 Tapestreifen mit 100 % Zug en bloc über dem Verletzungsgebiet in Sternform anbringen, anmodellieren, Endbasen stets ohne Zug.
- Als **Alternative**: Zusätzliches Muskeltape über dem verletzten Muskel als sedierende Anlage. I-Streifen in Vektortechnik (ggf. Y-Tape als Tangentialtechnik) vom Ansatz zum Ursprung in Vordehnung ohne Zug anbringen, noch während der Dehnungsphase anreiben.

▸ **Tab. 5.22** Faszienanlage und mögliche Alternativen bei Muskelfaserriss

Anlageform	bevorzugte Farbe	Tapeverlauf/Region	Technik	Wirkung, Sonstiges
Faszientape	akutes Stadium: blau; chronisches Stadium: schwarz, rot, violett, beige, weiß	Verlauf: das Verletzungsgebiet tangierend; Anfangsbasis: außerhalb der Verletzungsregion; Endbasen: außerhalb der verletzten Region	Tangentialtechnik mit Y-Tape, in Doppelzug- oder Impulstechnik mit bis zu 100 % Zug, ohne Vordehnung;	löst Verklebungen, fördert die Regeneration
Alternativ: zusätzliche Faszientapes	s. o.	s. o., die Faszientapes werden jeweils im 90°-Winkel zueinander angeordnet	s. o.	s. o.
Alternative zum Faszientape: Spacetape	–	Verlauf: sternförmig direkt über dem Verletzungsgebiet	Zentrierungstechnik mit 4 I-Streifen, sternförmig mit 100 % Zug	schmerzlindernd; empfehlenswert, insbesondere bei chronischem Zustand
Alternativ: zusätzliches oder separates Lymphtape	blau	Verlauf: Zwischen dem Verletzungsgebiet und der Lymphknotenstation; Anfangsbasis: Lymphknotenstation; Endbasen: an der Verletzungsgrenze	Fächertechnik oder Serpentinentechnik mit einem Fächertape, max. 10 % Zug (Paper-Off) unter leichter Vordehnung oder Hautvorschub	entstauend, schmerzlindernd; empfehlenswert, insbesondere bei akuten Verletzungen
Alternativ: Muskeltape	blau	Verlauf: Mit dem Tape den verletzten Muskel das Verletzungsgebiet abdeckend (I-Streifen) oder einfassend (Y-Tape). Anfangsbasis: Muskelansatz; Endbasis: Muskelursprung	Tangentialtechnik (Y-Tape) oder Vektortechnik mit einem I-Streifen, ohne Zug, in Vordehnung	sedierend

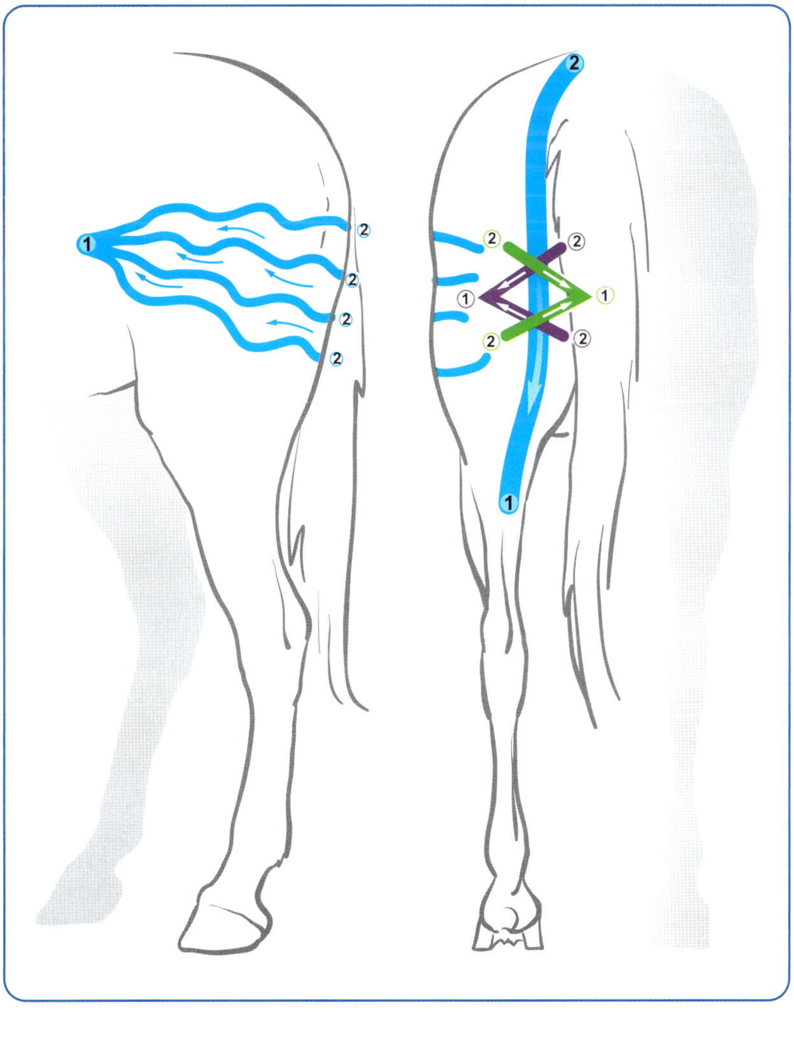

▸ **Abb. 5.32** Beispielanlage eines Muskelfaserrisses am M. semimembranosus: Das sedierende Muskeltape wird im Muskelverlauf angelegt. Zwei Faszientapes umschließen den Muskelfaserriss und sorgen für eine Mobilität im Gewebe. Verklebungen der Unterhautfaszien werden dadurch weitgehend verhindert. Ein weiteres Lymphtape vom Verletzungsgebiet zur Lymphknotenstation sorgt für einen verbesserten Stoffwechsel im Verletzungsgebiet.

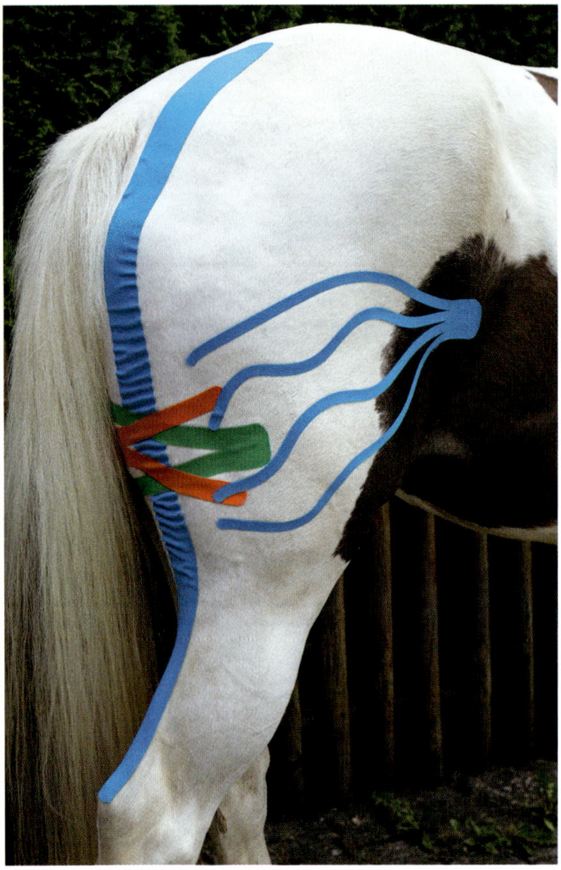

▸ **Abb. 5.33** Die in ▸ Abb. 5.32 beschriebene Tapeanlage am Pferd umgesetzt.

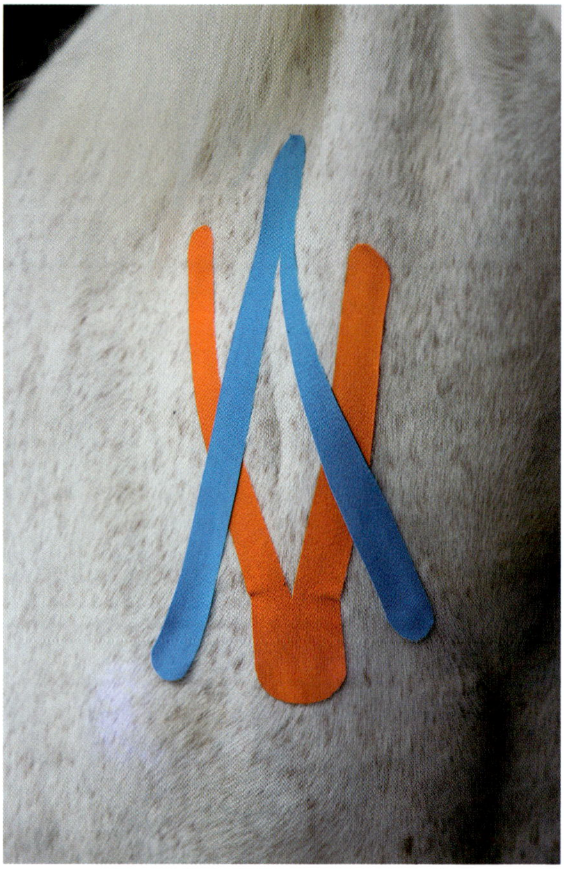

▸ **Abb. 5.34** Ein deutlicher Muskelfaserriss am M. brachiocephalicus wurde mit zwei Faszientapes in Doppelzugtechnik eingefasst.

5.4
Tendopathien

Sehnenverletzungen sind bei Pferden relativ häufig und meist traumatisch bedingt. Nur selten resultieren Sehnenprobleme aus Wachstums- oder Fehlstellungen heraus. Neben den typischen verletzungsbedingten Tendopathien, die insbesondere den M. interosseus medius (Fesselträger) und die Sehnen des M. flexor digitorum profundus und superficialis (tiefe und oberflächliche Beugesehne) betreffen, kommen insbesondere beim Fohlen verschiedene Formen von Sehnenschwäche vor.

Bei oder kurz nach der Geburt kann es bei Fohlen zur Hyperextension von Gelenken (z. B. Huf-, Kron- und/oder Fesselgelenk) kommen, der eine Beugesehnenschwäche zugrunde liegt. Für diese Beugesehnenanomalien (Sehnenstelzfuß) diskutiert man unterschiedliche Ursachen wie eine Fehllagerung im Uterus, genetische Faktoren oder biochemische Veränderungen. Allerdings gibt es auch Hinweise auf infektiöse und toxische Zusammenhänge.

In einigen Fällen bessern sich Sehnenkontrakturen beim Fohlen innerhalb kurzer Zeit von selbst. Insbesondere bei erworbenen Beugesehnenverkürzungen wird der Tierarzt die Therapie nach der entsprechenden Ursache auswählen.

Weitaus häufiger sind Reitpferde von verletzungsbedingten Sehnenschäden betroffen. Das Pferd hat eine stark sehnige Muskulatur. Die Eigenschaften der Sehnenstruktur sind mitunter ein Grund für die erhöhte Verletzungsanfälligkeit. In erster Linie aber resultiert ein gesteigertes Verletzungsrisiko aus den Leistungsanforderungen an die Pferde durch den sportlichen Einsatz. Sehnen können ohne Schaden zu nehmen, bis zu 5 % gedehnt werden. Bei stärkerer Beanspruchung der sehnigen Struktur kommt es zu Verletzungen wie Überdehnungen und Zerreißungen, die bereits bei 8 % Dehnkapazität stattfinden.

! Merke

Sehnen können bis zu 5 % gedehnt werden. Schon bei etwa 8 % Dehnung kommt es zu Zerreißungen der Struktur.

Das Sehnengewebe besteht aus einem bandartigen, fibrösen Bindegewebe, das sich durch eine geringe Dehnbarkeit, aber große Zugfestigkeit auszeichnet. Die Sehnen als Verbindungsstücke zwischen den Muskeln und Knochen dienen der Kraftübertragung. Die Kollagenfasern der Sehnen sind schlecht durchblutet und benötigen nach einer

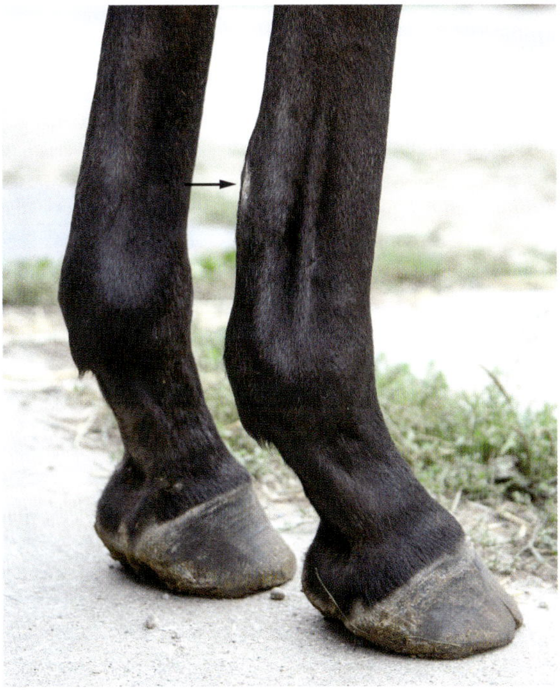

▶ **Abb. 5.35** Eine Überbeanspruchung des Pferdes auf der Galopprennbahn führte zu einem massiven Sehnenschaden mit starken Vernarbungen der oberflächlichen und tiefen Beugesehne, die sich als Sehnenbug manifestieren.

Verletzung deshalb eine sehr lange Zeit zur Regeneration. Je nach Schwere einer Verletzung dauert die Ausheilung etwa 6–12 Monate, in denen die geschädigten Fibrillen eine Neubildung durch die Fibroblasten erfahren.

Die hauptsächliche Problematik bei Sehnenverletzungen besteht darin, dass es zu teils massiven Hyperplasien und Adhäsionen (Verklebungen) der Sehne und des umgebenden Gewebes kommt, was eine normale Gleitfunktion der Sehne gegenüber den Nachbarstrukturen nicht mehr zulässt. Diese Verklebungen zeichnen sich durch Umfangsvermehrungen aus, die bei Läsionen im Bereich der Beugesehnen schließlich einen sogenannten „Sehnenbug" erkennen lassen (▶ Abb. 5.35). Aufgrund der Bildung von Narbengewebe und der damit verbundenen Funktionseinschränkung der Sehne besteht ein sehr hohes Risiko von Rezidiven, das mit bis zu 80 % beziffert wird.

In der Heilungsphase bildet das Gewebe nicht nur längs-, sondern auch querverlaufende Kollagenfasern – sogenannte pathologische Crosslinks – die letztendlich die Mobilität der Struktur einschränken. Im Falle der Sehnen ist ein längsgerichtetes Gleiten nicht mehr möglich.

Die Produktion von übermäßigen und falsch ausgerichteten Kollagenfasern wird insbesondere durch die Ruhigstellung der Struktur gefördert. Der durch eine oft verordnete Boxenruhe herbeigeführte Bewegungsverlust führt außerdem zu einer eingeschränkten Produktion von Proteoglykanen, die für die Parallelisierung der neu gebildeten Kollagenfasern verantwortlich sind. Im Gegensatz dazu führt eine übermäßige Bewegung zum Aufflammen erneuter Entzündungsreaktionen, welche die Ausheilung der Struktur verzögert oder gar verhindert. Festgestellt wurde jedoch, dass insbesondere passive Bewegungen die Heilung beschleunigen, die Bildung von pathologischen Crosslinks verhindern und damit das bestmögliche Regenerationsergebnis erbringen. Die Umsetzung ist jedoch kein einfacher Akt.

Für einen optimalen Heilungsverlauf muss die exakte Balance zwischen passiver Bewegung und Ruhigstellung der Struktur gefunden werden. Dies stellt sich als eine therapeutische Gratwanderung dar, weil die aktiven Bewegungen des Pferdes nur eingeschränkt kontrolliert werden können und der Einfluss von indizierter, passiver Bewegung stets abhängig von der Art und dem Grad der Verletzung sowie der bereits fortgeschrittenen Heilungsphase ist. Hierfür bedarf es erfahrener Therapeuten, die bereits in der Akutphase der Verletzung mit eingebunden werden. Sie können maßgeblich daran mitwirken, dass die Gleitfähigkeit der Sehnenstruktur über eine gezielte passive – durch manuelle Behandlung herbeigeführte – Bewegung wieder erlangt werden kann.

! Merke

Eine optimierte Therapie bei Sehnenverletzungen besteht aus einer gekonnten Balance zwischen passiver Bewegung und Ruhigstellung der Struktur, um die Gleitfähigkeit der Sehnen wieder herzustellen. Hierdurch kann die hohe Rate von Rezidiven deutlich gemindert werden.

Werden die Pferde jedoch zu früh einer Belastung durch den Reiter, tiefes Geläuf und/oder übermäßigem Training ausgesetzt, kann die noch schwache Sehnenstruktur erneut überlastet werden und die Verletzung „aufbrechen". Dadurch wird der Körper ständig angeregt, weitere Kollagenfasern zu bilden, die sich „wild" im Gewebe ansetzen und somit Verklebungen und Fibrosen fördern. Die Pferdebesitzer müssen deshalb viel Geduld mitbringen und eine zu frühe Belastung unbedingt vermeiden.

Die absolute Boxenruhe ist nur bei massiven Verletzungen in der Akutphase angezeigt, mittlerweile gehen die meisten Tierärzte dazu über, die Ruhigstellung auf ein möglichst geringes Maß zu reduzieren. So bald wie möglich sollten die Pferde sich in einem Paddock oder auf der Weide ruhig bewegen können. Vermieden werden müssen jedoch plötzliche Starts, Wendungen und ein impulsives Temperament wie ruheloses Umherlaufen, Buckeln oder Galoppieren. Um den Bewegungsdrang in Grenzen zu halten, sollte deshalb die Fütterung der Pferde auf den Erhaltungsbedarf reduziert sowie die Haltungsbedingungen so gestaltet werden, dass die verletzten Tiere zu keiner übersteigerten Aktivität animiert werden.

5.4.1 Verletzungen des M. flexor digitorum profundus (tiefe Beugesehne)

Der muskuläre Ausläufer der tiefen Beugesehne hat drei Köpfe (Caput humerale, Caput ulnare, Caput radiale). Sie vereinigen sich ab dem Karpalgelenk zu einem sehnigen Strang, der bis zum Hufbein zieht. Die Sehne ist über dem Strahlbein mit einem Schleimbeutel (Bursa podotrochlearis) unterpolstert. Dieser Komplex wird als Hufrolle bezeichnet.

Anatomische Fakten

- Ursprung: Epicondylus medialis humeri, Olecranon, kaudomedial mittig des Radius;
- Ansatz: Hufbein
- Funktion: Flexion von Karpal-, Fessel-, Kron- und Hufgelenk
- Innervation: N. ulnaris, N. medianus

Ursachen Die tiefe Beugesehne ist – meist in Verbindung mit der oberflächlichen Beugesehne – häufig von Verletzungen betroffen, die sich Pferde während des sportlichen Einsatzes zuziehen. Zu den verletzungsträchtigen Reitsportarten zählt insbesondere das Springen. Bei der Landung nach dem Sprung über Hindernisse werden die Beugesehnen grenzwertig gedehnt, die Pferde berühren dabei mit dem Fesselkopf oft den Boden. Infolgedessen kann es zu Überdehnungen der Beugesehnen sowie zu Hufrollenentzündungen (S. 138) kommen. Die Sehnen von Renn-, Reining- und Dressurpferden sind aufgrund der geforderten Manöver ebenfalls großen Belastungen ausgesetzt. Das Freizeitpferd zieht sich Beugesehnenschäden meist durch eine ungenügende Aufwärmphase, falsche Trainingsmethoden und Fehltritten im Gelände zu.

Neben der typischen Überdehnung bei Fehltritten oder nach hohen Sprüngen und anderen extremen Manövern kann auch ein Schlag auf die Sehne (beispielsweise ein Huftritt eines Artgenossen) eine Entzündungsreaktion hervorrufen.

Weiterführend kann auch das Fesselringband die verdickten Beugesehnen einschnüren und so eine weitere Schädigung der Sehnen verursachen. Beim primären Fesselringbandsyndrom hingegen ist die Erkrankung des Fesselringbands der Auslöser für entzündete Sehnen. Das Fesselringband ist unelastisch und verdickt bei einer Erkrankung. Infolgedessen schnüren sie die Sehnen ein, die sich nun ihrerseits aufgrund des Drucks durch das Fesselringband entzünden. Somit ist der Teufelskreis aktiviert. Um Folgeschäden an den Sehnen zu verhindern, ist deshalb ein schnelles Abschwellen der Strukturen im Bereich des Fesselringbands anzustreben.

In akutem Stadium sollte man bei Sehnenverletzungen von einer Tapeanlage aufgrund der lokalen, hohen Schmerzhaftigkeit absehen. Sobald eine Manuelle Therapie durchgeführt werden kann, ist auch eine Anlage mit kinetischen Tapes indiziert.

Symptome Je nach Verletzungsgrad lahmt das Pferd nur leicht, mittelmäßig oder auch sehr stark. In der Regel stellt sich eine typische Stützbeinlahmheit ein. Der betroffene Sehnenbereich ist im akuten Stadium warm und geschwollen.

In späterem Stadium bildet sich bei ungünstigem Heilungsverlauf (hoher Verletzungsgrad, zu früher Einsatz des Pferdes mit Verletzungsrückfall, zu lange Boxenruhe) ein Sehnenbug, wenn sich starke Verklebungen bilden (▶ Abb. 5.35). Der Sehnenbereich bleibt verdickt und verbackt mit dem umliegenden Bindegewebe, außerdem fast immer auch mit der oberflächlichen Beugesehne und dem Fesselträger. Die Gleitfunktion ist somit eingeschränkt. Das zukünftige Verletzungsrisiko der bereits angegriffenen Struktur ist deutlich höher als bei gesundem Gewebe.

Therapie Schwere Sehnenverletzungen sind im akuten Zustand sehr schmerzhaft, weshalb eine Schmerztherapie durch den Tierarzt erfolgen muss. Zwar ist man heutzutage etwas zurückhaltend, die Schmerzen mit Hilfe von Medikamenten zu unterdrücken, weil die Pferde die Gliedmaße sonst übermäßig belasten, jedoch muss das Wohlbefinden des Pferdes mit berücksichtigt werden. Ist die Sehnenverletzung stark schmerzhaft, wird zunächst Boxenruhe verordnet. So bald wie möglich sollte das Pferd jedoch in einem kleinen Paddock eine eingeschränkte Bewegungsmöglichkeit erhalten.

Neben der schulmedizinischen Versorgung sollte eine Manuelle Therapie mit passiven Bewegungen und zu einem späteren Zeitpunkt auch Massagegriffen erfolgen. In diesem – nicht mehr akut schmerzhaften – Stadium kann die Therapie zudem mit einer Tapeanlage ergänzt werden. Begleitend können physikalische Therapieverfahren wie therapeutischer Ultraschall, mittelfrequente Elektrotherapie oder Lasertherapie durchgeführt werden. Weitere naturheilkundliche Verfahren wie Akupunktur, Homöopathie und Phytotherapie können ergänzend den Therapieplan abrunden.

Mögliche Tapeanlage bei Verletzungen der tiefen Beugesehne

Bei einer Sehnenanlage werden häufig sowohl die oberflächliche als auch die tiefe Beugesehne mit einem Tape versehen (▶ Abb. 5.36). Aufgrund der großen Zugspannung der Sehnen, können diese nicht wirklich in eine reale Entspannung gebracht werden, dennoch soll das Tape eine Sedierung der Struktur signalisieren. Abweichend von der Norm wählt man für die tiefe Beugesehne anstatt eines I-Streifens ein Y-Tape, dessen Schenkel lateral und medial des Radius im Sehnenverlauf angebracht werden. Dieses wird mit einem I-Streifen für die oberflächliche Beugesehne im palmaren Bereich kombiniert. Beide Tapes werden als Ligamentanlage in Vektortechnik mit etwa 75 % Zug von distal nach proximal in sedieren-

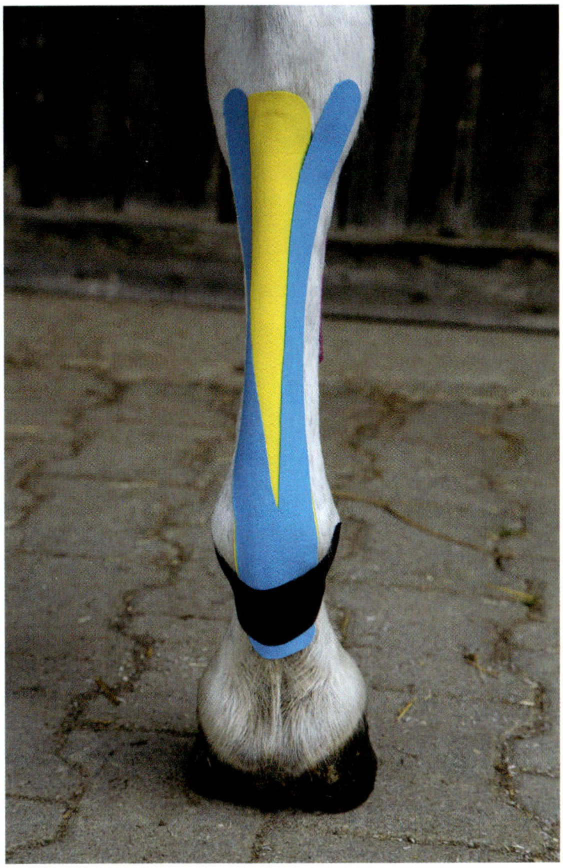

▶ **Abb. 5.36** Bei einer Tapeanlage der Beugesehnen werden in der Regel sowohl die oberflächliche (hier gelb) als auch die tiefe Beugesehne (blau) getapet. Ein Zusatzanker (schwarz) zur Fixierung der Anfangsbasen unterhalb des Fesselkopfes ist unerlässlich.

der Wirkungsrichtung geklebt. Ein zusätzlicher Anker in En-bloc-Technik fixiert die Sehnentapes unterhalb des Fesselkopfes (▶ **Abb. 5.37**).

Alternativ ist es auch möglich, ein Kombitape anzulegen. Bei dieser Lösung zieht man einen kompletten I-Streifen vom Sehnenansatz (im Fall der tiefen Beugesehne jedoch von unterhalb des Fesselkopfes) bis zum Muskelursprung am Olecranon bzw. zum medialen Epicondylus des Humerus hoch. Den sehnigen Anteil versieht man mit etwa 75 % Zug von distal nach proximal, fixiert in der Karpalgelenksbeuge die (längs geschlitzte) Basis ohne Zug und führt das Tape als Muskeltape – nun unter Vordehnung der Gliedmaße – bis zum Muskelursprung weiter (▶ **Abb. 2.23**). Die Endbasis wird wiederum ohne Zug fixiert.

Weil eine Sehne in der Regel den Fortlauf des Muskelbauches darstellt, sollte der zugehörige Muskel immer zusätzlich getapet werden. Oft ergibt sich eine zu hohe Spannung der Sehne lediglich aufgrund des Muskels, der der betroffenen Sehne zugehörig ist. Ein sedierendes Muskeltape am Muskelbauch des M. flexor digitorum profundus darf also nicht fehlen (▶ **Abb. 2.22f**).

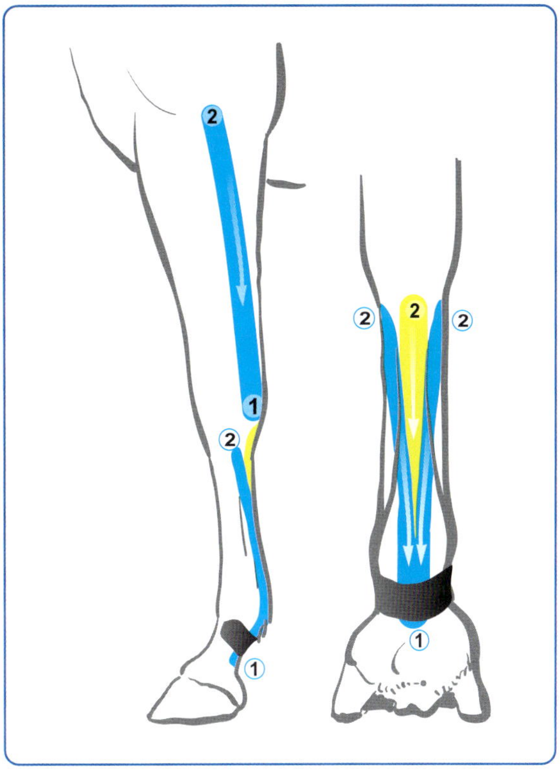

▶ **Abb. 5.37** Standardanlage für Sehnentapes mit integriertem Muskeltape des M. flexor digitorum profundus.

Praxistipp
Bei einer Sehnenanlage sollte nach Möglichkeit immer der zugehörige Muskel mit einem entsprechenden Muskeltape versehen werden, um eine optimale Wirkung zu erzielen.

Ziel

Entspannung des M. flexor digitorum profundus und damit Entlastung der Sehne, Unterstützung des Fesselkopfes (▶ **Tab. 5.23**).

Step by Step

- Länge der benötigten Tapestreifen ermitteln, Tapes als I-Streifen bzw. in Y-Form vorschneiden, Ecken berunden.
- **Alternative:** zusätzlichen I-Streifen für oberflächliche Beugesehne unterhalb des Fesselgelenks mit der Anfangsbasis beginnend, palmar im Sehnenverlauf bis unterhalb des Erbsenbeins mit etwa 75 % Zug bei belastetem Bein anbringen, Endbasis zugfrei fixieren.
- Anfangsbasis des Y-Tapes unterhalb des Fesselkopfes zugfrei anmodellieren, die beiden Schenkel jeweils lateral und medial im Verlauf der tiefen Beugesehne unter 75 % Zug anmodellieren, Endbasis unterhalb des Karpalgelenks zugfrei anbringen.

► **Tab. 5.23** Tapeanlage für Verletzung der tiefen Beugesehne

Anlageform	bevorzugte Farbe	Tapeverlauf/Region	Technik	Wirkung, Sonstiges
Ligamenttape	blau	Region: Im Verlauf der tiefen Beugesehne im Bereich des Radius; Anfangsbasis: in der Fesselbeuge; Endbasen: unterhalb des Erbsenbeins lateral und medial des Sehnenverlaufs	Tangentialtechnik mit Y-Tape, bei etwa 75 % Zug;	sedierend
Alternativ: zusätzliches Ligamenttape	blau, grün, gelb	Region: Im Verlauf der oberflächlichen Beugesehne; Anfangsbasis: in der Fesselbeuge; Endbasis: auf Höhe des Erbsenbeins	Vektortechnik mit I-Streifen, ca. 75 % Zug	sedierend
Muskeltape	blau	Verlauf: M. flexor digitorum profundus (Bereich Muskelbauch). Anfangsbasis: Sehnenübergang proximal des Karpalgelenks; Endbasis: Muskelursprung	Vektortechnik mit I-Streifen, max. 10 % Zug in Vordehnung (Protraktion der Gliedmaße)	sedierend
Alternativ: kombiniertes Muskel-/Ligamenttape	blau	Region: Im Verlauf des M. flexor digitorum profundus bis zum Muskelursprung; Anfangsbasis: unterhalb des Fesselkopfes (da eine Fixierung am Ansatz nicht möglich); Endbasis: am Muskelursprung (Olecranon)	Vektortechnik mit I-Streifen, im Sehnenbereich mit 75 % Zug (als Ligamentanlage), weiterführend durch eine gemeinsame, zugfreie End-/Anfangsbasis unterbrochen, als Muskeltape, max. 10 % Zug, in Vordehnung	sedierend, zugentlastend
Ligamenttape	schwarz	Distal des Fesselkopfes	Zentrierungstechnik, en bloc, ohne bis leichten Zug	Zusatzanker, Unterstützung des Fesselgelenks

- Muskeltape im Verlauf des Muskelbauches unter Vordehnung (Protraktion der Gliedmaße) mit max. 10 % Zug (Paper-Off) oberhalb des Karpalgelenks bis Muskelursprung aufkleben und anmodellieren
- Als **Alternative** kann ein kombiniertes Ligament-/Muskeltape mit einer End- bzw. Anfangsbasis als gemeinsame „Zwischenbasis" im Bereich des Muskel-Sehnenübergangs von unterhalb des Fesselgelenks bis zum Muskelursprung angebracht werden (► **Abb. 2.23**). Im Sehnenbereich werden 75 % Zug aufgewendet, im Muskelbauchbereich unter Vordehnung lediglich bis zu 10 % Zug. Wichtig sind die zugfreien Basen: Anfangsbasis unterhalb des Fesselkopfes, Zwischenbasis (kombinierte Anfangs-/Endbasis) am Muskel-Sehnenübergang und die Endbasis am Muskelursprung.
- Ligamenttape in Zentrierungstechnik en bloc als Ankertape unterhalb des Fesselkopfes quer über die Anfangsbasis kleben, anmodellieren. Basen jeweils zugfrei aufkleben.

5.4.2 Hufrollenentzündung

Ein eigenes Krankheitsbild, bei der die tiefe Beugesehne ebenfalls maßgeblich beteiligt ist, stellt die Hufrollenentzündung dar. Kommt zu viel Zug auf die tiefe Beugesehne, erfährt der über dem Os naviculare liegende Schleimbeutel (Bursa podotrochlearis) eine schmerzhafte Quetschung. Die daraus entstehende Entzündung greift langfristig sowohl die Strukturen der tiefen Beugesehne als auch das Strahlbein an. In fortgeschrittenem Stadium kann es zur Osteolyse des Os naviculare kommen.

Neben schulmedizinischen Maßnahmen gilt es, manualtherapeutisch eine Entlastung des M. flexor digitorum profundus herbeizuführen. Begleitend kann eine entsprechende Tapeanlage angebracht werden.

Merke

Die Komponenten M. flexor digitorum profundus, Os naviculare und Bursa podotrochlearis werden als Hufrollenkomplex bezeichnet.

Mögliche Tapeanlage bei Hufrollenentzündung

Die Tapeanlage für eine Hufrollenproblematik stellt sich äquivalent zu einer Anlage für eine Beugesehnenverletzung dar. Auf einen zusätzlichen Tapestreifen für den M. flexor digitorum superficialis kann verzichtet werden (► **Abb. 5.38**).

▸ **Tab. 5.24** Tapeanlage für Hufrollenentzündung

Anlageform	bevorzugte Farbe	Tapeverlauf/Region	Technik	Wirkung, Sonstiges
Ligamenttape	blau	Region: Im Verlauf der tiefen Beugesehne im Bereich des Radius; Anfangsbasis: in der Fesselbeuge; Endbasen: unterhalb des Erbsenbeins lateral und medial des Sehnenverlaufs	Tangentialtechnik mit Y-Tape, bei etwa 75 % Zug;	sedierend
Muskeltape	blau	Verlauf: M. flexor digitorum profundus (Bereich Muskelbauch); Anfangsbasis: Sehnenübergang proximal des Karpalgelenks; Endbasis: Muskelursprung	Vektortechnik mit I-Streifen, max. 10 % Zug in Vordehnung (Protraktion der Gliedmaße)	sedierend
Alternativ: Kombiniertes Muskel-/Ligamenttape	blau	Region: Im Verlauf des M. flexor digitorum profundus bis zum Muskelursprung; Anfangsbasis: unterhalb des Fesselkopfes (da eine Fixierung am Ansatz nicht möglich); Endbasis: am Muskelursprung (Olecranon)	Vektortechnik mit I-Streifen, im Sehnenbereich mit 75 % Zug (als Ligamentanlage), weiterführend durch eine gemeinsame, zugfreie End-/Anfangsbasis (Zwischenbasis) unterbrochen, als Muskeltape, max. 10 % Zug, in Vordehnung	sedierend, zugentlastend
Ligamenttape	schwarz	distal des Fesselkopfes	Zentrierungstechnik, en bloc, ohne bis leichten Zug	Zusatzanker, Unterstützung des Fesselgelenks

Ziel

Entspannung des M. flexor digitorum profundus mit Entlastung des Hufrollenkomplexes (▸ **Tab. 5.24**).

Step by Step

- Länge der benötigten Tapestreifen ermitteln, Tapes als I-Streifen bzw. in Y-Form vorschneiden, Ecken berunden.
- Anfangsbasis des Y-Tapes unterhalb des Fesselkopfes zugfrei anmodellieren, die beiden Schenkel jeweils lateral und medial im Verlauf der tiefen Beugesehne unter 75 % Zug anmodellieren, Endbasis unterhalb des Karpalgelenks zugfrei anbringen.
- Muskeltape im Verlauf des Muskelbauches unter Vordehnung (Protraktion der Gliedmaße) mit max. 10 % Zug (Paper-Off) oberhalb des Karpalgelenks bis Muskelursprung aufkleben und anmodellieren
- Als **Alternative** kann ein kombiniertes Ligament-/Muskeltape mit einer gemeinsamen End-/Anfangsbasis im Bereich des Muskel-Sehnenübergangs von unterhalb des Fesselgelenks bis zum Muskelursprung angebracht werden. Im Sehnenbereich werden 75 % Zug aufgewendet, im Muskelbauchbereich unter Vordehnung lediglich bis zu 10 % Zug. Wichtig sind die zugfreien Basen: Anfangsbasis unterhalb des Fesselkopfes, Zwischenbasis (kombinierte Anfangs-/Endbasis) am Muskel-Sehnenübergang und die Endbasis am Muskelursprung.
- Ligamenttape in Zentrierungstechnik en bloc als Ankertape unterhalb des Fesselkopfes quer über die Anfangsbasis kleben, anmodellieren. Basen jeweils zugfrei aufkleben.

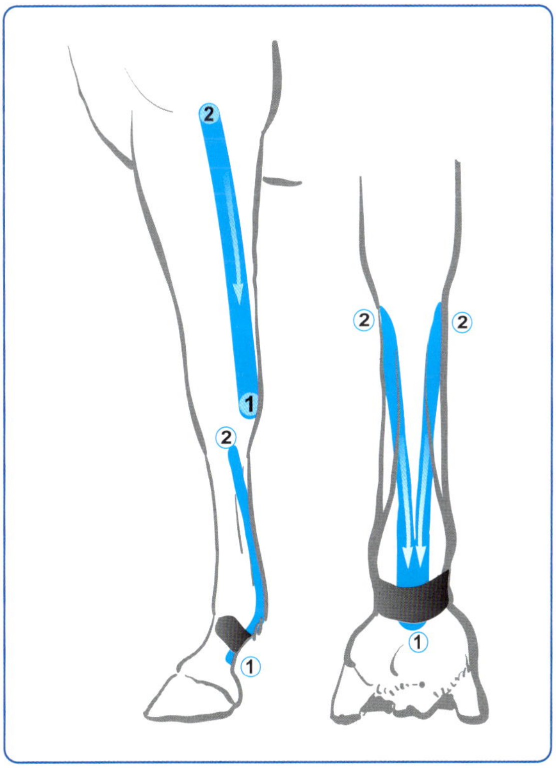

▸ **Abb. 5.38** Schema einer Tapeanlage für eine Hufrollenentzündung. Getapet wird die tiefe Beugesehne mit dazugehörigem Muskel. Die Tapestreifen werden jeweils mit sedierender Wirkung angebracht, um den Hufrollenkomplex zu entlasten.

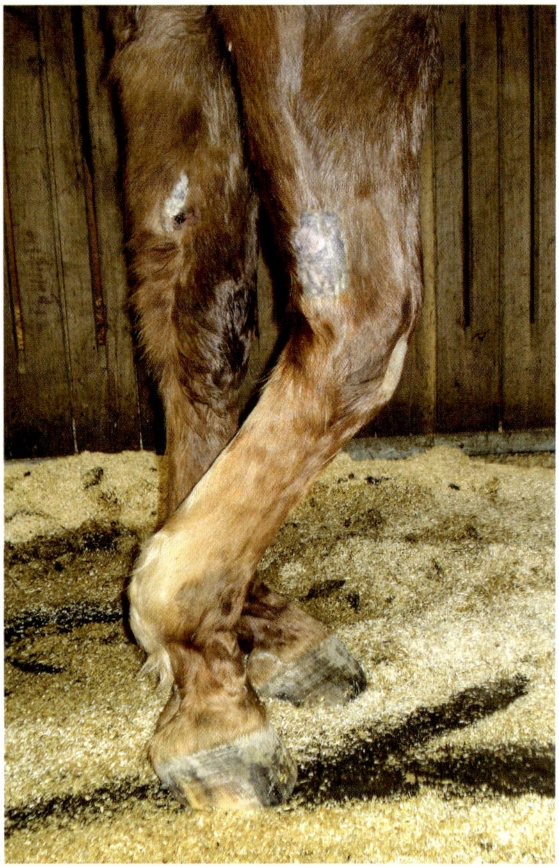

▸ **Abb. 5.39** Bei einer Verkürzung der Beugesehne kann das Pferd sein Karpalgelenk nicht mehr ausreichend extensieren. Die Ursache der Sehnenverkürzung bei dieser 23-jährigen Stute entstand durch ein vorausgegangenes Karpaltunnelsyndrom. Ursächlich hierfür war ein Trauma im Sehnenbereich. Durch die Einengung der Sehne aufgrund des Karpaltunnelsyndroms kommt es schmerzbedingt zur Bewegungseinschränkung und Entlastung der Sehne, die sich durch den fehlenden Dehnungsreiz schließlich verkürzt.

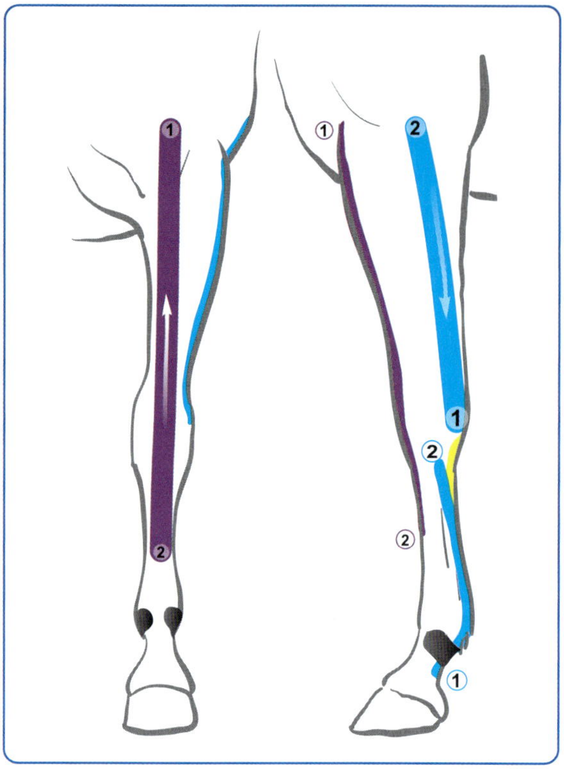

▸ **Abb. 5.40** Schema einer Tapeanlage für das Krankheitsbild der Beugesehnenverkürzung: Die sedierende Sehnenanlage (blau) für die tiefe Beugesehne kombiniert man mit einem Korrekturtape (violett) entlang der dorsalen Gliedmaßenseite über dem M. extensor carpi radialis, um die Streckung des Karpalgelenks zu unterstützen.

5.4.3 Beugesehnenverkürzung

Eine Verkürzung der Beugesehnen kann unterschiedliche Ursachen haben. Neben einer angeborenen Fehlstellung (S. 184), sind oft Traumen (Sehnenverletzungen) oder degenerative Veränderungen für eine nachfolgende Sehnenverkürzung verantwortlich. Durch den Verletzungsschmerz bleibt die Gliedmaße entlastet und ruhiggestellt. Bei fehlendem Dehnungsreiz kommt es schließlich zur strukturellen Anpassung des Gewebes: Es folgt eine Sehnenverkürzung. Daraus resultiert eine vorbiegige Stellung des Karpalgelenks. Eine endgradige Extension des Vorderfußwurzelgelenks ist aufgrund der Sehnenverkürzung nicht mehr möglich.

Eine Entlastungsstellung, die eine vorbiegige Stellung und somit eine leichte Flexion im Karpalgelenk zur Folge hat, kann ebenso die Auswirkung eines Karpaltunnelsyndroms beim Pferd sein. Auch in diesem Fall ist die längerfristige Folge eine Sehnenverkürzung (▸ **Abb. 5.39**). Ähnlich wie beim Krankheitsbild des Fesselringbandsyndroms kommt es auch beim Karpaltunnelsyndrom zu einem Engpass im Sehnenverlauf – dieses Mal jedoch im Karpaltunnel, was dem Pferd Schmerzen bereitet und die Entlastungsstellung hervorruft.

Insbesondere bei älteren Pferden kommt es durch die Kontraktur der Mm. flexor carpi radialis und ulnaris zur Vorbiegigkeit des Karpus. Sie kann durch eine altersbedingte Schwäche der Streckmuskeln hervorgerufen werden, ursächlich kann aber auch eine Überanstrengung oder zu frühe Belastung sein.

Mögliche Tapeanlage bei Beugesehnenverkürzung

Die Entlastung der Beugesehnen ist auch hier das Ziel einer Tapeanlage, sodass dieselbe Anlage wie für die Beugesehnenverletzungen angezeigt ist. Zusätzlich fügt man jedoch noch eine Korrekturanlage am M. extensor carpi radialis hinzu, die die Streckung des Karpalgelenks initiiert und gleichzeitig einen tonisierenden Effekt auf die Streckmuskeln hat (▸ **Abb. 5.40**). Im Falle eines diagnostizierten Karpaltunnelsyndroms bietet sich zudem eine raumschaffende Ligamentanlage in der Karpalgelenksbeuge an. Anstatt des Korrekturtapes kann bei alten Pferden mit einer Schwäche der Streckmuskeln ein tonisierendes Muskeltape am M. extensor carpi radialis angebracht werden (▸ **Abb. 5.41**).

Ziel

Sehnenentlastung durch Ligament- und Muskelanlage (▶ Tab. 5.25), zusätzlich soll die Extension des Karpalgelenks durch ein Korrekturtape angestrebt werden. Beim Karpaltunnelsyndrom kann ergänzend eine Ligamentanlage in der Karpalgelenksbeuge hilfreich sein, um eine Gewebsentlastung herbeizuführen und die Schmerzen zu reduzieren.

Step by Step

- Länge der benötigten Tapestreifen ermitteln, Tapes als I-Streifen bzw. in Y-Form vorschneiden, Ecken berunden.
- **Alternative:** Zuerst zusätzlichen I-Streifen für oberflächliche Beugesehne unterhalb des Fesselgelenks mit der Anfangsbasis beginnend, palmar im Sehnenverlauf bis unterhalb des Erbsenbeins mit etwa 75 % Zug bei belastetem Bein anbringen, Endbasis zugfrei fixieren.
- Anfangsbasis des Y-Tapes unterhalb des Fesselkopfes zugfrei anmodellieren, die beiden Schenkel jeweils lateral und medial im Verlauf der tiefen Beugesehne unter 75 % Zug anmodellieren, Endbasis unterhalb des Karpalgelenks zugfrei anbringen.
- Ligamenttape in Zentrierungstechnik en bloc ohne oder mit nur leichtem Zug als Ankertape unterhalb des Fesselkopfes quer über die Anfangsbasis kleben, anmodellieren. Basen jeweils zugfrei aufkleben.
- Muskeltape im Verlauf des Muskelbauches unter Vordehnung (Protraktion der Gliedmaße) mit max. 10 % Zug (Paper-Off) oberhalb des Karpalgelenks bis Muskelursprung aufkleben und anmodellieren.
- Korrekturtape am M. extensor carpi radialis von dessen Ursprung zum Ansatz in Vektortechnik bei 75 % Zug und unter maximal möglicher Streckung des Karpalgelenks. Anfangs- und Endbasis ohne Zug anmodellieren.
- **Zusätzliche Alternative:** Bei einem Karpaltunnelsyndrom kann alternativ ein zusätzliches Ligamenttape als Space-Anlage oder Einzeltape in Zentrierungstechnik mit 100 % Zug en bloc getapet werden, um einen schmerzlindernden, raumschaffenden Effekt zu erreichen.

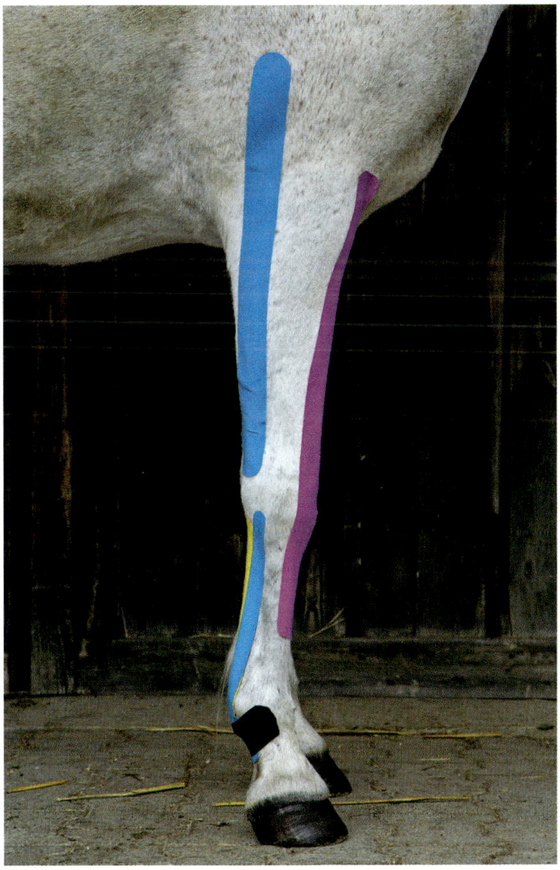

▶ **Abb. 5.41** Umsetzung der Tapeanlage für eine Beugesehnenverkürzung bei einem 34-jährigen Pferd mit der Neigung zu einer leicht vorbiegigen Stellung aufgrund einer altersbedingten Schwäche der Streckmuskeln und folglich beginnender degenerativer Verkürzung der Beugesehnen. Nach einer Woche mit Unterstützung der Tapeanlage steht das Pferd wieder stabil. Alternativ könnte anstatt des Korrekturtapes (violett) auch ein tonisierendes Muskeltape am M. extensor carpi radialis gesetzt werden.

5.4.4 Verletzungen des M. flexor digitorum superficialis (oberflächliche Beugesehne)

Obwohl die oberflächliche Beugesehne mit bis zu 40 % (je nach der Art des sportlichen Einsatzes) eine sehr hohe Verletzungsrate aufweist, hat eine autarke Verletzung der oberflächlichen Beugesehne der Vordergliedmaße in der Regel weniger dramatische Auswirkungen als eine Läsion der tiefen Beugesehne. Der Muskelbauch des M. flexor digitorum superficialis wird fast vollständig vom M. flexor carpi ulnaris bedeckt. Der sehnige Übergang erfolgt im distalen Radiusbereich, wo auch das Lig. accessorium in den Sehnenstrang einfließt. Gemeinsam mit der Sehne des M. flexor digitorum profundus geht es durch den Karpaltunnel. Im Bereich des Röhrbeins liegt die oberflächliche Beugesehne flächig über der tiefen und lässt sich palpatorisch gut abgrenzen.

Die oberflächliche Beugesehne der Hintergliedmaße ist an der Spannsägekonstruktion beteiligt und ist ein fast komplett sehniger Muskel. In seinem Verlauf vom Ursprung am Femur geht der Muskelbauch in die Tendo plantaris über und bildet durch eine Zwischeninsertion am Tuber calcanei die Fersenbeinkappe, bevor der Strang als oberflächliche Beugesehne distal bis zum Fessel- und Kronbein verläuft, wo sie ihren Ansatz findet.

Anatomische Fakten

- Ursprung: Schultergliedmaße: Epicondylus medialis humeri, Beckengliedmaße: Fossa supracondylaris lateralis ossis femoris,
- Ansatz: Kronbein und Fesselbein (distaler Bereich)
- Funktion: Schultergliedmaße: Flexion von Karpal-, Fessel-, Krongelenk, Beckengliedmaße: Extension des Tar-

▸ **Tab. 5.25** Tapeanlage für Beugesehnenverkürzung

Anlageform	bevorzugte Farbe	Tapeverlauf/Region	Technik	Wirkung, Sonstiges
Ligamenttape	blau	Region: im Verlauf der tiefen Beugesehne im Bereich des Radius; Anfangsbasis: in der Fesselbeuge; Endbasen: unterhalb des Erbsenbeins lateral und medial des Sehnenverlaufs	Tangentialtechnik mit Y-Tape, bei etwa 75 % Zug;	sedierend
Alternativ: zusätzliches Ligamenttape	blau, grün, gelb, beige	Region: im Verlauf der oberflächlichen Beugesehne	Vektortechnik mit I-Streifen, ca. 75 % Zug	sedierend
Muskeltape	blau	Verlauf: M. flexor digitorum profundus (Bereich Muskelbauch); Anfangsbasis: Sehnenübergang proximal des Karpalgelenks; Endbasis: Muskelursprung	Vektortechnik mit I-Streifen, max. 10 % Zug in Vordehnung (Protraktion der Gliedmaße)	sedierend
Ligamenttape	schwarz	distal des Fesselkopfes	Zentrierungstechnik, en bloc, ohne bis leichten Zug	Zusatzanker
Korrekturtape	violett, rot, schwarz	Verlauf: M. extensor carpi radialis; Anfangsbasis am Muskelursprung Crista supracondylaris lateralis humeri (distal am Humerus); Endbasis am Muskelansatz: Facies proximodorsalis ossis metacarpalis III (Röhrbein)	Vektortechnik, 75 % Zug in maximal möglicher Extensionsstellung des Karpalgelenks	Stellungskorrektur und Tonisierung der Streckmuskeln
Alternativ zusätzlich: Ligamenttape	grün, blau	in der Karpalgelenksbeuge	Zentrierungstechnik, en bloc, 100 % Zug, als einzelnes Tape oder Space-Anlage	raumschaffend, schmerzlindernd

salgelenk (mit Flexion des Kniegelenks), Flexion des Fessel- und Krongelenks
- Innervation: Schultergliedmaße: N. ulnaris, Beckengliedmaße: N. tibialis aus dem N. ischiadicus

Ursachen Sowohl Wachstumsprobleme als auch traumatische Ereignisse sind die Hauptursachen für Verletzungen oder Fehlspannungen der oberflächlichen Beugesehne (▸ Abb. 5.42). Zu hohe Spannungen aufgrund zu schnellen Knochenwachstums oder angeborene Verkürzung des Lig. accessorium wirken sich auf die Stellung und Beweglichkeit der distalen Zehengelenke in der Vordergliedmaße aus.

Einschränkungen des M. flexor digitorum superficialis an der Hintergliedmaße hat über die Spannsägekonstruktion Auswirkungen auf das gleichsinnige Beugen und Strecken von Sprung- und Kniegelenk.

! Merke

Eine Verkürzung des Lig. accessorium oder ein zu schnelles Knochenwachstum des jungen Pferdes führt zu einem erhöhten Zug auf den M. flexor digitorum superficialis, wodurch es zum Überköten des Fesselgelenks kommen kann.

Symptome Das Pferd zeigt einen verkürzten Raumgriff, steifen Gang und muskuläre Verspannungen im gesamten Körper. Werden junge Pferde in der Aufzucht fütterungstechnisch überversorgt, kann es zu einer Wachstumsdisharmonie kommen. Das Knochengerüst erfährt ein schnelleres Wachstum als die Weichgewebestrukturen, wodurch die Muskeln und Sehnen unter zu starken Zug geraten. Folglich hat das Pferd Schmerzen in den unter Spannung stehenden Strukturen und zeigt eine eingeschränkte Beweglichkeit.

Traumatische Läsionen der oberflächlichen Beugesehne ziehen ein Schonverhalten entsprechend dem Verletzungsbild nach sich. Selten ist jedoch die oberflächliche Beugesehne allein betroffen.

Therapie Bei wachstumsbedingten Sehnenproblemen sollte die Fütterung überprüft und angepasst sowie das Training auf die körperliche Leistungsfähigkeit ausgerichtet werden. Bei Verletzungen der oberflächlichen Beugesehne richtet sich die Therapie nach der Schwere und genauen Lokalisation der Verletzung. Manualtherapeutisch ist darauf zu achten, dass Verklebungen mit der tiefen Beugesehne verhindert bzw. bestmöglich gelöst werden.

▶ **Abb. 5.42** Häufige Ursachen für Probleme mit der oberflächlichen Beugesehne sind bei jungen Pferden Wachstumsschübe, in denen es durch ein zu schnelles Knochenwachstum zu hohen Spannungen in der Sehne kommt.

Mögliche Tapeanlage bei Verletzungen der oberflächlichen Beugesehne

In den meisten Fällen ist eine Entspannung der Sehnenstruktur anzustreben, wozu sich ein Ligamenttape im Röhrbeinbereich und ein detonisierend wirkendes Muskeltape im proximalen Bereich anbieten. Bei Schnitt- oder Rissverletzungen (beispielsweise durch Stacheldraht) können bei geschlossener Wunde zusätzlich verschiedene Formen von Narbentapes zum Einsatz kommen. Akute Verletzungen im Sehnenbereich (Wärme, Schwellung) versorgt man am besten zunächst mit einem Lymphtape, bis eine manuelle Behandlung und somit auch eine Tapeanlage direkt auf dem Verletzungsgebiet möglich ist.

Oft ist eine zusätzliche Tapeanlage der tiefen Beugesehne (S. 136) indiziert. Da es beim Tapen dabei in der Regel zu Überlappungen der Tapestreifen kommt, kann überlegt werden, das Sehnentape, welches therapeutisch Priorität hat, aber in gleicher Zugspannung getapet wird, zuerst aufzukleben. Das sekundäre wird schließlich darüber angelegt.

Abgerundet wird die Tapeanlage wiederum mit einem fixierenden Zusatzanker um den Fesselkopf (▶ Abb. 5.43).

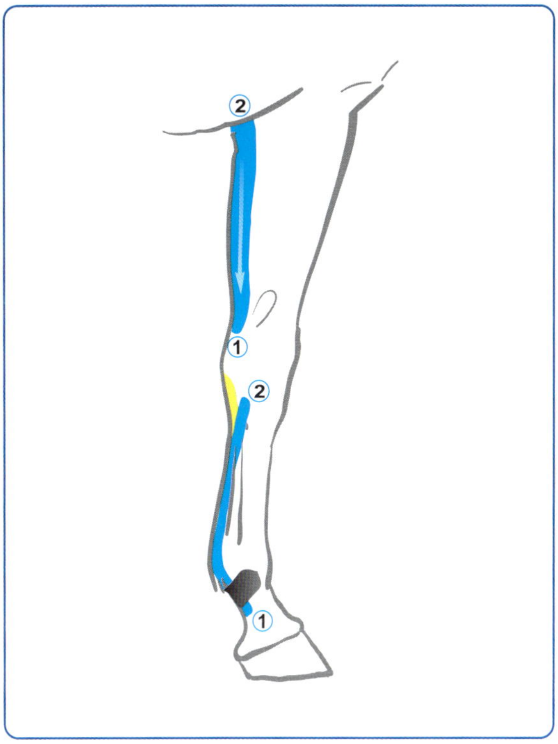

▶ **Abb. 5.43** Schematische Darstellung der Tapeanlage für die oberflächliche Beugesehne inklusive sedierendem Muskeltape des M. flexor digitorum superficialis.

Ziel

Entlastung der Sehne durch sedierende Ligament- und Muskelanlage (▶ Tab. 5.26).

Step by Step

- Länge der benötigten Tapestreifen ermitteln, Tapes als I-Streifen bzw. in Y-Form vorschneiden, Ecken berunden.
- I-Streifen für oberflächliche Beugesehne unterhalb des Fesselgelenks mit der Anfangsbasis beginnend, palmar im Sehnenverlauf bis unterhalb des Erbsenbeins mit etwa 75 % Zug bei belastetem Bein anbringen, Endbasis zugfrei fixieren.
- **Alternativ für tiefe Beugesehne:** Anfangsbasis des Y-Tapes unterhalb des Fesselkopfes zugfrei anmodellieren, die beiden Schenkel jeweils lateral und medial im Verlauf der tiefen Beugesehne unter 75 % Zug anmodellieren, Endbasis unterhalb des Karpalgelenks zugfrei anbringen.
- Ligamenttape in Zentrierungstechnik en bloc ohne oder mit nur leichtem Zug als Ankertape unterhalb des Fesselkopfes quer über die Anfangsbasis kleben, anmodellieren. Basen jeweils zugfrei aufkleben.
- Muskeltape im Verlauf des Muskelbauches unter Vordehnung (Protraktion der Gliedmaße) mit max. 10 % Zug (Paper-Off) von oberhalb des Karpalgelenks bis Muskelursprung (Humerus) aufkleben und anreiben.

▸ **Tab. 5.26** Tapeanlage für Pathologien der oberflächlichen Beugesehne

Anlageform	bevorzugte Farbe	Tapeverlauf/Region	Technik	Wirkung, Sonstiges
Ligamenttape	blau	Region: Im Verlauf der oberflächlichen Beugesehne; Anfangsbasis: in der Fesselbeuge; Endbasis: palmar, unterhalb des Erbsenbeins	Vektortechnik mit I-Streifen, ca. 75 % Zug	sedierend
Alternativ: zusätzliches Ligamenttape	blau, grün	Region: im Verlauf der tiefen Beugesehne (S. 136)	Tangentialtechnik mit Y-Tape, bei etwa 75 % Zug;	sedierend
Muskeltape	blau	Verlauf: M. flexor digitorum superficialis (Bereich Muskelbauch); Anfangsbasis: proximal des Erbsenbeins; Endbasis: Humerus, proximal des Ellbogengelenks,	Vektortechnik mit I-Streifen, max. 10 % Zug in Vordehnung (Protraktion der Gliedmaße)	sedierend
Ligamenttape	schwarz	distal des Fesselkopfes	Zentrierungstechnik, en bloc, ohne bis leichten Zug	Zusatzanker

5.4.5 Schäden am M. interosseus medius (Fesselträger)

Im Prinzip handelt es sich beim M. interosseus medius um keinen Muskel mehr, da er – unterhalb des Karpal- bzw. Tarsalgelenks angesiedelt – nur noch rein sehnige Strukturen besitzt.

Man bezeichnet ihn oft als rudimentären Muskel, er zählt jedoch zu den großen und wichtigen Sehnenstrukturen am Pferd. Er verläuft unterhalb des Karpal- bzw. Sprunggelenks auf palmarer bzw. plantarer Seite des Röhrbeins, teilt sich oberhalb der Gleichbeine (Ossa sesamomidea proximalia) in zwei Äste. Er zieht mit den beiden Schenkeln über die Gleichbeine, jeweils medial und lateral des Fesselbeins zur dorsalen Seite des Kron- und Hufbeins und strahlt in die Strecksehne (Extensor digitorum communis bzw. Extensor digitorum longus) ein. Wie der Name bereits verrät, hält der Fesselträger das Fesselgelenk, aber auch die Gleichbeine an seinem Platz und verhindert das Absinken der Fessel auf den Boden (Durchtrittigkeit).

Anatomische Fakten

- Ursprung: Vordergliedmaße: Metacarpale III (proximal) und Lig. carpi radiatum, Beckengliedmaße: Metatarsale III, Calcaneus
- Ansatz: Ossa sesamoideae proximalis lateralis und medialis,
- Funktion: Fesselträger
- Innervation:
  - Schultergliedmaße: R. profundus aus dem N. ulnaris
  - Beckengliedmaße: N. tibialis aus dem N. ischiadicus

Ursachen Der Fesselträger hat zwar die Aufgabe, den Fesselkopf bei Belastung der Gliedmaße zu stützen, dennoch kann er oftmals nicht verhindern, dass die Gleichbeine eine Bodenberührung haben, wenn der Sehnenapparat durch hohe Kräfte stark strapaziert wird. Extreme Belastungen wirken bei Einbeinstützen in schnellen Gangarten (Galopp) oder beim Auffußen nach dem Sprung auf den Fesselträgerapparat ein. Somit kann es zu Spontanrupturen, Überdehnungen und Sehnenanrissen kommen. Durch die damit verbundene starke Hyperextension des Fesselgelenks besteht sekundär die Gefahr von Chipfrakturen im dorsoproximalen Bereich des Fesselbeins, wenn dieses durch eine extreme Hyperextension des Fesselgelenks mit dem Röhrbein in Kontakt kommt. Außerdem können Frakturen der Gleichbeine die Folge massiver Belastungen des Fesselträgers sein.

Neben den traumatisch bedingten Schädigungen ist auch eine degenerative Schwäche des Fesselträgerapparats bei alten Pferden nicht ungewöhnlich. Beobachtet werden kann eine langsame Absenkung und stärkere Hyperextension des Fesselgelenks, wodurch eine deutliche Durchtrittigkeit entsteht. Die vormals parallele Achse von dorsaler Hufwand und Fesselbein wird schließlich gebrochen.

Symptome Degenerative Fesselträgerschäden entstehen nicht abrupt, sondern allmählich, sodass es nicht immer zu einer Lahmheit kommen muss. Die Durchtrittigkeit entsteht langsam und normalerweise auch beidseits.

Fesselträgerverletzungen aufgrund einer Überlastung führen zu starken Schmerzen und den Versuch der Entlastung des Trägerapparats. Das Pferd versucht, die Fessel steiler zu stellen, um den Schmerz zu lindern. Es zeigt sich – je nach Verletzungsgrad – eine entsprechende Stützbeinlahmheit mit Schwellung und Überwärmung im Bereich des Fesselträgerverlaufs. Nicht selten ist auch beim Fesselträger der Sehnenansatz betroffen.

Therapie Die therapeutischen Maßnahmen bei traumatischen Fesselträgerverletzungen orientieren sich am Verletzungsausmaß. Die Vorgehensweisen decken sich zum größten Teil mit den therapeutischen Maßnahmen von

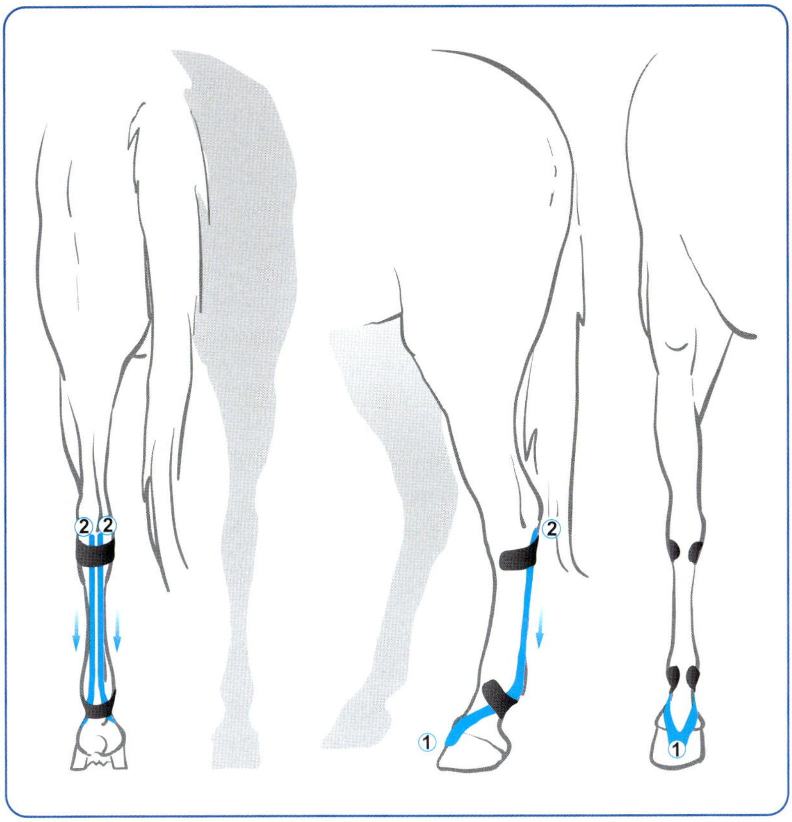

▶ **Abb. 5.44** Darstellung einer sedierenden Tapeanlage bei einer Fesselträgerverletzung: Ein blaues Ligamenttape in Y-Form wird von der Hufkapsel bis zum Fesselträgeransatz mit 50 bis 75 % Zug angelegt und mit Ankertapes (schwarz) fixiert.

tiefer und oberflächlicher Beugesehne. Zwar kann eine Tapeanlage keine reelle, kräftemäßige Unterstützung für einen geschwächten Fesselträger darstellen, sie kann aber die Spannungskräfte, den Stoffwechsel und das Schmerzbild positiv beeinflussen.

Mögliche Tapeanlage bei Schäden am Fesselträger

Im Verlauf der Seitenäste des M. interosseus medius kann bei einer verletzungsbedingten Fesselträgerproblematik ein Ligamenttape in sedierender Anlage Unterstützung bieten (▶ Abb. 5.44, ▶ Abb. 5.45). Bei chronischen und degenerativen Schädigungen ist eine tonisierende Anlage sinnvoll (▶ Abb. 5.46). Empfehlenswert sind zusätzliche Ankertapes, um das Ligamenttape besser zu fixieren, da es sich durch hohen Zug und großer Bewegung in der Auf- und Abfußungsphase ansonsten frühzeitig ablöst. Die Endbasis bei tonisierender Anlage bzw. die Anfangsbasis bei sedierender Anlage klebt man auf die (fettfreie) Hufkapsel, wodurch ein sehr guter Halt erreicht wird.

Praxistipp

Bei Fesselträgeranlagen muss in den meisten Fällen der Tapezug verringert werden, weil die Haltbarkeit der Tapes sonst nicht gewährleistet ist. Anstatt der üblichen 75 % haben sich in etwa 50 % Zug als praktikabel erwiesen.

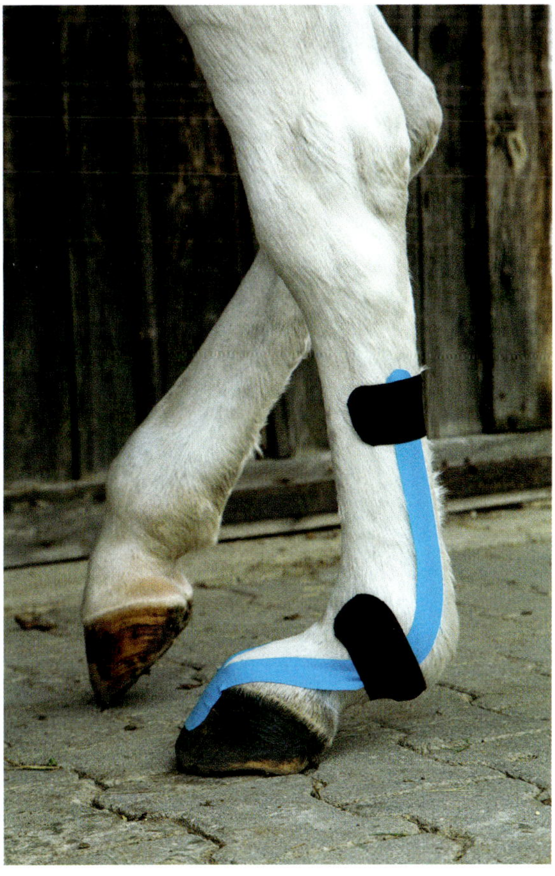

▶ **Abb. 5.45** Sedierende Anlage für eine Fesselträgerläsion. Deutlich erkennbar ist die starke Durchtrittigkeit des Pferdes.

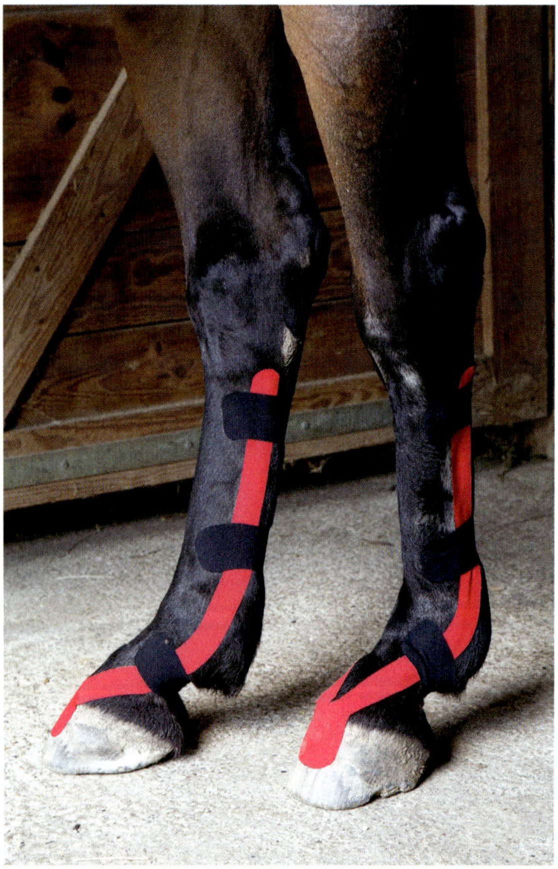

▶ **Abb. 5.46** Altersbedingte Fesselträgerdegeneration bei einem 28-jährigen Wallach. Unterstützt wird die Fesselträgerschwäche mit einer tonisierenden Tapeanlage.

Ziel

In chronischen Fällen und einer degenerativen Fesselträgerschwäche (▶ **Tab. 5.28**) kann eine tonisierende Anlage die Funktion des Fesselträgers unterstützen. Traumatisch bedingte Schäden (▶ **Tab. 5.27**) sollten durch sedierende Anlagen entspannt werden. Infolgedessen kommt es zu einer Schmerzreduktion und einer Anregung des Stoffwechsels.

Step by Step

- Länge der benötigten Tapestreifen ermitteln, in Y-Form bzw. zwei schmale I-Streifen vorschneiden, Ankertapes als I-Streifen vorbereiten, Ecken berunden.
- **Sedierende Anlage:** Anfangsbasis auf der dorsalen Seite der Hufkapsel fixieren, die Schenkel im Sehnenverlauf nacheinander bis zum Ursprung mit 50–75 % Zug, bei belastetem Bein anbringen und anmodellieren. Die Schenkel nicht überlappend, sondern parallel verlaufend kleben!
- **Tonisierende Anlage:** Anfangsbasis am Sehnenursprung fixieren, die Schenkel im Sehnenverlauf unter 50– 75 % Zug bis zur dorsalen Hufwand ziehen und auf der dorsalen Seite der Hufkapsel aufkleben und anmodellieren. Die Endbasis bei der I-Streifen-Variante nicht überlappend, sondern nebeneinander aufkleben!
- Ligamenttape in Zentrierungstechnik en bloc ohne oder mit nur leichtem Zug als Ankertape unterhalb des Fesselkopfes querverlaufend kleben, anmodellieren. Basen jeweils zugfrei aufkleben.
- **Alternativ** ein oder zwei weitere Ligamenttapes als Anker in Zentrierungstechnik über die Anfangs- bzw. Endbasis sowie im Funktionsbereich unterhalb des Erbsenbeins setzen.

5.4.6 Läsionen der Achillessehne

An der Achillessehne vereinigen sich die Sehnen von vier Muskeln. Die stärkste Sehne gibt der zweiköpfige M. gastrocnemius ab, in die außerdem die Sehne des kleinen M. soleus einstrahlt. Der M. semitendinosus (S. 124) und der M. biceps femoris (S. 127) haben ebenfalls jeweils sehnige Ausläufer zum Calcaneus. Über der Achillessehne legt sich die Sehne des M. flexor digitorum superficialis (oberflächliche Beugesehne), die sich am Calcaneus zur Fersenbeinkappe erweitert.

Anatomische Fakten

- Ursprung: Tuberositas supracondylaris lateralis et medialis ossis femoris
- Ansatz: Tuber calcanei
- Funktion: Streckt das Sprunggelenk und beugt das Knie
- Innervation: N. tibialis

▶ **Tab. 5.27** Fesselträgerschädigung durch Trauma

Anlageform	bevorzugte Farbe	Tapeverlauf/Region	Technik	Wirkung, Sonstiges
Ligamenttape	blau	Region: Im Verlauf des Fesselträgers; Anfangsbasis: an der Hufkapsel; Endbasen: palmar bzw. plantar am Röhrbein, distal des Erbsenbeins bzw. des Sprunggelenks	Vektortechnik mit Y-Tape, bei etwa 50–75 % Zug; Schenkel sollten an der palmaren bzw. plantaren Röhrbeinseite nicht überlappen, sondern parallel bis zum Sehnenursprung verlaufen.	sedierend
Ligamenttape	schwarz	distal des Fesselkopfes	Zentrierungstechnik, en bloc, ohne bis leichten Zug	Zusatzanker zur Fixierung des Funktionsbereichs am Fesselkopf
Alternativ: zusätzliche Ligamenttapes	schwarz	distal des Karpalgelenks bzw. Sprunggelenks	Zentrierungstechnik, en bloc, ohne bis leichten Zug	Zusatzanker zur Fixierung der Endbasen und Funktionsbereiche

▶ **Tab. 5.28** Fesselträgerschwäche durch Degeneration

Anlageform	bevorzugte Farbe	Tapeverlauf/Region	Technik	Wirkung, Sonstiges
Ligamenttape	rot, schwarz, violett,	Region: im Verlauf des Fesselträgers; Anfangsbasis: palmar bzw. plantar am Röhrbein, distal des Erbsenbeins bzw. Sprunggelenks; Endbasen: an der Hufkapsel	Vektortechnik mit Y- oder zwei I-Tapes, bei etwa 50–75 % Zug; wird mit I-Streifen gearbeitet, sollten die Schenkel an der Hufkapsel nicht überlappend, sondern nebeneinander geklebt werden.	tonisierend
Ligamenttape	schwarz	distal des Fesselkopfes	Zentrierungstechnik, en bloc, ohne bis leichten Zug	Zusatzanker zur Fixierung des Funktionsbereichs am Fesselkopf
Alternativ: zusätzliches Ligamenttape	schwarz	distal des Karpalgelenks bzw. Sprunggelenks	Zentrierungstechnik, en bloc, ohne bis leichten Zug	Zusatzanker zur Fixierung der Endbasen und Funktionsbereiche

▶ **Tab. 5.29** Läsionen der Achillessehne – Variante 1

Anlageform	bevorzugte Farbe	Tapeverlauf/Region	Technik	Wirkung, Sonstiges
Ligamenttape	blau	Region: im Verlauf der Achillessehne; Anfangsbasis: Calcaneus; Endbasen: Übergang zum Muskelbauch	Vektortechnik mit I-Streifen und 75 % Zug	sedierend
Ligamenttape	schwarz	Calcaneus	Zentrierungstechnik, en bloc, ohne bis leichten Zug	Zusatzanker, Fixierung der Anfangsbasis
Ligamenttape	schwarz	Sehnen-Muskelübergang	Zentrierungstechnik, en bloc, ohne bis leichten Zug	Zusatzanker zur Fixierung der Endbasis
Muskeltape	blau	Region: im Verlauf des Muskelbauches des M. gastrocnemius; Anfangsbasis: am distalen Sehnenübergang (Achillessehne); Endbasis: Muskelursprung	Vektortechnik mit Hilfe von 2 I-Streifen oder einem Y-Streifen, bis max. 10 % Zug (Paper-Off) und Vordehnung (Protraktion der Gliedmaße)	sedierend

Ursachen Gefährdet ist die Achillessehne sowohl aufgrund von Überlastungen bei extremen Manövern, durch Schlagverletzungen als auch durch eine zu kurze Aufwärmphase vor dem Training. Meist ist die oberflächliche Beugesehne bei einer Achillessehnenverletzung mit betroffen. Somit ergeben sich ähnliche Behandlungsschemata.

Symptome Die Symptome bei einer Achillessehnenverletzung decken sich weitgehend mit denen der Läsionen der oberflächlichen Beugesehne (S. 141). Insbesondere ist der Raumgriff deutlich eingeschränkt, die Gänge wirken steif und das Pferd tendiert zu allgemeinen muskulären Verspannungen, insbesondere aber im Bereich des M. semitendinosus und M. biceps femoris.

Therapie Für die Therapie von Achillessehnenproblemen gelten dieselben Grundsätze wie für alle anderen Sehnenverletzungen (S. 136) auch. Stets muss die bereits anhaltende Dauer, die Schwere und genaue Lokalisation der Verletzung berücksichtigt werden. Lässt es der Schmerzlevel des Pferdes zu, sollten Verklebungen durch manuelle Behandlungstechniken möglichst verhindert bzw. gelöst werden.

Mögliche Tapeanlage bei Läsionen der Achillessehne

Variante 1: Weil sich die oberflächliche Beugesehne über die Achillessehne legt und oft von der Läsion mitbetroffen ist, kann man diese in die Tapeanlage mit einbeziehen (▶ **Tab. 5.29**). Möglich ist aber auch das separate Tapen der Achillessehne, wozu man zwei Tapebänder lateral und medial über die Gastrocnemiussehne legt (▶ **Abb. 5.47**).

Der Einfachheit halber tapen die meisten Therapeuten die oberflächliche Beugesehne mit. Hierfür verwendet man ein möglichst breites Tapeband, um die Achillessehne gut zu überdecken.

Ein Ligamenttape mit etwa 75 % Zug deckt die Achillessehne ab. Anker an der Anfangs- und Endbasis fixieren das Tape zusätzlich. Ein Muskeltape über dem Muskelbauch des M. gastrocnemius ist für eine komplette Anlage obligatorisch. Hierfür macht es Sinn, beide Köpfe – den lateralen und medialen – zu tapen, wozu entweder zwei I-Streifen oder ein Y-Tape zur Anwendung kommen.

Variante 2: Ein breites Tapeband wird als Ligament-/Muskelkombination eingesetzt (▶ **Tab. 5.30**). Hierzu teilt man das Tapeband etwa zur Hälfte für ein Y-Tape, legt

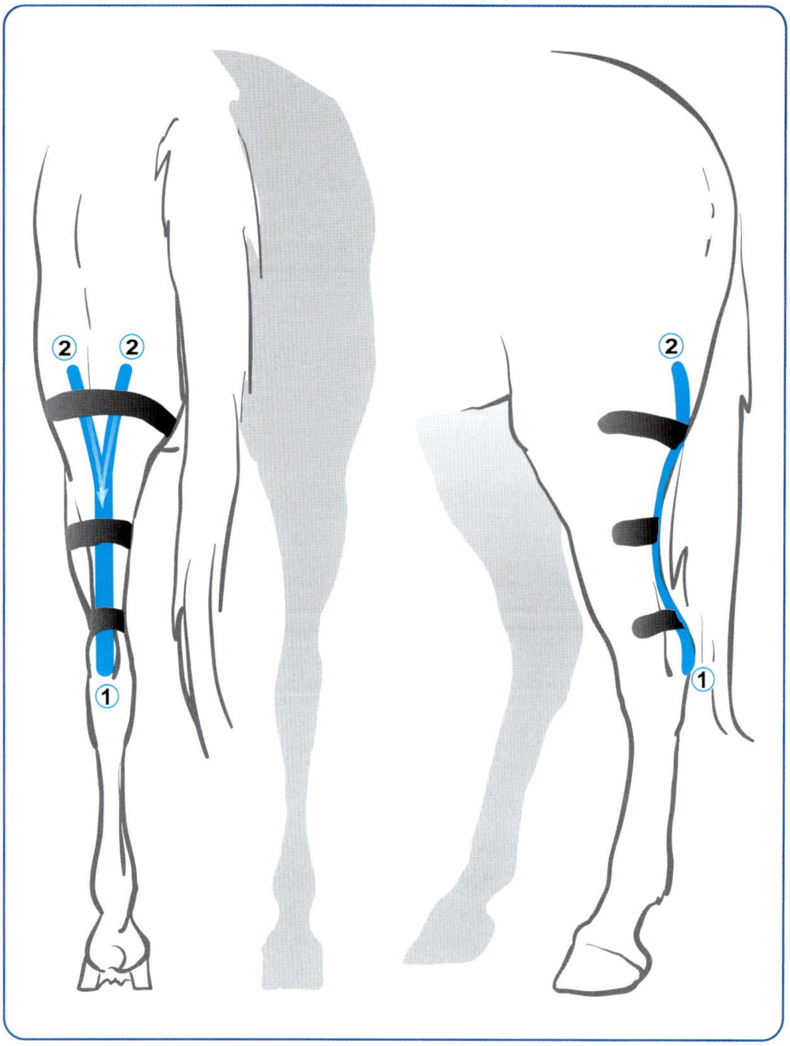

▸ **Abb. 5.47** Tapeanlage einer sedierenden Anlage für den M. gastrocnemius.

▸ **Tab. 5.30** Läsionen der Achillessehne – Variante 2

Anlageform	bevorzugte Farbe	Tapeverlauf/Region	Technik	Wirkung, Sonstiges
kombiniertes Ligament-/ Muskeltape	blau	Region: im Verlauf des M. gastrocnemius einschließlich Achillessehne; Anfangsbasis: Calcaneus; Endbasen: Muskelursprung (Femur)	Vektortechnik mit hälftig geschnittenem Y-Streifen und 75 % Zug im Sehnenteil sowie die Schenkel mit max. 10 % Zug und Vordehnung (Protraktion der Gliedmaße) über den Muskelbäuchen	sedierend
Ligamenttape	schwarz	Calcaneus	Zentrierungstechnik, en bloc, ohne bis leichten Zug	Zusatzanker, Fixierung der Anfangsbasis
Ligamenttape	schwarz	Sehnen-Muskelübergang	Zentrierungstechnik, en bloc, ohne bis leichten Zug	Zusatzanker zur Fixierung der Zwischenbasis
Ligamenttape	schwarz	im Bereich des Muskelursprungs	Zentrierungstechnik, en bloc, ohne bis leichten Zug	Zusatzanker zur Fixierung der Endbasen

den geschlossenen Teil über die Achillessehne als Ligamenttape mit 75 % Zug an (Anfangsbasis am Calcaneus) und setzt kurz vor der Tapeteilung eine zugfreie Zwischenbasis. Nun werden mit den Schenkeln einerseits der laterale, andererseits der mediale Muskelbauch des M. gastrocnemius in Paper-Off-Technik (max. 10 % Zug) unter Vordehnung der Gliedmaße fixiert. Die Endbasen werden wieder ohne Zug auf Höhe des Humerus (Muskelursprung) anmodelliert (▸ **Abb. 5.48**).

▶ **Abb. 5.48** Kombiniertes Tape für den M. gastrocnemius und seinen sehnigen Achillessehnenanteil. Der einteilige Anteil wird mit 75 % Zug versorgt, es folgt eine zugfreie Zwischenbasis (über der das mittlere Ankertape liegt). Der anschließende Teilungsbereich wird als sedierende Muskelanlage ohne Zug in Vordehnung getapet.

Ziel

Entlastung der Achillessehne und des zugehörigen M. gastrocnemius.

Step by Step

- Länge der benötigten Tapestreifen ermitteln (I-Streifen, Y-Tape bei Variante 1, kombiniertes I-/Y-Tape bei Variante 2) vorschneiden, Ankertapes als I-Streifen vorbereiten, Ecken berunden.
- **Variante 1:** Anfangsbasis des Ligamenttapes als I-Streifen am Calcaneus anmodellieren, mit ca. 75 % Zug bis zum Übergang des Muskelbauches ziehen, Endbasis ohne Zug fixieren.
- Ggf. Ankertapes in Zentrierungstechnik und en bloc ohne bis lediglich leichtem Zug über der Anfangs- und Endbasis fixieren und Kleber unter Reibung aktivieren.
- Muskeltape als Y-Tape mit Anfangsbasis am Muskel-/Sehnenübergang ohne Zug fixieren, die beiden Schenkel in Paper-Off-Technik über dem lateralen und medialen Muskelbauch bis zum Muskelursprung aufkleben und inklusive zugfreier Endbasis anmodellieren.
- **Variante 2:** Anfangsbasis des kombinierten Ligament-/Muskeltapes am Calcaneus ankleben, den geschlossenen Tapeanteil über der Achillessehne mit 75 % Zug anbringen, die Zwischenbasis am Muskel-/Sehnenübergang ohne Zug fixieren, die beiden Tapeschenkel jeweils über dem Muskelbauch des lateralen bzw. medialen Caput des M. gastrocnemius in Paper-Off-Technik (max. 10 % Zug) anbringen und Endbasen am Muskelursprung ohne Zug fixieren.
- Ligamenttapes in Zentrierungstechnik en bloc ohne bis leichten Zug als Ankertapes an Anfangs-, Zwischen- und den Endbasen setzen.

5.5 Ligamentäre Läsionen

Die Aufgabe der Bänder besteht darin, das Bewegungsausmaß eines Gelenks einzuschränken und es damit zu stabilisieren. In Folge von traumatischen Ereignissen, die Luxationen oder Subluxationen eines Gelenks zur Folge haben, kommt es zu Bänderüberdehnungen oder -zerreißungen. Bei einer kompletten Luxation eines Gelenks sind Kapsel- und Bänderriss unvermeidliche Begleitläsionen. Eine Luxation kann unter Umständen unter Narkose eingerenkt und ein Bänderriss operativ versorgt werden. Allerdings sind die begleitenden Verletzungen oft so massiv, dass in den meisten Fällen eine vollständige Heilung kaum in Aussicht gestellt werden kann. Erfreulicherweise sind Luxationen beim Pferd jedoch sehr selten.

Bänderüberdehnungen durch Subluxationen (unvollständiges Ausrenken eines Gelenks) kommen hingegen häufiger vor, gehen – je nach Verletzungsgrad – mit deutlichen Lahmheiten einher und benötigen eine sehr lange Heilungszeit. Bei Bänderverletzungen muss man sich auf eine Regenerationszeit von mehreren Monaten einstellen.

Während eine Luxation bzw. Subluxation eine Bänderverletzung nach sich zieht, kann aber auch eine angeborene Bänderschwäche die Ursache von Subluxationen von Gelenken sein. Diese – meist genetisch veranlagten – „lockeren" Bänder sind nicht in der Lage, die Gelenkpartner adäquat an ihrem Platz zu halten, sodass es schon bei relativ geringen Störungen von außen zu Dislokalisationen der Gelenkpartner kommt. Ein klassisches Beispiel hierfür ist die relativ häufig auftretende Patellaverlagerung im Knie (S. 153).

Neben den angeborenen zu schwachen oder zu langen und damit lockeren Bändern führt eine traumatische Subluxation – wie bereits erwähnt – zu einer mit dieser Verletzung verbundenen Bänderüberdehnung. Trotz genügend langer Ausheilungsphase erlangt das überdehnte Band seine ursprüngliche Festigkeit nicht mehr zurück. Das Band bleibt „ausgeleiert" und kann seine Aufgabe, die Gelenkpartner zu stabilisieren, nur noch unzureichend erfüllen. So kann es in Folge zu immer wiederkehrenden Subluxationen und rezidivierenden Bänderüberdehnungen kommen.

Auch bei Bänderanrissen ergibt sich dieselbe Problematik. Durch das entstandene Narbengewebe kommt es ebenfalls zu einer Verlängerung und somit Lockerung der Bänder, was demzufolge für die Instabilität des Gelenks verantwortlich ist.

Der Tierarzt kann in solchen Fällen Injektionen verabreichen, die für eine Straffung der Bänder sorgen. Dies kann allerdings nur eine vorübergehende Unterstützung darstellen. Bei instabilen Gelenken kommt es häufig zu – oft auch nur minimalen – Dislokalisationen der Gelenkpartner, die letztendlich Blockierungen nach sich ziehen und die Funktionalität des Gelenks mehr oder weniger stark einschränken. Die Knorpel der Gelenkflächen werden auf diese Weise stärker in Anspruch genommen und nutzen sich somit schneller ab. Die Folge davon sind frühzeitige Verschleißerscheinungen in Form von arthrotischen Veränderungen.

Die wichtigste Nachsorge von Bänderverletzungen ist deshalb ein spezielles Muskelaufbautraining (▶ **Abb. 5.49**), da die Muskulatur die schwachen Bänder in ihrer Haltearbeit unterstützen müssen, um das Gelenk zu stabilisieren und damit einer Arthrose vorzubeugen. Tierarzt und Therapeut müssen dem Pferdebesitzer einen Trainingsplan an die Hand geben, um die Muskulatur, die das angeschlagene Band unterstützen kann, gezielt zu trainieren. Das Training muss schließlich dauerhaft durchgeführt und nach längerer Pause (Krankheit, Verletzung etc.) wieder von neuem aufgebaut werden.

Praxistipp
Die beste und unverzichtbare Begleitmaßnahme nach Bänderverletzungen ist ein gezieltes Muskelaufbautraining.

5.5.1 Proximale Patellafixation

Bei der proximalen Patellafixation hängt die Kniescheibe über dem medialen Rollkamm des Oberschenkelbeins fest. Grundsätzlich können Patellafixationen nach proximal oder distal vorkommen. Die distale Fixation der Kniescheibe kommt jedoch sehr selten vor, weshalb hier nur die proximale Patellafixation besprochen werden soll. Es sind dabei sowohl permanente als auch habituelle Verlagerungen möglich.

Ursachen Die Disposition zu einer Patellafixation ist häufig angeboren und tritt insbesondere beim jungen Pferd (meist aber erst im Alter von 2 bis 3 Jahren) im Wachstum auf. Ursächlich können auch Stellungsfehler, eine ungenügende Hufpflege und schlechte Mineralstoffversorgung des Pferdes eine Rolle spielen. Doch auch traumatische Ereignisse können zu einer Patellafixation führen. Bei extremer Streckstellung der Hintergliedmaße, beispielsweise durch Ausgleiten, beim Ausschlagen oder bei einer übermäßigen passiven Retraktion kann es zu einer Fixation der Patella nach proximal kommen.

Symptome Bei der proximalen Patellafixation bleibt die Kniescheibe oberhalb des medialen Rollkamms des Femurs hängen, sodass das Pferd die betroffene Hintergliedmaße nicht mehr beugen kann. Aufgrund der Spannsägekonstruktion ist nicht nur das Knie-, sondern auch das Sprunggelenk in Streckstellung fixiert. Demzufolge blockieren die Zehengelenke in Plantarflexion. Lediglich die Hufspitze berührt dabei den Boden. Die Fixation kann sich spontan lösen, sich aber auch permanent zeigen.

Therapie In vielen Fällen genügt es bei einer proximalen Patellafixation, wenn man das Pferd einige Tritte rückwärts richtet, wodurch sich die Patella mit einem hörbaren Knackgeräusch löst und wieder in die Rollfurche zurückspringt. Dies ist jedoch keine dauerhafte Lösung, da die Kniescheibe bei nächster Gelegenheit wieder fixieren wird. Eine langfristige Besserung kann nur über das gezielte Training des M. quadriceps erreicht werden. Ebenso ist auf eine korrekte Hufstellung zu achten. Der Tierarzt kann in bestimmten Fällen auch eine Injektion der Kniescheibenbänder vornehmen, mit dem Ziel, eine Straffung der Bänder herbeizuführen.

▶ **Abb. 5.49** Nach Bänderverletzungen muss ein spezielles Muskelaufbautraining dafür sorgen, dass die angeschlagenen Bänder durch gestärkte Muskeln in ihrer Aufgabe, die Gelenke zu stabilisieren, unterstützt werden.

Besteht die Gefahr einer immer wiederkehrenden Fixation der Patella nach proximal, sollte man als erste Maßnahme einen Trainingsplan für den Aufbau des M. quadriceps entwerfen (▶ Abb. 5.49).

Mögliche Tapeanlage bei proximaler Patellafixation

Leider ist es aufgrund des Exterieurs des Pferdes schwierig, eine gezielte Tapeanlage zu entwerfen. Im Prinzip müsste man eine stärkende Muskelanlage für den M. quadriceps anlegen, zudem ein Ligamenttape über das Lig. patellae mediale platzieren. Diese Strukturen sind aber nicht direkt erreichbar, sodass die ideale Tapeanlage Theorie bleiben muss.

Aus diesem Grund ist es nötig, sich auf andere Wege zu begeben. Bestenfalls lassen sich der mediale und laterale Kniegelenksbereich mit Tapes versorgen. Weiterhin können die oberflächlichen Muskeln, die als Synergisten des M. quadriceps fungieren, tonisierend getapet werden.

Um eine Stabilisierung der Patella herbeizuführen, legt man ein Bändertape in Zentrierungstechnik über dem Lig. patellae intermedium und laterale an. Zudem lassen sich die Synergisten des M. quadriceps femoris (M. tensor fasciae latae, kranialer Anteil des M. biceps femoris) mit einer tonisierenden Muskelanlage und die Antagonisten (kaudaler Anteil des M. biceps femoris, M. gastrocnemius, M. popliteus) mit einer sedierenden Muskelanlage versorgen (▶ Abb. 5.50).

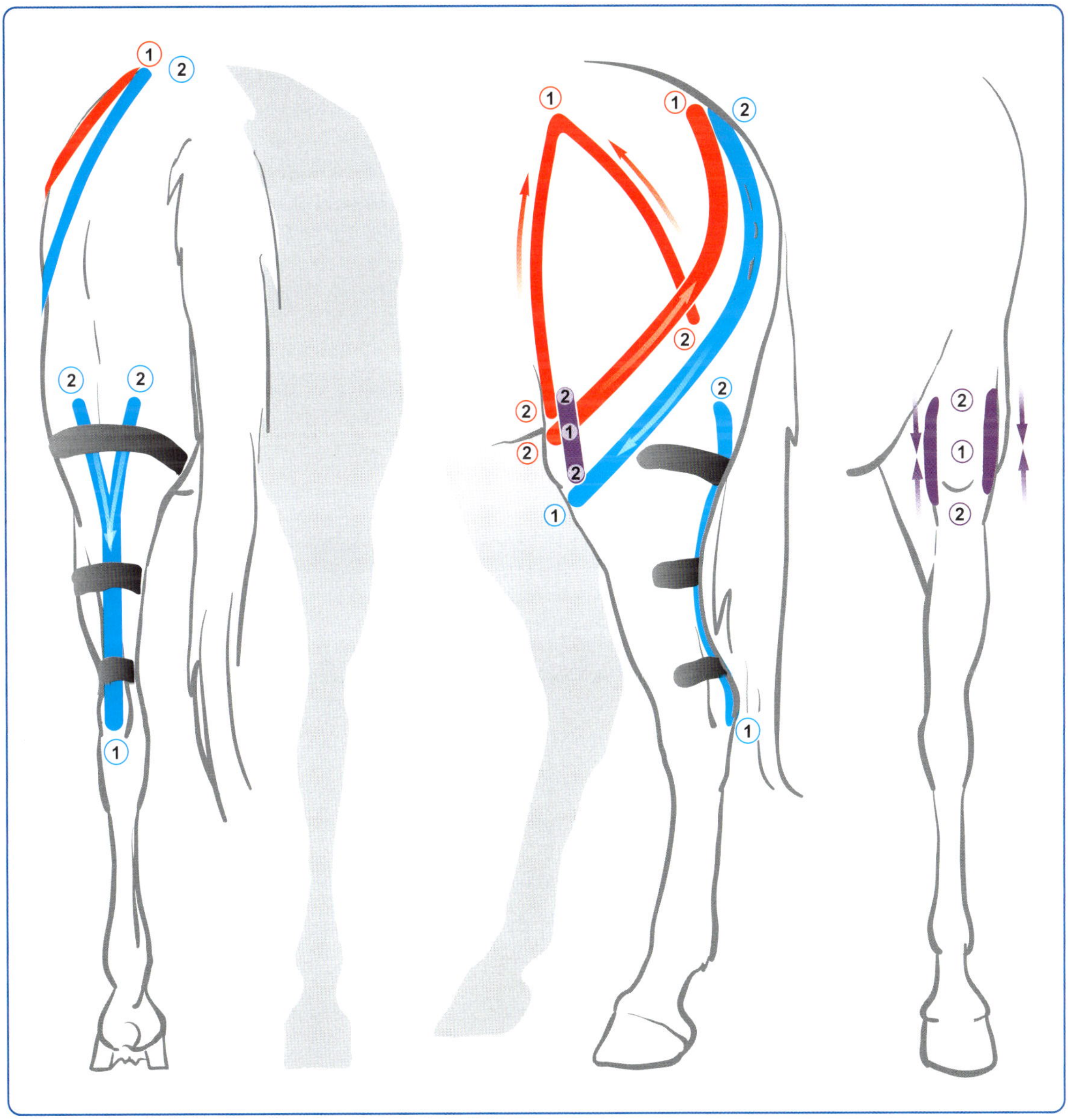

▶ **Abb. 5.50** Beispiel einer Tapeanlage für die proximale Patellafixation zur Stärkung der synergistischen Muskeln des M. quadriceps femoris: Tonisierende Muskelanlage (rot) für den M. tensor fasciae latae und kranialer Anteil des M. biceps femoris, sedierende Muskelanlage (blau) für den kaudalen Anteil des M. biceps femoris und den M. gastrocnemius (inklusive Ankertapes in schwarz), Ligamenttape (violett) zur Stabilisierung der Kniescheibenbänder.

▸ **Abb. 5.51** Umgesetzte Tapeanlage zur indirekten Stärkung des M. quadriceps bei proximaler Patellafixation bei einem Shetlandpony. Der M. tensor fasciae latae und der kraniale Anteil des M. biceps femoris wurden aktivierend getapet (rot). Der kaudale Anteil des M. biceps femoris und der M. gastrocnemius erhielten eine sedierende Muskelanlage (blau), teilweise mit fixierenden Ankertapes (schwarz). Zudem sorgt ein laterales und mediales Ligamenttape (pink) für eine Stabilisierung der Kniescheibenbänder.

Ziel

Stärkung der medialen und lateralen Bänder zur Stabilisierung der Patella, Unterstützung des Muskelaufbaus des M. quadriceps femoris über seine Synergisten und Entspannung der Antagonisten (▸ **Abb. 5.51**, ▸ **Tab. 5.31**).

Step by Step

- Länge der benötigten Tapestreifen ermitteln (I-Streifen, Y-Tapes), vorschneiden, Ecken berunden.
- Einen roten und einen blauen I-Streifen für den M. biceps femoris vorbereiten. Roten Streifen vom Sacrum im Bogen (Verlauf des kranialen Muskelrands) bis zur Patella bis max. 10 % Zug anbringen, Enden ohne Zug fixieren, anmodellieren.
- Den blauen I-Streifen mit der Anfangsbasis auf Höhe der Tibia fixieren, Gliedmaße in Vordehnung bringen und am kaudalen Muskelrand entlang bis zum Sacrum ziehen, Endbasis anbringen und gesamtes Tape anmodellieren, Vordehnung aufheben (Bildung von Convolutions).
- Rotes Muskeltape in Y-Form mit der Anfangsbasis am Tuber coxae fixieren, die Schenkel entlang des Muskelverlaufs bis Tibia bzw. Trochanter tertius des Femur – ggf. in leichter Vorkontraktion (Protraktion der Gliedmaße) in max. 25 % Zug, Basen ohne Zug, anbringen und durch Reibung aktivieren.
- Blaues Y-Tape mit der Anfangsbasis am Calcaneus fixieren und anmodellieren. Nun in Vordehnung (Protraktion der Gliedmaße) beide Tapeschenkel jeweils über dem Muskelbauch des Caput laterale und mediale) ziehen bis Muskelursprung. Max. 10 % Zug (Paper-Off-Technik), Enden ohne Zug. Anmodellieren.

▸ **Tab. 5.31** Tapeanlage für proximale Patellafixation

Anlageform	bevorzugte Farbe	Tapeverlauf/Region	Technik	Wirkung, Sonstiges
Muskeltape	rot und blau	Verlauf **M. biceps femoris, roter I-Streifen**: am kranialen Muskelrand kaudal um das Hüftgelenk bis zum Knie; Anfangsbasis: Os sacrum; Endbasis: Patella, **blauer I-Streifen**: am kaudalen Muskelrand bis zum Sacrum; Anfangsbasis: Tibia, Endbasis: Sacrum	Tangentialtechnik mit 2 I-Streifen (rot und blau), max. 10 % Zug, in Vorspannung (Protraktion der Gliedmaße) beim Tapen des blauen Streifens und Neutralstellung sowie 25 % Zug beim Tapen des roten Streifens am kranialen Anteil.	kranialer Anteil: tonisierend; kaudaler Anteil: sedierend
Muskeltape	rot	den **M. tensor fasciae latae** einfassend, Anfangsbasis: Tuber coxae; Endbasen: Tibia und Trochanter tertius des Femur	Tangentialtechnik mit Y-Tape, max. 25 % Zug, in leichter Vorkontraktion (Protraktion der Gliedmaße)	tonisierend (hilft bei der Extension des Knies und Vorführen der Gliedmaße)
Muskeltape	blau	Verlauf: Auf den beiden Bäuchen des **M. gastrocnemius**; Anfangsbasis: Calcaneus; Endbasen: Femur	Vektortechnik mit Y-Tape (auf Caput laterale und mediale), max. 10 % Zug in Vordehnung (Protraktion der Gliedmaße)	sedierend
Ligamenttape	schwarz, violett, rot	Region: Im Verlauf der Ligg. patellae mediale, intermedium und laterale; Basen proximal der Patella sowie proximales Drittel der Tibia	Zentrierungstechnik mit bis zu 100 % Zug über dem Verlauf der Kniescheibenbänder	straffend

- Trägerpapier der Ligamenttapes (bevorzugte Farbe: schwarz) in der Mitte einreißen und en bloc in Zentrierungstechnik mit bis zu 100 % Zug über den Kniescheibenbändern (lateral und medial) fixieren, Enden (proximal der Patella sowie Tibia) ohne Zug anbringen und Kleber durch Reiben aktivieren.

5.5.2 Laterale Patellaverlagerung

Bei einer Luxation der Patella springt die Kniescheibe aus seiner Rollfurche. Sie kann dabei dauerhaft verlagert sein oder wieder in seine Rollfurche zurückspringen. Die Patella kann sowohl lateral auch auch medial verlagert sein, wobei die laterale Verlagerung deutlich häufiger vorkommt. Aus diesem Grund soll hier nur die laterale Patellaluxation besprochen werden.

Ursachen Eine laterale Verlagerung der Kniescheibe erfolgt meist aufgrund einer Verletzung durch Überdehnung oder auch Ruptur des medialen geraden Kniescheibenbandes. Bei kleinen Ponyrassen (Shetlandponys, ▸ **Abb. 5.53**) können lockere Kniescheibenbänder und die damit verbundene laterale Verlagerung der Patella auch angeboren sein. Es handelt sich hierbei um einen autosomal-rezessiven Erbvorgang, sodass mit diesen Ponys nicht gezüchtet werden sollte.

Symptome Bei einer lateralen Kniescheibenluxation, die sich als stationäre Verlagerung repräsentiert, kommt es zu einer Flexionsstellung des Knies und Sprunggelenks. Es ist dem Pferd nicht möglich, mit dieser Gliedmaße Last aufzunehmen. Die permanente laterale Kniescheibenluxation ist meist mit einer Atrophie des M. quadriceps verbunden.

Sobald das Pferd oder Pony mit der Gliedmaße Last aufnimmt, springt die Patella aus der Rollfurche über den lateralen Rollkamm. Oft gleitet sie kurz danach wieder in die Rollfurche zurück. Allerdings kommt es dabei zu einer Abflachung der Rollfurche und des lateralen Rollkamms, wenn diese nicht schon angeboren ist.

Therapie Bei der lateralen Kniescheibenluxation ist das therapeutische Ziel, die Faszien, Bänder und Muskeln, die die Patella nach lateral ziehen, zu schwächen oder auszuschalten. Dies geschieht in schwerwiegenden Fällen operativ. In leichteren Fällen kann eine Tapeanlage den Zug der Strukturen verringern und die Wahrscheinlichkeit einer Patellaverlagerung schließlich minimieren.

Mögliche Tapeanlage bei lateraler Patellaverlagerung

Ziel ist die Stabilisierung der Patella in seiner Rollfurche. Dies kann mit einem Korrekturtape, welches unterhalb der Kniescheibe über die Kniescheibenbänder angebracht wird, versucht werden. Der Tapezug richtet sich dabei nach medial, um die laterale Zugtendenz der körpereigenen Strukturen abzufangen bzw. zu reduzieren ▸ **Abb. 5.52**).

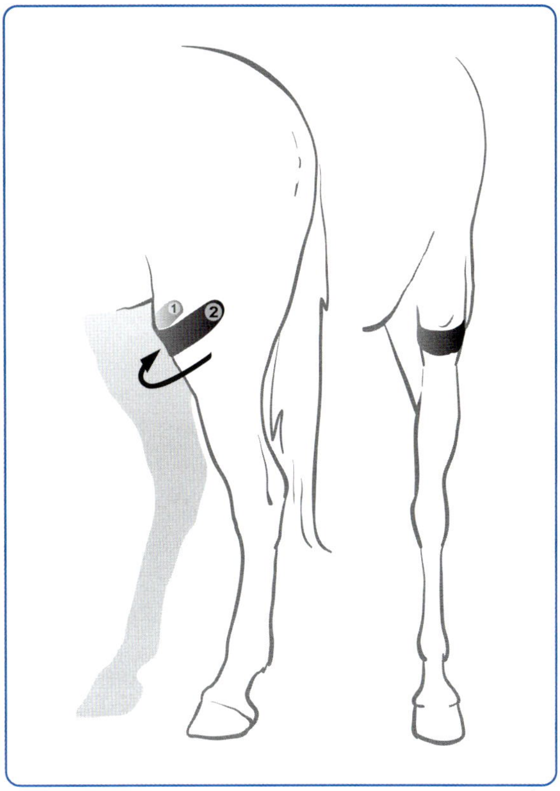

▸ **Abb. 5.52** Unterstützende Tapeanlage zur Stabilisierung der Patella in seiner Rollfurche. Hierfür wird ein Korrekturtape von medial nach lateral unter starkem Zug angebracht, damit eine mediale Zugrichtung (Pfeil) erreicht wird.

> **Praxistipp**
> Da die Tapes auf der medialen Seite des Knies – vor allem bei Tapes mit großem Zug – erfahrungsgemäß schlecht halten, sollte man bei der Anlage für die laterale Patellaverlagerung zusätzlich mit einem Sprühkleber arbeiten, um die Anfangsbasis gut zu fixieren.

Ziel
Stabilisierung der Patella in Richtung medial (▸ **Tab. 5.32**), damit diese nicht über den (meist bereits abgeflachten) lateralen Rollkamm rutscht (▸ **Abb. 5.53**).

Step by Step
- Länge des benötigten Tapestreifens ermitteln (I-Streifen oder Y-Tape), dabei Längenerweiterung durch Tapezug einkalkulieren, vorschneiden, Ecken berunden.
- Die Anfangsbasis des Korrekturtapes wird ohne Zug auf der medialen Seite des Knies, unterhalb der Patella, auf Höhe der Kniescheibenbänder fixiert (Tipp: Sprühkleber verwenden!). Eine Hand bleibt auf der Anfangsbasis und zieht diese zusätzlich leicht in die mediale Richtung und stellt damit die Korrekturrichtung ein. Die zweite

▶ **Tab. 5.32** Tapeanlage für laterale Kniescheibenluxation

Anlageform	bevorzugte Farbe	Tapeverlauf/Region	Technik	Wirkung, Sonstiges
Korrekturtape	schwarz	Verlauf: quer über die Kniescheibenbänder, distal der Patella; Anfangsbasis: medial; Endbasis: lateral	Vektortechnik mit I-Streifen, bis zu 100 % Zug, Anfangsbasis festhalten und leicht nach medial ziehen (= Korrekturrichtung).	Die Zugtendenz von Muskeln, Faszien und Bändern nach lateral wird herabgesetzt.
alternatives Korrekturtape	schwarz	Verlauf: quer über die Kniescheibenbänder, distal der Patella; Anfangsbasis: medial; Endbasen: lateral	Vektortechnik mit Y-Tape, bis zu 100 % Zug, Anfangsbasis festhalten und leicht nach medial ziehen (= Korrekturrichtung).	Die Zugtendenz von Muskeln, Faszien und Bänder nach lateral wird herabgesetzt.

▶ **Abb. 5.53** Die laterale Patellaverlagerung kommt hauptsächlich bei Shetlandponys vor. Ein Korrekturtape, quer unterhalb der Patella, das Zug nach medial initiiert, kann helfen, die laterale Zugtendenz der körpereigenen Strukturen abzufangen.

Hand zieht das Tape mit bis zu 100 % Zug quer über die dorsal verlaufenden Kniescheibenbänder (Ligg. patellae mediale, intermedium und laterale) und fixiert die Endbasis auf der lateralen Knieseite wiederum ohne Zug.

- **Alternatives Korrekturtape:** Möglich ist auch ein Y-Tape, das mit derselben Technik (bis zu 100 % Zug) getapet wird. Die beiden Schenkel werden nacheinander, leicht auseinandertriftend über die Kniescheibenbänder gezogen. Die Endbasen werden ohne Zug fixiert und anmodelliert.

5.5.3 Bänderschwäche der Extremitätengelenke

Die Aufgabe der Bänder ist die Stabilisierung der Gelenke. Bänderschwächen sind entweder angeboren oder aufgrund von Verletzungen erworben. Damit kommt es zu einer dauerhaften Instabilität der Gelenke, die folglich frühzeitige Verschleißerscheinungen nach sich zieht.

Ursachen Schwache und ausgeleierte Bänder in den Extremitätengelenken werden beim Pferd eher selten diagnostiziert. Sie entstehen in den meisten Fällen aufgrund einer Subluxation des jeweiligen Gelenks oder zu hoher einseitiger Belastungen. Eine fehlende Hufkorrektur oder angeborene Stellungsfehler können einen dauerhaften Zug auf die Bänderstrukturen auslösen, wodurch die Bänder im Laufe der Zeit geschwächt werden. In den meisten Fällen sind die Kollateralbänder betroffen.

Symptome Traumatisch bedingte Bandverletzungen entstehen durch Luxation oder Subluxation des Gelenks. Sie gehen mit Lahmheit, Schwellung und den typischen Entzündungsparametern einher. Die Heilungsphase dauert – je nach Verletzungsausmaß – mehrere Wochen bis Monate, wobei meist eine irreversible Bänderschwäche zurückbleibt.

Eine schleichende Bänderschwäche wird häufig nicht wahrgenommen, langfristig jedoch können sich aufgrund eines zu großen Gelenkspiels schließlich Verschleißerscheinungen im Gelenk (Arthrose) bilden. Osteopathische Gelenktests verraten dem Therapeuten aufgrund der Beurteilung des Bewegungsumfangs, des Endgefühls und des Gelenkspiels frühzeitige Hinweise auf eine Bänderschwäche. Außerdem kann eine exakt durchgeführte Ganganalyse ebenfalls Indizien für die Befundung von Bänderproblematiken beisteuern.

Eine Bänderschwäche im Karpalgelenk zeigt sich häufig im starken Trab durch „Flattern" des Gelenks in der Extensionsphase. Das Sprunggelenk lässt eine Instabilität insbesondere während der Fußungsphase erkennen.

Therapie Die primären therapeutischen Maßnahmen bestehen darin, die Muskulatur zu stärken. Die entspre-

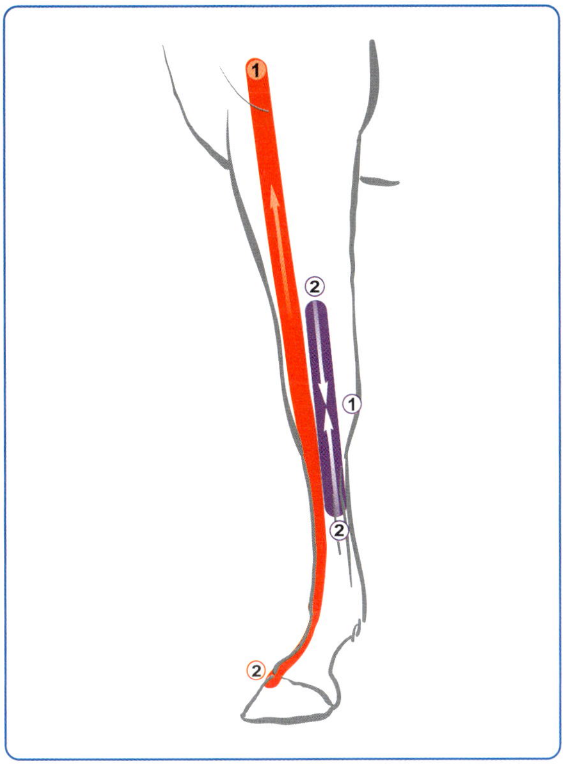

▶ **Abb. 5.54** Beispiel für eine Tapeanlage zur Stabilisierung der Kollateralbänder des Karpalgelenks. Das violette Bändertape stabilisiert das laterale Kollateralband, das rote Muskeltape aktiviert den M. extensor digitorum communis.

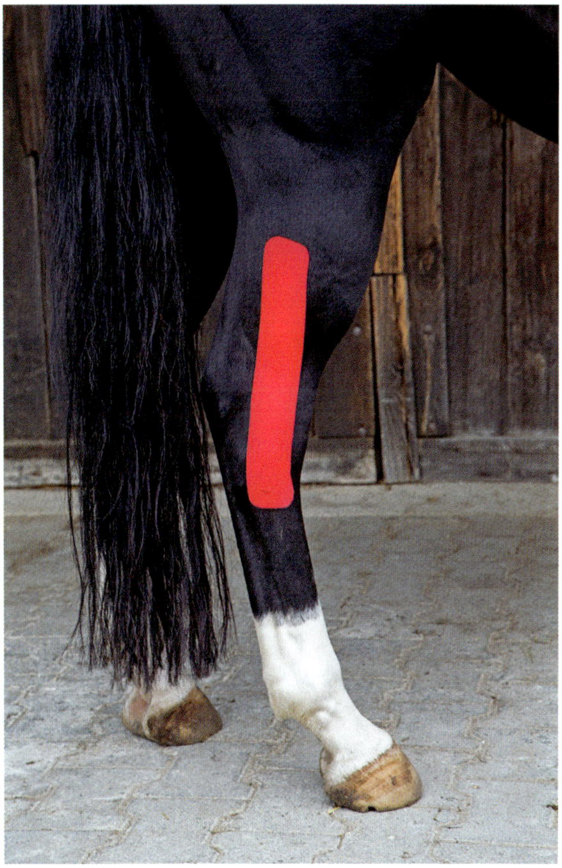

▶ **Abb. 5.55** Bändertape zur Stabilisierung des lateralen Kollateralbands am Sprunggelenk.

chenden Muskeln, die für die Bewegung des jeweiligen Gelenks verantwortlich sind, sollen durch Kräftigung zur Stabilität des Gelenks beitragen. Da sich jedoch aufgrund von Schmerzen, Überforderungen, falscher Hufstellung etc. häufig Muskelverspannungen manifestieren, muss eine Muskelentspannung dem Muskelaufbau vorausgehen. Deshalb sollen in einer begleitenden Tapeanlage die Muskeln ihrem Status entsprechend mitgetapet werden.

Mögliche Tapeanlage bei Bänderschwäche am Extremitätengelenk

Damit die Bänder stabilisiert werden können, versorgt man diese mit einem Bändertape, das in Verlaufsrichtung des Bandapparats angebracht wird. Zusätzlich können bei Bedarf kontrakte Muskeln sedierend und schwache Muskeln tonisierend getapet werden, um den Bandapparat zusätzlich muskulär zu unterstützen. Konnten kontrakte Muskeln über eine manuelle Muskeltherapie und begleitender Tapeanlage entspannt werden (sedierende Muskelanlage), werden diese Muskeln anschließend stärkend (tonisierende Muskelanlage) getapet, um die Bänder mit zu stabilisieren. Kombinierte Tapeanlagen (Band-/Muskeltape) sind möglich (▶ **Abb. 5.54**).

Ziel

Stabilisierung der schwachen Bänder, Muskelaufbau zur aktiven Unterstützung der Bänder (▶ **Abb. 5.55**, ▶ **Tab. 5.33**).

Step by Step

- Länge der benötigten Tapestreifen ermitteln (I-Streifen), dabei Längenerweiterung durch Tapezug beim Bändertape einkalkulieren, vorschneiden, Ecken berunden.
- Das Trägerpapier des Bändertapes wird mittig eingerissen, auseinandergezogen und zentriert über dem zu stabilisierenden Band angebracht. Die Basen liegen außerhalb der knöchernen Insertionsstellen und werden ohne Zug angebracht. Das Tape sollte gut anmodelliert werden. Es ist sinnvoll, das Tape in der Ruhestellung des Gelenks zu kleben.
- Der zu stärkende Muskel wird mit einem tonisierenden Muskeltape versehen: Die Anfangsbasis wird am jeweiligen Muskelursprung, die Endbasis an der Ansatzstelle jeweils ohne Zug fixiert. Das Muskeltape kann einen leichten Zug von bis zu 25 % erhalten, ggf. unter leichter Vorkontraktion.
- **Alternative Tapevariante:** Insbesondere im Falle einer Bänderschwäche des Ligamentum collaterale laterale

► **Tab. 5.33** Tapeanlage für Bänderschwäche an den Extremitätengelenken

Anlageform	bevorzugte Farbe	Tapeverlauf/Region	Technik	Wirkung, Sonstiges
Ligamenttape	schwarz, violett, rot	Region: im Verlauf der schwachen Bänder; Basen: außerhalb der Insertionsstellen des Bandapparats	Zentrierungstechnik als En-bloc-Anlage, bis zu 100 % Zug;	stabilisierend
Muskeltape	rot	Beispiel äußeres Kollateralband: Karpalgelenk (Lig. collaterale carpi laterale): im Verlauf des M. extensor digitorum communis; Knie (Lig. collaterale laterale genus): Im Verlauf des M. extensor digitorum lateralis; Sprunggelenk (Lig. collaterale tarsi laterale longum): im Verlauf der Mm. extensor digitorum longus und lateralis, M. gastrocnemius, caput laterale	Vektortechnik mit I-Streifen, max. 25 % Zug, in leichter Vorkontraktion der Gliedmaße	tonisierend
Alternative: kombiniertes Bänder-/Muskeltape	schwarz, rot	Insbesondere am Kollateralband des Knies kann ein kombiniertes Bänder-/Muskeltape über dem Verlauf des M. extensor digitorum lateralis angebracht werden.	Vektortechnik mit I-Streifen, 100 % (Bandverlauf) bzw. bis zu 25 % Zug (Muskelverlauf), gemeinsame Zwischenbasis am Übergang.	stabilisierend, tonisierend

des Kniegelenks kann ein kombiniertes Bänder-/Muskeltape angebracht werden, da der M. extensor digitorum lateralis seinen Ursprung einerseits an der Fibula, andererseits aber direkt am Kollateralband hat. In der Praxis tapet man zunächst das Bändertape. Die distale Basis des Bändertapes stellt zugleich die Anfangsbasis des Muskeltapes dar. Von dieser – ohne Zug angebrachten – Zwischenbasis fixiert man das Muskeltape mit bis zu 25 % Zug, bis zu dessen Ansatz an der Tendo musculi extensoris digitorum longus, am dorsalen Röhrbeinbereich, wo die Endbasis ohne Zug geklebt wird. Tape intensiv anreiben.

5.6 Artikuläre Läsionen der Extremitäten

Erkrankungen des passiven Bewegungsapparates umfassen eine Vielzahl von verschiedenen Krankheitsbildern. Verletzungen und Erkrankungen von Gelenken sowie der gelenknahen Strukturen sind bei Pferden häufig anzutreffen. Sie treten als traumatisch bedingte Läsionen, aber auch durch degenerative Prozesse auf. Akute Entzündungsprozesse in den Gelenken werden zu Arthritiden zusammengefasst, die chronische Form bezeichnet man als Arthrose. Dabei sind diese Bezeichnungen sehr unspezifisch, da eine Arthritis vereinfacht als Gelenksentzündung definiert ist und noch keine Aussage darüber trifft, welche Strukturen im Gelenk bzw. im gelenknahen Bereich konkret betroffen sind. So können Knochen, Knorpel, Synovia, Gelenkkapsel oder Bänder in den Entzündungsprozess mit einbezogen sein.

Zu den traumatischen Arthritiden gehören beispielsweise jede Form von Verletzung wie Verstauchungen, Prellungen, Überdehnungen der Gelenkbänder oder Subluxationen des Gelenks. Ebenso zählen die Synovialitis (Entzündung der Gelenkinnenhaut) und die Kapsulitis (Entzündung der Gelenkkapsel), aber auch Frakturen (u. a. Chipfrakturen und Fissuren) und Meniskusverletzungen dazu.

Beim Pferd kommen chronische Gelenkserkrankungen häufiger in den kleinen Gelenken (Kiefer-, Huf-, Kron-, Fessel-, Karpal-, Sprung- und Wirbelgelenke) vor. Knie-, Schulter- und Hüftgelenke sind seltener betroffen und entstehen meist als Sekundärerkrankung aufgrund einer Verletzung. Spezielle Bezeichnungen von Arthroseerkrankungen sind beispielsweise Spat (Sprunggelenksarthrose), Schale (Huf-, Kron- und Fesselgelenksarthrose), Podotrochlose (Hufrollenentzündung) (S. 138) und Sesamoidose (Gleichbeinlahmheit).

Ursachen Aus traumatisch bedingten Arthritiden können sich stets degenerative Gelenkserkrankungen entwickeln. Sie entstehen jedoch auch durch jahrelange Überlastung, zu frühe Belastung sowie altersbedingt. Treten Verschleißerscheinungen beim jungen Pferd auf, sind traumatische Ereignisse, Überlastungen (Stellungsfehler, Schonhaltungen etc.) oder eine zu frühe Belastung (zu frühes Einreiten sowie hohe sportliche Leistungen in jungen Jahren) die Hauptursachen. Beim alten Pferd treten Verschleißerscheinungen als normaler Alterungsprozess auf. Dabei ist der Zeitrahmen für den Beginn von degenerativen Gelenkserkrankungen höchst unterschiedlich. Ab 20 Jahren gilt ein Pferd als alt und arthrotische Veränderungen sind nichts Ungewöhnliches.

Symptome Verschleißerscheinungen stellen sich schleichend ein. Es kann dabei zu Exostosen (Knochenzubildungen) mit nachfolgender möglicher Ankylose (Gelenkversteifung) oder aber auch zu einer Osteolyse (Knochenauflösung) kommen. Die ersten Symptome sind steifer Gang und eine immer deutlicher eingeschränkte Beweglichkeit. In akuten Entzündungsphasen kommt es auch zur Lahmheit, die sich meist schnell wieder bessert, aber eine Veränderung im Gelenk bzw. den gelenknahen Strukturen zurücklässt. Mit jedem neuen Entzündungsschub wird das Gelenk zunehmend zerstört, da sich der Gelenkknorpel weiter abbaut.

Das „Einlaufen" ist die typische Symptomatik bei einer Arthrose. Das Pferd geht in den ersten Minuten steif, unwillig, wirkt faul oder lahmt. Nach einer Einlaufzeit von etwa 10–15 min wird das Gangbild deutlich besser. Auch nasskaltes Wetter kann die Krankheitsanzeichen verstärken, wogegen Wärmeapplikationen (Solarium, Bewegung, Wärmegamaschen) die Symptomatik verbessern.

Therapie Infolge von Schmerzen kommt es sekundär zu Muskelverspannungen und Schonhaltungen. Das Bewegungsausmaß ist eingeschränkt, wodurch der Gelenkstoffwechsel herabgesetzt wird, was die Strukturzerstörung noch forciert. Diesem Teufelskreis sollte man entgegenwirken, indem die Pferde möglichst in moderater Bewegung gehalten werden. Je nach Grad der Degeneration, der aktuellen Entzündungsphase und des damit verbundenen Schmerzbildes ist eine passive oder wenn möglich auch aktive, aber moderate Bewegung sinnvoll. Aufgrund dessen kann ein flexibles Tape die therapeutischen Maßnahmen bestens unterstützen.

In schwerwiegenden Fällen ist eine (u. a. medikamentöse) Schmerztherapie erforderlich, da eine Verbesserung der strukturellen Veränderungen nicht möglich ist. Somit ist das Ziel von chronisch verlaufenden Gelenkserkrankungen stets die Schmerzreduktion in Verbindung mit dem Bestreben, die Mobilität möglichst lange zu erhalten.

5.6.1 Sprunggelenksarthrose (Spat)

Beim Spat handelt es sich um eine chronisch degenerative Osteoarthrose in den kleinen Gelenken des Tarsalgelenks. Speziell kommt es zu Knochenauftreibungen an den dorsomedialen Seiten der straffen Gelenke des Tarsus. Die Sprunggelenksarthrose zählt zu den häufigsten Lahmheitsursachen der Pferde, wobei alle Rassen und Altersgruppen betroffen sein können. In erster Linie sind zwar ältere Pferde betroffen, doch aufgrund von Stellungsfehlern können schon junge Pferde Überlastungserscheinungen im Sprunggelenksbereich zeigen. Insbesondere sind Pferde gefährdet, die in Kombination bodeneng und kuhhessig, oder aber auch säbelbeinig stehen.

Wie es typisch für die verschiedenen Arthroseformen ist, entwickelt sich auch der Spat schleichend. Zunächst fallen lediglich steifer Gang und verkürzter Raumgriff auf. Später kommt es zur Lahmheit und ggf. zur Bildung von Exostosen. Die nicht schmerzhaften Knochenzubildungen werden auf der medialen Seite, im distalen Drittel des Sprunggelenks sowohl tast- als auch sichtbar. Andererseits müssen Umfangsvermehrungen auf der medialen Seite des Sprunggelenks für eine Spätdiagnose nicht zwingend vorhanden sein, da Exostosen auch bei älteren Pferden auftreten können, die keinerlei Funktionseinschränkungen im Tarsalgelenk haben. Ein Anzeichen für spatkranke Pferde ist auch, wenn die Tiere beim Versuch, das Bein anzuheben (zum Beispiel zum Säubern der Hufe), das betroffene Hinterbein ruckartig hochziehen und nur sehr verzögert absetzen.

Erkrankt das Pferd an beiden hinteren Extremitäten, können die Besitzer ein häufiges Wechseln der Entlastungsstellung (Schildern) beobachten. Ist nur eine Gliedmaße betroffen, wird diese vermehrt geschont.

Das Pferd sollte so lange wie möglich im moderaten Training bleiben. Lahmheiten sind jedoch Ausschlusskriterien, um das Pferd unter dem Sattel oder vor der Kutsche zu arbeiten. Gegebenenfalls ist eine medikamentöse Therapie begleitend nötig. Empfehlenswert sind verschiedene physiotherapeutische Maßnahmen, die mit einer geeigneten Tapeanlage kombiniert werden können. Da die Spaterkrankung eine fortschreitende, degenerative Osteoarthrose ist, kann keine Heilung erzielt werden. Die Motivation für eine Therapie und damit einer begleitenden Tapeanlage besteht jedoch darin, das Fortschreiten der Erkrankung möglichst aufzuhalten oder zumindest zu verlangsamen. Um die Mobilität zu erhalten, ist außerdem eine Schmerzreduktion anzustreben.

Mögliche Tapeanlage bei Sprunggelenksarthrose (Spat)

Um die Schmerzen im Sprunggelenk zu reduzieren, eignet sich ein Spacetape direkt über dem Schmerzzentrum an der medialen Seite des Tarsalgelenks. Begleitend dazu helfen sedierende Muskelanlagen der Sprunggelenksflexoren (M. tibialis cranialis, M. extensor digitorum longus, M. extensor digitorum lateralis) und -extensoren (M. gastrocnemius, Mm. flexores digitorum profundi). Weil insbesondere die Streckung des Tarsalgelenks Schmerzen bereitet, tendieren die Sprunggelenksflexoren zu Verspannungen, die deshalb bevorzugt sedierend getapet werden.

Des Weiteren kann der Akupunkturpunkt Blase 60 auf der lateralen Sprunggelenksseite mit einem Spacetape versorgt werden (▶ Abb. 5.56). Der Akupunkturpunkt

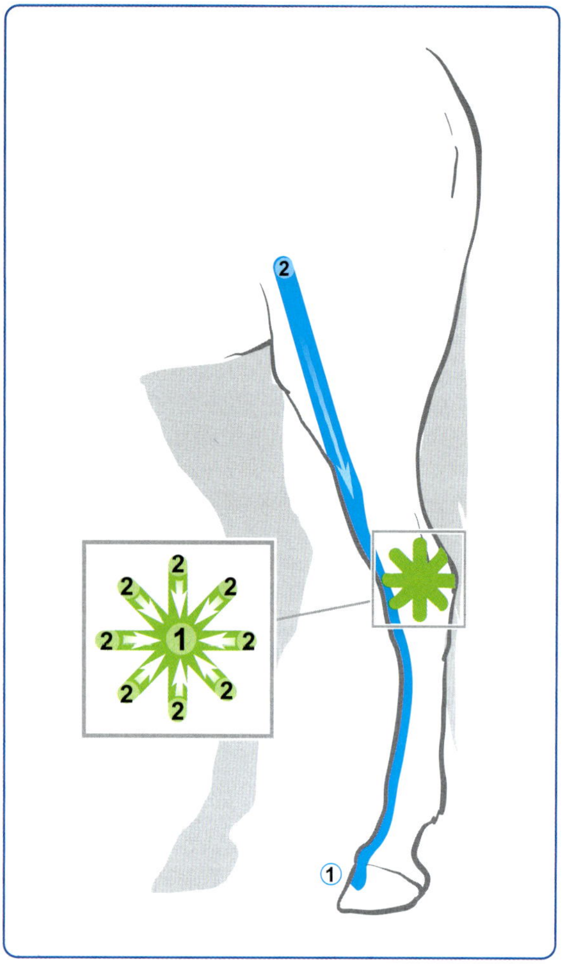

► **Abb. 5.56** Beispielanlage für Sprunggelenksarthrose: Zur Entlastung des Gelenks werden jeweils ein Spacetape (grün) an der lateralen sowie medialen Seite des Sprunggelenks angebracht. Zusätzlich versorgt man den M. extensor digitorum longus mit einem sedierenden Muskeltape (blau).

Blase 60 ist ein Nahpunkt des Sprunggelenks und ein stark schmerzstillender Punkt. Er hilft deshalb bei Spatschmerzen, bewegt nach der Traditionellen Chinesischen Medizin (TCM) das Blut und beseitigt Hitze, weshalb der Punkt eine gute Wahl bei Entzündungen ist. Weil der Punkt Bl 60 einen Energiestau im Blasenmeridian löst, wird er außerdem bei chronischen Rückenproblemen eingesetzt.

Ziel

Schmerzreduktion, Entspannung der Bewegungsmuskeln des Sprunggelenks (► **Abb. 5.57**, ► **Tab. 5.34**).

Step by Step

- Länge der benötigten Tapestreifen ermitteln, dabei Längenerweiterung durch Tapezug der Spacetapes mit einkalkulieren, vorschneiden, Ecken berunden.
- Zuerst wird das sedierende Muskeltape vom Ansatz zum Ursprung des M. extensor digitorum longus bei Vordehnung und bis zu 10 % Zug (Paper-Off-Technik) angebracht. Die Basen stets komplett ohne Zug. Die Anfangsbasis kann auf der Hufkapsel fixiert werden, um einen besseren Halt zu erreichen.
- Ein Ligamenttape in Zentrierungstechnik in Sternform geklebt bildet ein schmerzlinderndes Spacetape auf der medialen Sprunggelenksseite. Vier Streifen werden en bloc im rechten Winkel, dann im 45°-Winkel mit maximalem Zug übereinander geklebt, die Basen bleiben komplett zugfrei.
- **Alternativ** kann ein zusätzliches Spacetape auf der lateralen Sprunggelenksseite über dem Akupunkturpunkt Bl 60 aufgebracht werden. Der Punkt wirkt stark schmerzlindernd und löst einen Energiestau im Blasenmeridian.

► **Tab. 5.34** Tapeanlage für Arthrose im Sprunggelenk

Anlageform	bevorzugte Farbe	Tapeverlauf/Region	Technik	Wirkung, Sonstiges
Muskeltape	blau	Verlauf: M. extensor digitorum longus; Anfangsbasis: dorsale Fläche der Hufkapsel; Endbasis: Kniegelenk (Femur)	Vektortechnik mit I-Streifen, max. 10 % Zug, in leichter Vordehnung der Gliedmaße (Retraktion)	sedierend
Ligamenttape	blau, grün	Region: mediale Seite des Sprunggelenks	Zentrierungstechnik mit 4 Streifen, als En-bloc-Spaceanlage, bis zu 100 % Zug;	schmerzlindernd
Alternative: zusätzliches Akupunkturtape	blau, grün	Akupunkturpunkt Bl 60	Zentrierungstechnik mit 4 I-Streifen, als En-bloc-Spaceanlage, bis zu 100 % Zug;	Bl 60 ist ein stark schmerzstillender Punkt, ein Nahpunkt für das Sprunggelenk und löst einen Energiestau im Blasenmeridian

► **Abb. 5.57** Tapeanlage für Arthrose im Sprunggelenk.

a Tapeanlage für die Versorgung einer Sprunggelenksarthrose mit einem raumschaffenden Spacetape am Sprunggelenk (= Akupunkturpunkt Blase 60) und einem sedierenden Muskeltape für den M. extensor digitorum longus (Ansicht von lateral).

b Spacetape (gelb) auf der medialen Seite des Sprunggelenks bei der Anlage für Sprunggelenksarthrose (Ansicht von medial).

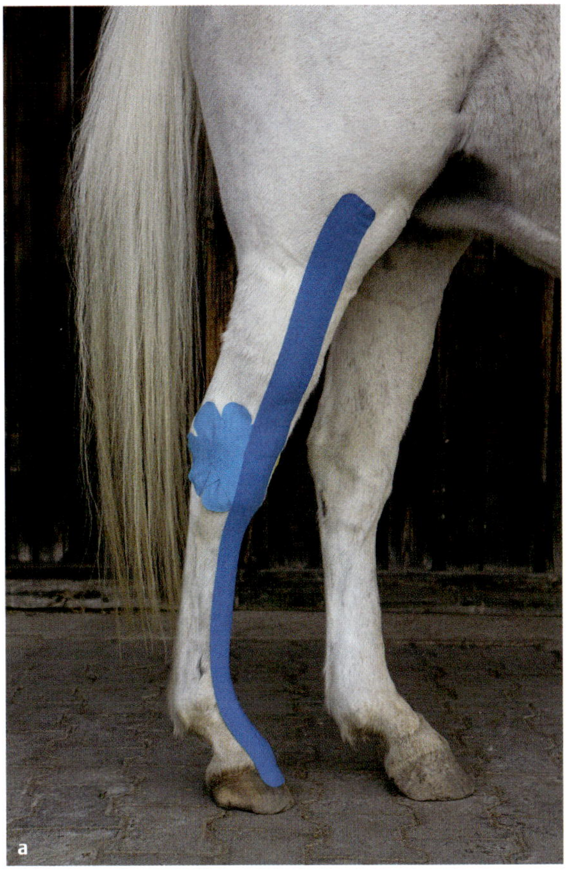

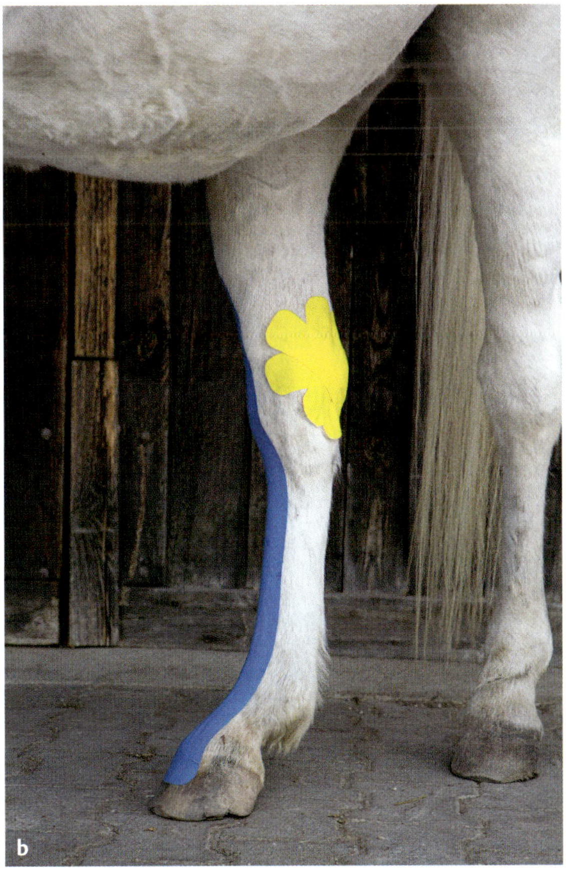

▸ Abb. 5.57

5.6.2 Karpalgelenksarthrose

Das Karpalgelenk ist mit sieben – manchmal aber auch neun – kleinen Knochen, die zusammen zwei Knochenreihen bilden, ausgestattet. Bei der Flexion öffnen sich die dorsalen Gelenkflächen am Karpus, wobei sich die proximale Gelenkspalte am weitesten, die mittlere geringfügig öffnet und die distale geschlossen bleibt.

Fehlstellungen oder Überlastungen des Gelenks führen frühzeitig zu Verschleißerscheinungen in diesen kleinen Gelenken. Ursachen für eine spätere Arthrose in diesem Gelenk sind auch Verletzungen des Karpus durch Stürze auf das Karpalgelenk oder Anschlagen (beispielsweise am Sprunghindernis). Eine Rolle können auch Subluxationen der kleinen Gelenke, insbesondere auch des Os carpi accessorium spielen. Gelenkblockierungen haben Bewegungseinschränkungen zur Folge, diese wiederum führen zu Überlastungen und zu einem verringerten Stoffwechsel (vor allem zu einer Minderproduktion von Synovia). Die Arthrose ist somit vorprogrammiert.

Für die Behandlung ist das Stadium der Gelenksdegeneration ein wichtiger Faktor. Akute Entzündungen (Arthritis) sollten zunächst schulmedizinisch versorgt werden (Antiphlogistika), in chronischem Stadium steht die bestmögliche Wiederherstellung des Bewegungsumfangs im Vordergrund. Eine osteopathische Gelenksmobilisation kann hierzu einen möglichen Weg darstellen, der schließlich mit einer Tapeanlage unterstützt wird.

Mögliche Tapeanlage bei Karpalgelenksarthrose

Im akut entzündlichen Stadium, das mit den typischen Entzündungszeichen (Wärme, Schwellung, Schmerz und Bewegungseinschränkung) einhergeht, sollte die Schmerzreduktion und Eindämmung der Entzündung im Vordergrund stehen. In dieser Phase ist ein Tape direkt über der Schmerzquelle allerdings kontraindiziert. Die beste Lösung ist darum ein Lymphtape anzulegen, das dazu beiträgt, die Schmerzen zu lindern und die Schwellung schneller aufzulösen.

Im chronischen Stadium hat die Wiederherstellung bzw. Erhaltung des Bewegungsumfangs im Gelenk große Priorität. Um das Karpalgelenk selbst zu entlasten und Schmerzen zu reduzieren, eignet sich ein Spacetape – in den meisten Fällen genügt auch ein einzelner horizontal oder vertikal angebrachter Bändertape in Zentrierungstechnik, um den Strukturen mehr Raum zu geben. Da Schmerzen stets einen muskulären Hypertonus zur Folge haben, hilft eine zusätzliche, sedierende Muskelanlage (▸ Abb. 5.58).

Ziel

Entlastung der Gelenkstrukturen, Schmerzreduktion, Entspannung der Muskulatur (▸ Tab. 5.35, ▸ Tab. 5.36).

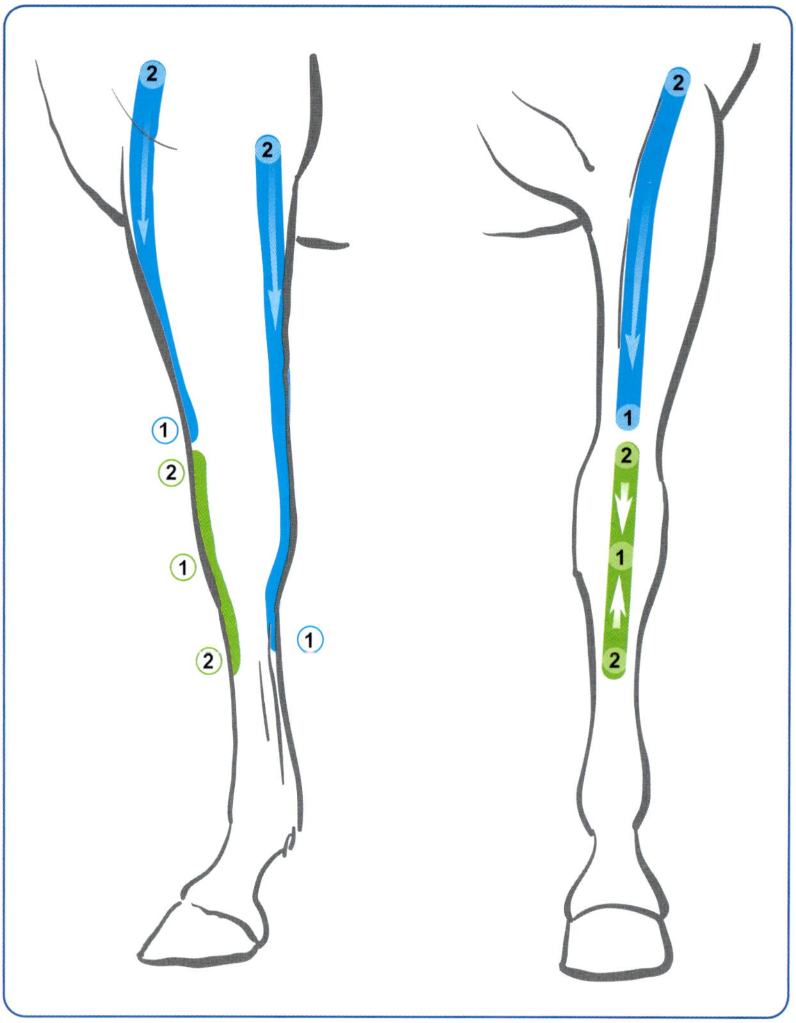

▶ **Abb. 5.58** Schematische Darstellung einer Tapeanlage für Karpalgelenksarthrose: Ein raumschaffendes Ligamenttape in Zentrierungstechnik angebracht (grün) wird mit einer sedierenden Muskelanlage (blau) für die Mm. extensor carpi radialis und ulnaris kombiniert.

▶ **Tab. 5.35** Tapeanlage für Arthritis im Karpalgelenk

Anlageform	bevorzugte Farbe	Tapeverlauf/Region	Technik	Wirkung, Sonstiges
Lymphtape	blau	Region: proximal des Karpalgelenks; Anfangsbasis: Lymphknotenstation (Lnn. cervicales profundi caudales/Venenwinkel); Endbasen: Zielgebiet am Karpalgelenk	Serpentinentechnik mit einem Fächertape, max. 10 % Zug (Paper-Off) unter leichter Vordehnung oder Hautvorschub	entstauend, schmerzlindernd

Step by Step

Akuter (Entzündungs-)Status:

- Länge des benötigten Lymphtapes ermitteln, als Fächertape vorschneiden, Ecken berunden.
- Basis im Bereich des Venenwinkels bzw. der Lymphknotenstation Lnn. cervicales profundi caudales ohne Zug anbringen und anmodellieren.
- Tentakel in Serpentinenform bis zum Karpus unter leichter Vordehnung aufkleben und Kleber durch kräftiges Reiben aktivieren.

Chronischer Status:

- Länge der benötigten Tapestreifen ermitteln, dabei Längenerweiterung durch Tapezug des Ligamenttapes mit einkalkulieren, vorschneiden, Ecken berunden.
- Trägerpapier des Ligamenttapes mittig zerreißen, Enden auseinanderziehen und Mittelteil direkt über dem Karpus von dorsal mit bis zu 100 % Zug aufkleben. Von den Enden das Trägerpapier abziehen und ohne Zug fixieren. (Achtung: Kein „In-Sich-Verkleben" der Basen auf der palmaren Seite!) Das Tape kann waagrecht oder senkrecht angebracht werden. **Alternativ:** Möglich ist auch ein Spacetape (Sterntape) mit 4 I-Streifen.

► **Tab. 5.36** Tapeanlage für Arthrose im Karpalgelenk

Anlageform	bevorzugte Farbe	Tapeverlauf/Region	Technik	Wirkung, Sonstiges
Ligamenttape	blau, grün, neutral	Region: dorsale Seite des Karpalgelenks	Zentrierungstechnik mit 1–4 Streifen, als En-bloc-Anlage, bis zu 100 % Zug	entlastend, schmerzlindernd
Muskeltape	blau	Verlauf: Über dem **M. extensor carpi radialis**; Anfangsbasen: distal (alternativ proximal) des Karpalgelenks, dorsal am Metacarpale III; Endbasis: distal am Humerus	Vektortechnik, ohne Zug mit Vordehnung (Retraktion der Gliedmaße)	sedierend. Aufgrund des entlastenden Spacetapes auf der dorsalen Seite des Karpalgelenks ist es besser, die Anfangsbasis des Muskeltapes nach proximal zu verschieben, damit nicht zwei Tapes übereinander geklebt werden müssen, wie ► **Abb. 5.58** zeigt.
Muskeltape	blau	Verlauf: Über dem **M. extensor carpi ulnaris**; Anfangsbasen: distal des Os carpi accessorium; Endbasis: lateral am Humerus	Vektortechnik, ohne Zug mit Vordehnung (Protraktion der Gliedmaße)	sedierend

- Muskeltapes vom Ansatz zum Ursprung ohne Zug in der jeweiligen Vordehnung (M. extensor carpi radialis in Retraktion sowie M. extensor carpi ulnaris in Protraktion) ankleben und gut anmodellieren.

5.6.3 Arthrose des Iliosacralgelenks

Bei Reitpferden ist das Iliosacralgelenk (ISG) sehr anfällig für Blockierungen und degenerative Veränderungen. Es stellt die einzige gelenkige Verbindung vom Rumpf zu den hinteren Extremitäten dar und ist deshalb hohen Druckbelastungen ausgesetzt. Das ISG ist Dreh- und Angelpunkt zur Umleitung der Schub- und Tragkraft aus der Hinterhand. Es ist ein straffes Gelenk, das mit vielen Bändern stabilisiert ist und nur eine geringe Bewegung zulässt.

Nicht selten kommt es durch traumatische Einflüsse zu Bänderüberdehnungen im ISG-Bereich oder zu Blockierungen durch Fehlstellungen des Sacrums sowohl über die mittlere als auch über die schrägen transversalen Achsen. Überforderungen im Training, aber auch zu früher Einsatz des jungen Pferdes sind hier häufig ursächlich.

Eine akute Entzündung zeigt sich als überwärmtes Areal im paravertebralen Bereich der Tuber sacrale. Die Ganganalyse lässt einen verkürzten Raumgriff, einen steifen Gang, Schwierigkeiten in den Wendungen, Probleme beim Galoppwechsel und einen schiefen Schweif erkennen. Diese Symptome können sich manifestieren, sodass sie vom Pferdebesitzer folglich als „normal" eingestuft werden.

Ständige Reizungen des Iliosacralgelenks und dessen umgebende Strukturen führen jedoch langfristig zu arthrotischen Zuständen, die Dauerschmerzen und rezidivierend aufflammende Entzündungen zur Folge haben.

Mögliche Tapeanlage bei Arthrose des Iliosacralgelenks

Die Bekämpfung von Schmerzen steht hier an erster Stelle, weshalb über dem ISG ein Spacetape in den meisten Fällen als obligatorisch erscheint. Begleitend bieten sich sedierende Muskelanlagen für die dorsale Muskelkette – insbesondere für den M. semitendinosus sowie den M. longissimus dorsi – an (► **Abb. 5.59**). Wenn das Sacrum (S. 172) mit einer Fehlstellung beteiligt ist (dies kann häufig, aber nicht immer mit einer Schweifschiefhaltung vergesellschaftet sein), sollte nach einer manuellen, osteopathischen Behandlung ein Korrekturtape – entsprechend der jeweiligen Läsion – mitgetapet werden (► **Abb. 5.71**).

Ziel

Schmerzreduktion im ISG-Bereich, Entspannung der ischiokruralen und der Rückenmuskulatur, ggf. Unterstützung zur Aufrechterhaltung einer manuell durchgeführten Korrektur (► **Tab. 5.37**).

Step by Step

- Länge der benötigten Tapestreifen ermitteln, vorschneiden, Ecken berunden.
- Ligamenttape über dem ISG als Spaceanlage in Zentrierungstechnik kleben. Dabei bei vier Tapestreifen jeweils die Mitte des Trägerpapiers einreißen, auf bis zu 100 % Zug dehnen, das Mittelstück aufkleben und die Enden ohne Zug fixieren. Das zweite Tape um 90° drehen, das dritte um weitere 45° und das letzte wieder um weitere 90° drehen, damit eine Sternform entsteht. Gut anreiben.
- Muskeltape am M. semitendinosus vom Calcaneus bis zum Sacrum ohne Zug in Vordehnung (Protraktion der Gliedmaße) aufbringen, anmodellieren.

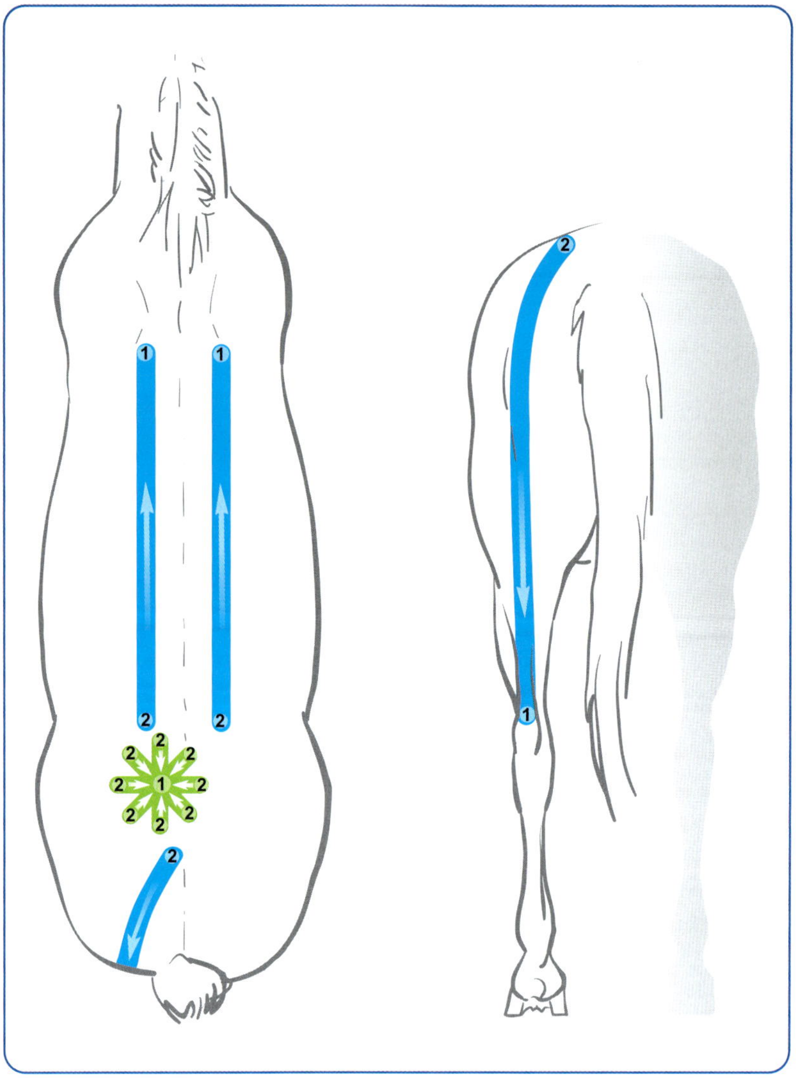

▸ **Abb. 5.59** Mögliche Tapeanlage für Arthrose im (linken) Iliosacralgelenk. Soll die Anlage länger als zwei bis drei Tage am Pferd belassen werden, sollte der M. semitendinosus auch auf der rechten Seite mitgetapet werden.

▸ **Tab. 5.37** Tapeanlage für Entzündungsgeschehen im ISG

Anlageform	bevorzugte Farbe	Tapeverlauf/Region	Technik	Wirkung, Sonstiges
Ligamenttape	blau, grün	Region: über dem ISG	Zentrierungstechnik mit 4 I-Streifen als En-bloc-Anlage (Spacetape) bis zu 100 % Zug	schmerzlindernd, raumschaffend
Muskeltape	blau	Verlauf: **M. semitendinosus** über Tuber ischiadicum; Anfangsbasis: Höhe Tibia (unterhalb der Kniekehle) alternativ am Calcaneus; Endbasis: Os sacrum, seitlich der Dornfortsätze	Vektortechnik, I-Streifen, ohne Zug, in Vordehnung (Protraktion der Gliedmaße)	sedierend
Muskeltape	blau	Verlauf: **M. longissimus dorsi**, bei Indikation gesamte Muskelkette oder nur lumbaler und thorakaler Teilbereich	Vektortechnik, ohne Zug mit Vordehnung (Rückenflexion)	sedierend
Alternativ bei Indikation: zusätzlicher Korrekturtape	schwarz, rot, violett	Verlauf: entsprechend der Läsion	Vektortechnik, mit max. 100 % Zug	Korrektur einer eventuellen Sacrumläsion (S. 172)

- Weiterer Muskeltape im Verlauf des M. longissimus dorsi sedierend ohne Zug in Vordehnung (Rückenflexion) tapen und fest anreiben.
- **Alternativ:** Bei begleitenden Sacrumfehlstellungen (S. 172) bringt man ein zusätzliches Korrekturtape über dem Sacrum entsprechend der Läsionsrichtung an. Hier bis zu 100% Zug anwenden, wobei die Struktur vorher manuell behandelt werden sollte.

5.6.4 Gelenkgallen

Unter dem Begriff „Gallen" bezeichnet man eine vermehrte Füllung einer Gelenkkapsel, einer Sehnenscheide oder eines Schleimbeutels mit Synovialflüssigkeit. Gallen kennt man auch unter den Bezeichnungen „Hydrops", „Hygrom" oder „Idiopathische Synovialitis".

Sowohl Gelenkkapsel, als auch Sehnenscheide und Schleimbeutel haben einen mehrschichtigen Wandaufbau mit einer innen liegenden Synovialmembran. Diese Synovialmembran bildet die Synovia, eine die jeweilige Struktur schützende Flüssigkeit. In der Gelenkkapsel fungiert die Synovia als „Gelenkschmiere", die den Gelenkknorpel vor frühzeitigem Verschleiß schützt. Sehnenscheiden umhüllen die jeweiligen Sehnen. Schleimbeutel hingegen liegen an Stellen, die besonders „unter Druck" stehen und deshalb einer Art Polsterung bedürfen. Die flüssigkeitsgefüllten Strukturen erfüllen also eine Schutzfunktion im Körper.

Werden diese Strukturen jedoch überlastet und dadurch die Synovialmembran gereizt, kommt es zu einer verstärkten Bildung von Synovialflüssigkeit. Dieser Erguss führt schließlich zu Ausbuchtungen der Gelenkkapsel-, Schleimbeutel- oder Sehnenscheidenwand, was sich als weiche, schmerzlose Schwellung manifestiert. Diese Schwellungen treten allerdings nur an Stellen auf, an denen eine Ausbreitung nicht durch feste Strukturen wie straffe Bänder oder Sehnen verhindert wird. Deshalb finden sich Gallen immer an für sie typischen Stellen (s. u.).

Ursachen Eine Reizung der Synovialmembran kann verschiedene Ursachen haben. Die sehr häufig auftretende Galle im Fesselbereich entsteht hauptsächlich durch ein zu hartes Training des Pferdes. Fesselgelenkgallen sind deshalb nicht selten bei ausrangierten Galopp- und Trabrennpferden zu finden. Aber auch unsachgemäß gerittene Freizeit- und Sportpferde sind mit überlastungsbedingten Gallen konfrontiert (▶ **Abb. 5.60**).

Weil die Pferde jedoch nicht lahm gehen, werden Hygrome meist nur als Schönheitsfehler angesehen. Dem Pferdebesitzer muss aber klar sein, dass es sich um ein klares Überlastungssyndrom handelt und keinesfalls unbeachtet bleiben sollte.

Gallen können durch Fehlstellungen der Gliedmaße, Gelenksentzündungen (Arthritis), Quetschungen, Schläge, Reizungen aufgrund von Gelenkchips oder anderen Irritationen verursacht werden. Diskutiert wird auch ein Mineralstoffmangel bei jungen Pferden während der Aufzucht. Der Verdacht liegt insbesondere dann nahe, wenn schon Fohlen Gallen ausbilden, die weder eine Verletzung noch eine trainingsbedingte Überforderung erfahren haben.

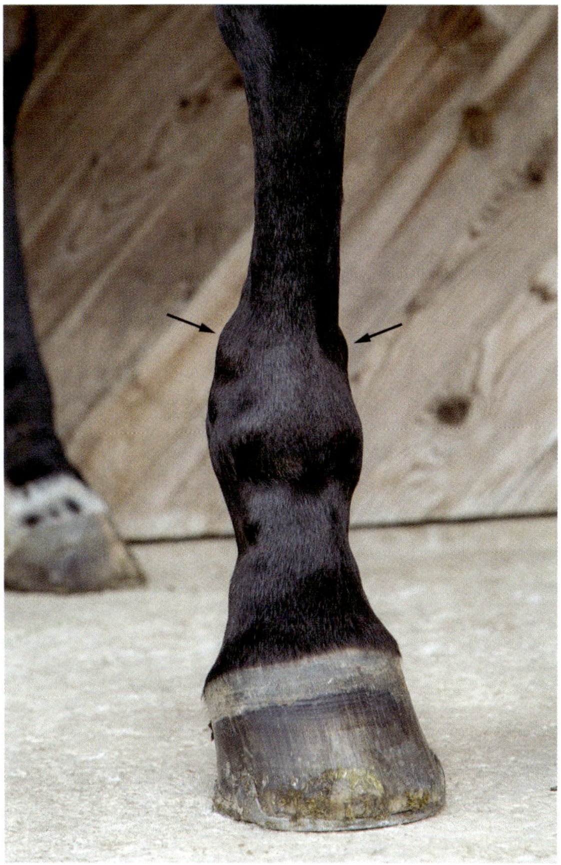

▶ **Abb. 5.60** Fesselgelenkgallen sind durch weiche, schmerzlose Verdickungen im Bereich des Fesselgelenks gekennzeichnet.

Weil Hygrome sehr häufig vorkommen, hat man diese zur genaueren Zuordnung mit speziellen Begriffen versehen:

- Piephacke (▶ **Abb. 5.61**): Schleimbeutelgalle am Calcaneus, die sich zu einer keineswegs harmlosen eitrigen Schleimbeutelentzündung entwickeln kann. Entsteht meist durch Anschlagen gegen die Boxenwand.
- Stollbeule: Schleimbeutelgalle am Olecranon, entwickelt sich beim Liegen, wenn die Schenkel der Eisen oder eingedrehte Stollen gegen den Ellbogen drücken. Eitrige Infektionen sind möglich.
- Eiergalle: Schleimbeutelgalle lateral des Calcaneus
- Kurbengalle: Sehnenscheidengalle der Beugesehne. Sie tritt sowohl medial als auch lateral am Sprunggelenk auf.
- Kreuzgalle: Gelenkkapselgalle, die sich an der dorsalen und lateralen Seite des Sprunggelenks zeigt.
- Windgalle: Allgemeiner Ausdruck für Gallen, meist für die Gallen der Sehnenscheide am Fesselgelenk verwendet.

▶ **Abb. 5.61** Piephacken entstehen meist durch Anschlagen gegen die Boxenwand. Es handelt sich um eine Schleimbeutelgalle am Calcaneus.

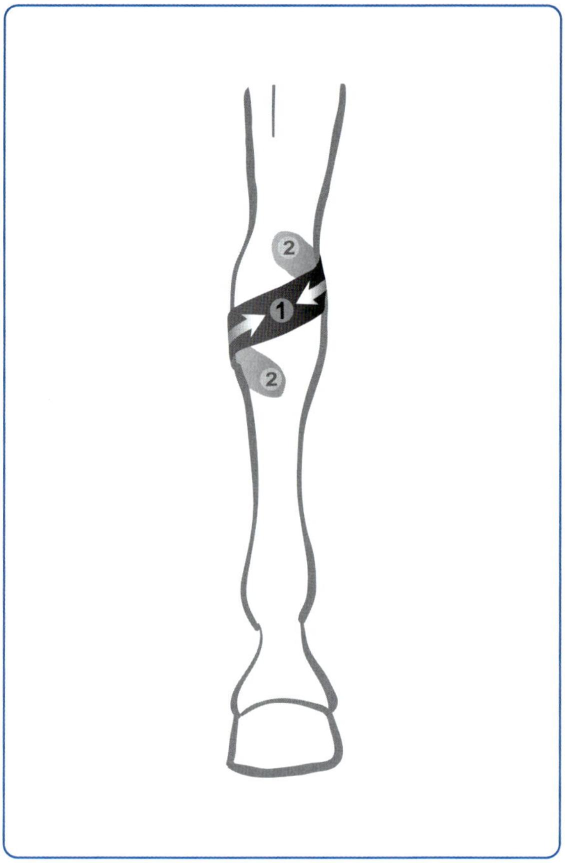

▶ **Abb. 5.62** Gallen werden mit einem langen Ligamenttape versorgt, das bevorzugt spiralförmig um das Bein gelegt wird. Keinesfalls darf das Tape dabei „in sich“ verklebt werden.

Symptome An exponierten Stellen bilden sich weiche Verdickungen, die nicht schmerzhaft sind und keine Lahmheit verursachen.

Therapie Eine schulmedizinische Therapie wird selten eingeleitet, da es nur kurzfristig erfolgreich ist, die Synovialflüssigkeit abzuziehen. Die Galle bildet sich innerhalb kurzer Zeit erneut. Größeren Erfolg hat man mit längerfristigem Bandagieren, wobei diese Praxis die Gefahr birgt, die Blutzirkulation zu hemmen und Druckstellen zu verursachen. Ohne Risiko, aber ähnlich erfolgreich ist das Kinesiotaping, weil die Tapes einen dauerhaften Gegendruck erzeugen, die die Produktion der Synovialflüssigkeit hemmen.

Mögliche Tapeanlage bei Gelenkgallen

Über die Galle wird ein Ligamenttape in Zentrierungstechnik angebracht, um einen sanften Druck auf die Gewebsschwellung zu erzeugen und die Produktion der Synovialflüssigkeit zu bremsen (▶ **Abb. 5.62**). Damit es nicht zu einem Raumgewinn wie beim Spacetape – der in diesem Fall nicht erwünscht ist – kommt, wählt man ein längeres Tape, das ggf. spiralförmig um das Bein gelegt wird.

Die schräge Klebetechnik verhindert die Überlappung der Tapeenden und bringt etwas Dynamik in die Anlage (▶ **Abb. 5.63**).

Möglich ist auch ein spezielles Spacetape, das mit langen Zugstrecken angelegt wird. Prädestiniert für diese Anlage ist beispielsweise die Piephacke (▶ **Abb. 5.64**).

Ziel

Rückgang der Schwellung zur kosmetischen und strukturellen Korrektur. Durch den dauerhaften, leichten Druck soll die übermäßige Produktion von Synovialflüssigkeit gehemmt werden (▶ **Tab. 5.38**).

Step by Step

- Länge des Tapes großzügig bemessen, Dehnungsüberlänge mit einkalkulieren, vorschneiden, Ecken berunden.
- Trägerpapier mittig einreißen und das Mittelstück in Zentrierungstechnik als En-bloc-Anlage mit bis zu 100 % Zug bevorzugt spiralförmig anbringen, Enden nicht überlappen (!) und zugfrei anmodellieren.

▶ **Tab. 5.38** Tapeanlage bei Gallen

Anlageform	bevorzugte Farbe	Tapeverlauf/Region	Technik	Wirkung, Sonstiges
Ligamenttape	schwarz	Region: über der jeweiligen Galle – meist am Fessel-, Ellbogen- oder Sprunggelenk	Zentrierungstechnik als En-bloc-Anlage, bis zu 100 % Zug; spiralförmig tapen zur besseren Druckverteilung, mehr Dynamik und Verhinderung der Überlappung der Tapeenden	Druck aufbauend
alternativ: Spacetape	schwarz, violett	Region: über der jeweiligen Galle (z. B. Piephacke)	Zentrierungstechnik als En-bloc-Anlage, bis 100 % Zug; bis zu vier I-Streifen sternförmig übereinander	Druck erzeugend durch längere Zugstrecken

▶ **Abb. 5.63** Fertig angelegtes Spiraltape mit langen Zugstrecken über einer Fesselgelenksgalle.

▶ **Abb. 5.64** Spacetape mit großzügigen Zugstrecken über einer Piephacke.

5.7 Wirbelsäulenproblematiken

Rückenprobleme treten beim Pferd sehr häufig auf und haben vielschichtige, multifaktorelle Ursachen. Die Beschwerden können bis zur Gebrauchsunfähigkeit des Pferdes führen, weshalb Rückenerkrankungen in der tierärztlichen und therapeutischen Praxis einen sehr hohen Stellenwert haben.

Die Läsionen der Wirbelsäule umfassen zunächst angeborene Anomalien wie Skoliosen, Synostosen, Lordosen und Kyphosen. Hinzu kommen Verletzungen und degenerative Veränderungen der ligamentären Strukturen und Weichteile. Betroffen sind unter anderem die Ligg. longitudinale dorsale und ventrale, das Lig. interspinale sowie das Lig. supraspinale. Bei Reitpferden sind hauptsächlich die Schulter- und Rückenmuskeln (M. longissimus dorsi, M. latissimus dorsi, M. trapezius sowie die lumbale Muskulatur) die leidtragenden Strukturen.

Bereits in jungen Jahren können zudem Läsionen des artikulären Bewegungsapparats auftreten, die sich durch Veränderungen an den Wirbeln äußern (▶ Abb. 5.65). Schon im Alter von drei bis vier Jahren können sich Spondylosen, Abnutzungserscheinungen an den kleinen Wirbelgelenken oder Frakturen von Dorn- oder Querfortsätzen zeigen. Das alte Pferd ist fast immer von degenerativen Krankheitserscheinungen im Wirbelsäulenbereich betroffen.

Der Einsatz des Pferdes als Reittier stellt eine unnatürliche Belastung des Pferderückens dar und spielt deshalb eine nicht zu unterschätzende Rolle bei der Entstehung von Rückenproblemen. Wird die Rückenbelastung aufgrund unsachgemäßen Trainings, zu hohem Gewicht und weiteren Faktoren wie nachteilige, angeborene Exterieurbegebenheiten forciert, sind Rückenerkrankungen vorprogrammiert.

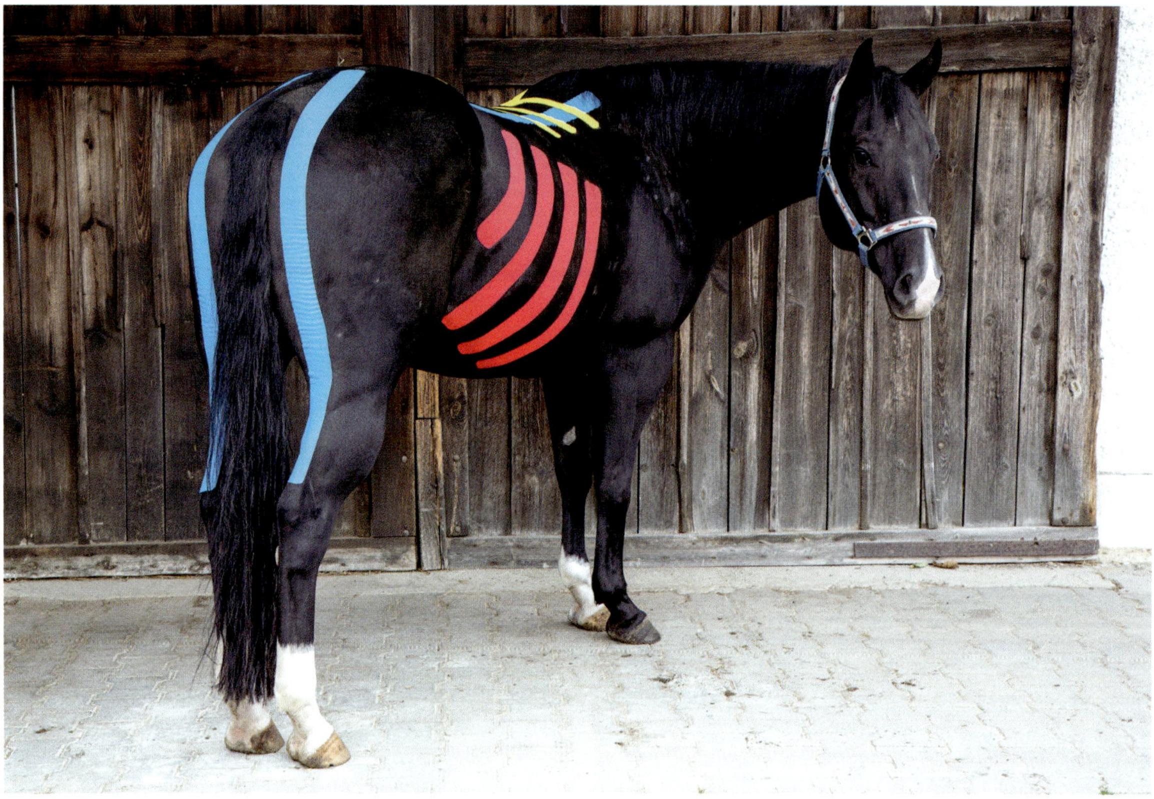

► **Abb. 5.65** Wirbelsäulenprobleme sind mannigfaltig und können mit Tapeanlagen gut unterstützt werden. Ein Beispiel für eine mögliche Tapeanlage für das Kissing spines-Syndrom mit einer sedierenden Muskelanlage (blau) für die dorsale Muskelkette (M. semimembranosus, M. longissimus dorsi) und einer aktivierenden Muskelanlage (rot) für die Abdominalmuskulatur. Zudem Korrekturtapes (gelb) an der Wirbelsäule

Ursächlich für Rückenbeschwerden können neben den degenerativen Erscheinungen und Überlastungssyndromen auch traumatische Ereignisse wie Stürze oder Schläge sein. So vielfältig die Ursachen sind, so mannigfaltig sind die verschiedenen Krankheitsbilder. Eine exakte Diagnose ist für die richtige Behandlung zwar wichtig, aber nicht immer einfach zu stellen. Der Rücken- und insbesondere der Lendenbereich sind röntgenologisch schwer zu erfassen und erfordern oft einen nicht unerheblichen Aufwand. Hinzu kommt die eingeschränkte Verwertbarkeit der Röntgenaufnahmen, da selbst röntgenologisch festgestellte Veränderungen keine sicheren Anzeichen für bestimmte Rückenbeschwerden sind. Hinzu kommen die reflektorischen und strukturellen Dysfunktionen, die erst in fortgeschrittenem Stadium Strukturveränderungen (Muskelverkürzung, Knochenzubildung etc.) nach sich ziehen. Eine physiotherapeutische bzw. osteopathische Befundung ist deshalb ein wichtiger Baustein für die Diagnostik.

Die Symptome von Rückenerkrankungen erstrecken sich von zahlreichen reiterlichen Mängeln über Empfindlichkeiten im Rücken beim Putzen oder leichtem Fingerdruck bis hin zu Einschränkungen in der freien Bewegung (verminderter Raumgriff, „gebundener“ Gang, Taktunreinheiten mit fließendem Übergang zur Lahmheit, erschwertes oder eingeschränktes Biegen und Stellen). Die Reiter klagen insbesondere über Steifheit in Hals und Rücken, Probleme beim Biegen, ungenügenden Raumgriff, schlechte Nachgiebigkeit, Gurt- und Sattelzwang, Abwehrverhalten gegenüber den Hilfen, Durchgehen, Steigen, Umspringen in den Kreuzgalopp, fehlenden (oder – bei der Tendenz zur „Flucht vor dem Schmerz“ – auch übermäßigen) Vorwärtsdrang und Verweigern des Rückwärtsrichtens. Dem Betrachter fallen ggf. ein eingeklemmter oder schief gehaltener, oft auch unwillig schlagender Schweif, ein weggedrückter Rücken, ein Unterhals in Verbindung mit einer hohen Kopfhaltung, kurze, spannige Tritte und eine allgemein verspannte Körperhaltung auf.

Sicherlich können hier nicht alle Rückenerkrankungen berücksichtigt werden, dennoch sollen einige häufige Läsionen mit beispielhaften Tapeanlagen vorgestellt werden.

5.7.1 Kissing Spines

Eine der gefürchtetsten Wirbelsäulenerkrankungen wird als Kissing Spines bezeichnet. Bei diesem Krankheitsbild berühren sich die Dornfortsätze der Wirbel (► **Abb. 5.66**). Es handelt sich hierbei um eine sehr häufige orthopädi-

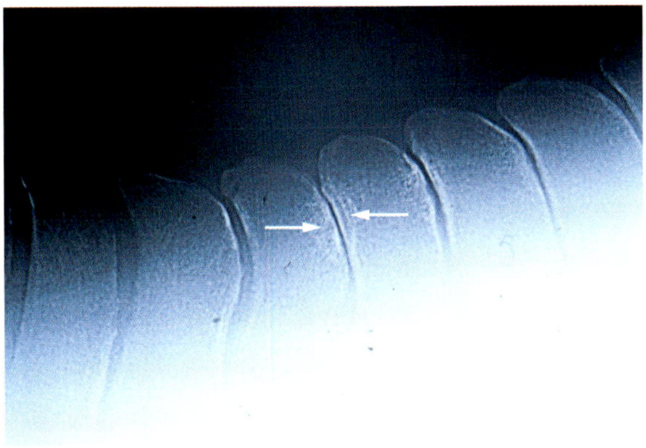

▶ **Abb. 5.66** Im Röntgenbild lassen sich die Berührungen der Dornfortsätze, die sogenannten Kissing Spines, sehr gut darstellen.

sche Erkrankung des Pferderückens, die nicht nur Reitpferde treffen kann, sondern auch bei wild lebenden Pferden festgestellt wurde. Allerdings unterliegen Reitpferde aufgrund ihres reiterlichen Einsatzes einer höheren Wahrscheinlichkeit, an Kissing Spines zu erkranken als nicht gerittene Equiden. Untersuchungen von Ranner und Gerhards (2002) haben ergeben, dass 56 % der untersuchten Pferde an Kissing Spines erkrankt waren, hiervon aber lediglich bei 27 % eine klinische Relevanz festgestellt wurde. Als Grund hierfür wird vermutet, dass sich bei den berührenden Dornfortsätzen sogenannte Pseudogelenke bilden können, die dem Pferd keine Schmerzen bereiten.

Man unterscheidet drei verschiedene Formen bzw. Grade des Kissing-Spine-Syndroms. Im ersten Grad finden sich zunächst eng stehende Dornfortsätze, im zweiten Stadium zeigen sich Dornfortsätze, die sich berühren und schließlich kennt man das Bild der überlappenden Dornfortsätze. Alle Formen können mit einer Sklerosierung einhergehen.

Kommt es zu einer Berührung der Dornfortsätze, reiben diese bei Bewegung aneinander, was zu Entzündungen und somit zu Schmerzen führt. Im Laufe der Zeit jedoch können die sich berührenden Knochenstrukturen miteinander verwachsen. Folglich sind die Wirbel in Relation zueinander nicht mehr beweglich, aber auch nicht mehr schmerzhaft. Die Pferde können in der Regel auch wieder geritten werden. Wenn nur zwei Dornfortsätze miteinander verwachsen sind, kann das Pferd diese Einschränkung so gut kompensieren, dass reiterlich kaum Einschränkungen spürbar sind. Je mehr Wirbel jedoch betroffen sind, desto steifer wird die Wirbelsäule und desto mehr Probleme machen sich reiterlich und bewegungstechnisch bemerkbar.

Am häufigsten treten Kissing Spines in der Brustwirbelsäule auf, insbesondere in der Sattellage im Bereich des 10.–18. Thorakalwirbels. Dennoch finden sich auch im Widerristbereich und in der Lendenwirbelsäule häufig Veränderungen der Dornfortsätze, die dem Kissing-Spine-Syndrom entsprechen. Dass sich die Kissing-Spine-Problematik in erster Linie im Bereich der Sattellage abspielt, liegt auf der Hand: Zunächst hat dies anatomische Gründe, da sich im Bereich des 14.–16. Brustwirbels die Neigung der Dornfortsätze umkehrt. Bis etwa zum 15. Thorakalwirbel zeigen die Dornfortsätze nach kaudal, der Dornfortsatz des 15. Brustwirbels steht senkrecht und ab dem 16. Brustwirbel neigen sich die Dornfortsätze nach kranial. Somit ist die Annäherung der Dornfortsätze der Brustwirbel – insbesondere im Bereich von Th 14–16 – eine logische Konsequenz.

Die Verwendung als Reitpferd ist ein weiterer Faktor, der Kissing Spines begünstigt, da Sattel und Reiter keine unerhebliche Gewichtsbelastung für den Brustwirbelbereich darstellen. Das Pferd muss in der Lage sein, diese (von Natur aus nicht vorgesehene) Zusatzbelastung zu kompensieren. Dies geschieht in der Regel durch einen adäquaten Muskelaufbau, der wiederum nur mit Hilfe eines fachgerechten Trainings erfolgen kann. Bei schlecht gerittenen Pferden, deren Reiter nicht in der Lage sind, die Rückentätigkeit zu fördern, wird dieser Kompensationsmechanismus gestört. Infolgedessen kommt es zur Überlastung des Knochen- und Gelenkapparats, welches häufig in ein Kissing-Spine-Syndrom mündet.

Ursachen Die Ursachen für das Auftreten von Kissing Spines sind jedoch sehr vielfältig, so sind oftmals auch unpassende Sättel der Grund für Rückenprobleme und speziell für eine Kissing-Spine-Erkrankung. Infolge eines unpassenden Sattels kann der Rückenmuskel nicht ordnungsgemäß arbeiten. Ein drückender Sattel führt zu einem inaktiven, weil schmerzenden Muskel, der in Folge dessen nicht nur nicht gestärkt werden kann, sondern vielmehr sogar atrophiert.

Jegliche Schmerzhaftigkeit im Rückenbereich kann sekundär ein Kissing-Spine-Syndrom verursachen. Rückenschmerzen hingegen können wiederum nicht nur lokale, sondern auch periphere Ursachen haben, wie Organerkrankungen oder Verletzungen im Bereich der Gliedmaßen. Die Ursachensuche ist ein wichtiger Schritt, den progressiven Verlauf des Krankheitsbildes zu stoppen.

Symptome Kissing Spines machen sich durch vielerlei Symptomatiken bemerkbar, die in ihrer Ausprägung auch vom Grad der Erkrankung abhängig sind. Die Symptome reichen von Berührungsempfindlichkeiten im Rücken bis hin zu reiterlichen Problemen. Pferdebesitzer sollten hellhörig werden, wenn die Pferde beim Putzen Abwehrreaktionen zeigen, beim Satteln unwillig reagieren und beim Reiten Schwierigkeiten zeigen. Häufig werfen rückenkranke Pferde den Kopf hoch, entwickeln einen Unterhals, verlieren die Rückenmuskulatur, verwerfen sich im Genick, schlagen mit Kopf und/oder Schweif, zeigen Taktstörungen bei verschiedenen Lektionen und versuchen die Biegung auf gebogenen Linien zu vermeiden. Der Reiter bemerkt, dass sein Pferd den Rücken „festhält" und sich somit steife Gänge ergeben, die der Reiter nur

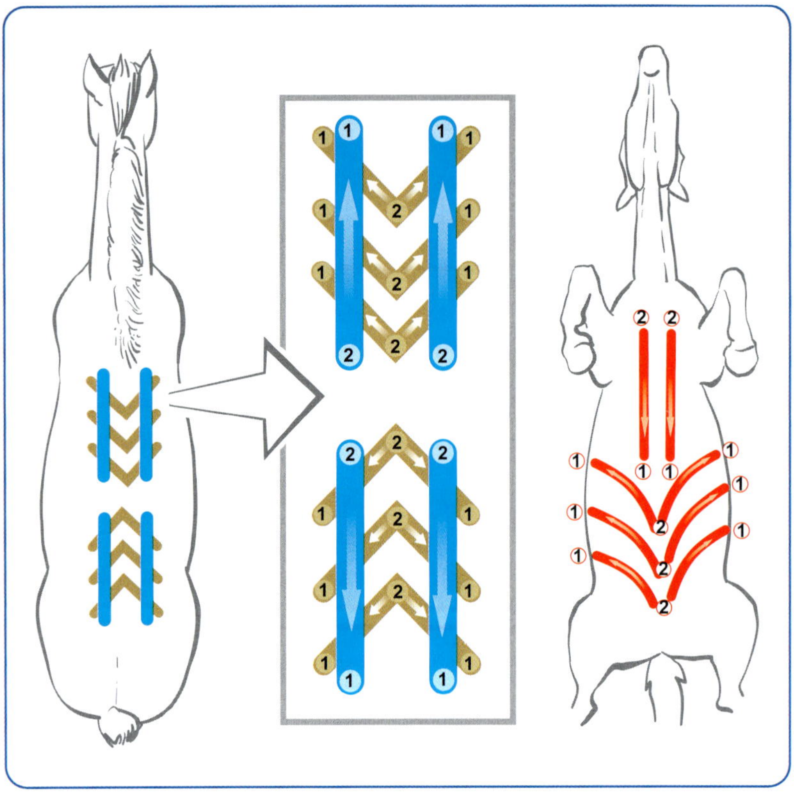

▶ **Abb. 5.67** Darstellung einer Tapeanlage für das Kissing-Spines-Syndrom. Der Fokus wird auf sedierende Muskulatur im Rückenbereich und tonisierende Antagonisten gesetzt. Zudem Zugimpulse durch Faszientapes weg vom Schmerzgebiet.

schwer aussitzen kann. Im Zuge dessen springen die Pferde auch häufig in den Kreuzgalopp.

Adspektorische Hinweise auf Rückenprobleme im Allgemeinen können eine aufgewölbte Lendenpartie, atrophierte Rückenmuskulatur und eine deutliche Rückenlordose im Brustwirbelbereich sein. Palpatorisch findet man Empfindlichkeiten bei Berührungen und Druck auf die Dornfortsätze sowie eine schmerzhafte Rückenmuskulatur mit erhöhtem Muskeltonus. Kissing Spines lassen sich nicht gesichert palpieren, eine eindeutige Diagnose kann nur über bildgebende Verfahren (Röntgen) erstellt werden. Aber auch eine diagnostische Lokalanästhesie, Ultraschall und Szintigrafie sind hilfreiche diagnostische Mittel des Tierarztes.

Therapie Je nach Stadium und Schweregrad des Kissing-Spine-Syndroms kommen verschiedene Therapiemaßnahmen zum Einsatz. Schulmedizinisch können in seltenen Fällen bei entsprechender Indikation eine chirurgische Resektion des Dornfortsatzes oder das Abfräsen des berührenden Anteils in Erwägung gezogen werden. Meist jedoch erfolgt eine konservative Therapie mit Entzündungshemmern und Schmerzmitteln. Ergänzende manualtherapeutische Maßnahmen wie Osteopathie und Massagen sowie physikalische Verfahren (Stoßwelle, Solarium, Massagen, Magnetfeld, Laser, Elektrostimulationstherapie, therapeutischer Ultraschall) haben sich ebenfalls bewährt. Nicht zuletzt kann auch eine Tapingmaßnahme unterstützend eingesetzt werden.

Mögliche Tapeanlage bei Kissing Spines

In diesem Beispiel wird eine etwas aufwändigere Tapeanlage vorgestellt, bei der sowohl die Muskulatur einen stärkenden, bzw. sedierenden Impuls erfahren, als auch über die Faszientapes eine korrigierende und entlastende Wirkung erzielt werden soll (▶ **Abb. 5.67**, ▶ **Abb. 5.68**). Alternativ sind weitere Techniken denkbar, so beispielsweise anstatt der Y-Tapes ein einfacher I-Streifen über den Dornfortsätzen mit korrigierender Wirkung in Richtung Peripherie der Läsion.

Ziel

Entlastung der betroffenen Dornfortsätze durch Zug nach kranial bzw. kaudal. Unterstützung zur Dehnung und Entspannung der Rückenmuskulatur, Kräftigung der antagonistischen Abdominalmuskeln (▶ **Tab. 5.39**).

Step by Step

- Vorbereitung der benötigten Tapestreifen: Tapes (Faszientapes, Muskeltapes) ablängen, zuschneiden, Ecken berunden.
- **Alternativ**: zusätzliches Spacetape über dem Schmerzareal en bloc mit 4 Streifen, sternförmig, mit 100 % Zug anbringen, Enden ohne Zug anmodellieren.
- Faszientapes: Entgegen der standardmäßigen Faszien-Tapetechnik beginnt man hier mit den Schenkelenden als Anfangsbasen paravertebral der Wirbelsäule. Hierzu wird das Trägerpapier zwischen Anfangsbasen und Funktionsbereich eingerissen und an den Basen abgezogen. Die Basen werden gut fixiert. Die Endbasis bil-

▶ **Tab. 5.39** Tapeanlage bei Kissing Spines

Anlageform	bevorzugte Farbe	Tapeverlauf/Region	Technik	Wirkung, Sonstiges
Muskeltape	rot	Abdominalmuskeln	Vektortechnik, Zebrastreifen, beidseits, I-Streifen, 25 % Zug mit leichter Vorkontraktion	tonisierend
Muskeltape	rot	M. pectoralis profundus	Vektortechnik, beidseits, I-Streifen, 25 % Zug mit leichter Vorkontraktion	tonisierend
alternativ: zusätzliches Spacetape	blau, beige, grün	über dem Schmerzareal an den Dornfortsätzen	Zentrierungstechnik, en bloc, bis zu 100 % Zug, 4 Streifen sternförmig	raumschaffend, schmerzlindernd
Faszientape	Grün, schwarz, beige, lila, gelb	Schenkel paravertebral auf dem M. longissimus dorsi (= Anfangsbasen); Spitze auf dem Dornfortsatz (= Endbasis)	Vektortechnik, Y-Tapes, bis zu 100 % Zug	Zug weg vom Schmerzareal, raumschaffend
alternativ: Korrekturtape	schwarz, violett	direkt über den Dornfortsätzen; Anfangsbasis: peripher der Läsion; Endbasen: direkt kranial bzw. kaudal der betroffenen Dornfortsätze	Vektortechnik, I-Streifen, bis zu 100 % Zug	Zug weg vom Schmerzareal, entlastend
Muskeltape	blau	M. longissimus dorsi, über den Schenkeln der Faszientapes	Vektortechnik, beidseits, I-Streifen, ohne Zug mit Vordehnung (Rückenflexion)	entspannend, zusätzlicher Anker für Faszientapes

det die Spitze des Y-Tapes. Während man die Anfangsbasen mit einer Hand festhält, zieht man die Endbasis mit bis zu 100 % Zug zum Dornfortsatz und modelliert sie am Dornfortsatz gut an. Man bringt etwa drei Y-Tapes kranial der Läsion mit Spitze Richtung kaudal zeigend und etwa drei Y-Tapes kaudal der Läsion mit Spitze Richtung kranial zeigend – jeweils am Wirbeldornfortsatz – an. Die Enden werden jeweils ohne Zug anmodelliert.

- **Alternativ:** Anstatt der Faszientapes können zwei weniger aufwändige Korrekturtapes direkt über den Dornfortsätzen vor und hinter der Läsion fixiert werden. Die Endbasen liegen nahe der Läsion, die Anfangsbasen peripher, damit ziehen die Tapes von der Läsion weg und schaffen somit eine Gewebeentlastung.
- Muskeltapes auf dem M. longissimus dorsi, Endbasen der Faszientapes überlappend bzw. parallel zum alternativen Korrekturtape, entspannend ohne Zug von kaudal nach kranial unter Vordehnung des M. longissimus dorsi, anmodellieren. Diese Muskeltapes dienen zusätzlich als Anker für die Faszientapes, um eine längere Haltbarkeit der Y-Tapes zu gewährleisten.
- Muskeltapes am M. pectoralis profundus, beidseits, stärkend vom Ursprung zum Ansatz des Muskels, mit maximal 25 % Zug anbringen, anmodellieren.
- Muskeltapes am M. abdominalis externus, beidseits, stärkend vom Ursprung zum Ansatz, mit bis zu 25 % Zug anbringen, anmodellieren, in Zebraoptik.

▶ **Abb. 5.68** Kissing-Spines-Anlage: Das Schmerzareal sitzt an der unterbrochenen Stelle der Tapes, wobei die Faszientapes mit Zugrichtung zu den Schenkeln gesetzt wurden (der geschlossene Teil ist in diesem Fall die Endbasis und erfordert beim Tapen etwas Geschick).

Praxistipp

Die Muskeltapes am M. longissimus dorsi sollten lediglich die **zugfreien** Endbasen der Faszientapes überlappen, jedoch nicht die unter Zug stehenden Funktionsbereiche!

5.7.2 Blockierung der Halswirbel

Dysfunktionen im Halswirbelbereich können muskuläre, aber auch artikuläre Ursachen haben. Zudem sind strukturelle oder reflektorische Bewegungseinschränkungen möglich. Bei einer reflektorischen Blockierung wird das Bewegungsausmaß durch den Schmerz begrenzt. Strukturelle Bewegungseinschränkungen hingegen sind nicht schmerzhaft, das Bewegungsausmaß wird hier beispielsweise durch eine fehlgestellte Struktur begrenzt. Dennoch lassen sich strukturelle und reflektorische Blockaden nicht immer klar voneinander trennen.

Muskuläre Verspannungen im Halsbereich führen zu Verkrampfungen und Muskelverkürzungen, wodurch das Bewegungsausmaß der gesamten Halswirbelsäule eingeschränkt wird. Oft treten hier sowohl strukturelle (Muskelverkürzung) als auch reflektorische (Verspannungsschmerz) Komponenten auf, die bei der Tapeanlage berücksichtigt werden müssen. Die reflektorische Blockierung verlangt beispielsweise nach einem Schmerztape oder einer sedierenden Muskelanlage, die strukturelle hingegen kann besser mit einem Korrekturtape behandelt werden.

Ursachen Ursächlich können Traumen (Stürze, Schläge) oder unsachgemäßes Training Blockierungen im Halswirbelbereich auslösen. Nicht selten ist der Reiter der auslösende Faktor, wenn er nicht in der Lage ist, den Zügeleinsatz adäquat zu leisten. Zu starker, ruckartiger und/oder zu langer Zug am Zügel führt zunächst zu einer muskulären Abwehrspannung, die sich im Laufe der Zeit manifestieren kann. Nachfolgend stellen sich unter Umständen zusätzlich artikuläre Blockierungen ein. Minimale – röntgenologisch noch nicht feststellbare – Wirbelfehlstellungen können bereits (funktionelle) Dysfunktionen auslösen. Es besteht allerdings auch die Möglichkeit, dass sich Subluxationen aufbauen, die Schmerzen und Bewegungseinschränkungen zur Folge haben.

Symptome Die Reiter klagen über ein unnachgiebiges Maul und eine fehlende oder eingeschränkte – meist einseitige – Lateroflexion im Halsbereich. Verspannungen und Bewegungseinschränkungen können sich längerfristig auf andere Bereiche des Pferdekörpers ausweiten. Die Pferde laufen nicht mehr taktrein, halten ggf. den Kopf schief und können diesen möglicherweise nicht mehr ausreichend zum Körper wenden.

Therapie Die exakte Befundung ist bei einer eingeschränkten Beweglichkeit des Halses eine wichtige Voraussetzung für eine gezielte Therapie. Entscheidend für die Auswahl der richtigen Tapeanlage ist die Frage, ob es sich um eine strukturelle oder funktionelle Dysfunktion handelt und wodurch die Läsion ausgelöst wurde. In den meisten Fällen ist zunächst eine Manuelle Therapieform maßgebend, um Blockierungen zu lösen. Des Weiteren werden die Bewegungseinschränkungen entsprechend der Ursachen behandelt.

Mögliche Tapeanlage bei Blockierung der Halswirbel

Unterstützende Tapeanlagen müssen der jeweiligen Ursache angepasst und entsprechend entwickelt werden. Liegt eine funktionelle Bewegungseinschränkung vor, die beispielsweise von einer Wirbelfehlstellung ausgeht, kann ein Korrekturtape eine sinnvolle Maßnahme sein. Da die Schmerzbehandlung stets im Vordergrund der Tapingtherapie steht, ist ein Spacetape bei einer reflektorischen Blockierung nicht wegzudenken (▶ Abb. 5.70a). Zudem werden muskuläre Dysfunktionen mit sedierenden Muskeltapes versorgt (▶ Abb. 5.69, ▶ Abb. 5.70).

Ziel

Schmerzreduktion bei reflektorischen Bewegungseinschränkungen (▶ Tab. 5.40), Lösen von Muskelfehlspannungen und Korrektur von strukturellen Blockaden (▶ Tab. 5.41).

Step by Step

- Reflektorische, muskuläre Wirbelblockierung:
  - Länge der Tapes abmessen, ggf. Dehnungsüberlänge mit einkalkulieren, vorschneiden, Ecken berunden.
  - Muskeltape (blau) im Verlauf des M. brachiocephalicus unter Vordehnung (Anheben und Seitneigung von Hals und Kopf) mit max. 10 % Zug (Paper-Off) jeweils vom Processus mastoideus ossis temporalis (M. cleidocephalicus) bzw. von der Crista humeri (M. cleidobrachialis) bis zur Intersectio clavicularis (Endbasen) aufkleben und anmodellieren.
  - Stärkendes Muskeltape (rot) im Verlauf des M. splenius capitis der **kontralateralen** Halsseite vom Widerrist bis zum Mastoid unter leichter Vorkontraktion und etwa 25 % Zug anbringen.
  - Spacetape über dem Schmerzareal sternförmig bis zu 100 % Zug in Zentrierungstechnik (en bloc) aufkleben.
  - Bei allen Tapes die Enden stets zugfrei anmodellieren.
- Strukturelle, artikuläre HWS-Blockierung:
  - Länge des Korrekturtapes abmessen, Dehnungsüberlänge einkalkulieren, vorschneiden, Ecken berunden.
  - Korrekturtape (schwarz) in Vektortechnik und bis zu 100 % Zug unter voreingestellter Korrekturrichtung anbringen, Enden zugfrei anmodellieren.

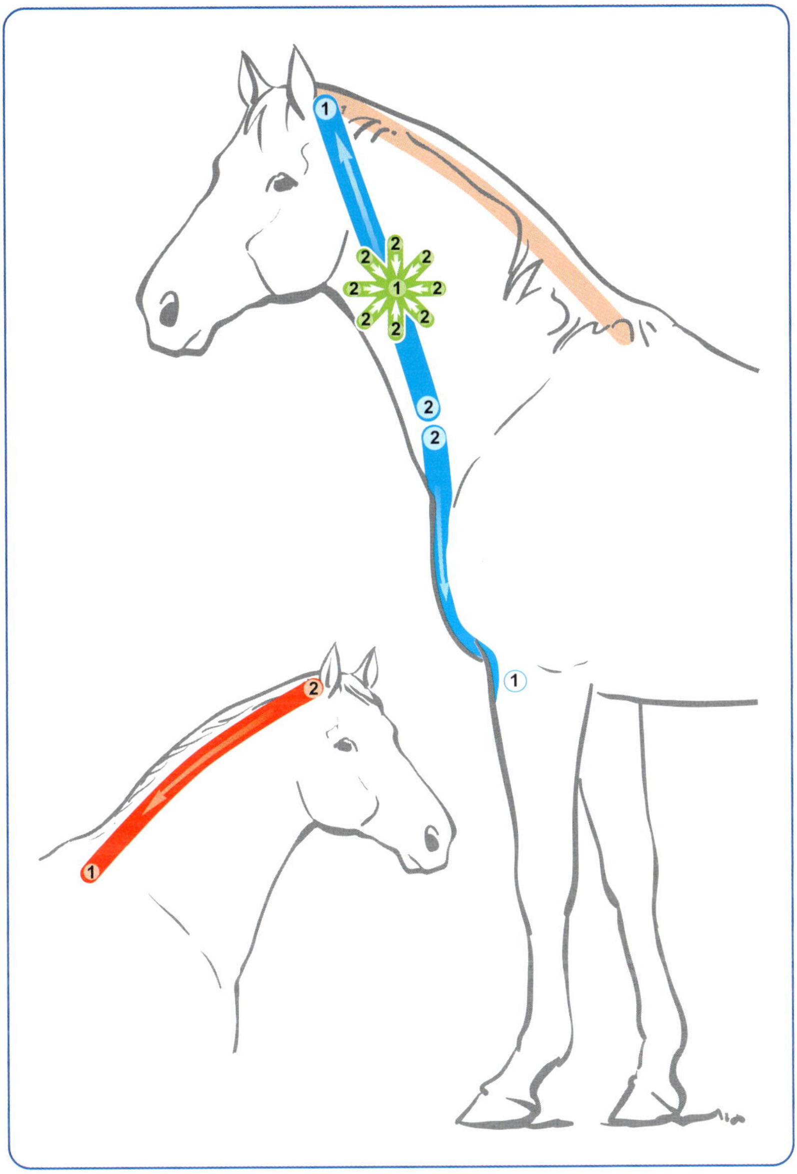

▶ **Abb. 5.69** Eine schmerzhafte, reflektorische Halswirbelblockierung wird mit einem schmerzlindernden Spacetape über dem Schmerzareal und einem sedierenden Muskeltape über dem M. brachiocephalicus versorgt. Auf der kontralateralen Seite wird der M. splenius capitis tonisierend getapet.

▶ **Abb. 5.70** Reflektorische Halswirbelblockierung.
a Eine detonisierende Tapeanlage für den M. brachiocephalicus wird mit einem Spacetape über dem schmerzhaften Areal kombiniert.
b Auf der kontralateralen Seite wird eine tonisierende Anlage für den M. splenius capitis platziert.

▸ **Tab. 5.40** Tapeanlage bei einer reflektorischen, muskulären Halswirbelblockierung

Anlageform	bevorzugte Farbe	Tapeverlauf/Region	Technik	Wirkung, Sonstiges
Spacetape	blau, beige, grün	über dem Schmerzareal	Zentrierungstechnik, I-Streifen en bloc, 100 % Zug, sternförmig;	Schmerzreduktion durch Entlastung der Region (raumschaffend)
Muskeltape	blau	**M. brachiocephalicus**; Anfangsbasen: Processus mastoideus ossis temporalis (M. cleidocephalicus) und Crista humeri (M. cleidobrachialis); Endbasis: Intersectio clavicularis	Vektortechnik, I-Streifen, max. 10 % Zug, in Vordehnung (Anheben und Seitneigung von Kopf und Hals)	sedierend
Muskeltape	rot	**M. splenius capitis** der **kontralateralen** Seite; Anfangsbasis: Ligamentum nuchae im Bereich Th 3–5 (Widerrist); Endbasis: Crista nuchae (Os occipitale), Processus mastoideus ossis temporalis	Vektortechnik, I-Streifen, max. 25 % Zug, in leichter Vorkontraktion	tonisierend

▸ **Tab. 5.41** Tapeanlage bei einer strukturellen, artikulären Halswirbelblockierung

Anlageform	bevorzugte Farbe	Tapeverlauf/Region	Technik	Wirkung, Sonstiges
Korrekturtape	schwarz	über dem Wirbelsäulenverlauf der HWS entsprechend der Korrekturrichtung	Vektortechnik, I-Streifen, bis zu 100 % Zug in voreingestellter Korrekturrichtung	Unterstützung, die manuell gelöste Blockierung langfristig zu erhalten

5.7.3 Brustwirbel- und Sacrumfehlstellungen

Fehlstellungen und Blockierungen der Wirbel treten einzeln auf, aber auch als Gruppenläsion – bei der zwei und mehr Wirbel im Block eine Dysfunktion aufweisen. Es finden sich Läsionen in Rotation, Lateroflexion, Flexion und Extension. Bestimmte Kombinationen von Abweichungen sind voneinander abhängig. So ist eine Lateroflexionsblockierung stets mit einer Rotation des jeweiligen Wirbels vergesellschaftet. Eine genaue Befundung ist wichtig, um die Tapeanlage richtig zu setzen.

Praxistipp

Stellt der Manualtherapeut eine Gruppenläsion von zwei oder mehr Wirbeln fest, kann dies ein Hinweis auf eine Erkrankung eines inneren Organs sein. Insbesondere erhärtet sich der Verdacht, wenn die blockierten Wirbel einem Segment zugeordnet werden können, deren Nervenfasern ein definiertes Dermatom und Viscerotom versorgen.

Eine Wirbelrotation verhindert eine Lateroflexion des Wirbelabschnitts in die entgegengesetzte Richtung der Rotation. Rotiert der Wirbel nach rechts (wodurch der Dornfortsatz nach links wandert), ist eine Biegung nach links eingeschränkt.

Merke

Die Rotationsrichtung eines Wirbels wird nach der Bewegungsrichtung des Wirbelskörpers bezeichnet. Der Dornfortsatz kippt somit in die entgegengesetzte Richtung. Beispiel: Findet man den Dornfortsatz zur rechten Seite der Wirbelsäule geneigt, ist der Wirbel nach links rotiert.

Die fünf Kreuzbeinwirbel sind ab dem sechsten Lebensjahr des Pferdes fest zusammengewachsen und können sich nur in ihrer Gesamtheit bewegen. Man unterscheidet Läsionen in Richtung Nutation und Kontranutation über die gerade Transversalachse, aber auch Rotationen über die linke und rechte schräge Transversalachse. Letztere Läsionen werden schließlich wie folgt abgekürzt:

- R/R = Rechtsrotation über die rechte schräge Transversalachse
- R/L = Linksrotation über die rechte schräge Transversalachse
- L/L = Linksrotation über die linke schräge Transversalachse
- L/R = Rechtsrotation über die linke schräge Transversalachse

Ursachen Wirbel- und Sacrumfehlstellungen entstehen häufig aufgrund von Fehlzügen der Muskulatur. Diese werden wiederum durch Fehlbelastungen und Schonhaltungen ausgelöst, wodurch sich bestimmte Muskeln verspannen. Denkbare Ursachen für Blockierungen und Fehlstellungen (Subluxationen) der Wirbel sind auch Traumen nach Unfällen.

Symptome Pferde können Dysfunktionen im Bewegungsapparat sehr lange kompensieren, sodass dem Reiter bzw. Pferdebesitzer diese Einschränkung zunächst nicht zwingend auffallen muss. Erst in massiven Fällen, z. B. bei größeren Gruppenläsionen, schwerwiegenden Subluxationen und beim Ausfall der kompensatorischen Mittel (beispielsweise aufgrund einer Muskelatrophie), werden Verhaltensänderungen spür- und sichtbar. Die Pferde können bestimmte Bewegungen (z. B. Biegung, Rückenflexion etc.) nicht mehr zufriedenstellend ausführen, werden ggf. widersetzlich gegenüber den Reiterhilfen oder reagieren mit Apathie („Faulheit“) und Bewegungsunlust, möglicherweise aber auch mit Fluchtverhalten (Versuch, vom Schmerz wegzulaufen). Jede Verhaltensänderung sollte den Pferdebesitzer deshalb hellhörig machen.

Therapie Eine manuelle Behandlung der Dysfunktionen durch einen kompetenten osteopathisch oder chiropraktisch arbeitenden Therapeuten ist obligatorisch, um eine Läsion zu befunden und schließlich zu korrigieren. Je nach Status, Schmerzlevel und Schwere der Läsion ist eine schulmedizinische, medikamentöse Behandlung ebenfalls angezeigt. Eine unterstützende, korrigierende Tapeanlage hilft, die Fehlstellung auf lange Sicht zu eliminieren.

Mögliche Tapeanlage bei Brustwirbel- und Sacrumfehlstellungen

Es bietet sich – je nach Ursache und Art der Läsion – eine Kombination von Korrektur- und Muskeltapes an, um die Dysfunktionen langfristig in den physiologischen Zustand zurückzuführen (▶ Abb. 5.71).

Ziel

Sacrumläsion: Das Korrekturtape soll die manuell korrigierte Stellung auf Dauer stabilisieren helfen (▶ Abb. 5.72, ▶ Tab. 5.43).

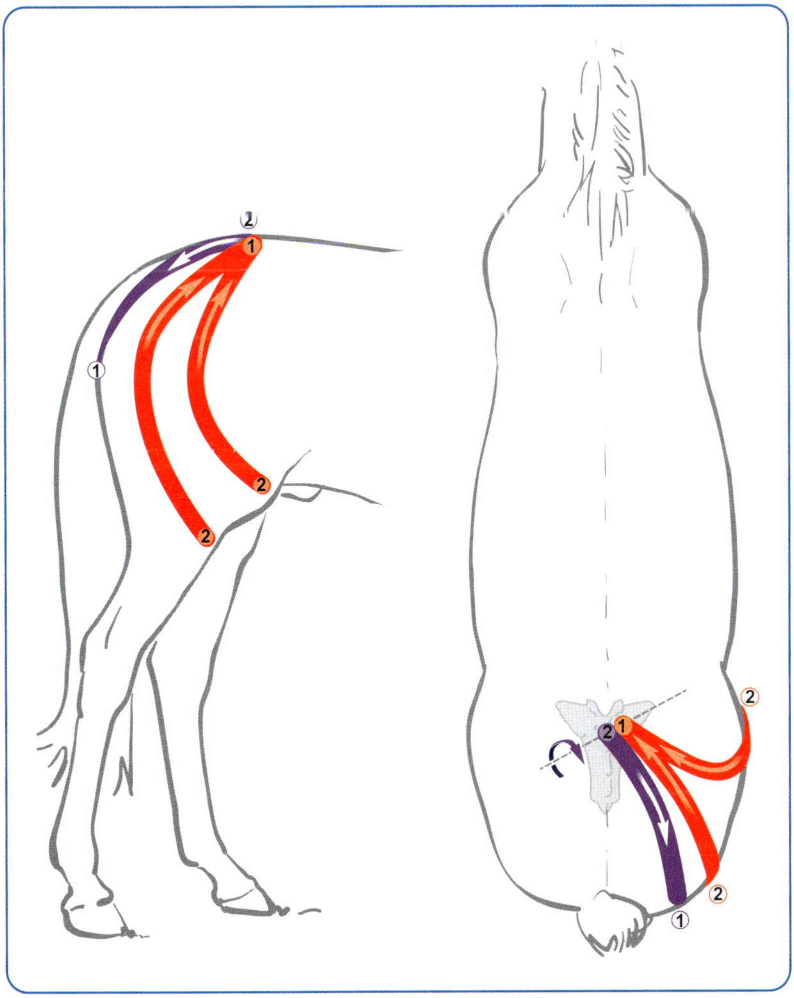

▶ **Abb. 5.71** Tapeanlage bei einer Sacrumfehlstellung – in diesem Beispiel eine R/R-Läsion: Ein Korrekturtape (violett) zur Unterstützung der Sacrumkorrektur wird kombiniert mit einem tonisierenden Muskeltape für den M. biceps femoris. Zusätzlich könnte auf der kontralateralen Seite der M. biceps femoris mit einem ggf. sedierenden Muskeltape versorgt werden (zur besseren Übersicht hier nicht dargestellt).

▸ **Tab. 5.42** Tapeanlage Brustwirbelrotation

Anlageform	bevorzugte Farbe	Tapeverlauf/Region	Technik	Wirkung, Sonstiges
Muskeltape	blau	**M. longissimus dorsi**, auf der **Seite der Rotationsrichtung** des Wirbels, paravertebral der Wirbelsäule; Anfangsbasis: kranial der Scapula; Endbasis: Sacrum	Vektortechnik, I-Streifen, max. 10 % Zug in Vordehnung (passive oder aktive Rückenwölbung),	sedierend
Muskeltape	rot	**M. longissimus dorsi** auf der **kontralateralen** Seite der Rotationsrichtung, paravertebral der Wirbelsäule; Anfangsbasis: Sacrum; Endbasis: kranial der Scapula	Vektortechnik, I-Streifen, max. 25 % Zug, in leichter Vorkontraktion (Kopf nach oben führen oder Vordergliedmaße in Protraktion)	tonisierend
Korrekturtape	schwarz, violett	quer über dem M. longissimus dorsi zum Dornfortsatz des rotierten Wirbels auf der Seite der Rotationsrichtung	Vektortechnik, I-Streifen, bis zu 100 % Zug in voreingestellter Korrekturrichtung;	Unterstützung, die manuell gelöste Korrekturstellung langfristig zu erhalten

▸ **Abb. 5.72** Tonisierend getapeter M. biceps femoris (rot) mit kombiniertem Korrekturtape (violett) bei einer Sacrumläsion in L/L.

Brustwirbelrotation: Entspannung der Rückenmuskeln, die für die Rotation des Wirbels mitverantwortlich sind, sowie unterstützende Korrektur der Wirbelrotation durch das Korrekturtape (▸ Abb. 5.73, ▸ Tab. 5.42).

▸ **Abb. 5.73** Korrekturanlage für einen rotierten Brustwirbel: Sedierendes (blaues) Muskeltape über dem M. longissimus dorsi auf der Seite der Rotationsrichtung des Wirbels. Auf der kontralateralen Seite wurde über dem M. longissimus dorsi ein tonisierendes Muskeltape angebracht. Das violett und auf starken Zug gehaltene Korrekturtape initiiert die Korrekturrichtung für den rotierten Brustwirbel.

Step by Step Brustwirbelrotation:

- Länge der Tapes abmessen, ggf. Dehnungsüberlänge einkalkulieren, vorschneiden, Ecken berunden.
- Muskeltape (blau) im Verlauf des M. longissimus dorsi unter Vordehnung (Rückenflexion aktiv oder passiv) mit maximal 10 % Zug (Paper-Off-Technik) vom kranialen Scapularand bis zum Sacrum über dem Muskelverlauf anbringen, anmodellieren und Basen ohne Zug fixieren.
- Muskeltape (rot) im Verlauf des M. longissimus dorsi unter leichter Vorkontraktion (Extension der Wirbelsäule) auf der **kontralateralen** Seite der Rotationsrichtung, ausgehend vom Sacrum zum kranialen Rand der Scapula unter maximal 25 % Zug anbringen und Enden zugfrei anmodellieren.
- Korrekturtape (schwarz, violett) im rechten Winkel zur Wirbelsäule von der Peripherie quer über den M. longissimus dorsi zum fehlgestellten Dornfortsatz in Vek-

► **Tab. 5.43** Tapeanlage bei Sacrumfehlstellung in Rechtsrotation um die rechte Transversalachse (R/R)

Anlageform	bevorzugte Farbe	Tapeverlauf/Region	Technik	Wirkung, Sonstiges
Muskeltape	rot	Verlauf: **M. biceps femoris** auf der rechten Seite im Bogen knapp hinter dem Hüftgelenk und vor dem Tuber ischiadicum vorbei zum Knie bzw. Calcaneus; Anfangsbasis: Os sacrum; Endbasen: Patella, Tibia	Tangentialtechnik, Y-Tape mit max. 25 % Zug, in Vorkontraktion (Retraktion der Gliedmaße)	tonisierend
Muskeltape	blau	Verlauf: **M. biceps femoris** auf der linken Seite, im Bogen knapp hinter dem Hüftgelenk und vor dem Tuber ischiadicum vorbei zum Knie bzw. Calcaneus; Anfangsbasen: Patella, Tibia; Endbasis: Os sacrum	Tangentialtechnik, 2 I-Streifen mit max. 10 % Zug, in Vordehnung (Protraktion der Gliedmaße)	sedierend
Korrekturtape	schwarz	von der lateralen Spitze des rechten Tuber ischiadicum (Anfangsbasis) bis zum ersten Dornfortsatz des Sacrum (etwa zwischen den Tuber sacrale)	Vektortechnik, I-Streifen, bis zu 100 % Zug nach manueller Korrektur der Läsion	Unterstützung, die manuell gelöste Korrekturstellung langfristig zu erhalten

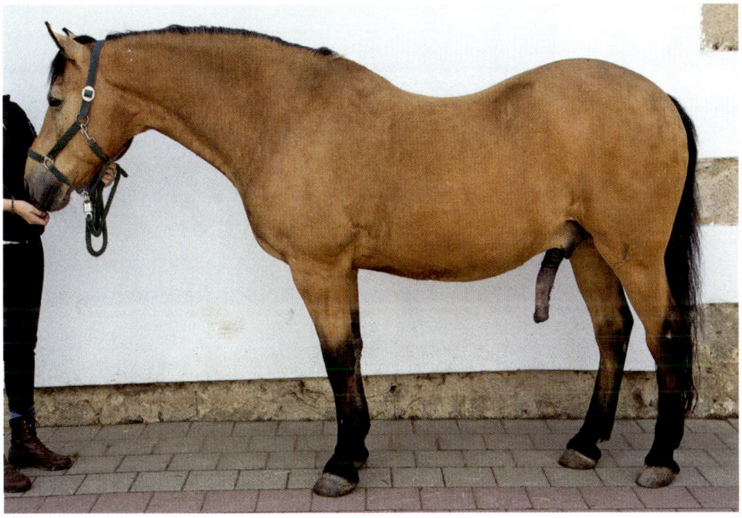

► **Abb. 5.74** Dieser Wallach mit ausgeprägter Rückenlordose kann nur noch eingeschränkt geritten werden. Um die Reitbarkeit auch in Zukunft zu gewährleisten, erfolgt eine regelmäßige Therapie mit kinesiologischen Tapes.

torteclinik und bis zu 100 % Zug anbringen, Enden ohne Zug fixieren.

Kreuzbeinfehlstellung – als Beispiel in R/R-Läsion:

- Länge der Tapes abmessen, ggf. Dehnungsüberlänge einkalkulieren, vorschneiden, Ecken berunden.
- Y-Tape (rot) für den M. biceps femoris vorbereiten und in Tangentialtechnik – ausgehend von der gemeinsamen Anfangsbasis am Sacrum – die Muskelbäuche flankierend bis zur Tibia bzw. Knie – mit etwa 25 % Zug und leichter Vorkontraktion (Retraktion der Gliedmaße) anbringen. Endbasen ohne Zug fixieren.
- 2 I-Streifen (blau) für den M. biceps femoris vorbereiten und in Tangentialtechnik – ausgehend von der Patella bzw. Tibia bis zur gemeinsamen Endbasis am Sacrum – die Muskelbäuche flankierend mit bis zu 10 % Zug und Vordehnung (Protraktion der Gliedmaße) anbringen. Basen ohne Zug fixieren.
- Den bevorzugt in Schwarz oder einer anderen kräftigenden Farbe gewählten Korrekturtape mit der Anfangsbasis am Tuber ischiadicum und der Endbasis am Sacrum (zwischen den Tuber sacrale) mit bis zu 100 % Zug fixieren, Basen ohne Zug anmodellieren. Dieses Korrekturtape kann ggf. einen oder zwei Anker bevorzugt am Übergang der Basis zum Funktionsbereich vertragen, um eine bessere Haltbarkeit zu gewährleisten.

5.7.4 Rückenlordose

Pferde sind mit sehr unterschiedlichen Rückenformen ausgestattet, wobei extreme Abweichungen vermehrt Rückenprobleme verursachen. Insbesondere zählt der Senkrücken (Lordose) zu den problematischen Rückenformen (► **Abb. 5.74**). Hierbei ist der Rücken im Bereich der Brustwirbelsäule mehr oder weniger stark abgesenkt.

Der Rücken eines Reitpferdes muss tragfähig, aber auch flexibel sein. Ein lordotischer Rücken kann dies nicht oder nur eingeschränkt leisten, weil die Bänder und Muskeln schwach sind. Somit besitzt ein Senkrücken kaum Tragkraft und hat eine deutliche Tendenz zu weiterführenden Rückenproblematiken wie Spondylosen, speziell auch Kissing Spines (S. 166).

Ursachen Der Senkrücken ist häufig angeboren, kann aber in bestimmten Fällen auch erworben sein. Zuchtstuten bilden nach vielen Trächtigkeiten im Laufe der Jahre nicht selten eine Rückenlordose aus. Auch bei alten Pferden lassen die Bandstrukturen in ihrer Festigkeit nach, sodass es zu einem Senkrücken kommt. Nicht zuletzt spielt eine zu frühe Belastung des Rückens eine Rolle bei der Entstehung einer Rückenlordose. In allen Fällen kommt es zu einer Überlastung der Band- und Muskelstrukturen.

Merke

Ein erworbener Senkrücken entsteht durch die Überlastung der Bänder- und Muskelstrukturen. Da einmal überdehnte Bänder nicht wieder ihre ursprüngliche Festigkeit erlangen, ist ein lordotischer Rücken auf Dauer schwach und die Pferde meist nur noch bedingt reitbar.

Symptome Die ersten Anzeichen sind Empfindlichkeiten im Rücken auf Fingerdruck, beim Putzen oder Satteln. Wenn nicht sofort Gegenmaßnahmen ergriffen werden, kommt es zur Absenkung des Rückens und einer dauerhaften Schwächung, weil die stabilisierenden Bänder überdehnt werden. Das Pferd hat Schmerzen, vermeidet sogar Berührungen und drückt deshalb den Rücken noch deutlicher nach ventral. Es zeigen sich zunächst Atrophien des M. trapezius, die deutlich an einem „Loch" hinter dem Schulterblatt erkennbar sind, sowie des M. longissimus dorsi seitlich der Wirbelsäule. Der Muskelabbau zieht eine weitere Schwächung nach sich, sodass es zu einer irreversiblen Bänderüberdehnung kommt. Das Ergebnis ist ein dauerhaft lordotischer Rücken.

Therapie Überdehnte Bänder sind nicht wieder regenerationsfähig, sodass – im frühen Stadium – eine Stabilisierung bestenfalls mit Hilfe eines gezielten Aufbaus der Rückenmuskeln und der gesamten dorsalen Muskelkette erreicht werden kann. Dem Aufbau der Rückenmuskulatur muss jedoch eine zuvorige Entspannungsstrategie vorausgehen, da kontrakte Muskeln nicht aufbaufähig sind (► **Abb. 5.75**). Je nach Stadium kann durch eine gezielte manuelle und Tapingtherapie schließlich eine Stabilisierung herbeigeführt werden, wodurch ein Pferd ggf. eingeschränkt reitbar ist. In schweren Fällen ist das Pferd jedoch dauerhaft weder zucht- noch reittauglich.

► **Abb. 5.75** Sedierende Muskeltapes (blau) über dem M. longissimus dorsi zeigen ausgeprägte Convolutions und flankieren den schwarzen Korrekturtape, der als Y-Streifen seine Anfangsbasis am Kreuzbein lokalisiert hat.

Mögliche Tapeanlage bei Rückenlordose

Eine Anlage mit kinesiologischen Tapes kann den Muskelaufbau und die Kräftigung des Rückens unterstützen. Die Tapes sollten frühzeitig eingesetzt werden, um die Nutzungsfähigkeit eines Pferdes so lange wie möglich zu erhalten. Die Kombination aus einer Muskelanlage zunächst zur Entspannung der Rückenmuskeln, Stärkung der Abdominalmuskulatur (► **Abb. 5.76**) und einem Korrekturtape, um einem weiteren Absenken des Rückens entgegenzuwirken, kann die Trainingstherapie ergänzen (► **Abb. 5.77**).

Ziel

Die Rückenmuskulatur sollte entspannt und mit Hilfe eines gezielten Trainingsprogramms sowie einer Tapeanlage aufgebaut werden (► **Tab. 5.44**). Es gilt, ein Fortschreiten der Rückenabsenkung zu verhindern und die Nutzungsfähigkeit des Pferdes zu erhalten bzw. so weit wie möglich wieder herzustellen.

▸ **Tab. 5.44** Tapeanlage bei Rückenlordose

Anlageform	bevorzugte Farbe	Tapeverlauf/Region	Technik	Wirkung, Sonstiges
Muskeltape	blau	Verlauf: **M. longissimus dorsi** beidseits (**alternativ** auch die gesamte Muskelkette vom Calcaneus bis Proc. mastoideus); Anfangsbasen: paravertebral der Lendenwirbelsäule; Endbasen: oberhalb der Schulterblätter	Vektortechnik, I-Streifen ohne Zug, in Vordehnung (Rückenhebung)	sedierend
Korrekturtape	schwarz	von der Kreuzbeinspitze (Anfangsbasis) bis paravertebral der Brustwirbelsäule (Endbasen)	Tangentialtechnik, Y-Tape bis zu 100 % Zug, nach manueller Korrektur der Läsion (Rückenhebung)	Unterstützung, um weiteres Absenken des Rückens zu verhindern
Muskeltape	rot	Verlauf: Zebrastreifen im Faserverlauf der **Abdominalmuskulatur**	Vektortechnik, parallele I-Streifen in Zebraoptik, beidseits, etwa 25 % Zug mit leichter Vorkontraktion (Rückenhebung)	Aktivierung der Bauchmuskulatur

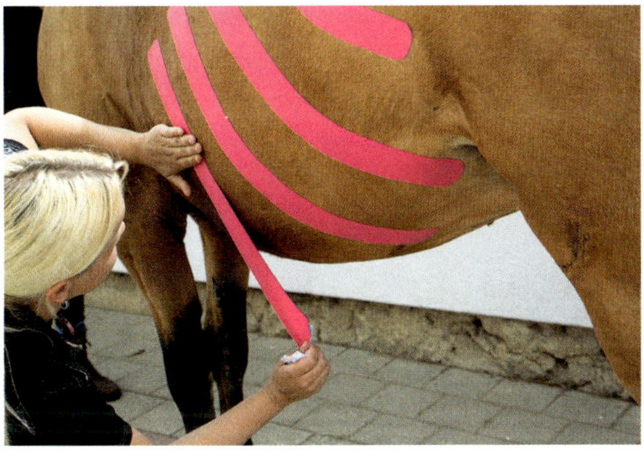

▸ **Abb. 5.76** Die antagonistische Abdominalmuskulatur wird tonisierend in Zebraoptik getapet.

Step by Step

- Länge der Tapes abmessen, ggf. Dehnungsüberlänge einkalkulieren, vorschneiden, Ecken berunden.
- Unter Vordehnung (Rückenhebung, Kopf senken) des Rückens fixiert man den (blauen) I-Streifen für den sedierenden Muskeltape beidseits paravertebral vom Ende der Lendenwirbelsäule bis zum Widerrist ohne Zug (ggf. bis zu 10 % Zug mit Paper-Off-Technik) im Verlauf des M. longissimus dorsi.
- Nach Fixierung der Basis des (schwarzen) Korrekturtapes auf der Kreuzbeinspitze zieht man wiederum unter Vordehnung (= Korrekturrichtung) die Zügel des Korrekturtapes paravertebral, aber medial des Muskeltapes bis zur Brustwirbelsäule vor. Hier ist ein starker Zug wichtig, der bis zu 100 % reicht und den Rücken vor weiterem Absenken bewahren soll. Die Endbasen werden großzügig lang gewählt und ohne Zug fixiert.
- Zur Stärkung der Abdominalmuskeln erfahren die Antagonisten der Rückenmuskeln eine in Zebraoptik angelegte, tonisierende Muskelanlage. Im Faserverlauf werden mehrere parallel liegende I-Streifen unter leichter Vorkontraktion (Rückenhebung) mit 25 % Zug angebracht. Anfangs- und Endbasen werden wie immer ohne Zug angeklebt.
- Alle Streifen werden (noch in Vordehnung/-kontraktion) gut angerieben, um den Kleber zu aktivieren.

▸ **Abb. 5.77** Die fertige Tapeanlage zur Therapie der ausgeprägten Rückenlordose mit sedierendem und tonisierendem Muskeltape sowie Korrekturtape.

5.8
Neurologische Krankheitsbilder

Krankheiten des Nervensystems können infektiöser Art, aber auch nichtinfektiös sein. Zu den Infektionskrankheiten des Nervensystems gehören die Tollwut, die Frühsommer-Meningoenzephalitis (FSME), Infektionen mit Herpesviren, Bornavirus und weiteren Virusarten. Die nichtinfektiösen Nervenkrankheiten betreffen das Zentralnervensystem (Gehirn- oder Rückenmarksschädigung) oder das periphere Nervensystem. Zu den Erkrankungen des Zentralnervensystems sind das Cauda-Equina-Syndrom, Epilepsie, Narkolepsie, Gehirnerschütterungen und verschiedene Formen von Ataxien zu zählen. Für die Unterstützung mit Kinesiotapes kommen in aller Regel die Erkrankungen der peripheren Nerven in Frage, wobei auch hier die Art und Schwere der Erkrankung bzw. Verletzung ein wichtiger Faktor für die Prognose und somit den Einsatz der Physiotapes darstellt.

Beispiele für Erkrankungen des peripheren Nervensystems sind Paralysen (vollständige Lähmungen) und Paresen (inkomplette Lähmung) der Nervenstränge des N. facialis, des N. suprascapularis, des N. radialis, des N. tibialis, des N. fibularis und des Plexus brachialis und ischiadicus. Die Symptome reichen dabei von einer leichten Schwäche bis hin zu völliger Funktionsunfähigkeit – je nach Verletzungsgrad des Nervenstranges.

Grundsätzlich können sich verletzte Nerven wieder regenerieren, meistens jedoch nur bis zu einem bestimmten Grad. Entscheidend ist, ob ein vollständiger Abriss eine Funktionsunfähigkeit hervorgerufen hat oder lediglich eine Quetschung oder Zerrung stattgefunden hat, die den Nerv nur vorübergehend irritiert. Bei einem kompletten Nervenabriss gibt nur eine Operation, bei der die Nervenenden wieder zusammengenäht werden, Hoffnung auf Besserung. Eine vollständige Heilung wird aber meist nicht mehr erzielt.

Eine bessere Prognose hat das Pferd bei einem Nervenanriss, einer Zerrung oder einer Quetschung. Hier kann sich der Nerv selbstständig regenerieren, wenn dies auch einen sehr langen Zeitraum in Anspruch nimmt. Man muss sich mehrere Monate gedulden, bis das Optimum des Heilungsverlaufs erreicht ist. Tritt nach etwa 8–10 Wochen keine Besserung ein, gibt es kaum Chancen auf eine Genesung.

Bei einer unvollständigen Lähmung können mehrere therapeutische Maßnahmen ergriffen werden, um die Nervenregeneration anzuregen. Neben Massagetechniken, Wärmebehandlungen und den Einsatz von Reizstrom können Kinesiotapes die Regeneration unterstützen. Stellvertretend für weitere verschiedene Nervenläsionen sollen hier die relativ häufig anzutreffenden Paresen des N. radialis und N. suprascapularis besprochen werden (► Abb. 5.78).

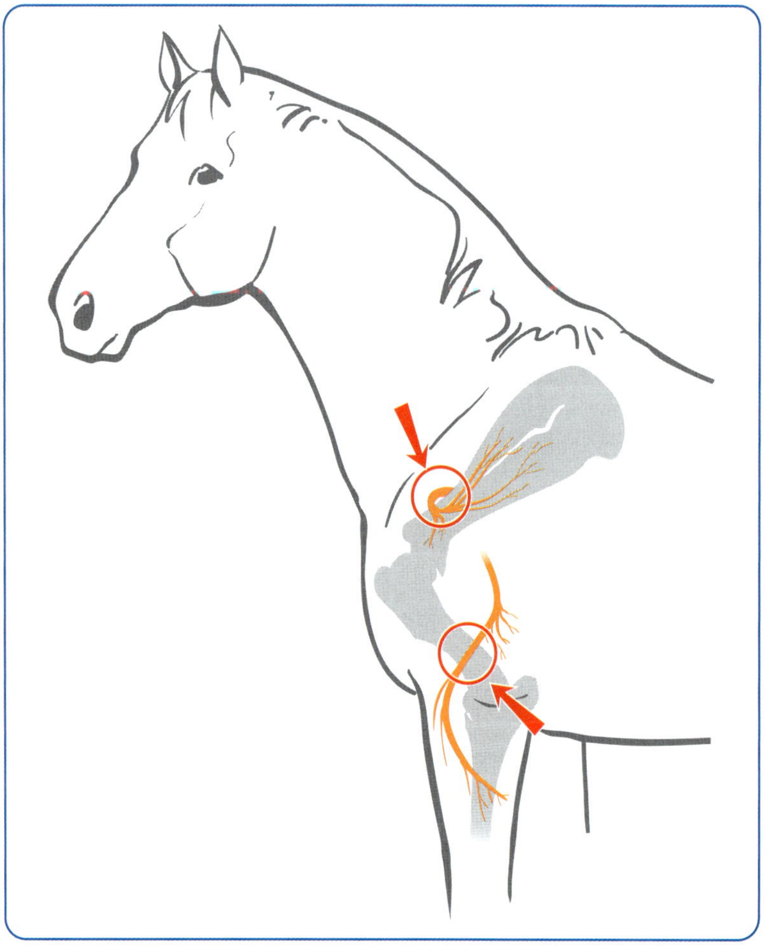

► **Abb. 5.78** Gefahrenbereiche für Verletzungen des N. suprascapularis (am Schulterblatt) und N. radialis (am Humerus).

5.8.1 Radialislähmung

Der N. radialis entspringt aus dem Plexus brachialis und verläuft auf der medialen Seite der Scapula nach distal. Auf Höhe des Schultergelenks zweigen sich Äste zur Innervation des M. triceps brachii ab. Schließlich schlingt sich der Nerv um den Humerus und verläuft auf der lateralen Seite Richtung Ellbogengelenk, wo er sich wiederum in verschiedene Äste aufspaltet, die die Extensoren des Karpalgelenks und die Zehengelenke versorgen. Konkret innerviert der N. radialis den M. triceps brachii mit seinen drei Köpfen Caput longum, Caput laterale und Caput mediale, den M. extensor carpi radialis, den M. extensor carpi ulnaris, den M. tensor fasciae antebrachii, den M. anconeus, teilweise auch den M. brachialis, den M. extensor carpi obliquus, den M. extensor digitorum communis und den M. extensor digitorum lateralis.

Ursachen Kommt es zu einer Verletzung des N. radialis, sind der M. triceps, die Extensoren des Ellbogengelenks, des Karpalgelenks und der Zehengelenke in ihrer Funktion eingeschränkt oder unterliegen einem Komplettausfall. Eine Radialislähmung kann beispielsweise auch nach einer Operation auftreten, wenn die Pferde in Narkose in einer Hyperextension fixiert werden müssen, wodurch es zu einer Zerrung des N. radialis kommen kann. In diesen Fällen handelt es sich in der Regel um eine proximale Radialislähmung, bei der es zu einem kompletten Ausfall der Extensoren kommt.

Durch einen Schlag gegen den Humerus (zum Beispiel durch einen Huftritt von Artgenossen oder Rennen gegen ein Hindernis), bei dem der Radialisnerv an der Stelle getroffen wird, an der er auf die laterale Seite des Oberarms zieht, zeigt sich meist das Bild einer distalen Radialislähmung. Diese kann auch entstehen, wenn das Pferd zu lange auf hartem Boden liegt (zum Beispiel in Narkose nach Operationen). Bei einer distalen Radialislähmung fallen nur die Extensoren des Karpalgelenks und die Zehenstrecker aus.

Symptome Ob es sich um eine distale oder proximale Radialislähmung handelt, ist anhand des klinischen Bildes zu diagnostizieren. Bei einer proximalen Radialislähmung ist der M. triceps außer Funktion, sodass das Ellbogengelenk absackt, das Schultergelenk ist auffallend gestreckt, das Karpalgelenk ist leicht gebeugt, das Fesselgelenk zeigt sich in deutlicher Flexionsstellung. Eine Streckung der Gliedmaße ist aktiv nicht möglich, sodass das Pferd auf dem Fesselgelenk fußt, wenn es versucht, das Bein zu belasten. Diese gebeugte Gliedmaßenstellung wird auch als Überköten bezeichnet. Das Pferd ist unfähig, das Bein zu strecken, um mit dem Huf aufzufußen.

Bei der distalen Radialislähmung sind lediglich die Karpal- und Zehengelenksstrecker ausgefallen, sodass das Pferd keine Mühe hat, das Bein vorzuführen. Durch Vorschwingen der Gliedmaße gelingt auch die Extension der distalen Gelenke. Das Ellbogengelenk liegt in physiologischer Lage, das Karpalgelenk und die Zehengelenke sind nur leicht gebeugt und das Pferd kann den vorderen Tragrand des Hufs belasten.

Die seltene dritte Variante der Radialislähmung ist der alleinige Ausfall des M. triceps. In diesem Fall wird das Ellbogengelenk flektiert, die distalen Gelenke hingegen können extensiert und belastet werden.

Innerhalb einer Woche nach der Verletzung sind die Extensoren der betroffenen Gelenke bereits sichtbar atrophiert.

Therapie Ist der Nerv lediglich gequetscht oder gezerrt, aber nicht abgerissen, lohnen sich begleitende Therapiemaßnahmen zur schnelleren Regeneration des Nervenstrangs. Hierzu gehören Massagetechniken, Reizstromanwendungen, Wärme und schließlich eine individuelle Tapeanlage (▶ **Abb. 5.79**). Der Tierarzt verordnet ggf. eine medikamentöse Gabe von Vitamin B und cortisonhaltige Präparate. Das Pferd sollte sich nach eigenem Ermessen frei bewegen können. Die Haltung in der Gruppe ist bei rangniederen Pferden jedoch ungünstig, weil es dem Pferd nicht möglich ist, bei aggressivem Verhalten eines ranghöheren Artgenossen genügend schnell auszuweichen.

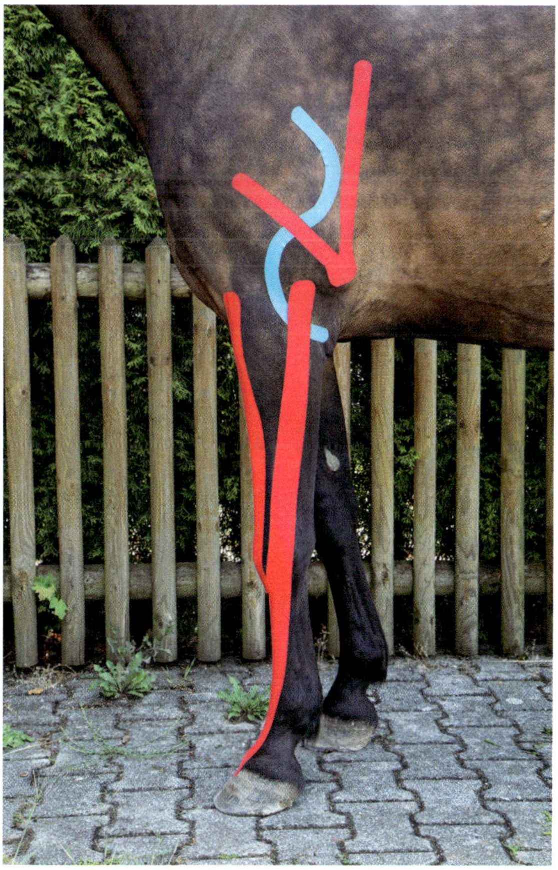

▶ **Abb. 5.79** Beispiel einer Tapeanlage bei einer Radialislähmung. Die Muskeln M. triceps brachii, M. extensor radialis und M. extensor digitorum communis werden tonisierend getapet, während zusätzlich der Nervenverlauf mit einem schmalen Tapeband (blau) stimuliert wird.

Mögliche Tapeanlage bei Radialislähmung

Eine Tapeanlage wird immer begleitend zu weiteren Therapiemaßnahmen eingesetzt. Zu beachten ist die Schwere und Art der Dysfunktion. Bei einer proximalen Radialislähmung bietet es sich an, den M. triceps zusätzlich zu tapen, ansonsten konzentriert man sich auf die in Mitleidenschaft gezogenen Extensoren, wie beispielsweise den M. extensor carpi radialis und M. extensor digitorum communis. Die Muskelanlagen werden stets tonisierend, bevorzugt in der Farbe Rot, getapet. Zusätzlich stimuliert man den N. radialis mit einem blauen Nerventape (▶ Abb. 5.80).

Tritt beispielsweise durch einen Schlag eine Schwellung im Nervenverlauf auf, sollte ein zusätzliches Lymphtape angelegt werden. Punktuelle Schmerzareale können auch zusätzlich mit einem Spacetape oder zwei Faszientapes versorgt werden.

Ziel

Es gilt, die Extensoren anzuregen und zu stärken. Die Stimulation des N. radialis fördert die schnellere Regeneration, sofern es sich um keinen kompletten Nervenabriss handelt (▶ Tab. 5.45).

Step by Step

- Länge der I-Tapes abmessen, vorschneiden, Ecken berunden.
- Vom Radius unterhalb des Ellbogens ausgehend bringt man das blaue Nerventape im Verlauf des N. radialis mit nicht mehr als 10 % Zug (Paper-Off-Technik) bis zum kaudalen Scapularand auf. Die Endbasis lässt man über dem Schulterblatt auslaufen und klebt diese ohne Zug an.

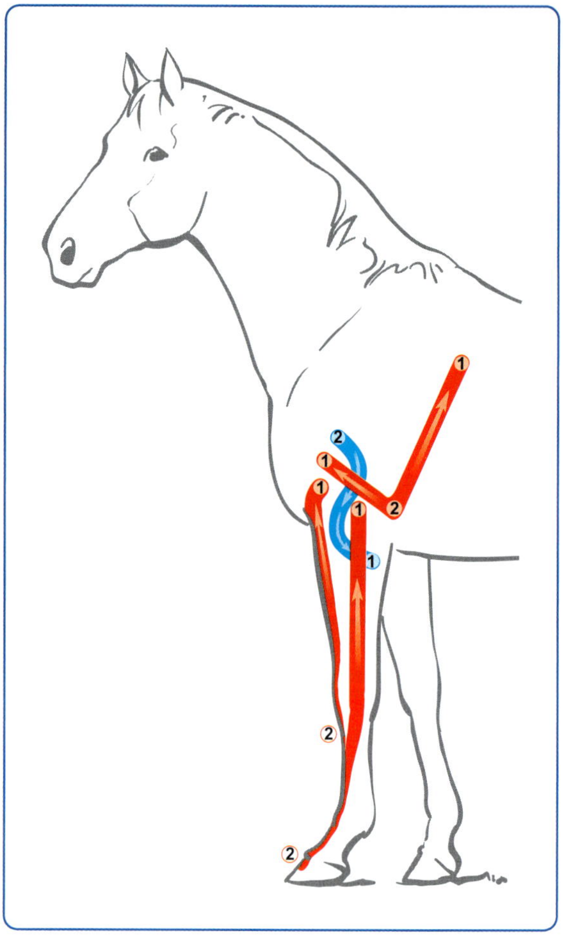

▶ **Abb. 5.80** Schematische Darstellung einer Tapeanlage bei einer Radialislähmung.

▶ **Tab. 5.45** Tapeanlage bei einer Radialislähmung

Anlageform	bevorzugte Farbe	Tapeverlauf/Region	Technik	Wirkung, Sonstiges
Nerventape	blau	im Nervenverlauf des **N. radialis**, ausgehend vom Radius (Anfangsbasis) bis zum kaudalen Rand der Scapula (Endbasis)	Vektortechnik, I-Streifen, max. 10 % Zug (Paper-Off-Technik), bevorzugt in leichter Vordehnung	Gewebsentlastung, Schmerzreduktion, Stimulation der Propriozeptoren der Haut.
Muskeltape	rot	im Verlauf des **M. extensor carpi radialis**; Anfangsbasis: Humerus; Endbasis: distal des Karpalgelenks	Vektortechnik, I-Streifen, max. 25 % Zug, in leichter Vorkontraktion (Protraktion)	tonisierend
Muskeltape	rot	**M. extensor digitorum communis**; Anfangsbasis: lateraler Epicondylus des Humerus; Endbasis: dorsale Seite der Hufkapsel	Vektortechnik, 1 I-Streifen, max. 25 % Zug in leichter Vorkontraktion (Protraktion)	tonisierend
alternatives oder zusätzliches Muskeltape (bei alleiniger oder zusätzlicher proximaler Parese des N. radialis)	rot	**M. triceps brachii**; Anfangsbasen: sowohl dorsaler als auch ventraler kaudaler Rand der Scapula; Endbasis: Olecranon	Tangentialtechnik, I-Streifen, max. 25 % Zug in leichter Vorkontraktion (Retraktion)	tonisierend

- Das tonisierende Muskeltape (rot) für den M. extensor carpi radialis beginnt mit seiner Anfangsbasis am Humerus und zieht bis unterhalb des Karpalgelenks bei leichter Vorkontraktion (Streckung der Gliedmaße) und bis zu 25 % Zug. Die Endbasis wird wiederum ohne Zug fixiert und das Tape gut anmodelliert.
- Ein weiteres tonisierendes Muskeltape erhält der M. extensor digitorum communis, ausgehend vom lateralen Epicondylus des Humerus bis zu seiner Endbasis an der dorsalen Seite der Hufkapsel: max. 25 % Zug bei leichter Vorkontraktion (Protraktion) der Gliedmaße. Enden stets zugfrei anmodellieren.
- Liegt eine zusätzliche oder alleinige Parese des M. triceps brachii vor (= proximale Radialislähmung), erhält der Muskel eine tonisierende Muskelanlage mit 2 I-Streifen in tangierender Technik. Die Anfangsbasen der aktivierenden Muskeltapes werden am oberen und unteren kaudalen Rand der Scapula platziert. Die Tapes zieht man zur gemeinsamen Endbasis am Olecranon. Tapezug max. 25 % bei leichter Vorkontraktion (Retraktion der Gliedmaße zur Streckung des Ellbogengelenks).

5.8.2 Parese des N. suprascapularis

Der N. suprascapularis geht – wie der N. radialis – aus dem Plexus brachialis hervor. Er hat seine Wurzeln im 6.–8. Halssegment, zieht hinter der Scapula bis zum Collum, weiter über den kranialen Schulterblattrand zur lateralen Seite und innerviert die Schulterblattmuskeln M. infraspinatus und M. supraspinatus.

Ursachen Verletzungen des N. suprascapularis entstehen durch Schläge auf den Schulterblatthals, Springen oder Laufen gegen ein Hindernis, wobei der N. suprascapularis an der Umschlagseite am kranialen Scapularand getroffen wird. Hierbei kann es zu Quetschungen, Zerrungen und im schlimmsten Fall zu Zerreißungen des Nervenastes kommen.

Symptome Im Schritt kommt es zu einer Stützbeinlahmheit. Wird das Pferd auf den Therapeuten zugeführt, ist während der Fußungsphase ein deutliches Abblatten (laterales Abweichen des Schultergelenks) zu sehen. Bei schweren Traumen treten häufig auch Frakturen und Knochenabsplitterungen der Scapula auf.

Bereits nach etwa einer Woche sind bei einer Lähmung des N. suprascapularis beide Grätenmuskeln atrophiert. Somit tritt die Spina scapulae deutlich sichtbar hervor.

Therapie Die therapeutische Versorgung des Pferdes richtet sich nach der Schwere der Verletzung. Boxenruhe ist im Falle von Scapulafrakturen angesagt, bei leichten Paresen fördert die Bewegung die Rekonvaleszenz. Nach tierärztlicher Diagnostik kann ein Therapieplan entworfen werden. Bei Frakturen darf keine Tapeanlage erfolgen, deshalb müssen Fissuren und Brüche ausgeschlossen werden (Röntgen). Eine Massage, Wärme und ggf. Reizstromtherapie kann bei Nervenläsionen zusätzlich hilfreich sein.

Mögliche Tapeanlage bei Parese des N. suprascapularis

An der Umschlagstelle des N. suprascapularis am kranialen Scapularand führt man mit zwei gegenüberliegenden Faszientapes eine Gewebeentlastung herbei. Alternativ kann auch ein Spacetape in Erwägung gezogen werden, wenn die Läsion nicht mehr akut ist. Bei einer Hämatombildung darf man nicht direkt auf die Schwellung tapen, sondern entscheidet sich dann ggf. für ein Lymphtape. Die Mm. supra- und infraspinatus werden jeweils mit einem tonisierenden Muskeltape versorgt (▶ **Abb. 5.81**, ▶ **Abb. 5.82**).

Ziel

Der Bereich um den gequetschten oder gezerrten Nervenabschnitt soll druckentlastet werden, die nerval unterversorgten oder bereits atrophierten Schulterblattmuskeln (M. infraspinatus und M. supraspinatus) werden über tonisierende Muskeltapes stimuliert (▶ **Tab. 5.46**).

▶ **Tab. 5.46** Tapeanlage Parese N. suprascapularis

Anlageform	bevorzugte Farbe	Tapeverlauf/Region	Technik	Wirkung, Sonstiges
Muskeltape	rot	im Verlauf des **M. infraspinatus**; Anfangsbasis: Fossa infraspinata (unterhalb des Schulterblattknorpels); Endbasis: Tuberculum majus humeri	Vektortechnik, I-Streifen, max. 25 % Zug, in leichter Vorkontraktion (Flexion und Abduktion der Gliedmaße)	tonisierend
Muskeltape	rot	im Verlauf des **M. supraspinatus**; Anfangsbasis: Fossa supraspinata (unterhalb des Schulterblattknorpels); Endbasis: Tuberculum majus et minus humeri	Vektortechnik, I-Streifen, max. 25 % Zug in leichter Vorkontraktion (Protraktion der Gliedmaße)	tonisierend
Faszientape	–	Läsionsbereich mit den Tapeschenkeln einrahmen	Vektortechnik, Y-Streifen, bis zu 100 % Zug, bevorzugt mit Impulstechnik	Gewebsentlastung, Schmerzreduktion;

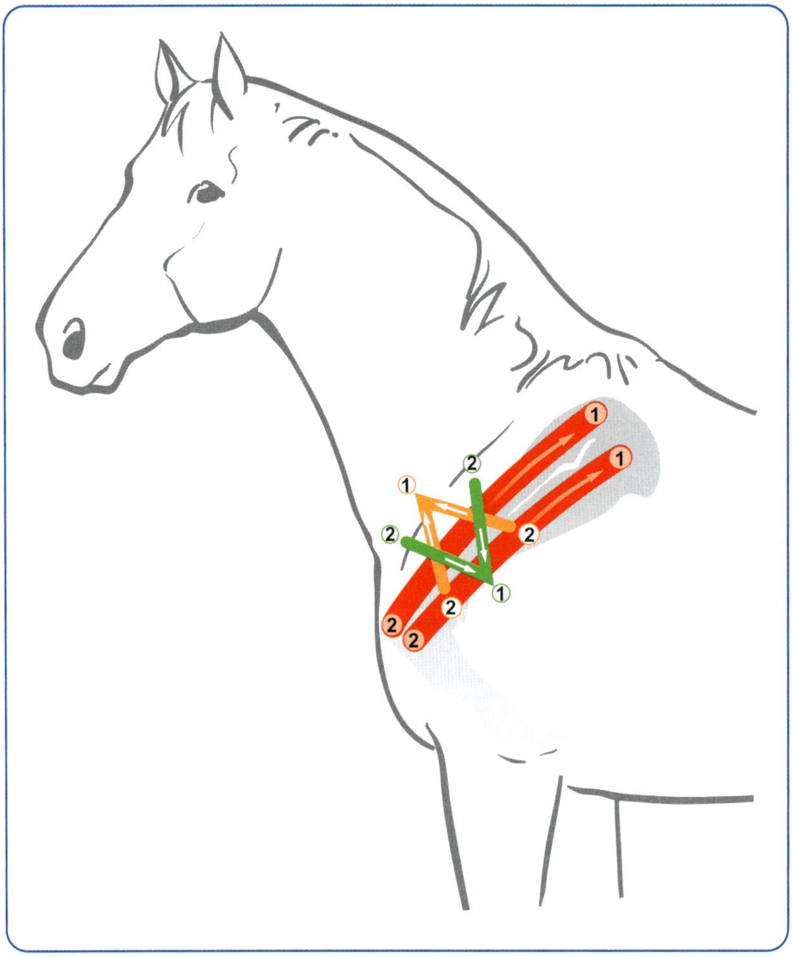

▶ **Abb. 5.81** Tapeschema bei einer Suprascapularislähmung: Die Mm. infra- und supraspinatus werden tonisierend (rot) getapet, darüber erfolgen zwei Faszientapes (orange bzw. grün) zur Stimulation und Schmerzlinderung des Verletzungsbereichs um den Nerv.

▶ **Abb. 5.82** Praktische Umsetzung einer Tapeanlage für eine Suprascapularislähmung. Die Schulterblattmuskeln werden tonisierend getapet, der Verletzungsbereich mit Faszientapes versorgt.

Step by Step

- Länge der benötigten Tapes abmessen, vorschneiden, Ecken berunden.
- Zunächst werden die Muskeltapes angebracht. Das Bein wird in leichte Vorkontraktion gebracht (für den M. infraspinatus wird die Gliedmaße flektiert und abduziert, für den M. supraspinatus führt man eine Protraktion der Gliedmaße aus). Die Anfangsbasis wird jeweils unterhalb des Schulterblattknorpels ohne Zug fixiert, der Funktionsbereich mit bis zu 25 % Zug über den Muskelverlauf geklebt und die Endbasis wiederum ohne Zug am Humerus fixiert.
- Die Läsionsstelle wird mit zwei Y-Tapes umrahmt, um einen Raumgewinn und somit eine Entlastung des Gewebes zu erzeugen. Hierzu fixiert man die Anfangsbasis des Y-Tapes ohne Zug etwa 5 cm von der kranialen Schulterblattkante entfernt auf dem Fell. Die Schenkel werden gleichzeitig mit bis zu 100 % Zug, (mitunter auch in Impulstechnik) die Läsionsstelle tangierend geklebt, die Endbasen wiederum ohne Zug. Die Anfangsbasis wird dabei nicht festgehalten. Entgegengesetzt wird das zweite Y-Tape auf dieselbe Weise angebracht. Die Schenkel der beiden Y-Tapes überkreuzen sich dabei.

5.8.3 Trigeminusneuralgie (Head shaking)

Vorausgeschickt werden muss, dass das Head shaking durch eine Fülle von Ursachen ausgelöst werden kann, wodurch eine Behandlung extrem schwierig ist. Beim Head shaking handelt es sich eigentlich nicht um eine Erkrankung, vielmehr ist es nur das Symptom einer Erkrankung. Das Verhalten des ständigen Kopfschüttelns kann so intensiv sein, dass die Nutzung der Pferde extrem eingeschränkt bis unmöglich ist.

Symptome Das Head shaking äußert sich durch mehr oder weniger intensives Kopfschütteln oder -schlagen, oft auch nur in gewissen Situationen. Betroffene Pferde shaken meist häufiger im Frühjahr und Sommer, manche nur während des Reitens im Gelände. Begleitet wird das Head shaking unter anderem durch ein Prusten und Schniefen, was den Schluss zulässt, dass es sich um eine Reizung in der Nase handelt.

Ursachen In Betracht kommen jedoch sehr unterschiedliche Ursachen wie Erkrankungen der Atemwege, der Nase und Nasennebenhöhlen, Erkrankungen der Ohren, des Kauapparats, schmerzhafte Prozesse im Bereich des Halses, Störungen des Gleichgewichtsorgans oder Nervenentzündungen. Um eine gezielte Therapie aufzubauen, müssen die Ursachen für das Kopfschütteln gefunden werden.

Mitunter wird insbesondere auch die Entzündung des N. trigeminus als Ursache für das Head shaking diskutiert. Bevor entsprechende Therapiemaßnahmen eingeleitet werden, sollte dies durch spezielle Untersuchungen – im Falle des Verdachts auf eine Trigeminusneuralgie durch die Anästhesie des N. infraorbitalis oder N. ethmoidalis – gesichert werden. Kommt eine Trigeminusneuralgie in Betracht, kann der Tierarzt gezielt behandeln und man kann mit einer zusätzlichen Tapeanlage zur Schmerzentlastung beitragen.

Therapie Leider sind die Therapieversuche von Headshakern in den meisten Fällen unbefriedigend, häufig kann nur eine Linderung erzielt werden. Bei vielen Pferden bringt das Anlegen eines Nasennetzes einen deutlichen Rückgang der Symptome. Das Netz filtert die Luft, weist störende Insekten ab und reguliert den Luftstrom. Schulmedizinische Medikamente (Antihistaminika, Steroide, Antibiotika etc.), Homöopathie und Akupunktur erwiesen sich bislang nicht als die Mittel der Wahl, vielmehr erzielte man nur eine vorübergehende Besserung der Symptome. Um gezielt therapieren zu können, ist deshalb die Ursachensuche die zunächst wichtigste Maßnahme.

Wenn eine Trigeminusneuralgie als Ursache erkannt oder vermutet wird, kann man mit einer Tapeanlage eine Schmerzlinderung unterstützen. Der N. trigeminus besteht aus den drei Ästen, dem N. ophthalmicus, dem N. maxillaris und dem N. mandibularis. Die ersten beiden sind rein sensorische Nervenstränge, während der N. mandibularis (Unterkiefer) zusätzlich motorische Aufgaben leistet. Die Nervenfasern können an ihren Austrittsstellen am besten manipuliert werden. Ein Druck auf diese Austrittsstellen kann sehr schmerzhaft sein und der Nerv noch stärker gereizt werden. Aus diesem Grund sollte man die Austrittsstellen vorsichtig ertasten, um eine Tapeanlage anzulegen.

Mögliche Tapeanlage bei Trigeminusneuralgie (Head shaking)

Das Ziel einer Tapeanlage ist die Entlastung der Austrittsstellen der drei Äste des N. trigeminus (▶ Abb. 5.83, ▶ Abb. 5.84). Hierzu palpiert man vorsichtig die Austrittslöcher und wählt eine raumschaffende und Gewebe entspannende Tapeanlage. Diese kann beispielsweise aus einem Spacetape bestehen, möglich sind aber auch zwei bis drei Faszientapes, die gegeneinander verlaufen.

Ziel

Die raumschaffenden Tapes sollen das Gewebe entlasten und somit dazu beitragen, den Schmerz zu verringern (▶ Tab. 5.47).

Step by Step

- Länge von 12 schmalen I-Streifen (3 × 4 Stück) abmessen, vorschneiden, Ecken berunden.
- Spacetapes en bloc auf der betroffenen Seite über die Austrittsstellen der drei Anteile des N. trigeminus sternförmig mit bis zu 100 % Zug en bloc anbringen, Enden ohne Zug fixieren.

▶ **Abb. 5.83** Tapeanlage für Headshaker mit Ursache einer Trigeminusneuralgie. Die Spacetapes werden an den Nervenaustritten der drei Nervenäste des N. trigeminus (N. maxillaris, N. mandibularis, N. ophtalmicus) platziert.

▶ **Tab. 5.47** Tapeanlage bei Trigeminusneuralgie

Anlageform	bevorzugte Farbe	Tapeverlauf/Region	Technik	Wirkung, Sonstiges
Spacetape	blau	über den Austrittsstellen des **N. trigeminus** (N. ophtalmicus, N. maxillaris, N. mandibularis) (unterhalb des Auges, am Oberkiefer und am Unterkiefer)	Zentrierungstechnik, 3 × 4 I-Streifen en bloc, bis zu 100 % Zug, sternförmig angebracht	raumschaffend, schmerzlindernd

▶ **Abb. 5.84** Variante einer Tapeanlage für Headshaker mit Ursache einer Trigeminusneuralgie. Neben den entlastenden Spacetapes (grün) über den Nervenaustrittslöchern des N. trigeminus wurde zusätzlich ein entstauendes Lymphtape (blau) am M. masseter angebracht.

5.9 Stellungsfehler

Eine fehlerhafte Stellung und Biomechanik der Extremitäten sind bei Pferden sehr häufig. Obwohl die Zuchtbemühungen Gelenkfehlstellungen zu eliminieren versuchen, treten sie bei allen Rassen mehr oder weniger oft und in unterschiedlichem Ausmaß auf. Sie beeinflussen den biomechanischen Ablauf der Gliedmaßenführung (S. 190) und können letztendlich strukturzerstörend wirken.

Stellungsfehler (▶ **Abb. 1.12**) sind angeborene, in selteneren Fällen auch erworbene Abweichungen der physiologischen Beinachsen, die eine gleichmäßige Belastung der Gliedmaßen verhindern und auf diese Weise – über einen längeren Zeitraum gesehen – Überlastungen an bestimmten Körperstrukturen hervorrufen.

Ursachen Stellungsfehler haben eine erbliche Disposition und sind deshalb in den meisten Fällen angeboren. Dennoch sind auch erworbene Fehlstellungen möglich. Falsche Ernährung und ungenügende Hufpflege sind Beispiele für mögliche Faktoren von erworbenen Fehlstellungen.

In diesem Zusammenhang greift der osteopathische Grundsatz der Abhängigkeit von Struktur und Funktion. Ändert sich die Belastung einer Struktur, passt sich der Körper wenn möglich an (Training). Ist eine Anpassung aufgrund einer zu hohen Belastung jedoch nicht möglich, kommt es zu einer Überlastung und letztendlich zur Zerstörung der Struktur. Um diesen Vorgang zu verhindern, ist auf eine gleichmäßige Gliedmaßenbelastung zu achten, die darin besteht, Fehlstellungen frühzeitig zu erkennen, um den Körper über geeignete Korrekturmaßnahmen in eine ausbalancierte Belastungssituation zurückzuführen. Dies kann allerdings – insbesondere bei angeborenen Fehlstellungen – nicht immer gelingen.

Therapie Wenn eine Stellungskorrektur nicht möglich ist, sollte auf eine angepasste Belastungssituation geachtet werden, um Überforderungen zu vermeiden. Korrekturmaßnahmen müssen dabei stets langsam und in kleinen Schritten erfolgen. Junge Pferde sollten nicht zu schnell großgezogen werden, was eine mastige Fütterung verbietet. Hufkorrekturen dürfen jeweils nur in kleinen Schritten vorgenommen werden, um das Pferd nicht aus der Körperbalance zu werfen, was zu Überlastungen von Gelenken, Sehnen, Bändern und Muskeln führen könnte. Kinetische Tapes können eine ideale Korrekturmöglichkeit darstellen, weil stets nur minimale Impulse auf den Körper übertragen werden. Eine zu schnelle Umstellung ist hierbei nicht gegeben, sodass sich der Organismus langsam an eine veränderte Statik, Stellung und Bewegungsmechanik gewöhnen kann.

Beruhen Stellungsfehler auf pathologischen Zuständen, müssen diese ursächlich behandelt werden. Zusätzlich bringt man Korrekturtapes in der erforderlichen Zugrichtung an, um die Stellungskorrektur zu unterstützen.

5.9.1 Zehenenge und zehenweite Fehlstellungen

Es ist eine Vielzahl von Gliedmaßenfehlstellungen in unterschiedlichen Schweregraden und Kombinationen bekannt. Ausgehend vom Fesselgelenk kennt man zehenenge und zehenweite Stellungen, die im Allgemeinen angeborene Abweichungen darstellen. In jungen Jahren können diese Stellungsanomalien noch am besten korrigiert oder verbessert werden. Eine **zehenenge** Stellung hat häufig einen bügelnden Gang (S. 191) zur Folge und führt nicht selten zu Abnutzungserscheinungen am medialen Gleichbein.

Bei der **zehenweiten** Fehlstellung (▸ **Abb. 5.86a**) führen die Pferde die Gliedmaßen in einem Innenbogen nach vorne, was die Gefahr des Streichens oder Anschlagens am Fesselgelenk der gegenüberliegenden Gliedmaße nach sich zieht. Insbesondere wird dies der Fall sein, wenn zu dieser Anomalie noch eine bodenenge Gliedmaßenstellung hinzukommt (▸ **Abb. 5.86b**, ▸ **Abb. 5.86c** und ▸ **Abb. 5.87**).

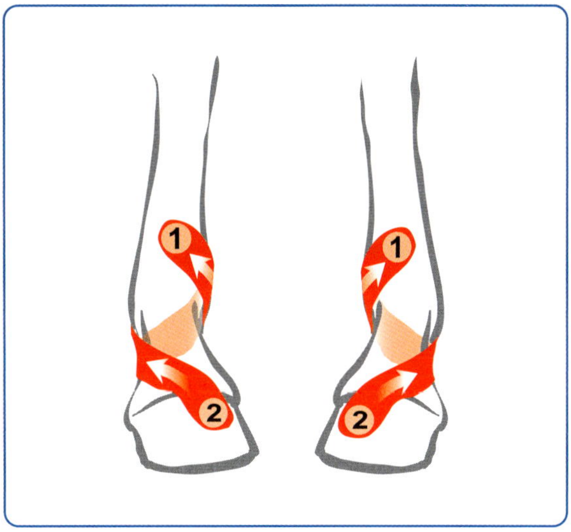

▸ **Abb. 5.85** Eine zehenenge Stellung kann zu Überlastungserscheinungen im medialen Gleichbein führen. Eine Korrekturanlage nimmt den Druck von den belasteten Strukturen. Hierfür wird ein Korrekturtape von proximal nach distal in Korrekturrichtung mit hohem Zug angebracht.

Mögliche Tapeanlage bei zehenengen und zehenweiten Fehlstellungen

Ein Korrekturtape für die Fehlstellungen der Zehengelenke ist bereits in jungen Jahren eine sinnvolle Maßnahme. Zur Korrektur wird ein I-Streifen – bevorzugt in tonisierender bzw. stärkender Farbe wie rot, violett oder schwarz – von proximal nach distal in Richtung der Korrektur angebracht. Ideal ist eine spiralförmige Führung des Tapebands um das Fesselgelenk des Pferdes, während die Endbasis an der Hufkapsel ihren Halt findet.

Das Tape zieht bei der Anlage für die zehenweite Stellung zunächst von distal nach medial um die Fessel und schlingt sich weiter um das Röhrbein zur zugfrei angebrachten Anfangsbasis (▸ **Abb. 5.85**). Der Tapezug sollte in etwa 75–100 % betragen und die Gliedmaße in Korrekturrichtung voreingestellt sein. Für die zehenenge Fehlstellung nimmt das Tape den spiegelverkehrten Weg, d. h. es verläuft von der Hufkapsel ausgehend zunächst auf der lateralen Seite um das Fesselgelenk und zieht sich spiralförmig nach proximal bis zum Röhrbein, an dem wiederum die Anfangsbasis zugfrei fixiert ist (▸ **Tab. 5.48**). Der hohe Zug von 75–100 % initiiert die Korrekturrichtung. Jegliche Korrekturanlage wird grundsätzlich an beiden Beinen angelegt. Bestehen Unterschiede in der Stärke der Fehlstellung zwischen der rechten und linken Gliedmaße, kann man mit der Zugstärke des Tapes entsprechend variieren. Am Bein mit der deutlicheren Fehlstellung verstärkt man deshalb auch den Zug des Korrekturtapes etwas.

5.9.2 Bodenenge und bodenweite Stellung

Von einer **bodenengen** Stellung spricht man, wenn die imaginär verlaufende, ideale lotrechte Mittellinie der von vorne betrachteten Gliedmaße – ausgehend vom proximalen Bereich des Radius – den Huf nicht mittig durchschneidet, sondern lateral versetzt am Boden auftrifft. Im Gegensatz dazu trifft die lotrechte Mittelachse der Extremität bei Pferden mit einer **bodenweiten** Stellung medial der mittigen Hufachse auf.

Bei bodenengen Stellungen wird die Außenseite der Gliedmaße stärker belastet als die innere, bei der bodenweiten Stellung ist die Belastungstendenz umgekehrt. An der stärker belasteten Seite können sich Abnutzungserscheinungen wie Gelenkgallen, Hufknorpelverknöcherungen oder arthrotische Gelenksveränderungen häufen.

Die Stellungsfehler zeheneng und zehenweit sind häufig mit einer bodenengen beziehungsweise bodenweiten Stellung vergesellschaftet. Jegliche Kombination (S. 186) ist dabei denkbar: bodeneng-zeheneng, bodeneng-zehenweit, bodenweit-zehenweit, bodenweit-zehenweit. Meist versucht der Körper eine Fehlstellung (beispielsweise bodeneng) durch eine ausgleichende Stellung (in diesem Beispiel: zehenweit) zu kompensieren, um die Balance aufrechtzuerhalten. In ▸ **Tab. 5.48** ist beispielhaft eine Tapeanlage für die Fehlstelllungskombination bodeneng-zehenweit dargestellt (s. auch ▸ **Abb. 5.87**).

Mögliche Tapeanlage bei bodenenger und bodenweiter Stellung

Da eine bodenenge beziehungsweise bodenweite Fehlstellung der Vorhand stets vom Schulterbereich ausgeht, sollte ein Korrekturtape weit proximal der Gliedmaße fixiert werden. Für eine bodenenge Stellung werden in voreingestellter Korrekturrichtung an beiden Beinen Korrekturtapes auf der lateralen Seite angebracht. Die großzügig angelegte, zugfreie Anfangsbasis liegt auf Höhe des Ellbogengelenks, der Funktionsbereich (75–100 % Zug) wird auf der lateralen Gliedmaßenseite entlanggeführt und die Endbasis – ohne Zug – auf Höhe des Fesselgelenks angebracht (▶ Tab. 5.48).

Bei einer bodenweiten Fehlstellung ist ein Korrekturtape auf der medialen Gliedmaßenseite angebracht. Die Anfangsbasis liegt wiederum proximal des Beins im Bereich der Achsel, das Tape zieht man unter voreingestellter Korrekturrichtung bis zum Fesselgelenk, an der die zugfreie Endbasis ausläuft. Da insbesondere die Tapes auf den Beininnenseiten schlechter halten, hat es sich bewährt, die Klebestreifen mit zwei bis drei Ankertapes zu versehen. Grundsätzlich kann es notwendig sein, Tapeanlagen mit hohem Zug mit zusätzlichen Ankertapes zu versehen, um deren Haltbarkeit zu gewährleisten.

5.9.3 Kombinationen von Fehlstellungen

Wie oben erwähnt, versucht der Körper oft, die durch eine fehlerhafte Beinstellung verloren gegangene Balance durch eine gewissermaßen gegensätzliche Fehlstellung wiederherzustellen. Aus diesem Grund sind Kombinationen von Fehlstellungen nicht selten, wobei Stellungsanomalien wie zeheneng und bodenweit oder zehenweit und bodeneng (▶ Abb. 5.86a) häufiger miteinander vergesellschaftet sind als andere Verbindungen. Um den Körper in eine funktionierende Statik zurückzuführen, setzen in diesem Fall verschiedene Korrekturmechanismen an. Während einerseits gelenkige Verbindungen ihren physiologischen Rahmen verlassen, können andererseits verschiedene andere Systeme wie Muskulatur, Sehnen, Bänder und Faszien einen Anpassungsvorgang einschlagen. Eine Stellungsanomalie hat zunächst eine stärkere Belastung von ausgleichenden Strukturen zur Folge. So können nicht nur die fehlgestellten Gelenke, sondern auch direkt oder indirekt beteiligte Weichgewebeanteile oder Nachbargelenke von Überlastungssyndromen betroffen sein. Eine Fehlstellung kann somit auch eine weitere Gelenksanomalie nach sich ziehen, wie im Beispiel der zehenweiten und x-beinigen Stellung, deren Tapeanlage im Schritt-für-Schritt-Verfahren beschrieben ist (▶ Abb. 2.34 und ▶ Abb. 2.35). Hier unterstützen sich die Fehlstellungen gegenseitig.

Eine genaue Befundung der möglichen Problemzonen ist deshalb wichtig, um festzustellen, welche Körperpartien auf welche Weise im Statikspiel der Körperstrukturen eine Rolle spielen. Erst dann kann die richtige Tapeanlage zur Unterstützung des Bewegungsapparats entwickelt werden.

Werden beispielsweise bestimmte Muskeln durch die Fehlstellung von Gelenken in einer unphysiologischen Weise in Fehlzüge hineinmanövriert und daraufhin überlastet, kann eine sedierende Muskelanlage, die zusätzlich zur Korrekturanlage für die fehlgestellten Gelenke angebracht wird, gute Dienste leisten. Überdehnte Bänder können mit zusätzlichen Tapes ebenso entlastet wie verklebte Faszien mobilisiert werden können.

Die Befunderhebung ist ausschlaggebend für die Entwicklung der entsprechenden Tapeanlage, die – je nach Fehlstellung und deren Auswirkungen – sehr variabel ausfallen kann.

▶ **Abb. 5.86** Stellungskorrektur mit Hilfe eines Korrekturtapes einer bodenengen und zehenweiten Stellung.

a Der Wallach steht in deutlicher bodenenger und zehenweiter Stellung, wodurch frühzeitige Verschleißerscheinungen insbesondere im Fesselgelenksbereich vorprogrammiert sind.

b Die zehenweite Stellung wurde mit einem Korrekturtape versehen, das mit hohem Zug von proximal nach distal angebracht worden ist. Bereits nach wenigen Schritten lässt sich die Tendenz in die Korrekturrichtung erkennen: Die zehenweite Stellung ist nicht mehr so stark ausgeprägt.

c Mit einem weiteren Korrekturtape (violett) an jeweils der lateralen Gliedmaßenseite beider Extremitäten, das wiederum von proximal nach distal unter hohem Zug angeklebt worden ist, wird korrigierend auf die bodenenge Stellung Einfluss genommen.

Mögliche Tapeanlage bei kombinierter bodenenger und zehenweiter Fehlstellung

Die Variationen von kombinierten Fehlstellungen sind nahezu unbegrenzt. Beispielhaft soll hier die relativ häufig vorkommende Kombination einer bodenengen und zehenweiten Fehlstellung (▶ **Abb. 5.86**) dargestellt werden.

Die Tapeanlagen für die zehenweite und bodenenge Stellung wurden in den Kap. „Zehenenge und zehenweite Fehlstellungen" (S. 185) und „Bodenenge und bodenweite Stellung" (S. 185) als einzelne Korrekturanlagen beschrieben. Bei der Kombination der beiden korrigierenden Tapeanlagen kann es jedoch insofern Probleme geben, als dass sich die Tapebänder der beiden Korrekturanlagen überlappen. Das sich um den Fesselkopf schlingende Korrekturband für die zehenweite Stellungsanomalie kreuzt am Röhrbein den Verlauf des Korrekturtapes für die bodenenge Fehlstellung.

Weil beide Tapes unter hoher Materialspannung stehen, sollten die Bänder möglichst nicht übereinander geklebt werden, um Fehlzüge zu vermeiden. Deshalb ist es besser, ein Band – in diesem Fall bietet sich das Korrekturtape für die bodenenge Stellung an – zu kürzen (▶ **Abb. 5.87**).

Praxistipp

Um Fehlzüge zu vermeiden, sollten Korrekturbänder, die unter hohem Zug stehen, auf keinen Fall übereinander geklebt werden. Besser ist es, ein Tape zu kürzen und einen geringeren Wirkungsbereich in Kauf zu nehmen als eine falsche Wirkungsrichtung zu initiieren.

Ziel

Stellungskorrektur der Gliedmaße und Entlastung für überbeanspruchte Strukturen wie Gelenkflächen, Sehnen, Bänder und Muskeln. Das Ziel ist die Annäherung an eine optimierte Gelenkstellung und einer damit verbundenen verbesserten Statik und Balance.

Step by Step

- Länge der I-Streifen abmessen (kürzere Abmessung aufgrund der Tapedehnung beachten), vorschneiden, Ecken berunden.
- Korrekturrichtung voreinstellen: Huf nach medial korrigieren und das Pferd auffußen lassen.
- Erstes Korrekturtape dorsal, etwa mittig am Röhrbein ohne Zug fixieren und mit 75–100 % Zug spiralförmig um den Fesselkopf bis zur Endbasis an der lateralen

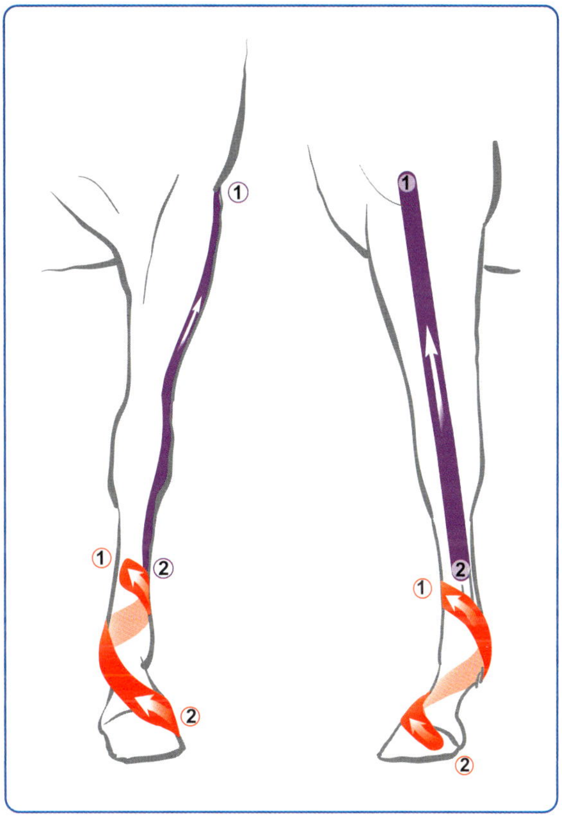

▶ **Abb. 5.87** Schematische Darstellung der Korrekturanlage für eine bodenenge und zehenweite Stellung. Es werden jeweils beide Gliedmaßen getapet, die Korrekturtapes werden von proximal nach distal unter hohem Zug unter Berücksichtigung der Korrekturrichtung angebracht.

▶ **Tab. 5.48** Beispiel Tapeanlage bei bodeneng-zehenweiter Fehlstellung (▶ Abb. 5.87)

Anlageform	bevorzugte Farbe	Tapeverlauf/Region	Technik	Wirkung, Sonstiges
Korrekturtape	schwarz, rot, violett	Verlauf: spiralförmig um die Fessel anlegen; Anfangsbasis: dorsal und mittig am Röhrbein sowie proximal des Fesselkopfes; Endbasis: lateral an der Hufkapsel	Vektortechnik, I-Streifen, 75–100 % Zug in voreingestellter Korrekturrichtung (Huf in Richtung medial einstellen)	Zug in die Korrekturrichtung, Korrektur der zehenweiten Fehlstellung
Korrekturtape	schwarz, rot, violett	Verlauf: senkrecht auf der lateralen Seite der Gliedmaße; Anfangsbasis: lateral mittig der Gliedmaße auf Höhe des Ellbogens; Endbasis: lateral am Fesselkopf	Vektortechnik, I-Streifen, 75–100 % Zug in voreingestellter Korrekturrichtung (Abduktion)	Zug in die Korrekturrichtung, Korrektur der bodenengen Fehlstellung

Seite der Hufkapsel führen, Endbasis ohne Zug ankleben. Tape gut anreiben.

- Korrekturrichtung voreinstellen: Bein in Abduktion bringen und auffußen lassen.
- Zweites Korrekturtape lateral der Vordergliedmaße auf Höhe des Ellbogens mit der Anfangsbasis ohne Zug fixieren, mit bis zu 100 % Zug zur Endbasis am lateralen Fesselkopf führen und ohne Zug anbringen. Tape gut anmodellieren.

5.9.4 Varus- und Valgusstellungen des Karpal- und Sprunggelenks

Als **Kuhhessigkeit** wird eine Valgusstellung des Sprunggelenks bezeichnet, wobei die Beckengliedmaße vom Femur bis zum Sprunggelenk bodeneng und ab dem Tarsalgelenk bodenweit geführt wird. Diese X-Beinigkeit der Hintergliedmaße ist ein recht häufig anzutreffendes Phänomen. Kuhhessigen Pferden wird eine bessere Trittsicherheit nachgesagt. Allerdings werden bei den betroffenen Tieren die Sprunggelenke einer stärkeren Belastung ausgesetzt, wodurch die Pferde für Spaterkrankungen prädestiniert sind. Die kuhhessige Stellung tritt häufig in Verbindung mit einer **Säbelbeinigkeit** (verstärkte Flexion des Sprunggelenks) auf.

Eine o-beinige Stellung der Hintergliedmaße ist auch als **Fassbeinigkeit** bekannt und stellt das Pendant zur Kuhhessigkeit dar. Bei dieser Varusstellung der Sprunggelenke fußen die Hufe bodeneng – also medial der mittleren Beinachse – auf, während die Sprunggelenke lateral der Mittellinie platziert sind. Demzufolge kommt es ebenfalls zu einer stärkeren Belastung der Sprung-, aber auch der distalen Gelenke.

Weichen die Karpalgelenke von der lotrechten Linie der von vorn betrachteten Vordergliedmaße ab, spricht man von einer Varus- (**o-beinig**) beziehungsweise Valgusstellung (**x-beinig**) (▸ **Abb. 2.34a**). Das medial eingeknickte Karpalgelenk bringt eine stärkere Dehnung der medialen Seitenbänder mit sich und eine höhere Gelenksbelastung durch massiveren Druck auf der lateralen Seite. Beim o-beinigen Pferd kehren sich die Belastungsparameter entsprechend um.

Mögliche Tapeanlage einer Varus- und Valgusstellung

Eine korrigierende Tapeanlage zur Verbesserung einer Varus- oder Valgusstellung im Karpal- oder Sprunggelenk sollte so früh wie möglich eingesetzt werden. Selbstverständlich sollte bei jeder Stellungskorrektur die entsprechende Bearbeitung der Hufe durch einen erfahrenen Hufschmied im Vordergrund stehen. Eine korrigierende Tapeanlage stellt jedoch ein wichtiges Begleitinstrument dar.

Die unterstützenden Tapemaßnahmen zur Korrektur von Varus und Valgusstellungen bestehen aus einem mit hohem Zug angebrachten Klebestreifen über der geöffneten Seite des fehlgestellten Gelenks. Bei einer x-beinigen Stellung des Karpalgelenks wird das Korrekturtape auf der medialen Seite der Gliedmaße – das Vorderfußwurzelgelenk überspannend – aufgebracht. Bei der o-beinigen Stellung tapet man auf der lateralen Gliedmaßenseite. Entsprechend gilt diese Vorgehensweise auch für die Korrekturtapes der Hintergliedmaße: Kuhhessig stehende Pferde erhalten jeweils ein Korrekturtape auf den Innenseiten der Gliedmaßen, wobei das Sprunggelenk im Funktionsbereich des Tapes liegen sollte. Bei fassbeinigen (o-beinigen) Pferden werden die Tapes auf der lateralen Gliedmaßenseite – das Sprunggelenk im Funktionsbereich einfassend – platziert.

Aufgrund des hohen Tapezugs von 75 bis 100 % im Funktionsbereich ist es ratsam, die Tapes mit Zusatzankern an den Anfangs- und Endbasen sowie gegebenenfalls zusätzlich am Mittelstück zu versehen (▸ **Abb. 5.88**).

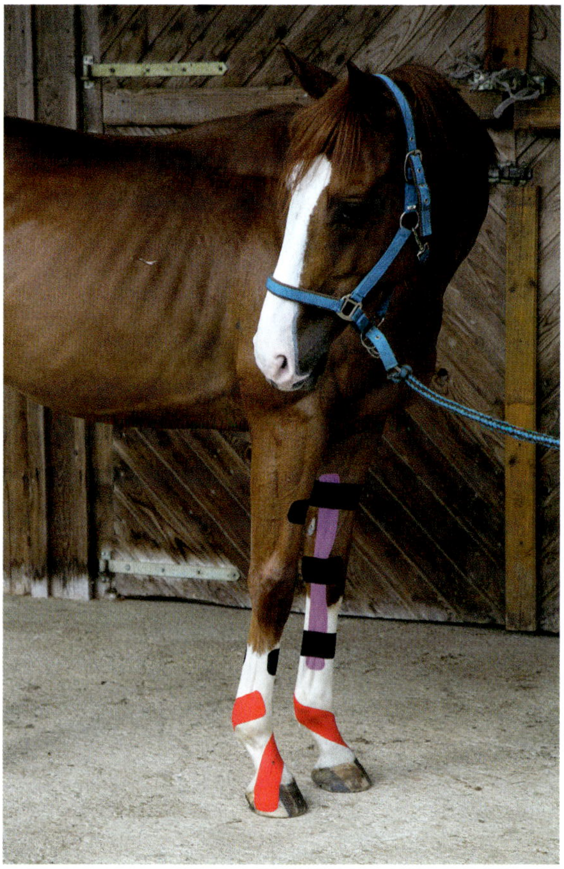

▸ **Abb. 5.88** Korrekturanlage einer zehenweiten und x-beinigen Stellung: Die Korrekturtapes werden stets von proximal nach distal mit hohem Zug unter Berücksichtigung der Korrekturrichtung angelegt. Schritt-für-Schritt-Anleitung für diese Tapinganlage siehe ▸ **Abb. 2.34** und ▸ **Abb. 2.35**.

5.9.5 Vor- und Rückständigkeit

Bei einer **Vorständigkeit** der Schultergliedmaße fußt das jeweilige Bein vor der lotrechten Linie am Boden auf. Dieser Stellungsfehler ist vom pathologischen Zustand der Hufrehe abzugrenzen. Durch die fehlgeleitete Statik werden die Trachten stärker als die Zehen belastet. Die Vorständigkeit der Beckengliedmaße steht häufig mit einer Säbelbeinigkeit in Verbindung.

Die **Rückständigkeit** der Schultergliedmaße ist vergesellschaftet mit einer höheren Lastaufnahme durch die Vorderextremitäten sowie einer stärkeren Belastung der distalen Gelenke im dorsalen Beinbereich. Es handelt sich dabei nicht immer um einen klassischen Stellungsfehler, vielmehr wird diese Fußung oft auch durch pathologische Ereignisse hervorgerufen. Unter anderem kann eine fehlerhafte Hufbearbeitung zu dieser Stellung führen, wenn das Pferd versucht, eine Fehlstatik auszugleichen. Die Rückständigkeit steht mit einer höheren Belastung der Vordergliedmaße in Verbindung, was dazu führt, dass das Pferd häufiger stolpert. Zudem werden die Vorderbeine flacher und kürzer vorgeführt, wodurch das Stolpern zusätzlich begünstigt wird.

Ist die Beckengliedmaße von einer Rückständigkeit betroffen, kann dies ebenfalls aufgrund eines pathologischen Zustands auftreten. Rücken- oder Nierenprobleme können das Pferd zu dieser Schonhaltung animieren. In dieser Stellung gerät auch das Fesselgelenk in eine verstärkte, gelenksbelastende Hyperextension.

Da die Stellungsanomalie der Vor- und Rückständigkeit häufig von pathologischen Ursachen ausgehen, handelt es sich nicht immer um einen klassischen Stellungsfehler, sondern häufig auch um eine Schonhaltung (S. 190).

Mögliche Tapeanlage für Vor- und Rückständigkeit

Vor- und Rückständigkeit der Gliedmaßen sollten nur mit Tapes versorgt werden, wenn diese Stellungsabweichungen keine Folge von anderweitigen Pathologien (Hufrehe, Schmerzen im Nieren-, Becken- oder Rückenbereich etc.) sind. Eine klare Befunderhebung bzw. tierärztliche Diagnostik sollte dem Tapevorgang vorausgehen.

Sind anderweitige Erkrankungen ausgeschlossen, kann ein rückständiges Vorderbein mit einem Korrekturtape auf der dorsalen Gliedmaßenseite versorgt werden. Die Anfangsbasis liegt auf dem M. pectoralis, der Funktionsbereich wird mit 75 – 100 % Zug angebracht und die Endbasis kann auf der dorsalen Hufkapsel fixiert werden. Selbstverständlich werden stets beide Vordergliedmaßen getapet.

Bei einer vorständigen Gliedmaßenstellung kann ein palmar angebrachtes Korrekturtape versorgt werden. Die Gliedmaße sollte vor dem Aufkleben des Funktionsbereichs möglichst in die Korrekturrichtung gestellt werden.

Äquivalent verfährt man mit der Vor- bzw. Rückständigkeit der Hintergliedmaße: Bei einer Rückständigkeit tapet man beide Hinterbeine im dorsalen Gliedmaßenbereich, bei einer Vorständigkeit auf der plantaren Seite.

5.9.6 Vor- und Rückbiegigkeit des Karpalgelenks

Bei einer **Vorbiegigkeit** des Karpalgelenks (s. auch ▸ **Tab. 5.49**) ist dieses leicht flektiert, das Pferd kann das Gelenk nicht vollständig strecken. Dieser Stellungsfehler kann angeboren, aber auch erworben sein. Oft liegt die Ursache jedoch in einer Verkürzung der Unterarmbeuger (S. 140), insbesondere der M. extensor carpi ulnaris (der als Beuger fungiert), des M. flexor carpi ulnaris und des M. flexor carpi radialis (▸ **Abb. 5.39**, ▸ **Abb. 5.89**). Die Vorbiegigkeit des Karpus ist auch unter dem Namen „hängendes Knie" bekannt.

Eine **Rückbiegigkeit** zeichnet sich durch eine Hyperextension des Karpalgelenks aus, die ursächlich auf ein schwaches Gelenk zurückzuführen ist. Dabei stehen die proximalen, distalen und mittleren Bänder unter starker Belastung. Aufgrund der Stellung des Gelenks sind die dorsalen Flächen der Vorderfußwurzelknochen unter erhöhtem Druck, wodurch das Risiko von Chipfrakturen steigt.

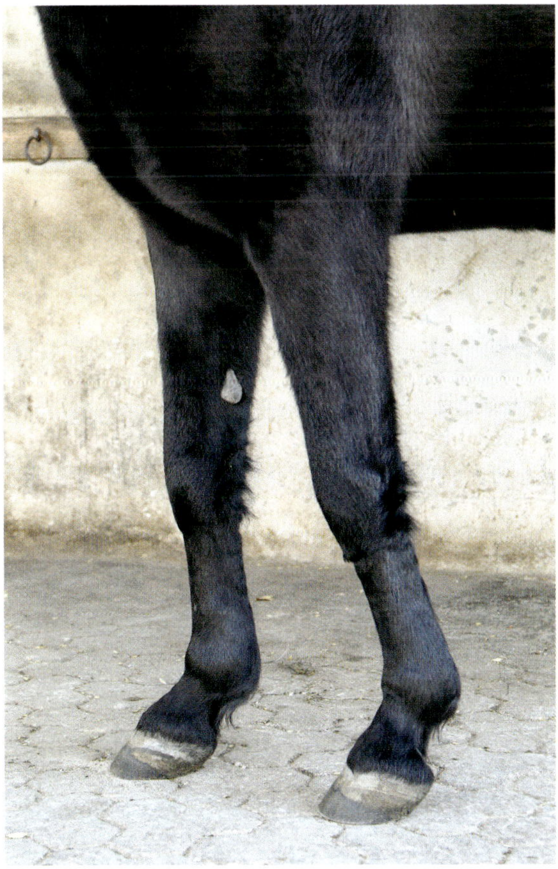

▸ **Abb. 5.89** Die Ursache für eine Vorbiegigkeit des Karpalgelenks kann die Verkürzung der Unterarmflexoren sein.

Zusatzinfo

Die Begriffe Vor- und Rückbiegigkeit werden manchmal auch in gegensätzlicher Bedeutung gebraucht.

Mögliche Tapeanlage bei Vor- und Rückbiegigkeit des Karpalgelenks

Die Vorbiegigkeit des Karpalgelenks tritt häufiger auf als die Rückbiegigkeit, weil eine Beugesehnenverkürzung in vielen Fällen ursächlich ist und mehrere Pathologien damit einhergehen. Sind Erkrankungen der tiefen Beugesehne (S. 140) verantwortlich für die Stellungsanomalie, sollte ein Sehnentape zur Entlastung des M. flexor digitorum profundus die erste Wahl darstellen (▶ Tab. 5.25). Die Diagnose muss gesichert sein, bevor man sich für eine Tapeanlage entscheidet.

Bei einer autonomen Vorbiegigkeit des Karpalgelenks reicht ein Korrekturtape auf der dorsalen Seite der Vordergliedmaße (im Verlauf des M. extensor carpi radialis), wobei das Vorderfußwurzelgelenk mit dem Tape überspannt wird. Eine entspannende Tapeanlage für die Sehnen und Muskeln der palmaren Gliedmaßenseite ist jedoch nie falsch und kann zusätzlich mitgetapet werden (▶ Abb. 5.41).

Bei der selteneren Rückbiegigkeit des Karpus gilt es, die Unterarmflexoren zu stärken. So eröffnen sich dem Tapingtherapeuten mehrere Wege: Entweder er legt ein Korrekturtape auf der palmaren Seite des Vorderbeins an oder er entscheidet sich für eine tonisierende Muskelanlage der Unteramflexoren (M. extensor carpi ulnaris, M. flexor carpi ulnaris und M. flexor carpi radialis).

Ziel

Das Ziel der Tapinganlage für eine Vorbiegigkeit des Karpalgelenks ist, eine maximale Extension des Karpus zu erreichen, um die Muskel- und Sehnenstrukturen zu entlasten. Bei der Rückbiegigkeit des Karpus müssen die Flexoren gestärkt werden, um den Druck im dorsalen Bereich des Gelenks zu minimieren.

Step by Step

- Länge des I-Streifens abmessen (kürzere Abmessung aufgrund der Tapedehnung beachten), vorschneiden, Ecken berunden.
- Korrekturrichtung voreinstellen: Das Pferd sollte das Bein belasten. Ggf kann durch eine Protraktion der Gliedmaße eine Vorkontraktion des Muskels erzielt und eine maximale Extension des Karpalgelenks erreicht werden.
- Korrekturtape am M. extensor carpi radialis von dessen Ursprung zum Ansatz in Vektortechnik bei 75 % Zug und unter maximal möglicher Streckung des Karpalgelenks anbringen. Anfangs- und Endbasis ohne Zug anmodellieren.
- **Alternativ**: Ankertapes an den Basen des Korrekturtapes sorgen für eine längere Haltbarkeit des unter Zug stehenden Klebestreifens.

5.10

Gangfehler und Schonhaltungen

Die biomechanische Beeinflussung von fehlgestellten Gelenken kann sich als Gangfehler manifestieren, die teils als rassetypisch (zum Beispiel Bügeln beim spanischen Pferd) angesehen und damit oftmals akzeptiert werden. Ein Gangfehler kann allerdings auch andere Ursachen haben. So führt ein schmerzhafter Zustand beispielsweise in bestimmten Situationen oder Bewegungsarten zu einem Vermeidungsverhalten, sodass sich das Gangbild daraufhin ändert. Hier spricht man von Schonhaltungen, die stets erworben sind und sich nicht immer von selbst wieder auflösen, weil sich der Bewegungsablauf im Gehirn verankert.

Unter einem Gangfehler versteht man also eine nicht physiologisch ausgeführte Bewegung der Gliedmaße. Eine Schonhaltung wird als fehlerhafte Haltung oder Bewegung aufgrund eines schmerzhaften Zustands, um diesen zu vermeiden oder erträglich zu gestalten, definiert.

Tapeanlagen können helfen, fehlgestellte und -bewegte Gelenke wieder in einen gesunden, physiologischen Rahmen zurückzuführen. Bei der Anlage sind allerdings stets

▶ **Tab. 5.49** Beispiel Tapeanlage bei Vorbiegigkeit des Karpalgelenks (▶ **Abb. 5.89**)

Anlageform	bevorzugte Farbe	Tapeverlauf / Region	Technik	Wirkung, Sonstiges
Korrekturtape	rot, schwarz	Verlauf: **M. extensor carpi radialis**; Anfangsbasis am Muskelursprung Crista supracondylaris lateralis humeri (distal am Humerus); Endbasis am Muskelansatz: Facies proximodorsalis ossis metacarpalis III (Röhrbein)	Vektortechnik, 75 % Zug in maximal möglicher Extensionsstellung des Karpalgelenks	Stellungskorrektur und Tonisierung der Streckmuskeln
alternativ zusätzlich: Ligamenttape	schwarz	quer über den Anfangs- und Endbasen des Korrekturtapes	Zentrierungstechnik en bloc, ohne bis leichten Zug	Zusatzanker

die Ursachen mit zu berücksichtigen und die therapeutischen Grenzen auszuloten.

Ursachen Gangfehler können aus Fehlstellungen resultieren, da ein fehlgestelltes Gelenk keine physiologische Bewegung zulässt. Schonhaltungen hingegen werden immer aufgrund von Schmerzen eingenommen. Die Ursache kann hier ebenfalls ein fehlgestelltes Gelenk sein, wodurch sich eine schmerzhafte Strukturüberlastung entwickelt hat.

Das Pferd versucht, eine schmerzauslösende oder -verstärkende Haltung oder Bewegung zu vermeiden. Sind die Schmerzen nach einiger Zeit nicht mehr vorhanden, weil beispielsweise eine Verletzung ausgeheilt ist, kann die Schonhaltung allerdings dennoch weiter bestehen bleiben (Memoeffekt). Unbewusst hat das Pferd Angst davor, den Schmerz mit einer bestimmten Haltung oder Bewegung auszulösen und gewöhnt sich die Schonhaltung auf diese Weise dauerhaft an.

Auch wenn es keinen Anlass mehr dazu gibt, die Schonhaltung beizubehalten, weil der Schmerzauslöser nicht mehr existent ist (wenn beispielsweise eine Verletzung mittlerweile ausgeheilt ist), bleibt das Vermeidungsverhalten verankert. Die Schonhaltung kann jedoch andere Strukturen überlasten und somit anderweitig Schmerzen hervorrufen. Letztendlich ist eine Strukturzerstörung ebenfalls möglich.

Symptome Je nach Stellungsfehler oder Art der Verletzung und des Schmerzbildes, die eine Schonhaltung oder einen Gangfehler auslösen, führt das Pferd unphysiologische Bewegungen aus. Häufige Gangfehler – meist aufgrund einer genetischen Veranlagung – sind Bügeln, Streifen, Greifen, Schleifen oder Drehen. Schonhaltungen sind abhängig vom Schmerzbild und bilden häufig muskuläre Dysbalancen aus. Eine Lahmheit ist die bekannteste und deutlichste Form einer Schonhaltung. Man unterscheidet dabei eine Hangbein-, Stützbein- und gemischte Lahmheit. Trotzdem muss ein Pferd mit einer Schonhaltung nicht zwingenderweise eine Lahmheit zeigen. Ein Vermeidungsverhalten kann sich zunächst unbemerkt manifestieren, später fallen möglicherweise körperliche Veränderungen auf wie eine Rückenlordose, ein vermeintlich schiefes Becken, ein Unterhals oder eine unterschiedlich ausgeprägte Schultermuskulatur, um nur einige Beispiele zu nennen.

Therapie In der therapeutischen Arbeit gilt es, diesen Teufelskreis zu durchbrechen und das Gehirn umzuprogrammieren. Eine Tapeanlage, die stets feine Signale an den Körper abgibt, kann dies unterstützen. Ein zusätzliches Training in Form von passiven und aktiven Bewegungen sind weitere unverzichtbare Maßnahmen, um Schonhaltungen aufzulösen.

Gangfehler können nur sehr eingeschränkt therapiert werden, weil sie von der Gelenkstellung abhängig sind. Somit kann mit Hilfe von kinesiologischen Tapes oft nur eine Minderung der Auswirkungen durch überlastende Faktoren der unphysiologischen, endgradigen Bewegungsmuster erreicht werden.

5.10.1 Bügeln

Führt das Pferd den distalen Teil der Gliedmaße ab dem Karpalgelenk in der Vorführphase in einem Bogen nach außen, spricht man vom sogenannten Bügeln. Meist zeigen bodeneng stehende Pferde diesen Gangfehler, der bei manchen Pferderassen (insbesondere bei Pferden spanischer Abstammung) als charakteristisch angesehen wird. Langfristig kann der bügelnde Gang die Karpalgelenksknochen überlasten und Arthrosen hervorrufen.

Mögliche Tapeanlage beim Gangfehler Bügeln

Das Bügeln ist sicherlich nicht komplett zu eliminieren, eine Korrekturanlage ist jedoch in der Lage, die Auswirkungen abzumildern und den Memoeffekt therapeutisch zu nutzen (▶ Tab. 5.50). Hierzu wird das korrigierende Tape auf der medialen Seite des Vorderbeins platziert (▶ Abb. 5.90).

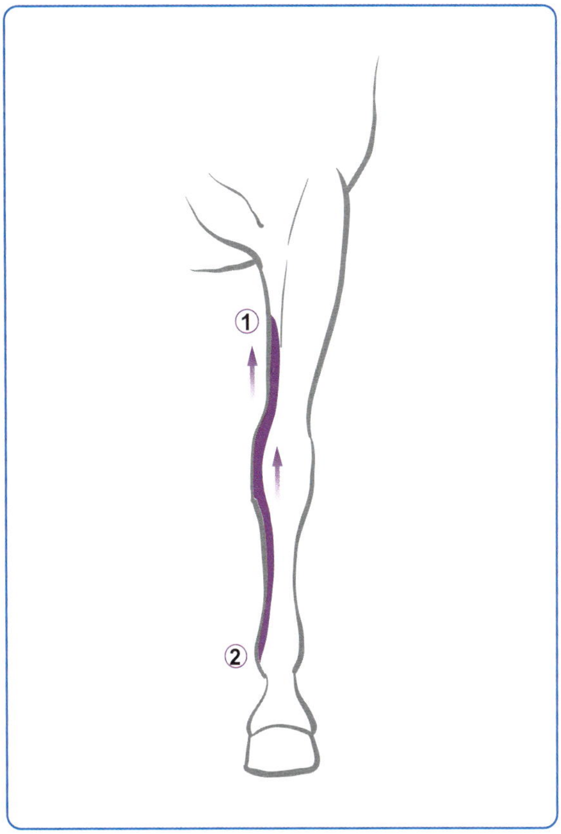

▶ **Abb. 5.90** Korrekturtape an der medialen Gliedmaßenseite, das Karpalgelenk überspannend, von proximal nach distal mit hohem Zug (75–100 %) anbringen.

► **Abb. 5.91** Gangbild einer 10-jährigen spanischen Stute vor dem Tapen: Starke Abstellung des linken Vorderbeins ab dem Karpalgelenk nach lateral mit deutlicher Ausgleichsbewegung von Hals und Kopf.

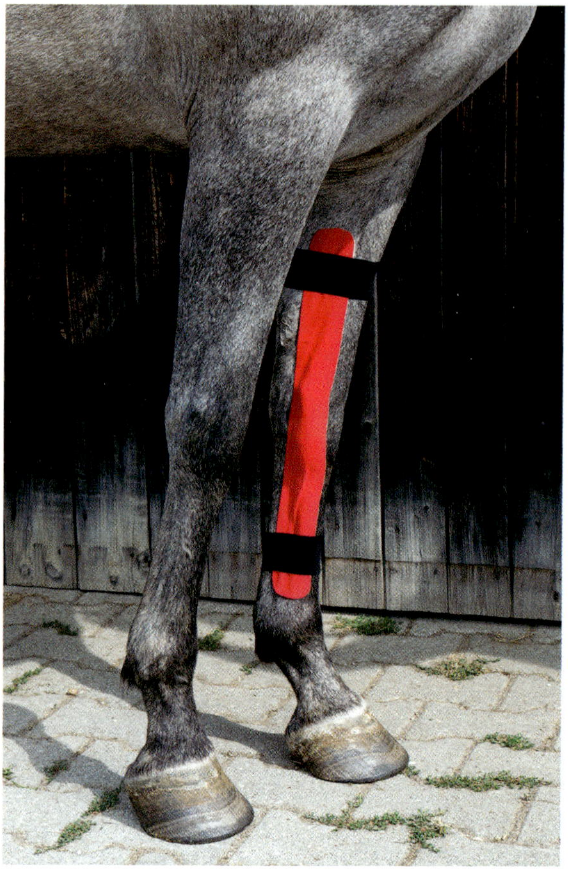

► **Abb. 5.92** Tapeanlage aufgrund der stark bügelnden Gangmechanik: Rotes Korrekturtape mit hohem Zug von proximal nach distal auf der medialen Seite der Gliedmaße, fixiert mit Zusatzanker (schwarz).

► **Tab. 5.50** Tapeanlage beim Gangfehler Bügeln

Anlageform	bevorzugte Farbe	Tapeverlauf/Region	Technik	Wirkung, Sonstiges
Korrekturtape	schwarz, rot, violett	Verlauf: senkrecht auf der medialen Seite der Gliedmaße; Anfangsbasis: auf der medialen Seite, mittig der Gliedmaße oberhalb des Karpalgelenks; Endbasis: medial am Fesselkopf	Vektortechnik, I-Streifen, 75–100 % Zug in voreingestellter Korrekturrichtung (Karpalgelenk in gerader Stellung)	Zug in die Korrekturrichtung
Ligamenttape	schwarz, rot	quer zum Korrekturtape, das Bein umlaufend. Die Basen dürfen nicht überlappen.	Zentrierungstechnik, I-Streifen, ohne bzw. nur leichten Zug als Ankertape	Anker (aufgrund des hohen Zugs des Korrekturtapes sind insgesamt zwei bis drei Anker empfehlenswert.)

Ziel

Das Korrekturtape hilft über einen längeren Zeitraum durch minimale Impulse einen Memoeffekt zu erreichen, der den Bewegungsablauf in korrigierender Richtung stabilisiert. Die endgradige, gelenksbelastende Bewegung soll abgemildert werden, um frühzeitige Arthroseschäden zu vermeiden (► Abb. 5.91, ► Abb. 5.92, ► Abb. 5.93).

Step by Step

- Länge des Tapes abmessen, Dehnungsüberlänge einkalkulieren, vorschneiden, Ecken berunden.
- Anfangsbasis an der medialen Seite mittig der Gliedmaße und proximal des Karpalgelenks ohne Zug fixieren.
- Das Pferd sollte das Bein gleichmäßig belasten, während man das Tape mit 75–100 % Dehnung im Verlauf der medialen Gliedmaßenseite anbringt und die End-

▶ **Abb. 5.93** Gangbild nach dem Tapen der Korrekturanlage: Die Abstellung des Beins ist deutlich geringer, das Pferd läuft besser im Gleichgewicht. Zur langfristigen Verbesserung des Gangbilds wurde die Anlage über mehrere Wochen getapet.

basis medial am Fesselkopf – wiederum ohne Zug – anklebt. Tape gut anreiben.

- Ankertape in Zentrierungstechnik über die Basen des Korrekturtapes sowie ggf. auf Höhe des Karpalgelenks von medial en bloc kleben, um eine bessere Haltbarkeit des Korrekturtapes zu gewährleisten. Tapeenden nicht übereinander kleben! Ankertape ohne bis leichten Zug, Basen stets ohne Zug ankleben, Tape gut anreiben.

5.10.2 Belastungsdefizit der Hintergliedmaße

Dem osteopathisch arbeitenden Therapeuten werden immer wieder Pferde vorgestellt, die während der Ganganalyse ein schiefes Becken präsentieren. Beim nachfolgenden Palpationsbefund erhärtet sich der Verdacht jedoch nicht. Das Becken steht tatsächlich nicht in Rotation. Sind die begleitenden Ursachen wie Sacrum-, Lendenwirbel- und Hüftgelenksläsionen ebenfalls ausgeschlossen, handelt es sich um eine sogenannte „unechte Beckenrotation", die nur in Bewegung auftritt.

Der Grund ist eine Schonhaltung, die meist aufgrund eines Traumas, beispielsweise einer schmerzhaften Überdehnung der ISG-Bänder, verursacht wird. In diesem Fall wagt das Pferd nicht, die betroffene Hintergliedmaße voll zu belasten, weil es dem Schmerz entgehen will. Bei Belastung der hinteren Extremität schiebt sich die Kruppe nach dorsal, bei entlasteter Gliedmaße gleitet sie nach ventral. Wird eine volle Belastung der Gliedmaße jedoch schmerzbedingt vermieden, schiebt sich das Becken auf der betroffenen Seite nur eingeschränkt nach dorsal. Dadurch entsteht der Eindruck eines rotierten Beckens.

Auch wenn die Verletzung längst ausgeheilt ist, kann das Belastungsdefizit erhalten bleiben, weil sich die Schonhaltung im Gehirn verankert hat und diese somit vom Pferd als „normal" empfunden wird. Zudem kann das Vermeidungsverhalten allein aufgrund der schlechten Erfahrung („bei Belastung tut's weh") aufrechterhalten werden (Memoeffekt). Das Pferd hat in diesem Fall das Vermeidungsverhalten regelrecht gelernt.

Oft lassen sich in der Adspektion typische Muskelasymmetrien feststellen. Hierbei sind die Kruppen- und Hinterhandmuskeln auf der lädierten Seite schwächer ausgeprägt als an der gegenüberliegenden Hintergliedmaße.

Mögliche Tapeanlage beim Belastungsdefizit der Hintergliedmaße

Bei einer diagnostizierten „unechten Beckenrotation" werden die schwachen Muskeln (M. semitendinosus, M. biceps femoris) mit einem tonisierenden Muskeltape versorgt. Ein Korrekturtape hilft, den Memoeffekt umzuprogrammieren und die Körperstatik neu auszurichten. Bei noch schmerzhaften Zuständen – beispielsweise im ISG-Bereich – kann ein zusätzliches Spacetape Entlastung schaffen (▶ **Abb. 5.94**, ▶ **Abb. 5.95**).

Ziel

Die Tapeanlage soll helfen, das erlernte Vermeidungsverhalten umzuprogrammieren. Das Pferd soll dazu animiert werden, die geschonte Gliedmaße wieder normal zu belasten (▶ **Tab. 5.51**).

Step by Step

- Länge der Tapes abmessen, ggf. Dehnungsüberlänge (insbesondere beim Korrekturtape) einkalkulieren, vorschneiden, Ecken berunden.
- Tonisierendes Muskeltape (rot) für den M. semitendinosus als I-Streifen von der Anfangsbasis am Os sacrum seitlich der Dornfortsätze bis zur Endbasis unterhalb der Kniekehle mit maximal 25 % Zug unter leichter Vorkontraktion durch Rückführen der Gliedmaße anbringen. Enden stets ohne Zug fixieren.
- Tonisierendes Muskeltape (rot) für den M. biceps femoris in Y-Form von der Anfangsbasis am Os sacrum den Muskelbauch tangierend bis zu den Endbasen am Knie beziehungsweise am Calcaneus mit maximal 25 % Zug unter leichter Vorkontraktion durch Rückführen der

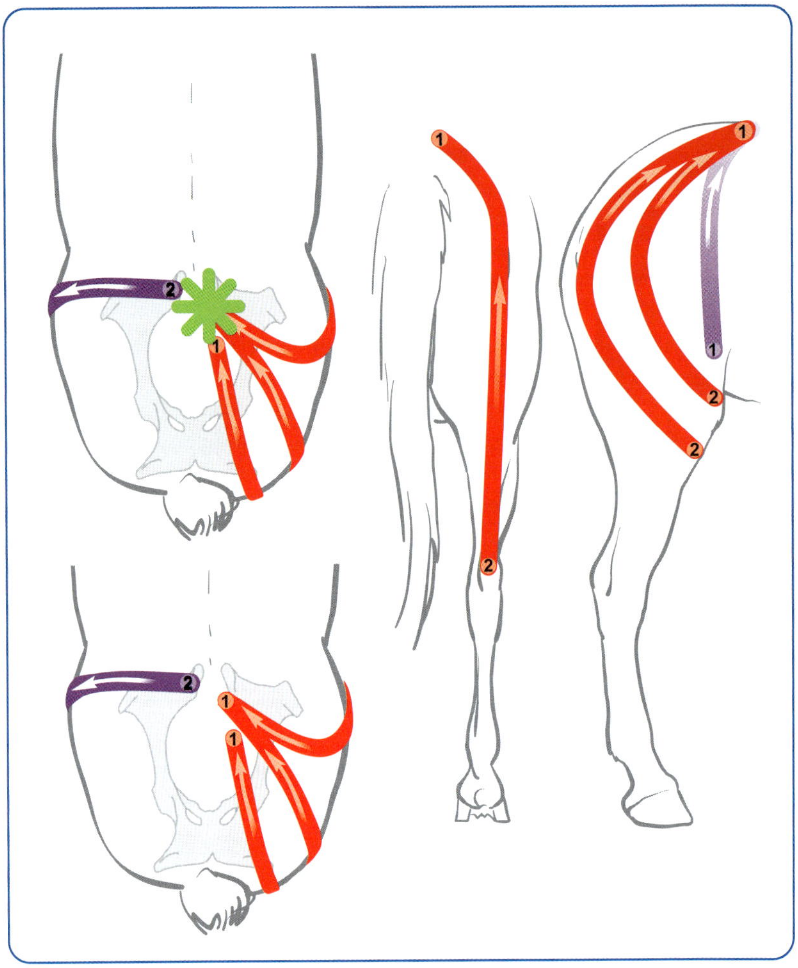

▸ **Abb. 5.94** Beispiel einer Tapeanlage für ein Belastungsdefizit der rechten Hintergliedmaße aufgrund einer vorausgegangenen ISG-Läsion: Der M. biceps femoris und der M. semitendinosus werden auf der Defizitseite tonisierend getapet (rot). Ein Korrekturtape (violett) animiert die Belastung der rechten Gliedmaße. Gegebenenfalls kann ein zusätzliches Spacetape auf dem betroffenen Iliosacralgelenk eine Gewebeentlastung schaffen.

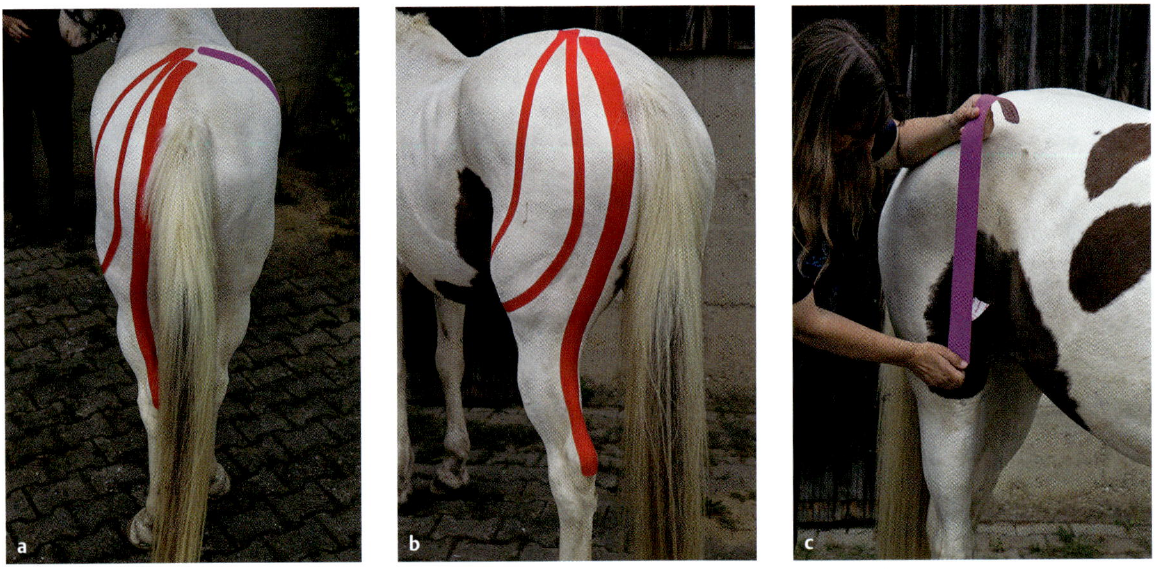

▸ **Abb. 5.95** Belastungsdefizit der linken Hintergliedmaße bei einer Paintstute.

a Tonisierende Muskeltapes für den linken M. biceps femoris und M. semitendinosus (rot) sowie ein Korrekturtape (violett), um die Rotationstendenz nach links zu unterbinden. Zusätzlich würden sich sedierende Muskeltapes (blau) für die Muskeln auf der rechten Seite anbieten.

b Die tonisierenden Muskeltapes für den M. biceps femoris und M. semitendinosus.

c Anlegen des Korrekturtapes auf der gegenüberliegenden Seite, um die Rotationstendenz nach links abzuschwächen.

▶ **Tab. 5.51** Tapeanlage Belastungsdefizit der Hintergliedmaße („unechte Beckenrotation")

Anlageform	bevorzugte Farbe	Tapeverlauf/Region	Technik	Wirkung, Sonstiges
Muskeltape	rot	Verlauf: **M. semitendinosus** der entlasteten Seite über Tuber ischiadicum; Anfangsbasis: Os sacrum, seitlich der Dornfortsätze; Endbasis: Höhe Tibia (unterhalb der Kniekehle) alternativ am Calcaneus	Vektortechnik, I-Streifen, max. 25 % Zug, in leichter Vorkontraktion (Retraktion der Gliedmaße)	tonisierend
Muskeltape	rot	Verlauf: **M. biceps femoris** der entlasteten Seite im Bogen knapp hinter dem Hüftgelenk und vor dem Tuber ischiadicum vorbei zum Knie bzw. Calcaneus; Anfangsbasis: Os sacrum; Endbasen: Patella, Calcaneus	Tangentialtechnik, Y-Streifen mit max. 25 % Zug, in Vorkontraktion (Retraktion der Gliedmaße)	tonisierend
Korrekturtape	schwarz, rot, violett	von der Anfangsbasis am Knie ausgehend senkrecht zur Endbasis am Tuber sacrale	Vektortechnik, I-Streifen, bis zu 100 % Zug in voreingestellter Korrekturrichtung (Anheben der geschonten Gliedmaße)	Zug in die Korrekturrichtung
alternativ: zusätzliches Muskeltape	blau	Verlauf: **M. semitendinosus** auf der belasteten Seite über Tuber ischiadicum; Anfangsbasis: Calcaneus; Endbasis: Os sacrum, seitlich der Dornfortsätze	Vektortechnik, I-Streifen, ohne Zug, in Vordehnung (Protraktion der Gliedmaße)	sedierend
alternativ: zusätzliches Muskeltape	blau	Verlauf: **M. biceps femoris** der kontralateralen (belasteten) Seite; vom Knie im Bogen hinter dem Hüftgelenk vorbei zum Sacrum; Anfangsbasis: Patella (bei Tangentialtechnik auch Calcaneus oder distal des Knies); Endbasis: Os sacrum	Tangentialtechnik mit zwei I-Streifen oder Vektortechnik mit einem I-Streifen, ohne Zug, in Vordehnung (Protraktion der Gliedmaße)	sedierend
alternativ: zusätzliches Spacetape	blau, beige, grün	über dem Schmerzareal – in diesem Fall am ISG	en bloc, 100 % Zug, 4 Streifen sternförmig	raumschaffend, schmerzlindernd

Gliedmaße anbringen. Basen stets ohne Zug anmodellieren.

- Ein Helfer hebt das Bein der geschonten Gliedmaße, bis das Becken in die Korrekturrichtung rotiert. Nun fixiert man die Anfangsbasis des Korrekturtapes (schwarz, violett, rot) auf Höhe des Knies der nicht flektierten, belasteten Gliedmaße und zieht das Tape mit bis zu 100 % Zug senkrecht zum Tuber sacrale hoch, an dem man die Endbasis wiederum ohne Zug fixiert. Das Tape gut anmodellieren.
- **Alternativ zusätzlich:** Sedierendes Muskeltape für M. biceps femoris der kontralateralen Seite. Vom Knie (Anfangsbasis) ausgehend im Bogen um das Hüftgelenk herum zum Sacrum (Endbasis) in Tangentialtechnik mit zwei I-Streifen, ohne Zug in Vordehnung (Protraktion der Gliedmaße).
- **Alternativ zusätzlich:** Sedierendes Muskeltape für M. semitendinosus der kontralateralen Seite. Vom Calcaneus bis zum Os sacrum ohne Zug in Vordehnung (Protraktion der Gliedmaße).
- **Alternativ zusätzlich:** Zeigt das Pferd noch Schmerzanzeichen, die es zur Schonhaltung animiert (beispielsweise im ISG-Bereich), kann man das Schmerzareal zusätzlich mit einem Spacetape versorgen. Hierzu werden vier I-Streifen sternförmig übereinander getapet, wobei man die Streifen en bloc und mit 100 % Zug fixiert, während die Basen wiederum ohne Zug anmodelliert werden.

5.11 Lymphatische Erkrankungen

Erkrankungen des Lymphsystems gehen stets mit Schwellungen einher, weil das Lymphsystem nicht oder nur eingeschränkt in der Lage ist, das Gewebe zu entstauen. Die Ursachen hierfür sind vielfältig. Einerseits kann das Lymphsystem – wenn sich Ödeme bilden – selbst betroffen sein, andererseits führen Verletzungen (z. B. durch einen Schlag verursachte Hämatome, ▶ Abb. 5.30) dazu, dass das Lymphsystem im Abtransport der Stoffwechselprodukte überfordert ist.

Für den Tapingtherapeuten ist es wichtig zu wissen, wie eine Schwellung einzuordnen ist und ob diese für eine Tapeanlage in Frage kommt. Hierzu kann in bestimmten Fällen der Rat des Tierarztes notwendig sein. Es ist nicht sinnvoll, die Entwicklung abzuwarten und das Risiko einzugehen, dass sich Infektionen im gesamten Körper ausbreiten und somit ein systemisches Problem entsteht. Manchmal muss der schulmedizinischen Behandlung der Vorzug gegeben werden, oft kann aber auch – in Absprache mit dem Tierarzt – begleitend mit Tapeanlagen therapiert werden.

5.11.1 Ödeme

Verschiedenartige Erkrankungen führen dazu, dass Flüssigkeit aus dem Gefäßsystem austritt und sich im interstitiellen Raum ansammelt. Diese dadurch entstandene Schwellung nennt man Ödem. Das Ödem ist keine selbstständige Erkrankung, sondern stets ein sekundäres Phänomen, das sich im subkutanen Gewebe abspielt (▶ Abb. 5.96).

Man unterscheidet verschiedene Formen von Ödemen, die sich nach der jeweiligen Ursache richten. Häufig finden sich **Stauungsödeme**, die meistens an den Hinterbeinen auftreten und aufgrund einer Durchflussstörung der Lymphe und/oder des venösen Blutes verursacht werden. Weiter kennt man **entzündliche** und **neuropathische** Ödeme.

Ursachen Typische Stauungsödeme finden sich an den Gliedmaßen, aber auch am Abdomen. Ein Ödem am Unterbauch entsteht beispielsweise durch Herzinsuffizienz und bei Nierenerkrankungen. Hier sollte in erster Linie die Grunderkrankung behandelt werden.

Bei „angelaufenen Beinen" sind die Ursachen hauptsächlich zu wenig Bewegung (langes Stehen in der Box) und Überforderung. Das Lymphsystem des Pferdes springt nur an, wenn es über die Muskel- und Gefäßpumpe angeregt wird. Verbleibt das Pferd in der Box, ist der Lymphfluss weitestgehend lahmgelegt. Damit kommt es zu Stauungsödemen in den Beinen, die sich durch Bewegung oft schnell wieder bessern. Findet der Reiter sein Pferd öfters mit angelaufenen Beinen in der Box vor, sollte er die Haltungsform und Trainingsweise überdenken, denn auch wenn die Beine nach dem Reiten wieder dünn sind, wird das Lymphsystem immer wieder überlastet. Die Folge davon ist eine weitere Verschlechterung der Lymphgefäßsituation, wodurch sich die Disposition zu angelaufenen Beinen erhöht.

Manche Pferde neigen allerdings grundsätzlich stärker zu ödematösen Beinen als andere. Man vermutet, dass bei diesen Pferden möglicherweise weniger Lymphgefäße angelegt sind oder diese bereits zerstört wurden.

Traumatische Ödeme (S. 130) bilden sich durch stumpfe, gewaltsame Einwirkungen, beispielsweise durch einen Huftritt eines Artgenossen (▶ Abb. 5.30). Hierbei kommt es zu einer Verletzung der Blut- und Lymphgefäße, die zerreißen können oder gequetscht werden.

Neuropathische Ödeme treten nach Operationen – speziell von Neurektomien – auf, wobei die Lymphkollektoren verletzt werden.

Symptome Subkutane Ödeme sind in der Lage, sich im Gewebe auszubreiten und zu verlagern. Sie sickern im Laufe der Zeit nach unten, wodurch sich die Flüssigkeit im Bauch oder in den distalen Beinabschnitten sammelt. Schließlich wird die Flüssigkeit vom Gewebe langsam resorbiert, wenn die Ursache behoben ist.

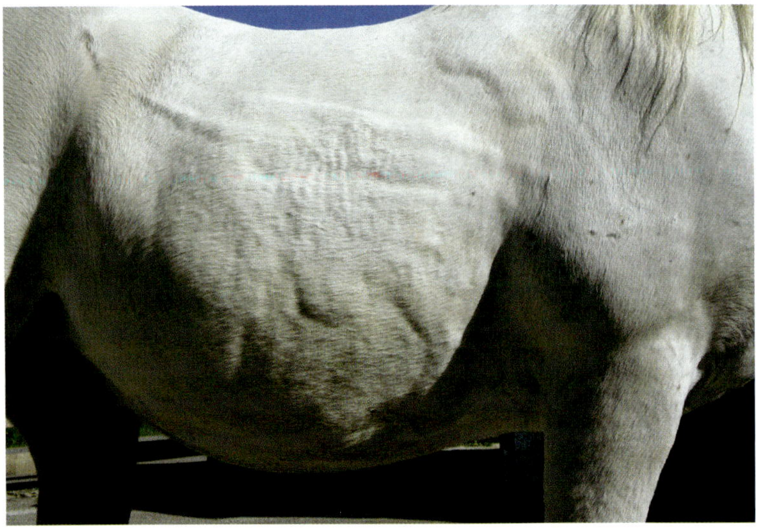

▶ **Abb. 5.96** Ödeme sind keine selbstständige Erkrankung, sondern ein sekundäres Phänomen, bei dem sich Flüssigkeit im interstitiellen Raum ansammelt.

▸ **Tab. 5.52** Tapeanlage Ödeme

Anlageform	bevorzugte Farbe	Tapeverlauf/Region	Technik	Wirkung, Sonstiges
Lymphtape	blau	Verlauf: Zwischen der ödematösen Region und der nächstgelegenen Lymphknotenstation; Anfangsbasis: Lymphknotenstation; Endbasen: an der Ödemgrenze	Fächertechnik oder Serpentinentechnik mit einem Fächertape, max. 10 % Zug (Paper-Off) unter leichter Vordehnung oder Hautvorschub	entstauend

Ödeme sind in der Regel schmerzlos und lassen sich mit dem Finger leicht eindrücken. Sie fühlen sich teigig an, der Fingerdruck hinterlässt eine Delle, die für mehrere Minuten bestehen bleibt. Während sich Stauungsödeme kalt anfühlen, ist das entzündliche Ödem warm.

Therapie Traumatische Ödeme bedürfen in der Regel nicht zwingend einer Behandlung, weil sie sich meist von selbst zurückbilden. Die Therapie richtet sich bei Stauungsödemen nach der Ursache. Dennoch kann die Rückbildung durch Massagen, manuelle Lymphdrainage, Bewegung und eine Tapeanlage unterstützt werden.

Mögliche Tapeanlage bei Ödemen

Das Mittel der Wahl ist das Anlegen eines Lymphtapes. Gegebenenfalls können weitere Tapeanlagen indiziert sein, welche die Grunderkrankung positiv beeinflussen. Hat der Tierarzt festgestellt, dass ein Stauungsödem aufgrund einer Herzinsuffizienz entstanden ist, kann dieses zur tierärztlichen Behandlung begleitend neben einem Lymphtape für das Ödem zusätzlich mit einem Segmenttape für die Herzregion versehen werden (▸ Abb. 5.97).

Ziel

Zügigere Entstauung des ödematösen Gewebes (▸ Tab. 5.52).

Step by Step

- Länge des benötigten Tapestreifens ermitteln (dabei die Wellenform bei der Serpentinentechnik berücksichtigen und entsprechend längere Streifen ablängen), Tapes in Fächerform vorschneiden, Ecken berunden.
- Die Anfangsbasis des Lymphtapes (blau) auf der nächstgelegenen Lymphknotenstation anbringen und anmodellieren. Bei langen Lymphtapes in Serpentinentechnik klebt man zunächst – unter leichter Vordehnung oder Hautvorschub (je nach Region) – die äußeren Tentakel unter maximal 10 % Zug wellenförmig bis zum Zielgebiet auf und fasst damit das Abflussgebiet ein.
- Anschließend werden die mittleren Schenkel ebenfalls in Vordehnung bzw. Hautvorschub und in Paper-Off-Technik (10 % Zug) wellenförmig bis zum Zielgebiet angebracht.
- Die Tapeschenkel werden möglichst noch unter Vordehnung gut anmodelliert.
- Nach Aufhebung der Vordehnung sollten Convolutions sichtbar werden.

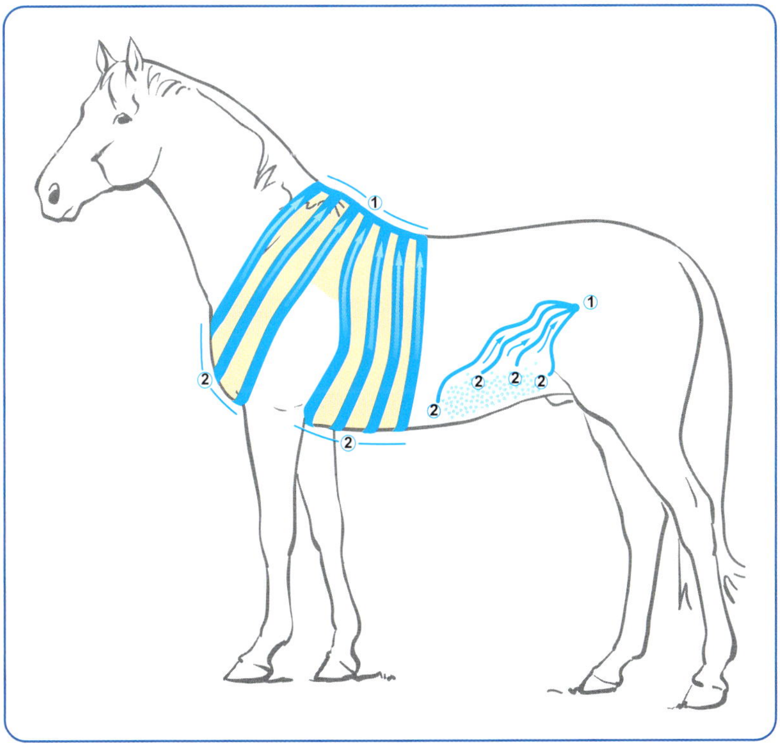

▸ **Abb. 5.97** Ein Bauchödem wird mit einem Lymphtape versorgt, die Grunderkrankung – in diesem Beispiel eine Herzinsuffizienz – erhält ein Segmenttape über dem Herz-Dermatom.

5.11.2 Phlegmone

Bei Phlegmonen handelt es sich um eine seröse oder eitrige Entzündung des subkutanen Bindegewebes und der Lymphgefäße. Sie können augenscheinlich leicht mit Ödemen verwechselt werden, eine genaue Befundung grenzt die Erkrankungen jedoch klar voneinander ab. Phlegmonen sind stets behandlungsbedürftig, da sie sich bei chronischem Verlauf zu einer Elephantiasis (S. 66) entwickeln können, die nicht mehr vollständig heilbar ist (▶ **Abb. 5.98**).

Ursachen Kleinste Verletzungen, die meist nicht entdeckt werden, können Phlegmonen hervorrufen. Dringen pyogene Keime durch die Haut in den Körper, entsteht eine Wundinfektion, die auf das Bindegewebe und die Lymphgefäße übergreift. Häufig sind Streptokokken die Ursache für die Infektion.

Symptome Eine Phlegmone kann sich in kürzester Zeit entwickeln. Die entsprechende Region schwillt deutlich an, das Pferd wirkt schlapp und teilnahmslos. Phlegmonen an den Beinen gehen mit einer deutlichen Lahmheit einher, da Phlegmonen im Gegensatz zum Ödem sehr schmerzhaft sind. Anders als Ödeme sind Phlegmonen palpatorisch warm und schmerzempfindlich. Phlegmonen lassen sich außerdem mit dem Finger kaum eindrücken, die Schwellung wirkt hart. Meist haben die Pferde auch Fieber und fressen schlecht oder gar nicht.

Im Krankheitsverlauf kann es zu einer Resorption oder Abszedierung kommen, anschließend heilt die Phlegmone aus. Hat sich der Eiter aus der Wunde entleert oder wurde resorbiert, geht das Fieber zurück und der Allgemeinzustand des Pferdes ist deutlich besser.

Therapie Die Behandlung einer Phlegmone gehört zunächst in die Hände eines Tierarztes, der ggf. Antibiotika und/oder Sulfonamide verordnen wird. Mit Wärme können die Schmerzen gelindert, der Stoffwechsel gesteigert und die Abszessreifung beschleunigt werden. Ist das Pferd fieberfrei, kann es leicht bewegt werden. Mit Hilfe einer Tapeanlage kann schließlich der Abtransport der Entzündungsprodukte beschleunigt werden (▶ **Abb. 5.99**).

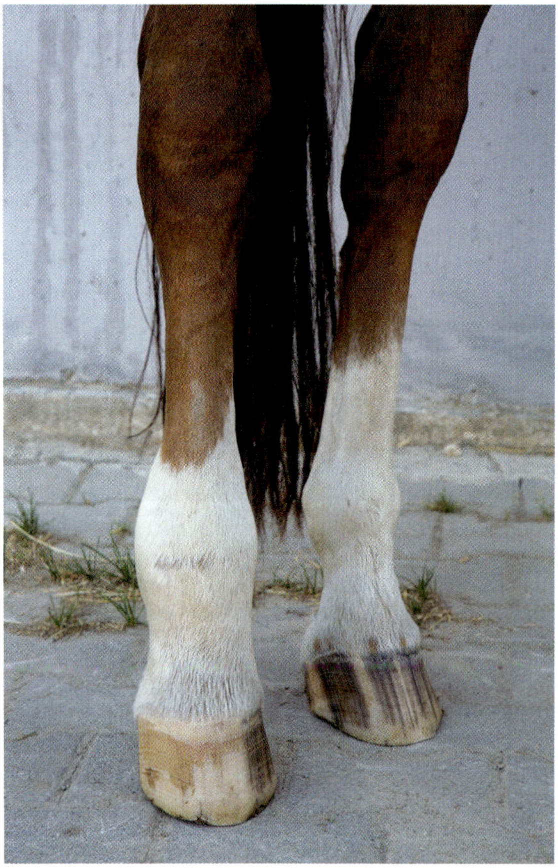

▶ **Abb. 5.98** Die Behandlung von Phlegmonen gehört zunächst in die Hände des Tierarztes. Der Therapeut kann in Absprache mit dem Tierarzt mit manueller Lymphdrainage und Kinesiotapes begleitend und nachsorgend behandeln.

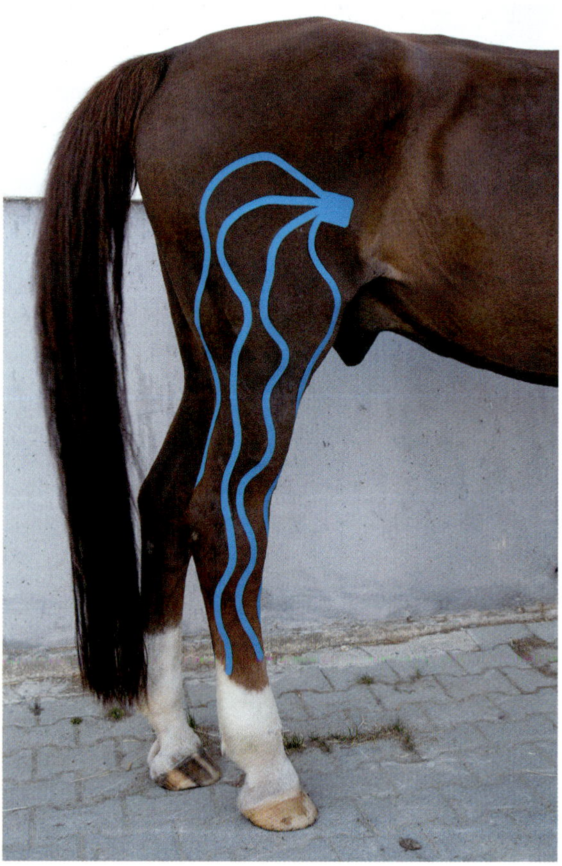

▶ **Abb. 5.99** Die chronische Phlegmone wird mit einem Serpentinen-Lymphtape versorgt.

Mögliche Tapeanlage bei Phlegmonen

Auch hier liefert das Lymphtape die besten Dienste, um das Gewebe zu entstauen (▶ **Abb. 5.100**). Je nach Lage der Phlegmone können ggf. einfassende Faszientapes eine leichte Schmerzreduktion bringen (▶ **Abb. 5.101**). Die Tapes dürfen nicht über schmerzende Regionen geklebt werden. Die Tentakel des Lymphtapes beginnen an der Grenze zur schmerzhaften, geschwollenen Region, die Faszientapes bilden einen Rahmen um den betroffenen Bezirk.

Ziel

Entlastung und Entstauung der betroffenen Region sowie Anregung des Stoffwechsels, der Durchblutung und der Gewebemobilität (▶ **Tab. 5.53**).

Step by Step

- Länge der benötigten Tapestreifen ermitteln (dabei die Wellenform bei der Serpentinentechnik berücksichtigen und entsprechend längere Streifen ablängen), Tapes vorschneiden, Ecken berunden.
- Die Anfangsbasis des **Lymphtapes** (blau) auf der nächstgelegenen Lymphknotenstation anbringen und anmo-

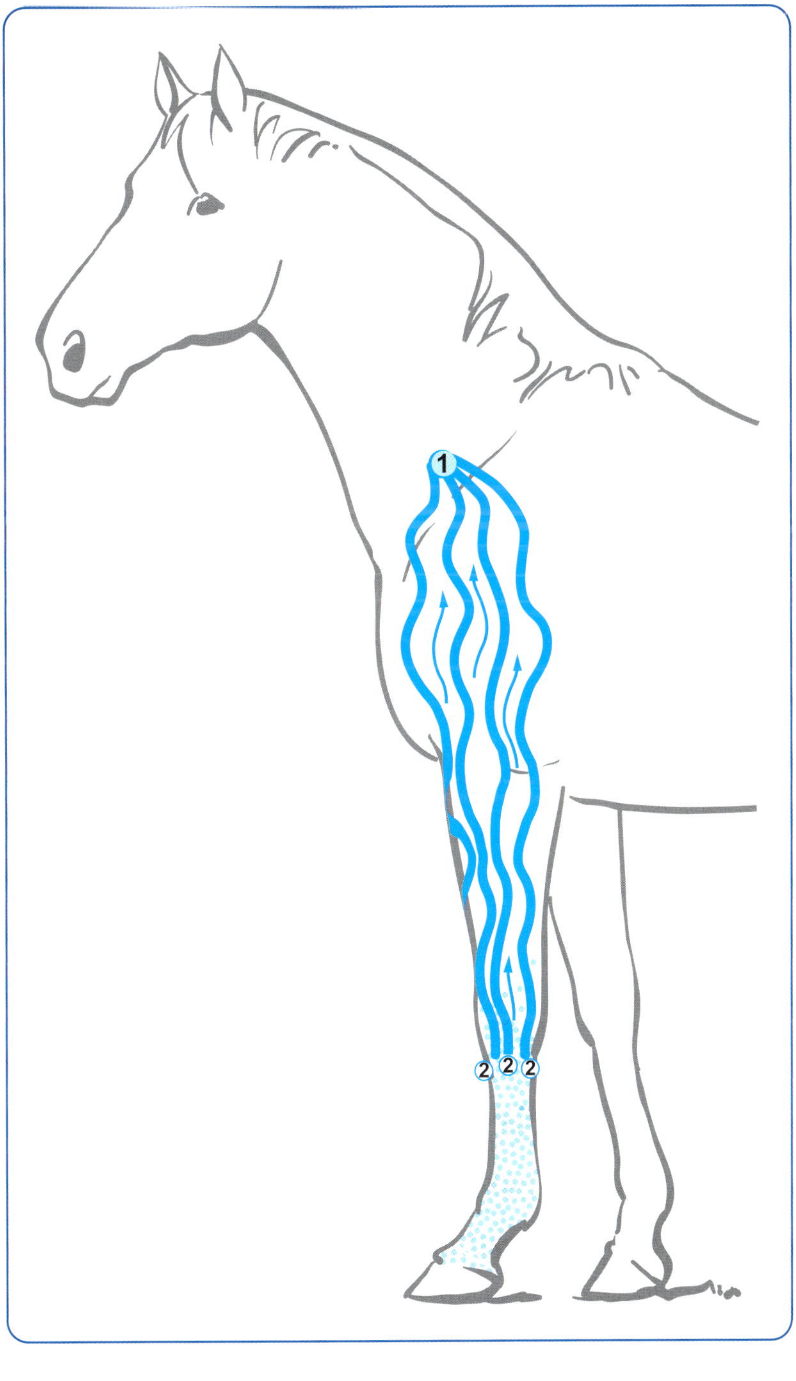

▶ **Abb. 5.100** Serpentinen-Lymphtapes eignen sich gut für die Entstauung der Extremitäten.

► **Tab. 5.53** Tapeanlage Phlegmone

Anlageform	bevorzugte Farbe	Tapeverlauf/Region	Technik	Wirkung, Sonstiges
Lymphtape	blau	Verlauf: Zwischen der geschwollenen Region und der Lymphknotenstation; Anfangsbasis: Lymphknotenstation; Endbasen: an der Phlegmonegrenze	Fächertechnik oder Serpentinentechnik mit einem Fächertape, max. 10 % Zug (Paper-Off) unter leichter Vordehnung oder Hautvorschub	entstauend
alternativ: zusätzliche Faszientapes	grün	das betroffene Gebiet einrahmend	1–4 Y-Tapes in Doppelzugtechnik	entlastend, schmerzlindernd, Anregung der Gewebemobilität und des Stoffwechsels

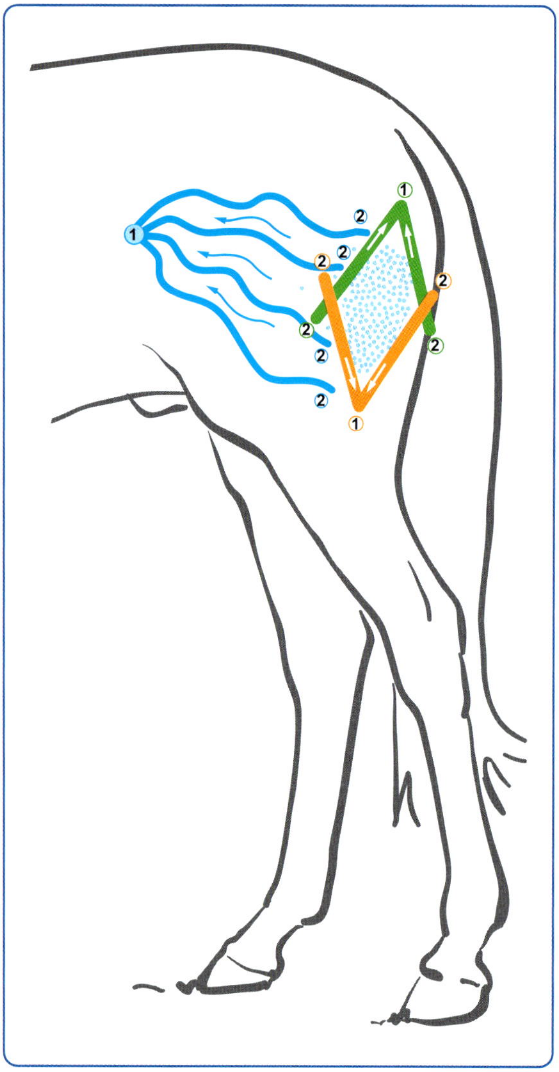

► **Abb. 5.101** Neben dem Lymphtape kann das Stauungsgebiet auch mit mobilisierenden Faszientapes eingegrenzt werden.

dellieren. Bei langen Lymphtapes in Serpentinentechnik klebt man zunächst – unter leichter Vordehnung oder Hautvorschub (je nach Region) – die äußeren Tentakel unter maximal 10 % Zug wellenförmig bis zum Zielgebiet auf und fasst damit das Abflussgebiet ein.

- Anschließend werden die mittleren Schenkel ebenfalls in Vordehnung bzw. Hautvorschub und in Paper-Off-Technik (10 % Zug) wellenförmig bis zum Zielgebiet angebracht.
- Die Tapeschenkel werden möglichst noch unter Vordehnung gut anmodelliert.
- Nach Aufhebung der Vordehnung sollten Convolutions sichtbar werden.
- **Alternative** zusätzliche Faszientapes unterstützen den Stoffwechsel und sorgen für mehr Gewebemobilität. Sie werden in Y-Form vorgeschnitten und die Anfangsbasis in genügendem Abstand zur Läsionsgrenze fixiert. Ohne die Anfangsbasis nun festzuhalten, zieht man mit beiden Händen die Schenkel entlang der Schwellungsgrenzen und klebt sie mit bis zu 100 % Zug auf. Entsprechend der beschriebenen Tangentialtechnik bei Faszienanlagen (S. 58) können ein bis drei weitere Faszientapes in gegenläufiger Lage und schenkelüberlappend angebracht werden.

5.12
Organische Erkrankungen

Organische Erkrankungen können beim Pferd manuell nur sehr eingeschränkt erfasst werden. Die hohe Bauchdeckenspannung lässt es nicht zu, die inneren Organe zu palpieren und manuell zu mobilisieren. Somit ist es nur möglich, die Viscera indirekt zu beeinflussen. Dies geschieht insbesondere über die Verschaltungen des Nervensystems, welche bestimmte Hautsegmente mit den inneren Organen verbinden. Über diese sogenannten Headzonen (S. 75) zeichnen sich alle Organe an einem bestimmten Hautabschnitt ab, der manuell oder auch mit Hilfe von kinesiologischen Tapes beeinflusst und stimuliert werden kann. Dies hat letztendlich eine reflektorische Wirkung auf das jeweilige, dem Segment zugeordnete Organ.

► **Tab. 5.54** gibt einen Überblick der jeweiligen Organe und deren über die nervale Innervation zugeordneten Hautreflexzonen.

Der vielseitige Therapeut kann reflektorischen Einfluss auf die Viscera über verschiedene therapeutische Ansätze

▶ **Tab. 5.54** Organe und deren zugeordnete Dermatome

Organ	Lage des Organs	sympathische Innervation	Dermatom (palpatorisch sensible Reflexionszone)	druckdolente Dornfortsätze
Herz	links 3.–5. ICR ventrales Drittel des Thorax	kraniale Thorakalwirbelsegmente (Th 1–5) über Plexus cardiacus	C 7–Th 9 (nur linksseitig), von den Wirbeln ventral über den gesamten Brustbereich, oberes Drittel der Scapula, Thoraxbereich bis Linea alba	Th (1) 4–9 (1–3 nicht palpierbar)
Lunge	Th 1–Th 17 ventral bis Sternum	kraniale Thorakalwirbelsegmente über Plexus pulmonalis	Th 3–18 gesamter Rippenbereich bis Linea alba	–
Magen	linksseitig, kranioventraler bis kaudodorsaler Verlauf hinter der 9. –16. Rippe	kaudale Thorakalwirbelsegmente über Plexus gastrici	von Th 10–18 ventral bis Linea alba	Th 13–17
Darm	Th 18–S 2 laterale Bauchwand; Caecum: rechte Bauchwand	kaudale Thorakalwirbelsegmente bis Lendenwirbelsegmente	Th 13–S 2, im Thoraxbereich bis Linea alba, komplette Beckenschaufel, ventral an der kaudalen Kante des Femur bis zum Knie	Th 13, 18, L 4–6
Leber	links 6. –10. Rippe (Lobus hepatis sinister), rechts 6.–14. Rippe (Lobus hepatis dexter und quadratus)	kaudale Thorakalwirbelsegmente über Plexus hepaticus	Th 11–14 (links), Th 11–18 (rechts), jeweils ventral bis Linea alba	Th 11–18
Niere	rechts ventral von Th 16–18, links ventral von Th 17-L 1	Lendenwirbelsegmente über Plexus renalis	Th 13–18 ventral bis Linea alba, L 1–5, ventral der Darmbeinschaufel entlang bis Femur	Th 13–18, L 1–5
Blase	in der Beckenhöhle	Lendenwirbelsegmente über Plexus pelvinus und Plexus vesicalis	Th 18–S 2 bis Knie und M. extensor digitalis longus und lateralis	L 3–S 5

nehmen. Der Manualtherapeut hat – neben dem kinesiologischen Tapen – die Möglichkeiten, über Wirbelmobilisationen und -manipulationen, aber auch durch Massagetechniken der Triggerpunkte im Dermatom und Myotom, auf die Organe einzuwirken. Häufig aktive Triggerpunkte decken sich mit Akupunkturpunkten und bieten damit dem TCM-Therapeuten einen Zugang zum Körperinneren. Hier haben vor allem die Alarmpunkte eine große Bedeutung in Bezug auf die inneren Organe.

Durch reflektorische Behandlungsstrategien die Viscera zu beeinflussen, hilft dem jeweiligen Organ, seinen Aufgaben besser gerecht zu werden. Somit ergibt sich eine verbesserte Stoffwechselfunktion und eine schnellere Erholung von Krankheiten und Verletzungen. Hierfür eignen sich tonisierende Techniken, während detonisierende Maßnahmen bei Entzündungszuständen angezeigt sind. Auf diese unterschiedlichen Anforderungen kann man mit diversen Tapingstrategien sehr gut eingehen. Das segmentale (indirekte) Tapen von inneren Organen entspricht einer Regulationstherapie, wie sie beispielsweise auch die Akupunktur darstellt. Sie kann somit auch präventiv angewandt werden und dient bei diagnostizierter Erkrankung zur Ergänzung der (meist schulmedizinisch notwendigen) Primärtherapie.

5.12.1 Atemwegserkrankungen

Atemwegserkrankungen treten beim Pferd sehr häufig auf und zeigen sich in vielen verschiedenen Facetten. Man unterscheidet zwischen Erkrankungen des oberen und unteren Respirationstrakts, differenziert aber auch infektiöse und nichtinfektiöse Erkrankungen der Lunge und Atemwege. Alle Erkrankungen aufzuzählen, wäre im Rahmen dieser Ausführungen weder möglich noch sinnvoll, sodass man sich auf einige Beispiele beschränken muss. Zudem ist selbst dieselbe Erkrankung bei verschiedenen Pferden nicht gleichzusetzen, weil nicht die Erkrankung an sich, sondern die Konstitution des Pferdes, der Krankheitsverlauf und die -ausprägung eine entscheidende Rolle spielen, wie sich die Krankheit darstellt und behandelt werden muss. Somit können sich auch abweichende Symptome in unterschiedlicher Ausprägung zeigen. Infolge davon muss eine Tapeanlage nicht immer gleich, sondern kann ebenfalls andersartig ausfallen.

Nicht übertragbare Krankheiten der oberen Luftwege sind Sinusitiden, Erkrankungen des Rachens, des Kehlkopfes und der Trachea, Rhinitis, Luftsack- und Nasenerkrankungen. Erkrankungen der tiefen Atemwege wären beispielsweise das Lungenemphysem und -ödem sowie die chronisch obstruktive Bronchitis (COB bzw. RAO –

Recurrent Airway Obstruction, einer neueren Bezeichnung für rezidivierende Atemwegsobstruktionen). Obwohl sich die Begriffe von der Definition her nicht ganz decken, handelt es sich um chronisch-obstruktive Lungenerkrankungen, die stets mit chronischem Husten einhergehen. Im Volksmund spricht man hierbei auch von Dämpfigkeit.

Weiter kennt man verschiedene Formen von Pneumonien sowie infektiöse Erkrankungen mit Rhino-, Herpes-, Reo- und Influenzaviren. Grundsätzlich gilt bei allen Atemwegserkrankungen, dass eine umfassende medikamentöse Therapie erfolgen muss, um eine Chronifizierung und irreversible Lungenschäden zu vermeiden. Die Tapingtherapie kann hier begleitend eingesetzt werden.

Ursachen Atemwegserkrankungen werden häufig durch Schadstoffe wie Schimmelpilze im Futter, Staub und Gase ausgelöst. Verstärkt wird die Gefahr des Schadstoffkontakts durch eine geschlossene Stallhaltungsform (z. B. Boxenhaltung) und die Fütterung von staubigem Heu, bei der insbesondere Schimmelpilzsporen eingeatmet werden.

Bakterien und Viren sind ebenso Auslöser wie begleitende Faktoren bei diversen Atemwegserkrankungen.

Symptome Zunächst ist Husten das signifikanteste Anzeichen für eine Erkrankung der Atemwege (▶ **Abb. 5.102**). Je nach Ursache, Verlauf und Art der Erkrankung gehören meist auch Atembeschwerden (oft während der Exspiration und ggf. mit Bauchpresse), eine erhöhte Atemfrequenz, Nasenausfluss, Verengung der Atemwege mit Schleimansammlungen und möglicherweise auch Fieber zum Symptomenkomplex. Eine Auskultation der Lunge und Atemwege bringen nähere Informationen über die genaue Art der Atemwegserkrankung.

Therapie Eine schulmedizinische, medikamentöse Therapie ist meist unumgänglich. Begleitend kann sowohl der Pferdebesitzer selbst als auch der Therapeut viel zur Genesung des Pferdes beitragen. Neben Ultraschallinhalationen, das Füttern von nassem Heu und speziellen Atemwegskräutern, sollte es eine Selbstverständlichkeit sein, dem Pferd einen luftigen, aber zugfreien Stall zu bieten.

Mögliche Tapeanlage bei Atemwegserkrankungen

Die Lunge kann mit einem Fächertape segmental getapet werden, um die Lungenfunktion zu unterstützen. Zusätzlich sind – je nach Krankheitsbild – Muskelanlagen zur Unterstützung der Atemmuskulatur denkbar. In erster Linie sind hierfür das Zwerchfell, die Abdominal- und Zwischenrippenmuskulatur prädestiniert (▶ **Abb. 5.103**). Im Falle der Intercostalmuskulatur lässt sich diese mit dem Segmenttape kombinieren, wenn man den Verlauf zwischen den Rippen beachtet.

▶ **Abb. 5.102** Atemwegserkrankungen gehen häufig mit einer Hustensymptomatik einher.

Ziel

Die Tapinganlage hat zum Ziel, dem Pferd die Atmung zu erleichtern, wodurch sich der Vierbeiner wohler fühlt und schneller genesen kann (▶ **Tab. 5.55**).

Praxistipp

Orientiert man sich beim Anbringen des Segmenttapes am Rippenverlauf und tapet die (schmalen) Streifen zwischen den Rippen, erreicht man zugleich eine Aktivierung der Intercostalmuskulatur. Somit erfüllen diese Tapestreifen eine Doppelfunktion: Sie wirken somit sowohl segmental als auch muskulär.

Step by Step

- Länge der benötigten Tapestreifen ermitteln, Tapes vorschneiden, Ecken berunden.
- Zunächst wird die Querbasis des Segmenttapes paravertebral der Wirbelsäule fixiert und anmodelliert. Sie gilt nun als Ausgangsbasis für die einzelnen, schmäler gehaltenen I-Streifen im Segment, die anschließend parallel bis zur Linea alba gezogen werden. Die Anfangsbasen liegen dabei jeweils auf der Querbasis. Nach Möglichkeit kann man eine leichte Vorkontraktion (Lateroflexion zur Tapeseite) initiieren. Die Segmentstreifen werden mit bis zu 25 % Zug angebracht.

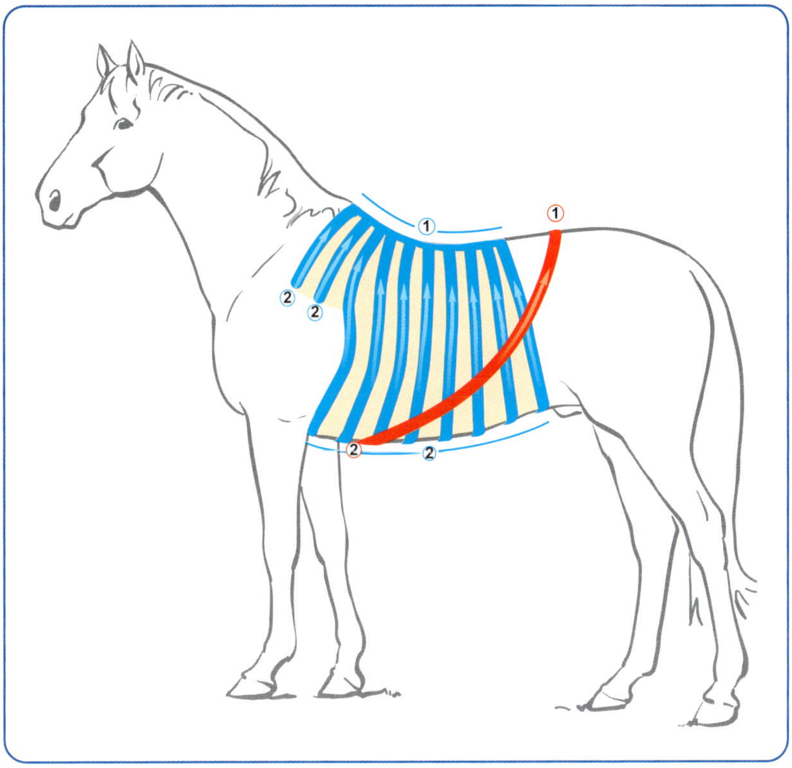

▶ **Abb. 5.103** Die Segmentanlage für die Lunge (blau) deckt den gesamten Thoraxbereich ab. Zusätzlich kann das Zwerchfell mit einem tonisierenden Muskeltape (rot) aktivierend getapet werden.

▶ **Tab. 5.55** Tapeanlage bei chronisch obstruktiver Bronchitis (COB)

Anlageform	bevorzugte Farbe	Tapeverlauf/Region	Technik	Wirkung, Sonstiges
Segmenttape	rot, orange	Verlauf: fächerförmig im Lungensegment von Th 3–Th 18	Fächertechnik mit einem Fächertape oder einer Querbasis und einzelnen (ggf. schmäleren) I-Streifen pro Wirbelsegment, max. 25 % Zug, beidseits	aktivierend
Muskeltape	rot, schwarz	Verlauf: entlang des Rippenbogens vom Sternum (Xyphoid) bis Th 18 (Ansätze des Zwerchfells)	1 I-Streifen, max. 25 % Zug, beidseits	Unterstützung des Zwerchfells als wichtigsten Atemmuskel

- Das Zwerchfelltape modelliert man mit der Anfangsbasis paravertebral von Th 18 an, zieht es unter leichter Vorkontraktion (Lateroflexion zur Tapeseite) mit bis zu 25 % Zug am Rippenbogen entlang bis zum Xyphoid und modelliert es mit der Endbasis zugfrei an.
- Die Tapes werden stets auf beiden Körperhälften angebracht.

5.12.2 Magen- und Darmerkrankungen

Magen- und Darmbeschwerden sind neben den Erkrankungen des Atemapparats die häufigsten Gesundheitsprobleme der heutigen Hauspferde. In erster Linie sind hier Koliken (ein Sammelbegriff für Magen- und Darmschmerzen), aber auch Magengeschwüre zu nennen. Bereits bei jedem zweiten Fohlen werden Magengeschwüre festgestellt. Etwa 40 % der Freizeitpferde zeigen Magenulzera auf, bei den Turnierpferden sind es ca. 60 % und bei den Rennpferden gar 90 %. Eine Gastritis geht dabei häufig einem Magengeschwür voraus.

Ursachen Ursächlich kommen bei Pferden insbesondere Stressfaktoren in Frage, die zu einer Magenschleimhautentzündung und schließlich zu Magengeschwüren führen. Dabei spielt nicht nur der Trainings- und Turnierstress, sondern auch der Fütterungs- und Haltungsstress eine große Rolle. Falsches Futter und ungeeignetes Fütterungsmanagement sind nicht nur die Auslöser für Magenprobleme, sondern spielen auch dem Darm übel mit, wodurch es zu Koliken kommen kann. Zu nennen sind hier insbesondere mangelnde Futterqualität (beispielsweise Schimmelpilzsporen im Heu oder Milben im Krippenfutter) sowie zu lange Nüchternzeiten zwischen den Mahlzeiten. Nur eine vier- bis fünfmalige Fütterung pro

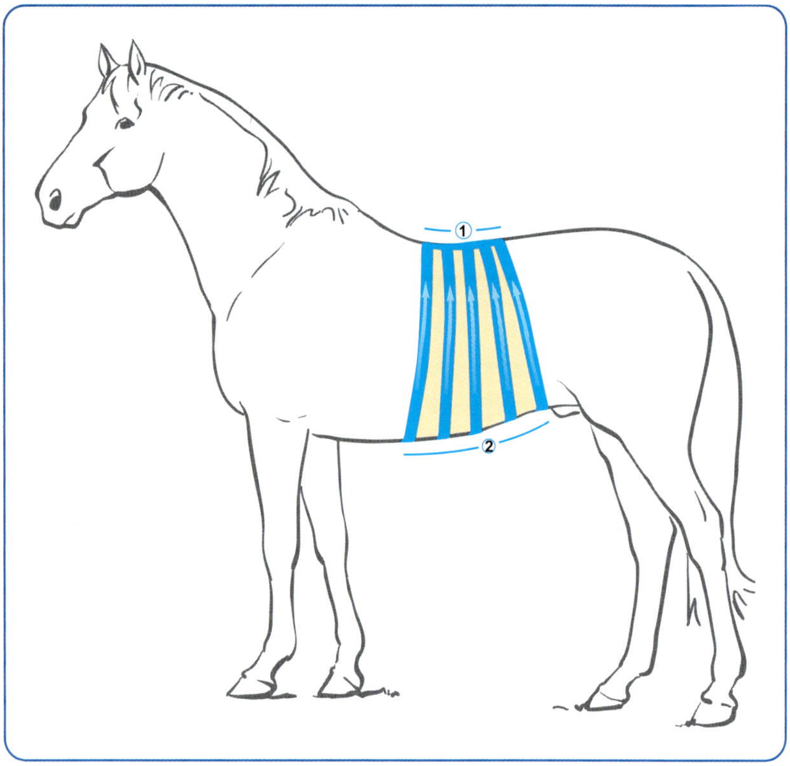

▶ **Abb. 5.104** Die Segmente können nicht klar voneinander getrennt werden, darum reicht eine Segmentanlage, die das Dermatomgebiet ungefähr abdeckt vollkommen aus. In dieser Grafik ist das Dermatomgebiet von Magen/Darm dargestellt.

Tag kann dem Dauerfresser Pferd einigermaßen gerecht werden.

Selbstverständlich sind auch andere Ursachen denkbar. Hier kommen häufige oder dauerhafte Medikamentengaben infrage sowie eine zu zuckerreiche Ernährung bzw. große Mengen energiereiches Kraftfutter.

Symptome Die Koliksymptome sind in erster Linie Schmerzanzeichen, derer das Pferd eine große Palette an den Tag legt. Hierzu gehören Flehmen, Wälzen, Scharren, wiederholtes Umschauen zum Bauch, Futterverweigerung und Schwitzen. Zudem kann der aufmerksame Pferdebesitzer eine erhöhte Atemfrequenz und einen schnelleren Puls feststellen. Manchmal steigt auch die Körpertemperatur. Die Symptome bei Magengeschwüren sind unspezifischer, oft lassen sich nur Mattigkeit, Lustlosigkeit oder Müdigkeit feststellen. Dennoch sollten Anzeichen wie Flehmen, Lecken, ein „in-sich-gekehrter Blick“ und vor allem das kurzzeitige Innehalten beim Kauen aufhorchen lassen. Interessanterweise wird zudem das Koppen mit Magengeschwüren in Verbindung gebracht.

Therapie Koliken sind Notfälle, der Tierarzt muss sofort gerufen werden. Wenn sich Pferde führen lassen, sollte man dies tun, sie jedoch nicht mit Gewalt dazu zwingen. Wollen sich die Pferde wälzen, darf man sie gewähren lassen. Sie sollten jedoch zunächst kein Futter erhalten. Die weiteren Maßnahmen richten sich nach der genauen Diagnose und werden mit dem Tierarzt abgesprochen.

Magengeschwüre können nur über eine Gastroskopie gesichert diagnostiziert werden. Spezielle, Magensäure abpuffernde Medikamente helfen recht gut, langfristig jedoch sollten die Ursachen gefunden und abgestellt werden.

Mögliche Tapeanlage bei Magen- und Darmerkrankungen

Kolikanfällige Tiere sowie Pferde mit Magengeschwüren neigen zu verspannten Abdominalmuskeln, die mit einer Tapeanlage einen sedierenden Impuls erhalten können. Insbesondere jedoch sollte das Magen-/Darmsegment mit kinesiologischen Tapes versorgt werden. Auch hier tapet man in der Regel sedierend, um beruhigend auf die Organe einzuwirken (▶ Abb. 5.104, ▶ Abb. 5.105).

Ziel

Mit der Tapeanlage will man einen regulierenden, entzündungshemmenden und dämpfenden Effekt erreichen, um die Organe zu beruhigen und so die Schmerzen zu lindern (▶ Tab. 5.56).

Step by Step

- Länge der benötigten Tapestreifen ermitteln, Tapes vorschneiden, Ecken berunden.
- Zunächst wird die Querbasis des **Segmenttapes** paravertebral der Wirbelsäule fixiert und anmodelliert. Sie gilt nun als Basis für die einzelnen, schmäler gehaltenen I-Streifen im Segment, die anschließend parallel von der Linea alba bis zur Querbasis gezogen werden.

▶ **Abb. 5.105** Viele Pferde leiden unter Magengeschwüren. Eine harmonisierende Tapeanlage kann beruhigend auf den Magen einwirken. Das Segment des Magens erstreckt sich von Th 10–Th 18.

▶ **Tab. 5.56** Tapeanlage für Koliker

Anlageform	bevorzugte Farbe	Tapeverlauf/Region	Technik	Wirkung, Sonstiges
Segmenttape	blau	Region: im Dermatomgebiet des Darms von Th 13–S 2, Anfangsbasen: Linea alba Endbasen: paravertebral der Wirbelsäule auf der Querbasis	Fächertechnik mit einer Querbasis und einzelnen (ggf. schmäleren) I-Streifen pro Wirbelsegment, max. 10 % Zug (Paper-Off) unter leichter Vordehnung oder Hautvorschub, auf beiden Körperhälften	beruhigend
Muskeltape	blau	Verlauf: Zebrastreifen im Faserverlauf der **Abdominalmuskulatur** (M. obliquus externus abdominis) mit Anfangsbasen an der Linea alba bzw. Lig. inguinale und Endbasen an den Rippen	Vektortechnik, parallele I-Streifen in Zebraoptik, beidseits, 10 % Zug (Paper off) mit Vordehnung (Lateroflexion des Rumpfes), auf beiden Körperhälften	entkrampfend

Die Segmentstreifen werden mit bis zu 10 % Zug unter leichter Vordehnung (Lateroflexion der Brustwirbelsäule) angebracht.

- Anschließend kann ein sedierendes **Muskeltape** (blau) im Bereich der Abdominalmuskulatur von der Linea alba bis zu den Rippen 4–18 angebracht werden. Man beginnt mit der Anfangsbasis an der Linea alba und zieht das Tape im Faserverlauf des Muskels bis zur jeweiligen Rippe hoch. Dabei sollte das Pferd in Vordehnung (Lateroflexion des Rumpfes) gebracht werden.
- Die I-Streifen werden in Zebraoptik, parallel zueinander angebracht, um den größten Teil des Muskels mit den Tapes abdecken zu können.
- Die Anlage wird selbstverständlich stets auf beiden Körperhälften getapet, die Bänder gut anmodelliert und die Basen immer ohne Zug fixiert.

5.12.3 Entgiftungsorgane

Immer öfter leiden Pferde unter den modernen Umwelteinflüssen. Nicht nur beim Menschen, sondern auch beim Pferd machen sich darum sogenannte Zivilisationskrankheiten breit. Insbesondere sind die Organe, die Giftstoffe im Körper umbauen, verarbeiten und ausscheiden ungewöhnlich großen Belastungen ausgesetzt.

Ursachen Das heutige Hauspferd wird mit vielen Giftstoffen und den Körper belastenden Materialien konfrontiert: Pestizide aus der Landwirtschaft, Nitrat im Trinkwasser, Giftpflanzen auf der Weide, im Stall verwendete Holzimprägnierungsmittel, belastende Inhaltsstoffe in Pflege- und Fliegenmitteln, allergene Stoffe bei Ausrüstungsgegenständen (insbesondere Gebisse), Medikamente sowie unverträgliche Inhaltsstoffe in Futtermitteln. Die Entgiftungsorgane des Pferdes haben deshalb nicht nur viel zu tun, sondern werden aufgrunddessen auch häufig entsprechend überlastet. Am Stoffwechsel und insbesondere an der Entgiftung des Körpers beteiligt sind vor allem das Lymphsystem, die Haut, der Darm sowie Leber und Nieren.

Symptome Kommt es zu Überlastungen der Entgiftungsorgane, kann eine Vielzahl von weiterführenden Erkrankungen die Folge sein. Das jeweilige Organ selbst erkrankt in der Regel zuerst. Nicht immer zeigen sich jedoch eindeutige Symptome, weil der Pferdekörper sehr viel über eine lange Zeit kompensieren kann. Erst wenn das jeweilige Organ bereits stark zerstört und damit in seiner Funktionalität extrem eingeschränkt ist, sind Anzeichen ersichtlich. Es beginnt meist mit unspezifischen Symptomen, die zunächst nicht wirklich einzuordnen sind. Ist das Pferd müde und schlapp, wird dies mit vielerlei Gründen erklärt: Das warme Wetter, der letzte anstrengende Ausritt oder einfach nur „ein schlechter Tag" werden als Schuldige herangezogen, wenn man keine andere Erklärung findet.

Müdigkeit hingegen kann ein Zeichen einer Leberschädigung sein, weitere Frühsymptome sind unter anderem Stichelhaare, sich am Fell abzeichnende Headzonen, sogenannte Hungerhaare (einzelne, längere Haare im normalen Fell bzw. auch übermäßig langes Winterfell), Farbveränderungen im Fell (Rappen zeigen beispielsweise weitläufig rötliches Deckhaar, Füchse dunkle Stellen, sogenannte Talerflecke oder komplette Aufhellung der Grundfarbe) oder Leistungsabfall. Später kommen Spätsymptome wie Ikterus (gelbe Haut, Skleren und Schleimhäute) und erhöhte Leberwerte im Blut hinzu. Wenn das Blutbild bereits eine Leber- oder Nierenschädigung anzeigt, ist es meist zu spät, um zerstörtes Organgewebe reparieren zu können. Man kann nur daran arbeiten, das verbliebene Organgewebe so weit wie möglich zu erhalten.

Während die Leber jedoch sehr regenerationsfähig ist, verabschiedet sich das Nierengewebe für immer. Eine Nierenschädigung kann die Folge einer Leberproblematik sein, dieser aber auch vorausgehen. Die Entgiftungsorgane sind stets voneinander abhängig, weil sie funktionell verbunden sind. Frühsymptome für Nierenprobleme sind sehr vielfältig, zeichnen sich aber meist in einem stumpfen Fell, der Neigung zu Hautpilz, „unreiner" Haut (Pickel), einer Überempfindlichkeit der Haut (z. B. auf Insekten) und generalisiertem Juckreiz aus. Weitere Anzeichen sind Warzen, Sarkoide, Parasitenbefall (z. B. Haarlinge), Ekzeme, Mauke, Nesselfieber, schlechter Fellwechsel, Allergien, atypisches Schwitzverhalten, abnormes Trinkverhalten und Urinabsatz sowie Hufrehe, Ödeme, Hufabszesse und Strahlfäule.

Therapie Die Therapie richtet sich stets nach der Ursache, meist zielt sie auf die Entlastung des jeweiligen Organs ab. Hier können auch zur Schulmedizin ergänzende Therapieformen wie Akupunktur, Phytotherapie oder Homöopathie sinnvoll eingesetzt werden.

Mögliche Tapeanlage zur Entlastung der Entgiftungsorgane

Je nach Krankheitsbild wird zunächst ein Segmenttape des entsprechenden Organs angestrebt. Das Lebersegment ist im Bereich von Th 11–18 zu finden (▶ **Abb. 2.56** und ▶ **Abb. 5.106**), das Dermatom der Niere erstreckt sich von den Wirbelsegmenten Th 13–L 5 (▶ **Abb. 5.107**). Zudem tapet man entsprechend dem Organ und dem Krankheitsbild schmerzlindernde, entlastende oder pushende Anlagen (▶ **Tab. 5.57**).

Ziel

Bei entzündlichen Zuständen der Entgiftungsorgane muss eine Entlastung herbeigeführt werden. Die Tapeanlage unterstützt die Entstauung der jeweiligen Region und das Pferd erhält die Zeit und die Möglichkeit, sich zu regenerieren (▶ **Abb. 5.108**).

Bei chronischen Zuständen kann eine tonisierende Tapeanlage die Leber, Niere oder Haut anregen, die Stoffwechselfunktion zu optimieren.

Step by Step

- Länge der benötigten Tapestreifen ermitteln, Tapes vorschneiden, Ecken berunden.
- Zunächst wird die Querbasis des **Segmenttapes** paravertebral der Wirbelsäule fixiert und anmodelliert. Sie gilt nun als Basis für die einzelnen, schmäler gehaltenen I-Streifen im Segment, die anschließend parallel von der Linea alba bzw. dem Oberschenkelbereich bis zur Querbasis gezogen werden. Die Segmentstreifen werden mit bis zu 10 % Zug unter leichter Vordehnung (Lateroflexion im Bereich der Lendenwirbelsäule und

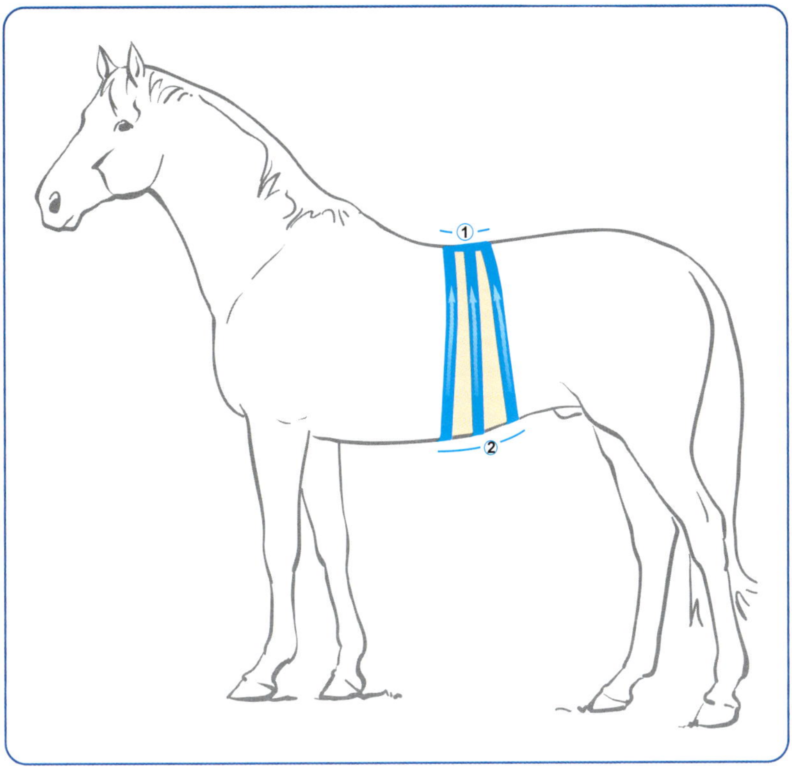

▸ **Abb. 5.106** Das Dermatom der Leber erstreckt sich über die Wirbelsegmente Th 11–18.

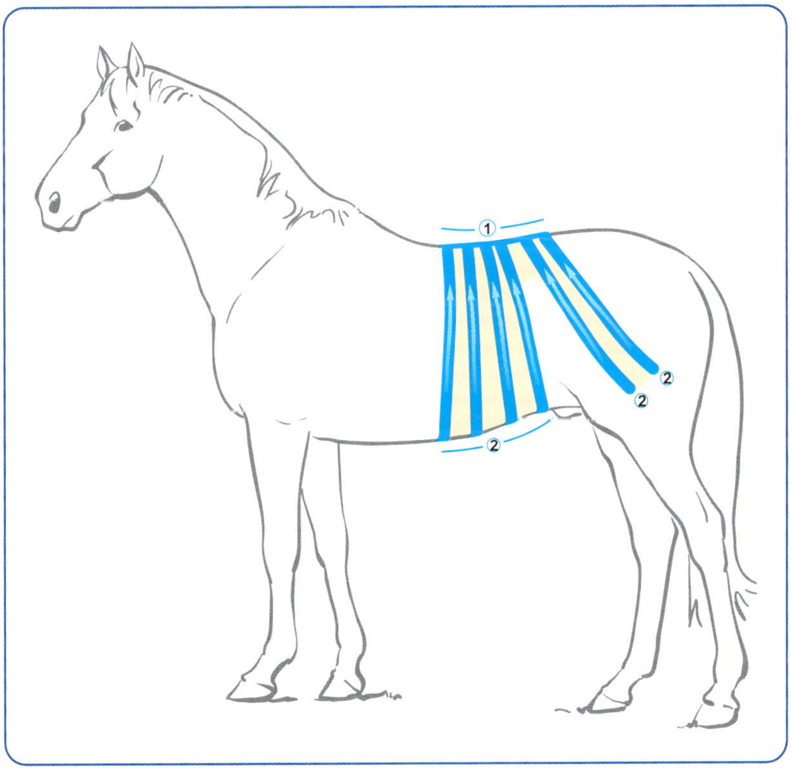

▸ **Abb. 5.107** Das Dermatom der Niere liegt im Gebiet der Wirbelsegmente Th 13–L 5.

des Beckens) angebracht. Das Segmenttape wird auf beiden Körperhälften getapet.

- Anschließend wird das **Spacetape** über der Niere angebracht (hierbei ist darauf zu achten, dass die linke Niere etwas kaudal der rechten liegt: Th 16–Th 18 rechts, Th 17–L 1 links). Hierzu wählt man jeweils 4 I-Streifen, die sternförmig in maximaler Spannung en bloc über dem Organ angebracht werden. Basen stets zugfrei fixieren und anmodellieren.

▸ **Tab. 5.57** Tapeanlage bei Nierenentzündung

Anlageform	bevorzugte Farbe	Tapeverlauf/Region	Technik	Wirkung, Sonstiges
Segmenttape	blau	Verlauf: Im Dermatomgebiet der Niere (Th 13–L 5)	Fächertechnik mit einer Querbasis und einzelnen (ggf. schmäleren) I-Streifen pro Wirbelsegment, max. 10 % Zug (Paper-Off) unter leichter Vordehnung oder Hautvorschub, auf beiden Körperhälften	entlastend
Spacetape	grün	über den Nieren (rechts ventral von Th 16–18, links ventral von Th 17–L 1)	jeweils 1–4 I-Streifen in Sternform, beidseits	entlastend, schmerzlindernd,

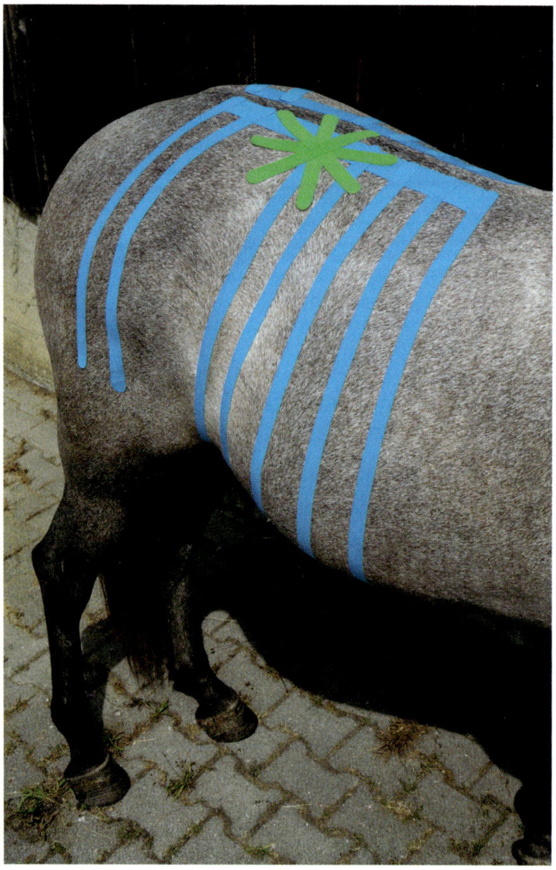

▸ **Abb. 5.108** Aufgrund einer Nierenentzündung wurde ein Segmenttape im zugehörigen Segment getapet sowie ein Spacetape über der Niere platziert, um eine Entlastung herbeizuführen.

Teil 4
Anhang

6 Weiterführende Literatur

[1] Dietz O, Huskamp B. Handbuch Pferdepraxis. 3. Aufl. Stuttgart: Enke; 2005

[2] Eser KML. Checkliste Osteopathie Pferd. Stuttgart: Sonntag; 2011

[3] Ettl R. Arthrose. Marklkofen: Silver Horse Edition; 2014

[4] Ettl R. Klassische Pferdemassage. Marklkofen: Silver Horse Edition; 2011

[5] Ettl R. Manuelle Pferdetherapie. Stuttgart: Thieme; 2023

[6] Ettl R. Unterrichtsbegleitende Skripten zur Ausbildung „Manuelle Therapie am Pferd". Marklkofen: Silver Horse Edition; 2006

[7] Ettl R. Sporttherapie für Pferde. Schwarzenbek: Cadmos; 2000

[8] Gerber V, Gerber H, Straub R. Untersuchungsmethoden beim Pferd. Stuttgart: UTB; 2008

[9] Gronberg P. ABC of the horse. Tuusula: Pg Team Oy; 2011

[10] König HE, Liebich HG. Anatomie der Haussäugetiere. 5. Aufl. Stuttgart: Schattauer; 2011

[11] Mülling C, Pfarrer C, Reese S, Kölle S, Budras K. Atlas der Anatomie des Pferdes. 7. Auf. Hannover: Schlütersche; 2013

[12] Taylor FGR, Hillyer MH. Klinische Diagnostik in der Pferdepraxis. 2. Aufl. Hannover: Schlüttersche; 2004

[13] Wieland M, Schebsdat C, Rentsch, J. Bewegungsapparat Pferd. Stuttgart: Sonntag; 2015

[14] Wissdorf H, Gerhards H, Huskamp B, Deegen E. Praxisorientierte Anatomie und Propädeutik des Pferdes. 3. Aufl. Hannover: Schaper; 2010

7 Abbildungsverzeichnis

Folgende Bilder stammen von der Autorin, Renate Ettl: ▶ Abb. 1.1, ▶ Abb. 1.2, ▶ Abb. 1.3, ▶ Abb. 1.4, ▶ Abb. 1.7, ▶ Abb. 1.11, ▶ Abb. 1.12, ▶ Abb. 1.14, ▶ Abb. 1.15, ▶ Abb. 1.17, ▶ Abb. 1.18, ▶ Abb. 1.19, ▶ Abb. 1.21, ▶ Abb. 1.23, ▶ Abb. 1.24, ▶ Abb. 1.26, ▶ Abb. 2.1, ▶ Abb. 2.2, ▶ Abb. 2.3, ▶ Abb. 2.7, ▶ Abb. 2.8a, ▶ Abb. 2.8b, ▶ Abb. 2.12f, ▶ Abb. 2.13, ▶ Abb. 2.14, ▶ Abb. 2.19, ▶ Abb. 2.22f, ▶ Abb. 2.23, ▶ Abb. 2.25c, ▶ Abb. 2.28, ▶ Abb. 2.30b, ▶ Abb. 2.34a, ▶ Abb. 2.35a, ▶ Abb. 2.35e, ▶ Abb. 2.38, ▶ Abb. 2.40, ▶ Abb. 2.42, ▶ Abb. 2.43b, ▶ Abb. 2.44, ▶ Abb. 2.45, ▶ Abb. 2.51, ▶ Abb. 2.52, ▶ Abb. 2.54, ▶ Abb. 2.55, ▶ Abb. 2.56, ▶ Abb. 2.57, ▶ Abb. 2.58, ▶ Abb. 2.59, ▶ Abb. 2.60, ▶ Abb. 3.1, ▶ Abb. 3.2, ▶ Abb. 4.3, ▶ Abb. 4.4, ▶ Abb. 4.6, ▶ Abb. 4.7, ▶ Abb. 5.1, ▶ Abb. 5.2, ▶ Abb. 5.3, ▶ Abb. 5.5, ▶ Abb. 5.7, ▶ Abb. 5.9, ▶ Abb. 5.11, ▶ Abb. 5.12, ▶ Abb. 5.13, ▶ Abb. 5.15, ▶ Abb. 5.17, ▶ Abb. 5.18, ▶ Abb. 5.19, ▶ Abb. 5.20, ▶ Abb. 5.22, ▶ Abb. 5.23, ▶ Abb. 5.26, ▶ Abb. 5.28, ▶ Abb. 5.29, ▶ Abb. 5.30, ▶ Abb. 5.33, ▶ Abb. 5.34, ▶ Abb. 5.35, ▶ Abb. 5.36, ▶ Abb. 5.39, ▶ Abb. 5.41, ▶ Abb. 5.42, ▶ Abb. 5.45, ▶ Abb. 5.46, ▶ Abb. 5.48, ▶ Abb. 5.49, ▶ Abb. 5.51, ▶ Abb. 5.53, ▶ Abb. 5.55, ▶ Abb. 5.57, ▶ Abb. 5.60, ▶ Abb. 5.61, ▶ Abb. 5.63, ▶ Abb. 5.64, ▶ Abb. 5.65, ▶ Abb. 5.66, ▶ Abb. 5.68, ▶ Abb. 5.72, ▶ Abb. 5.73, ▶ Abb. 5.74, ▶ Abb. 5.75, ▶ Abb. 5.76, ▶ Abb. 5.77, ▶ Abb. 5.79, ▶ Abb. 5.82, ▶ Abb. 5.84, ▶ Abb. 5.86, ▶ Abb. 5.88, ▶ Abb. 5.89, ▶ Abb. 5.91, ▶ Abb. 5.95, ▶ Abb. 5.96, ▶ Abb. 5.98, ▶ Abb. 5.99, ▶ Abb. 5.102, ▶ Abb. 5.105, ▶ Abb. 5.108

Folgende Bilder stammen von Peter Ettl: ▶ Abb. 1.5, ▶ Abb. 1.6, ▶ Abb. 1.8, ▶ Abb. 1.9, ▶ Abb. 1.10, ▶ Abb. 1.13, ▶ Abb. 1.20, ▶ Abb. 1.22, ▶ Abb. 2.4, ▶ Abb. 2.5, ▶ Abb. 2.6, ▶ Abb. 2.8c, ▶ Abb. 2.8d, ▶ Abb. 2.9, ▶ Abb. 2.10, ▶ Abb. 2.12a–e, ▶ Abb. 2.16, ▶ Abb. 2.17, ▶ Abb. 2.20, ▶ Abb. 2.22a–e, ▶ Abb. 2.25a, ▶ Abb. 2.25b, ▶ Abb. 2.27, ▶ Abb. 2.30a, ▶ Abb. 2.31, ▶ Abb. 2.32, ▶ Abb. 2.34b–f, ▶ Abb. 2.35b–d, ▶ Abb. 2.37, ▶ Abb. 2.43a, ▶ Abb. 2.47, ▶ Abb. 2.49, ▶ Abb. 3.3, ▶ Abb. 4.1, ▶ Abb. 4.2, ▶ Abb. 4.5, ▶ Abb. 5.70, ▶ Abb. 5.91, ▶ Abb. 5.93

Alle Illustrationen wurden von Jeanne Kloepfer und Renate Ettl erstellt: ▶ Abb. 1.16, ▶ Abb. 1.25, ▶ Abb. 2.11, ▶ Abb. 2.15, ▶ Abb. 2.18, ▶ Abb. 2.21, ▶ Abb. 2.24, ▶ Abb. 2.26, ▶ Abb. 2.29, ▶ Abb. 2.33, ▶ Abb. 2.36, ▶ Abb. 2.39, ▶ Abb. 2.41, ▶ Abb. 2.46, ▶ Abb. 2.48, ▶ Abb. 2.50, ▶ Abb. 2.53, ▶ Abb. 5.4, ▶ Abb. 5.6, ▶ Abb. 5.8, ▶ Abb. 5.10, ▶ Abb. 5.14, ▶ Abb. 5.16, ▶ Abb. 5.21, ▶ Abb. 5.24, ▶ Abb. 5.25, ▶ Abb. 5.27, ▶ Abb. 5.31, ▶ Abb. 5.32, ▶ Abb. 5.37, ▶ Abb. 5.38, ▶ Abb. 5.40, ▶ Abb. 5.43, ▶ Abb. 5.44, ▶ Abb. 5.47, ▶ Abb. 5.50, ▶ Abb. 5.52, ▶ Abb. 5.54, ▶ Abb. 5.56, ▶ Abb. 5.58, ▶ Abb. 5.59, ▶ Abb. 5.62, ▶ Abb. 5.67, ▶ Abb. 5.69, ▶ Abb. 5.71, ▶ Abb. 5.78, ▶ Abb. 5.80, ▶ Abb. 5.81, ▶ Abb. 5.83, ▶ Abb. 5.85, ▶ Abb. 5.87, ▶ Abb. 5.90, ▶ Abb. 5.94, ▶ Abb. 5.97, ▶ Abb. 5.100, ▶ Abb. 5.101, ▶ Abb. 5.103, ▶ Abb. 5.104, ▶ Abb. 5.106, ▶ Abb. 5.107

Sachverzeichnis

L

M

U

V

W

X

Y

Z